普通高等教育"十三五"规划教材

# 焊接工艺与技能实训

宋学平　主　编
贾金龙　副主编
张鹏贤　主　审

化学工业出版社

·北京·

全书共分八个章节，第一、二章介绍焊接安全与卫生防护、焊接基础知识，第三～八章分别介绍气焊与气割、焊条电弧焊、$CO_2$ 气体保护焊、钨极氩弧焊、埋弧焊、等离子弧焊接与切割等方法的原理、设备、材料、工艺、基本操作技术、实训项目。

本书可作为高等院校焊接技术与工程专业教材，职业院校焊接技术与自动化专业、材料成型与控制技术专业教材，也可作为电焊工职业技能培训教材，还可供各级焊接工程技术人员或生产人员自学和参考。

**图书在版编目（CIP）数据**

焊接工艺与技能实训/宋学平主编. —北京：化学工业出版社，2017.10（2024.8重印）
普通高等教育"十三五"规划教材
ISBN 978-7-122-30514-5

Ⅰ.①焊…　Ⅱ.①宋…　Ⅲ.①焊接工艺-高等学校-教材　Ⅳ.①TG44

中国版本图书馆 CIP 数据核字（2017）第 212794 号

责任编辑：高　钰　　　　　　　　　　　　文字编辑：陈　喆
责任校对：宋　夏　　　　　　　　　　　　装帧设计：刘丽华

出版发行：化学工业出版社（北京市东城区青年湖南街 13 号　邮政编码 100011）
印　　装：北京天宇星印刷厂
787mm×1092mm　1/16　印张 23　字数 569 千字　2024 年 8 月北京第 1 版第 4 次印刷

购书咨询：010-64518888（传真：010-64519686）　售后服务：010-64518899
网　　址：http://www.cip.com.cn
凡购买本书，如有缺损质量问题，本社销售中心负责调换。

定　　价：59.00 元　　　　　　　　　　　　　　　　　版权所有　违者必究

# 前　言

　　本书是根据焊接技术技能型人才培养目标要求，在认真、全面地总结多年的教学改革经验基础上编写的"理实一体化"教材。在编写过程中，始终紧扣《焊工国家职业标准》（初、中、高级），以岗位职业能力培养为核心，理论联系实际，突出实践，以知识讲解和技能训练并重的原则来设计内容。本书内容包括焊接安全与卫生防护、焊接基础知识、气焊与气割、焊条电弧焊、二氧化碳气体保护焊、手工钨极氩弧焊、埋弧焊、等离子弧焊接与切割等。

　　本书以"必需、够用"为原则，介绍常用焊接与切割方法的原理、特点、应用、设备、材料、工艺等相关理论知识，以实训任务为载体、能力培养为主线，以操作技能为重点，强调了基本操作技能训练的通用性、规范性。每章后均附有丰富多样的习题，包括理论知识型和实践技能型，方便学生学习。第三～八章最后一节均安排了实训任务，按照"要求、分析、准备、实施、记录、考核、总结"七个环节展开，根据实训任务实际特点设计了过程记录卡、过程考核卡，参考国家职业技能鉴定培训大纲编制了结果考核卡，每个任务完成后均对实训关键点和难点进行了总结，极大地方便了教学的组织、实施与考核。

　　本书在编排和形式上，层次清楚、重点突出、图文并茂、形象直观、文字简明、通俗易懂。内容由浅入深，以便各学校根据实际要求选取不同内容。

　　本书的内容已制作成用于多媒体教学的 PPT 课件，并将免费提供给采用本书作为教材的院校使用。如有需要，请发电子邮件至 cipedu@163.com 获取，或登录 www.cipedu.com.cn 免费下载。

　　本书由宋学平主编。第一、三、六、八章由宋学平编写，第二、五、七章由贾金龙编写，第四章由郑复晓编写。全书由宋学平修改和统稿。

　　本书编写过程中得到了贾宁、许芙蓉、张胜男、陈大林的支持与帮助，此外，本书在编写过程中参考了相关的文献资料，在此一并表示衷心的谢意。

　　限于笔者的水平，加之时间仓促，书中不足之处在所难免，衷心希望读者批评指正。

编　者

2017 年 6 月

# 目  录

# 第五章　$CO_2$ 气体保护焊　　162

# 第一章

# 焊接安全与卫生防护

**知识目标：**
- 掌握安全用电的基本知识。
- 掌握焊接设备及工具的安全使用常识。
- 掌握焊接卫生防护的特点和措施。

**重点难点：**
- 焊接设备的安全使用要求。
- 焊接有害因素的来源。
- 焊接卫生防护措施。

## 第一节　焊接安全知识

### 一、焊接的危险因素和工伤事故

焊接技术中主要应用电能或化学能来加热熔化金属。在焊接作业环境以及检修焊补等操作中，存在某些危险性，一旦对它们失去控制，就会酿成事故，甚至灾害。焊接的主要危险因素和常见的工伤事故见表 1-1。

表 1-1　焊接的主要危险因素和工伤事故

| 主要危险因素 | 常见工伤事故 |
| --- | --- |
| 接触化学危险品：如乙炔、压缩纯氧等 | 爆炸 |
| 接触带电体：如焊接电源、焊钳、焊条、焊件 | 火灾 |
| 明火：气焊火焰、电弧、飞溅、液态熔渣 | 烫伤 |
| 水下作业 | 触电 |
| 登高作业 | 高处坠落 |
| 燃料或有毒物质的容器与管道检修焊补 | 急性中毒 |
| 狭小作业空间：锅炉、船舱或地沟里 | 溺水 |

工业生产中，绝大部分焊接方法都是以"电"作为能源，将电能转化为内能和机械能实现焊接加工，焊工在焊接过程中会经常接触焊接电源及其他电气设备，在常见工伤事故中，触电最为频发，特别是初学者，触电概率很高。掌握安全用电基本知识，采取有效措施预防

触电事故发生，是焊工应知应会的基本技能。本节重点介绍焊接安全用电和焊接设备及工具的安全使用要求。

## 二、焊接安全用电技术

### 1. 电流对人体的伤害

电对人体的危害有三种类型，即：电击、电伤和电磁场生理伤害。

（1）电击

电流通过人体内部，破坏心脏、肺部或神经系统的功能叫电击，通常称为触电。轻微触电对身体并无大碍，但触电时间较长或电流较大时，会严重危害身体健康，甚至致人死亡。焊把线鞭裂、焊把线与焊钳或焊枪接触不良都容易导致焊工在焊接操作时发生电击，因此焊接前必须认真检查各接头是否牢靠，焊把线是否有开裂现象。

（2）电伤

电伤是指电对人体外部造成局部伤害，即由电流的热效应、化学效应、机械效应对人体外部组织或器官的伤害，如电烧伤、皮肤金属化、电光眼等。

电烧伤分为接触灼伤和电弧灼伤两种，接触灼伤多发生在高压触电事故；电弧灼伤多是由带负荷拉、合刀闸，带地线合闸时产生的强烈电弧引起的，与火焰烧伤相似，会使皮肤发红、起泡烧焦组织，并坏死。

皮肤金属化，是由于高温电弧使周围金属熔化、蒸发并飞溅到皮肤表面，随即金属元素渗透入皮肤表层形成的。金属化后的皮肤经过一段时间能自行脱离，不会有不良后果。

电光眼，是发生弧光放电时，由红外线、可见光、紫外线对眼睛造成的伤害。

（3）电磁场生理伤害

在高频电磁场作用下，使人头晕、乏力、记忆力衰退、失眠多梦等神经系统衰弱的症状。在进行钨极氩弧焊、等离子弧焊焊接时，采用引弧器进行非接触引弧，会产生较强的电磁场，此外电弧周围也会产生一定的电磁场，且电流越大，电磁场越强。

触电伤亡事故中，纯电伤性质的及带有电伤性质的约占75%（电烧伤约占40%）。尽管大约85%以上的触电死亡事故是电击造成的，但其中大约70%的含有电伤成分。此外，发生触电事故时，常常伴随高空摔跌，或由于其他原因所造成的纯机械性创伤，这虽与触电有关，但不属于电流对人体的直接伤害。

### 2. 焊工触电事故的原因

焊接生产中，引起焊工触电事故的原因很多，归纳起来有两方面：操作行为不当和设备故障。

（1）操作行为不当引起的触电事故

① 在更换焊条、电极和焊接的操作中，手或身体某部接触到焊条、焊钳或焊枪的带电部分，而脚或身体其他部分对地和金属结构间无绝缘防护。如在金属容器、管道、锅炉、船舱或金属构架上施焊时，或当身上大量出汗、阴雨天、潮湿地点焊接时。

② 在接线、调节焊接规范和移动焊接设备时，手或身体某部碰触到接线柱、极板等带电体而造成触电。

③ 在登高焊接时，触及低压线路或靠近高压网路引起的触电事故。

④ 利用厂房金属结构、管道、轨道、天车吊钩或其他金属体搭接作为焊接回路而发生触电事故。

（2）设备故障引起的触电事故

① 焊接设备罩壳漏电，人体触碰罩壳而触电。造成罩壳漏电的原因有：

a. 焊机处于潮湿环境，导致绝缘部件损坏；

b. 焊机长期超负荷运行或短路发热，致使绝缘度降低或烧损而漏电；

c. 焊机安装地点和方法不符合安全要求，遭受振动、碰击，而使变压器线圈或引线绝缘受到机械损伤，并与铁芯和罩壳短路；

d. 维护检修不善或工作现场混乱，致使小金属物如铁丝、铁屑、铜线或小铁管头之类一端碰到接线柱、电线头等带电体，另一端碰到铁芯或罩壳而漏电。

② 由于焊接设备或线路发生故障而引起的事故，如焊机的火线与零线接错，使外壳带电而造成触电事故。

③ 焊接过程中，人体触及绝缘破损的电缆、破裂的胶木闸盒等。

**3. 预防触电事故的技术措施**

（1）隔离措施

是指不使人接触带电导体。通常有两方面安全措施：

① 安全距离 包括线路间、设备间和安全作业及检修时，应留有一定的安全距离。

② 屏护 对带电设备或装置采用防罩壳、遮栏等方法实行隔离。

（2）绝缘措施

是指把带电体用绝缘物封闭起来。

焊接设备的带电部分（如初、次级线圈间、线圈与外壳间）必须符合绝缘标准要求，其绝缘电阻值均不得小于 $1M\Omega$。

对于手持式电动工具的绝缘电阻值不低于 $2M\Omega$。

一般低压设备绝缘电阻值要大于 $0.5M\Omega$。

（3）保护接地

是指将正常情况下不带电的金属壳体，用导线和接地极与大地连接起来以保障人身安全。它只适用于三相三线制的中性线、中性点不接地的供电系统。

通常接地装置可以用打入地下深度不得小于 $1m$、接地电阻 $\leqslant 4\Omega$、截面积不得小于 $12mm^2$ 的铜棒或无缝钢管作接地极，也可利用自然接地极如铺设于地下的自来水管、或与大地可靠连接的建筑物的金属结构等，但严禁采用易燃易爆的输气管道或容器作自然接地极。

（4）保护接零

是指将正常情况下不带电的金属壳体同电网的零线可靠地连接起来，保护接零适用于三相四线制电源，中性点直接接地的配电系统是目前绝大多数企业所采用的安全措施之一。

（5）保护切断与漏电保护装置

焊接设备采用保护接地或接零措施后，发生碰壳时的短路电流不足够大时，就无法及时使熔断器中的熔断丝熔断（或使自动开关跳闸），仍然存在一定的触电危险。为了确保人身安全，防止触电事故，在保护接地（或接零）基础上还必须采用漏电保护装置，即：常用的"双保险"防触电措施。常用的漏电保护装置有电压式与电流式两种。

（6）安全电压

是为防止触电事故设定的安全电压，共分为42、36、24、12、6五个等级，这个电压系列上限值，在任何情况下，两导体间或任一导体与地之间不得超过交流（50～500Hz）有效值 50V。

根据有关安全技术标准，对特定作业环境下的安全电压还作了如下规定：

① 对于比较干燥而触电危险较大的环境，规定安全电压为 36V。

② 对于潮湿而触电危险性较大的环境，规定安全电压为 12V。

③ 对于水下或其他由于触电导致严重二次事故的环境，规定安全电压为 3V。

标准还规定了不能使用自耦变压器来获得手提工作灯或控制按钮的安全电压，因自耦变压器输出的"低电压"与网络电压没有隔离，故仍无安全保障。

（7）焊机空载自动断电保护装置

因焊机的空载电压远大于安全电压（通常交流弧焊机≤80V、直流弧焊机≤90V），所以采用空载自动断电保护装置，不但可以避免更换焊条及其他辅助作业时产生触电的危险，同时还可减少空载运行时的电能损耗。

### 4. 影响触电伤害程度的主要因素

（1）流经人体的电流

电流引起人的心室颤动是电击致死的主要原因。电流越大，引起心室颤动所需时间越短，致命危险越大。

能使人感觉到的电流，交流约 1mA，直流约 5mA；交流 5mA 能引起轻度痉挛；人触电后自己能摆脱的电流，交流 10mA，直流约 50mA；交流达到 50mA 时在较短的时间就能危及人的生命。

① 在比较干燥的情况下，人体电阻为 $1000 \sim 1500\Omega$，通过人体不引起心室颤动的最大电流，可按 30mA 考虑，则安全电压：

$$U = 30 \times 10^{-3} \mathrm{A} \times (1000 \sim 1500)\Omega = 30 \sim 45\mathrm{V}$$

我国规定为 36V。

② 在潮湿情况下，人体电阻仅 $500 \sim 650\Omega$，则安全电压：

$$U = 3 \times 10^{-3} \mathrm{A} \times (500 \sim 650)\Omega = 15 \sim 19.5\mathrm{V}$$

我国规定为 12V。

③ 若通过人体的电流按不引起痉挛的电流 5mA 考虑，则安全电压：

$$U = 5 \times 10^{-3} \mathrm{A} \times (500 \sim 650)\Omega = 2.5 \sim 3.25\mathrm{V}$$

我国规定为 3V。

（2）通电时间

电流通过人体的时间越长，危险性越大。人的心脏每收缩扩张一次，中间约有 0.1s 间歇，这段时间心脏对电流最敏感。若触电时间超过 15s，则与心脏最敏感的间隙重合概率大大增加，触电死亡风险亦会增加。

（3）电流通过人体的途径

通过人体的心脏、肺部或中枢神经系统的电流越大，危险越大，因此人体从左手到右脚的触电事故最危险。

（4）电流的频率

目前使用的工频交流电是最危险的频率。

（5）人体的健康状况

人的健康状况不同，对触电的敏感程度不同，凡患有心脏病、肺病和神经系统疾病的人，触电伤害的程度都比较严重，因此一般不允许有这类疾病的人从事电焊作业。

### 三、焊接设备及焊接工具的安全使用常识

#### 1. 焊机（弧焊电源）的安全使用要求

① 焊机的接地装置可采用自然接地极，但严禁将氧气和乙炔管道及其他易燃可燃用品的容器和管道作为自然接地极。

② 自然接地极电阻超过 $4\Omega$ 时，应采用人工接地极。

③ 弧焊变压器的二次线圈与焊件相接的一端也必须接地（或接零），但二次线圈一端接地或接零时，则焊件不应接地或接零。

④ 凡是在有接地或接零装置的焊件上进行焊接时，应将焊件的接地线（或接零线）拆除，焊接完成后恢复。

⑤ 所有焊接设备的接地（或接零）线，不得串联接入接地体或零线干线。

⑥ 连接接地或接零线时，应当首先将导线接到接地体或零线干线上，然后将另一端接到焊接设备外壳上，拆除接地或接零线的顺序恰好与此相反，不得颠倒顺序。

⑦ 用于焊机接地或接零的导线，应当符合下列安全要求：

a. 要有足够的截面积。接地线截面积一般为相线截面积的 $1/3\sim1/2$，接零线截面的大小，应保证其容量（短路电流）大于离电焊机最近处的熔断器额定电流的 2.5 倍，或者大于相应的自动开关跳闸电流的 1.2 倍。采用铝线、铜线和钢丝的最小截面，分别不得小于 $6.4\text{mm}^2$ 和 $12\text{mm}^2$。

b. 接地或接零线必须用整根的，中间不得有接头。与焊机及接地体的连接必须牢靠，应将螺栓拧紧。在有振动的地方，需采用弹簧垫圈、防松螺母等措施防止松动。固定安装的电焊机，上述连接应采用焊接。

#### 2. 焊接工具的安全使用要求

（1）焊钳和焊枪

焊钳和焊枪是焊接作业的主要工具，它与焊工操作安全有着直接关系。为确保焊接过程安全、稳定进行，焊钳和焊枪必须满足以下基本要求。

① 结构轻便，易于操作，手弧焊焊钳的质量不应超过 600g，其他不应超过 700g。

② 焊钳和焊枪与电缆的连接必须简便可靠，接触良好，连接处芯缆不得外漏，应有屏护装置将电缆的部分长度深入到握柄内部，以防触电。

③ 要有良好的绝缘性能和隔热性能。气体保护焊枪头应采用隔热材料包覆保护。焊钳由夹持焊条处至握柄连接处间距为 150mm。

④ 等离子焊枪应具有良好的密封性，无漏气、漏水现象。

⑤ 手弧焊焊钳应保证在任何角度下能夹持焊条，而且更换焊条方便。

（2）焊接电缆

它是将焊接设备、焊件等连接起来形成回路的导线。操作中人体与焊接电缆接触的机会较多，因此使用时应注意下列安全要求。

① 长度适当。焊接电源与插座连接的电源线电压较高，触电危险性大，所以其长度越短越好，规定不得超过 $2\sim3\text{m}$，如需较长电缆时，应架空布设，严禁将电源线拖在工作现场地面上。

焊机与焊件和焊钳连接的电缆长度，应根据工作时的具体情况而定。太长会增加电压降，太短不便操作。

② 截面积适当。电缆截面积应当根据焊接电流的大小和所需电缆长度进行选用（见表1-2），以保证电缆不致过热损坏绝缘外皮。

表 1-2　焊接电缆截面积与焊接电流、电缆长度的关系

| 焊接电流/A | 电缆截面积/mm² | | | | | | | | |
| --- | --- | --- | --- | --- | --- | --- | --- | --- | --- |
| | 20 | 30 | 40 | 50 | 60 | 70 | 80 | 90 | 100 |
| | 电缆长度/m | | | | | | | | |
| 100 | 25 | 25 | 25 | 25 | 25 | 25 | 25 | 28 | 35 |
| 150 | 35 | 35 | 35 | 35 | 50 | 50 | 60 | 70 | 70 |
| 200 | 35 | 35 | 35 | 50 | 60 | 70 | 70 | 70 | 70 |
| 300 | 35 | 50 | 60 | 60 | 70 | 70 | 70 | 85 | 85 |
| 400 | 35 | 50 | 60 | 70 | 85 | 85 | 85 | 95 | 95 |
| 500 | 50 | 60 | 70 | 85 | 95 | 95 | 95 | 120 | 120 |
| 600 | 60 | 70 | 85 | 85 | 95 | 95 | 95 | 120 | 120 |

③ 减少接头。一般情况下，最好采用整根电缆。如需用短线接长，接头不应该超过2个，连接必须牢固可靠并保证绝缘良好。

④ 严禁利用厂房的金属结构、管道、轨道或其他与金属物体搭接起来作为电缆使用。也不能随便使用其他不符合要求的电缆替换。

⑤ 不得将焊接电缆放置于电弧附近或灼热的焊缝金属旁，以免高温损伤绝缘材料。

⑥ 电缆横穿马路和通道时，其上应加遮盖保护，避免碾压磨损等。

⑦ 焊接电缆应有较好的抗机械性损伤能力和耐油、耐热和耐腐蚀性能等，以适应焊工工作特点。

⑧ 焊接电缆还应具有良好的导电能力和绝缘外层。

**3. 焊接操作人员的电气安全要求**

① 做好个人防护，工作前要戴好手套、穿好绝缘鞋和工作服。

② 工作前要检查设备、工具的绝缘层是否有破损现象，焊机接地、接零及焊机各接点接触是否良好。

③ 推、拉电源闸刀时，要戴绝缘手套，动作要快，并且站在侧面，以防止电弧火花灼伤面部。

④ 身体出汗，衣服潮湿时切勿靠在带电的工件上。

⑤ 在带电的情况下，不要将焊钳夹在腋下去搬弄焊件或将电缆挂在脖子上。

⑥ 在狭小的舱室或容器内焊接时，要设有监护人员。

⑦ 严禁利用厂房的金属结构、管道、轨道或其他金属搭起来作为导线使用。

⑧ 严格执行焊机规定的负载持续率，避免焊机超负荷运行使绝缘损坏或设备烧损。

# 第二节　焊接劳动卫生与防护

焊接过程中会产生诸多有害因素，如有害气体、焊接烟尘、弧光、噪声、高频电磁场、热辐射、放射线等。这些有害因素单一存在的可能性很小，往往几种因素同时存在。即便各单一因素并不超过卫生标准规定，但多因素同时作用时，对焊工的身体健康有着较大的影响。这些有害因素对人体的呼吸系统、皮肤、眼睛、血象及神经系统都有不良影响。因此，有必要采取适当的卫生防护措施保护焊工的身体健康。

## 一、焊接劳动保护的基本特点

① 熔焊，特别是明弧焊，焊接过程中弧光、辐射、烟尘等问题突出，是焊接劳动保护的主要对象。

② 焊条电弧焊、碳弧气刨和 $CO_2$ 气体保护焊的主要有害因素是焊接过程中产生的烟尘——焊接烟尘。特别是长期作业，或在空间狭小、通风不良的环境里操作，对呼吸系统会造成严重的危害。

③ 使用非熔化极惰性气体保护焊和等离子弧焊焊接时，在电弧高温辐射作用于空气中的氧和氮产生臭氧和氮化物，浓度高的有时会引起中毒症状。

④ 弧光辐射是所有明弧焊共同的有害因素，由此引起的电光性眼病是明弧焊的一种特殊职业病。弧光辐射还会伤害皮肤，使焊工患皮炎、红斑和小水泡等皮肤病。

⑤ 非熔化极氩弧焊和等离子弧焊，由于电焊机借助引弧器（高压脉冲或高频高压）引弧，引弧器工作时，会产生较强的电磁辐射，这种高频电磁场会对焊工身体健康产生较大的影响。此外，使用钍钨作为电极时，由于钍为放射性物质，存放、打磨和焊接过程中存在着放射性危害。值得注意的是，打磨时必须给钨棒和砂轮机接触部位淋洒少量水，以防止金属粉尘飞扬，吸入焊工肺部，造成较大损伤。

⑥ 等离子弧焊接、喷涂和切割时，会产生强烈的噪声，若防护不好，会损伤焊工的听觉神经。

⑦ 有色金属气焊时，主要有害因素是熔融金属蒸发于空气中形成的氧化物烟尘和来自焊剂的有害气体。

## 二、焊接的有害因素与职业危害

在焊接生产作业中，所产生的有害因素有两类：一类是物理有害因素，如电弧辐射、热辐射、金属飞溅、高频电磁场、噪声和射线等；另一类是化学有害因素，如在焊接生产过程中产生的焊接烟尘和有害气体等。

### 1. 电弧辐射

焊接电弧的温度很高，如焊条电弧焊的电弧弧柱中心温度达 $5000 \sim 8000K$，等离子弧的电弧弧柱中心可达 $18000 \sim 24000K$，在此温度下会产生强烈的可见光和不可见的紫外线与红外线。当电弧产生的弧光长时间作用到人体，可能被体内组织吸收引起人体组织的致热作用、光化作用和电离作用，致使人体组织发生急性或慢性损伤，其中尤以紫外线和红外线危害最为严重，并且这种危害具有重复性。

（1）紫外线

紫外线是一种波长为 $180 \sim 400nm$ 的辐射线，肉眼不可见。随着物体温度的升高，紫外线的波长变短，其强度增大。电弧周围物体温度达到 $200℃$ 以上时，辐射光谱中会出现紫外线；达到 $3000℃$ 时，可产生波长短于 $290nm$ 的紫外线；达到 $3200℃$ 时，紫外线波长可短于 $230nm$。氩弧焊、等离子弧焊的温度较焊条电弧焊和熔化极气体保护焊高，因此产生的紫外线波长很短，强度较大。

紫外线可分为长波（$400 \sim 320nm$）、中波（$320 \sim 275nm$）和短波（$275 \sim 189nm$）。波长为 $180 \sim 320nm$ 的紫外线，是有明显生物学作用的部分，尤其是 $180 \sim 290nm$ 的紫外线，具有强烈的生物学作用。焊条电弧焊、钨极氩弧焊、等离子弧焊的紫外线强度的比较见表 1-3。在波长 $290nm$ 以下，等离子弧焊的紫外线强度最大，其次是氩弧焊，焊条电弧焊最小。$CO_2$ 气体保护焊的弧光辐射是焊条电弧焊的 $2 \sim 3$ 倍。

表 1-3  焊条电弧焊、钨极氩弧焊、等离子弧焊紫外线强度相对比较

| 波长/nm | 相 对 强 度 | | |
|---|---|---|---|
| | 焊条电弧焊 | 钨极氩弧焊 | 等离子弧焊 |
| 200～233 | 0.02 | 1.0 | 1.9 |
| 233～260 | 0.06 | 1.0 | 1.3 |
| 260～290 | 0.01 | 1.0 | 2.2 |
| 290～320 | 3.90 | 1.0 | 4.4 |
| 320～350 | 5.60 | 1.0 | 7.0 |
| 350～400 | 9.30 | 1.0 | 4.8 |

适量的紫外线对人体的健康是有益的，可以促进钙的吸收和转化，但焊接电弧产生的强烈紫外线对人体过度的照射却是有危害的。

紫外线对人体的伤害是光化学作用，它主要造成皮肤和眼睛的伤害。

① 对皮肤的伤害。不同波长的紫外线，为皮肤不同深度组织所吸收。波长 220nm 以下，几乎被角质层吸收，波长 220～300nm 以下，为深部组织真皮吸收。79～298nm 的紫外线，对皮肤的作用最强烈。皮肤受强烈紫外线作用时，可引起皮炎、弥漫性红斑；有时出现小水泡。有灼感，发痒。作用强烈时伴随有全身症状，头痛头晕、易疲倦、神经兴奋、发烧、失眠等。

② 对眼睛的伤害。紫外线过度的照射引起眼睛急性角膜炎，称为电光性眼炎。这是明弧焊直接操作人和辅助工人的一种特殊职业性眼病。发生电光性眼炎的原因主要有：几部焊机联合作业或距离太近时，在操作时易受临近弧光的辐射；由于技艺不熟练，在引燃电弧前未戴好面罩，或熄弧前过早地揭开面罩；辅助工在辅助焊接时，由于配合不协调，在焊工引燃电弧时尚未保护（如戴护目镜、偏头、闭眼等）而受到弧光的辐射；由于护目镜片破损漏光，工作地点照明亮度不够，看不清焊缝，以致先引弧后戴面罩等。

紫外线照射时，眼睛受伤害程度与照射的时间成正比，与照射源的距离平方成反比，并且与光线的投射角有关。光线与角膜成直角照射时作用最大，偏斜角度越大其作用越小。

③ 对纤维的破坏。焊接电弧的弧光辐射对纤维的破坏能力很强，其中以棉织品为最甚。由于光化学作用的结果，可致棉布工作服氧化变质而破碎，有色印染显著褪色。这是焊工工作服不耐穿的原因之一，尤其是氩弧焊、等离子弧焊操作时更为明显。

（2）红外线

红外线的波长为 760～1500nm，对人体的破坏（损害）主要是引起组织的热作用。波长较长的红外线可被皮肤表面吸收，使人产生热的感觉。短波红外线可被组织吸收，使血液和深部组织灼伤。氩弧焊的红外线强度比焊条电弧焊的强 1～2 倍，而等离子弧焊又强于氩弧焊。

（3）可见光

焊接电弧的可见光线的光度较强，比肉眼正常承受的光度约大一万倍，被照射后眼睛疼痛，视力模糊，通常被称为电焊"晃眼"，造成短时间内失去劳动能力。

**2. 焊接烟尘**

焊接操作中的烟尘包括烟和粉尘。焊条和母材金属熔融时所产生的蒸气在空气中迅速冷凝及氧化从而形成金属及其化合物的微粒，其直径小于 $0.1\mu m$ 的微粒称为烟，直径在 $0.1～10\mu m$ 的金属微粒称为金属粉尘。飘浮于空气中的粉尘和烟等微粒，统称为气溶胶。

（1）焊接烟尘的来源

所有焊接操作都会产生气体和粉尘两种污染，然而焊条电弧焊的焊接烟尘危害最大。焊

接烟尘主要来源于三个途径，一是在电弧高温热源作用下，金属熔化过程中金属元素产生蒸发。二是在高温作用下分解的氧对弧柱区内的金属蒸气起氧化作用，形成金属氧化物，向焊接区周围扩散，部分氧化物残留在焊缝中形成夹渣等缺陷。三是药皮的蒸发和氧化。焊条药皮的成分十分复杂，概括起来药皮的矿ात化工原料和金属元素主要有大理石（$CaCO_3$）、石英（$SiO_2$）、钛白粉（$TiO_2$）、锰铁（FeMn）、硅铁（FeSi）、纯碱（$Na_2CO_3$）、萤石（$CaF_2$）以及水玻璃等。焊接时各金属元素蒸发氧化，生成有毒物质，呈气溶胶状态逸出，如三氧化二铁、氧化锰、二氧化硅、硅酸盐、氟化钠、氟化钙、氧化铬和氧化镍等。常用结构钢焊条烟尘的化学成分见表 1-4。

表 1-4　常用结构钢焊条烟尘的化学成分　　　　　　　　　　　　%

| 焊条型号 | FeO$_3$ | SiO$_2$ | MnO | TiO$_2$ | CaO | MgO | Na$_2$O | K$_2$O | CaF$_2$ | KF | NaF |
|---|---|---|---|---|---|---|---|---|---|---|---|
| E4303 | 48.12 | 17.93 | 7.18 | 2.61 | 0.95 | 0.27 | 6.03 | 6.81 | — | | |
| E5015 | 24.93 | 5.62 | 6.30 | 1.22 | 10.34 | — | 6.39 | — | 18.92 | 7.95 | 13.71 |

焊接烟尘的成分及浓度主要取决于母材成分、焊接方法、焊接材料、焊接工艺及焊接规范。如焊铝时可产生铝粉尘，焊铜时可产生铜和氧化锌粉尘。焊接电流越大，产生热量越大，烟尘浓度越高。使用厚药皮焊条实验结果表明，当焊接电流为 120A 时，每根焊条的发尘量为 0.46g，电流为 150～160A 时为 0.6g，电流为 200A 时为 0.83g。几种常见的电弧焊方法焊接烟尘发尘量见表 1-5。

表 1-5　几种电弧焊的焊接烟尘发尘量

| 焊接方法 | | 施焊时的发尘量 /(mg/min) | 焊接材料的发尘量 /(g/kg) |
|---|---|---|---|
| 焊条电弧焊 | 低氢型焊条(E5015，$\phi$4mm) | 350～450 | 11～16 |
| | 钛钙型焊条(E4303，$\phi$4mm) | 200～280 | 6～8 |
| 自动保护焊 | 药芯焊丝($\phi$3.2mm) | 2000～3500 | 20～25 |
| CO$_2$ 焊 | 实心焊丝($\phi$1.6mm) | 450～650 | 5～8 |
| | 药芯焊丝($\phi$1.6mm) | 700～900 | 7～10 |
| 氩弧焊 | 实心焊丝($\phi$1.6mm) | 100～200 | 2～5 |
| 埋弧焊 | 实心焊丝($\phi$5mm) | 10～40 | 0.1～0.3 |

钨极氩弧焊焊接产生的烟尘主要来源于金属氧化物蒸气。$CO_2$ 气体保护焊，尤其是使用药芯焊丝时，锰尘是主要有毒气体。等离子弧焊时，由于等离子的温度比一般电弧的温度高，且具有较强的冲击力，所产生的烟尘浓度较高。例如等离子焊接不锈钢，在排风条件不良的情况下，烟尘浓度可达 24.5～31.3mg/m$^3$。

（2）焊接烟尘的危害

焊接烟尘是污染作业环境、损害劳动者健康的重要危害因素。尤其是在无通风除尘条件的密闭容器、锅炉气包和管道内焊接时，烟尘浓度很高的情况下，长期接触会对焊工的健康造成严重危害。焊接烟尘引起的职业病有焊工尘肺、焊工锰中毒、焊工金属烟热，其中以焊工尘肺为最严重。据不完全统计，尘肺病例约占职业病患病总人数的三分之二。焊工尘肺是生产过程中长期吸入超过规定浓度的焊接烟尘，引起肺组织弥漫性纤维化的疾病，对肺部造成不可逆的伤害。此外，还可能会引起肺癌、哮喘、湿疹、支气管炎、皮肤过敏、呼吸道感染等，重则紊乱中枢神经，破坏消化系统，导致并发症而衰竭死亡。

**3. 有毒气体**

在焊接电弧的高温下和强烈紫外线作用下，在电弧区周围形成多种有毒气体，主要有臭氧、氧化物、一氧化碳和氟化物（氟）等。

（1）臭氧

空气中的氧在短波紫外线的作用下（激发下），其中有一部分被破坏，生成臭氧（$O_3$），其化学反应过程是：

$$O_2 \xrightarrow{185\sim210nm紫外线} 2O \qquad 2O_2 + 2O \longrightarrow 2O_3$$

臭氧是一种刺激性有毒气体，呈淡蓝色，浓度较高时，一般呈腥臭味并略带酸味。我国卫生标准规定，臭氧最高允许浓度为 $0.3mg/m^3$。从生产现场检查情况分析，臭氧对人体的危害主要是对呼吸道及肺有强烈刺激作用。臭氧浓度超过一定限度时，往往引起咳嗽、支气管炎、胸闷、食欲不振、疲劳无力、头晕、全身痛等。另外，臭氧容易使橡胶、棉织品老化变性。

焊接操作中的臭氧浓度与焊接方法、焊接材料、焊接电流的强度、环境通风系统（条件）以及焊接持续时间等因素有关。对于熔化极气体保护焊，其焊接材料和保护气体与臭氧浓度成正比关系。焊接电流大、通风条件差、持续时间长，都可导致浓度的增加。反之，臭氧浓度减小。

（2）氮氧化物

由于焊接电弧的高温作用，引起空气中氮、氧分子离解、重新结合而形成。明弧焊中常见的氮氧化物为二氧化氮。氮氧化物也是属于具有刺激性的有毒气体。二氧化氮是红褐色气体。我国卫生标准规定，氮氧化物（换算为 $NO_2$）的允许最高浓度为 $5mg/m^3$。

氮氧化物对人体的危害主要表现在对呼吸系统会造成伤害。

（3）一氧化碳（CO）

CO 是一种无色、无臭、无刺激性的窒息性有毒气体，相对密度为 0.967，几乎不溶于水，但易溶于氨水，它几乎不为活性炭所吸收。各种明弧焊焊接时都会产生一氧化碳气体，但其中以二氧化碳保护焊产生 CO 浓度最大，主要是由于 $CO_2$ 气体在电弧高温作用下发生分解而形成。这种窒息性气体对人体的毒性作用是使氧在体内的运输或组织利用氧的功能发生障碍，造成缺氧，表现出缺氧的一系列症状和特征。CO 经呼吸道进入体内，由肺泡吸收进入血液后，与血红蛋白结合成碳氧血红蛋白。CO 与血红蛋白的亲和力比氧与血红蛋白的亲和力大 200～300 倍，而解离速度又较氧和血红蛋白慢得多（相差 3600 倍），从而阻碍了血液带氧的能力，使人体组织内缺氧坏死。

我国卫生标准规定 CO 的最高允许浓度为 $30mg/m^3$。

（4）氟化氢（HF）

氟化氢主要产生于焊条电弧焊。在低氢型焊条的药皮里，通常都含有萤石（$CaF_2$）和石英（$SiO_2$），在电弧高温下形成氟化氢气体：

$$2CaF_2 + 3SiO_2 \longrightarrow 2CaSiO_3 + SiF_4$$
$$SiF_4 + 3H \longrightarrow SiF + 3HF\uparrow$$
$$SiF_4 + 2H_2O \longrightarrow SiO_2 + 4HF\uparrow$$
$$CaF_2 + H \longrightarrow CaF + HF\uparrow$$
$$CaF_2 + H_2O \longrightarrow CaO + 2HF\uparrow$$

氟化氢是一种无色、有刺激性气味的气体，易溶于水中，可形成氢氟酸，其腐蚀性很强，毒性极剧烈。如果人吸入较高浓度的氟化氢气体，可立即引起眼、鼻和呼吸道黏膜的刺激症状。严重时可发生支气管炎、肺炎等。我国卫生标准规定 HF 的最高允许浓度为

$1mg/m^3$。

### 4. 放射性物质

氩弧焊和等离子弧焊使用的钍钨棒电极中的钍是天然放射性物质，能放出 α、β、γ 三种射线。焊接操作时，其危害形式是含有钍及其衰变产物的烟尘被吸入体内，则可能引起病变，造成中枢神经系统、造血器官和消化系统的疾病，严重者发生放射病。

### 5. 噪声

在等离子喷焊、喷涂和切割等工艺过程中，由于工作气体与保护气体以一定的速度流动，经压缩的等离子焰流以 $10000m/min$ 的流速从枪口高速喷出，工作气体与保护性气体不同流速的流层之间，气流与静止的固体介质面之间，气流与空气之间都在互相作用。这种作用可以产生周期性的压力起伏和振动及摩擦，就会产生噪声。

噪声作用于中枢神经，可使神经感觉紧张、恶心、烦躁、疲倦。噪声作用于血管系统，可导致血管紧张性增加，血压增高，心跳及脉搏改变。

噪声对人体的危害程度与下列因素有直接关系：与噪声频率及强度有关，噪声频率越高，强度越大，危害越大；与噪声源的性质有关，稳态噪声与非稳态噪声中，稳态噪声对人体作用较弱；与暴露时间有关，在噪声环境中暴露时间越长，影响越大；还与工种、环境和身体健康状况有关。

### 6. 高温

焊接过程是应用高温热源把金属加热到熔化状态后进行连接的，所以在施焊过程中有大量的热能以辐射的形式向焊接作业环境中扩散，形成热辐射。

焊接作业场所由于焊接电弧、焊件预热以及焊条烘干等热源的存在，致使空气温度升高，其升高的程度主要取决于热源所散发的热量及环境的热条件。

### 三、焊接卫生防护技术措施

生产劳动过程中需要进行保护，把人体同生产中的危险因素和有害、有毒因素隔离开，创造安全、卫生、舒适的劳动环境是劳动保护工作的重要内容。

（1）焊接通风除尘

焊接通风除尘是预防焊接烟尘和焊接有毒气体对人体危害的最主要防护措施。在车间内、室内、罐体内、船舱内及各种结构的局部空间内，进行焊条电弧焊和气体保护焊时，都应采用适宜的通风除尘方式，以保护焊工的健康。

① 通风措施的种类和适应范围。按通风范围、通风措施可分为全面通风和局部通风。由于全面通风投资大、费用高、不能立即降低局部区域的烟雾浓度，且排烟效果不理想，因此除大型焊接车间外，一般情况下多采用局部通风措施。

② 机械通风措施。焊接所采用的机械排气通风措施，以局部机械排气应用最广泛，使用效果好、方便、设备费用较少。

局部机械排气装置有固定、移动和随机式三种。

（2）个人防护措施

主要指对眼、耳、鼻、身等部位的防护措施。除用工作服、手套、鞋、眼镜、口罩、头盔和护身器外，在特殊的作业场合，必须有特殊的防护措施。

① 预防烟尘和有毒气。当在容器内焊接，特别是采用氩弧焊、二氧化碳气体保护焊，或焊接有色金属时，除加强通风外，还应戴好通风帽。使用时用经过处理的压缩空气供气。切不可用氧气，以免发生燃烧事故。

② 预防电弧辐射。我们已经知道，电弧辐射中含有红外线、紫外线及强光，对人体健康有着不同程度的危害。因而操作过程中，必须采取以下防护措施：工作时必须穿好工作服（以白色工作服最佳），戴好工作帽、手套、脚盖和面罩。在辐射强烈的作业场合如氩弧焊时，应穿耐酸呢或丝绸工作服，并戴好通风焊帽。在高温条件下焊接应穿石棉工作服及石棉作业鞋等。工作地点周围，应尽可能放置屏蔽板，以免弧光伤害他人。

③ 对高频电磁场及射线的防护。在氩弧焊接用高频弧时，会产生高频电磁场。在焊枪的焊接电缆外面套一根铜丝软管进行屏蔽。将外层绝缘的铜丝编制软管一端接在焊枪上，另一端接地，同时应在操作台附近地面上垫绝缘橡皮。

钨极氩弧焊，若采用钍钨棒作电极，由于钍具有微量放射性，在一般的规范和短时间操作的情况下，对人体无多大危害。但在密闭容器内焊接或选用较强的焊接电流的情况下，以及在磨尖钍钨棒的操作过程中，对人体的危害就比较大。所以，在施焊时除加强通风和穿戴防护用品外，还应戴通风焊帽；焊工应有保健待遇，最好采用无放射性危害的铈钨棒来代替钍钨棒。

④ 对噪声的防护。长时间处于噪声环境下工作的人员应戴上护耳器，以减小噪声对人的危害程度。护耳器有隔音耳罩或隔音耳塞等。耳罩虽然隔音效能优于耳塞，但体积较大，戴用稍有不便。耳塞种类很多，常用的有耳研 5 型橡胶耳塞，具有携带方便、经济耐用、隔音较好等优点。该耳塞的隔音效能低频为 10～15 分贝，中频为 20～30 分贝，高频为 30～40 分贝。

（3）改革工艺和改进焊接材料

焊接作业中，劳动条件的好坏与生产工艺方法有着直接关系。改革生产工艺，使焊接操作实行机械化、自动化，不仅能降低劳动强度和提高劳动生产率，并且可以大大减少焊工接触产生毒物的机会。通过改革生产工艺而改善劳动卫生条件，使之符合卫生要求，是消除焊接职业危害的根本措施。

用自动焊代替焊条电弧焊，可以消除强烈的弧光，并可降低有毒气体和粉尘的危害。

合理地设计焊接容器结构，减少或完全不用容器内部的焊缝，尽可能采用单面焊双面成形新工艺，以减少或避免在容器内施焊的机会。

# 习　题

一、填空题

1. 通常采用铜棒或无缝钢管作接地极打入地下深度不得小于____m、接地电阻≤____Ω、截面积不得小于____mm²。

2. 对于比较干燥而触电危险较大的环境，规定安全电压为____V，对于潮湿而触电危险性又较大的环境，规定安全电压为____V，对于水下或其他由于触电导致严重二次事故的环境，规定安全电压为____V。

3. 焊机与焊件和焊钳连接的电缆长度，应根据工作时的具体情况而定。太长会增加电压降，太短不便操作，一般以_____m 为宜。

4. 一般情况下，最好采用整根电缆。如需用短线接长，接头不应该超过____个，连接必须牢固可靠并保证绝缘良好。

5. 在焊接电弧的高温下和强烈紫外线作用下，在电弧区周围形成多种有毒气体，主要有_____、_____、_____和_____等。

6. 我国卫生标准规定 CO 的最高允许浓度为＿＿＿＿＿ $mg/m^3$。

二、简答题

1. 焊接的有害因素有哪些？

2. 简述常用焊接防护技术措施。

# 第二章

# 焊接基础知识

**知识目标：**
- 能够根据生产实际状况选择焊接方法。
- 能够正确选择坡口形式及坡口参数。
- 能够识读焊缝符号。
- 能够分辨常见的缺陷。

**重点难点：**
- 坡口形式及参数如何选择。
- 焊缝符号如何标注。

## 第一节 概　　述

### 一、焊接的定义及应用

焊接是通过加热或加压，或两者并用，用或不用填充材料，使焊件达到原子结合的一种加工方法。它是一种把分离的金属件连接成为不可拆卸的一个整体的加工方法，可以完成同种金属、异种金属、非金属、金属与非金属间的连接。作为一种金属连接工艺，焊接已基本上取代了原来所用的铆接工艺，许多传统的铸件、锻件也已被焊件或铸-焊、锻-焊制品所代替。

在工业生产中，金属焊接应用最为广泛。工业化国家统计数字表明，钢产量的 45％ 要经过焊接加工。铝、钛、铜、锆等有色金属及其合金，石墨、陶瓷、玻璃、塑料等非金属材料等的结合也广泛地应用焊接。生产的发展、科学技术的进步推动了焊接的发展，现代焊接已成为机器制造、造船、锅炉、金属结构、车辆制造、石油化工、航空、航天、原子能、电力、海洋开发、电子技术等工业部门的重要共性技术和加工方法。

### 二、焊接的特点

与铆接、螺栓连接相比，焊接具有如下特点：

#### 1. 焊接的优点

① 节省金属材料，减轻结构重量，经济效益好。

② 简化加工与装配工序，生产周期短，生产效率高。

③ 结构强度高（接头能达到与母材等强度），接头密封性好。

④ 为结构设计提供较大的灵活性。例如，按结构的受力情况可优化配置材料；按工况需要，在不同部位选用不同强度、不同耐磨性、耐腐蚀性、耐高温等的材料。

⑤ 焊接工艺过程容易实现机械化和自动化。

**2. 焊接的缺点**

① 焊接结构容易引起较大的残余变形和焊接内应力。由于绝大多数焊接方法都采用局部加热，经焊接后的焊件，不可避免地在结构中产生一定的焊接应力和变形，从而影响结构的承载能力、加工精度和尺寸稳定性，同时在焊缝与焊件交界处还会引起应力集中，对结构的脆性断裂有较大的影响。

② 焊接接头中易存在一定数量的缺陷，如裂纹、气孔、夹渣、未焊透、未熔合等。缺陷的存在会降低接头强度，引起应力集中，损坏焊缝致密性，是造成焊接结构破坏的主要原因之一。

③ 焊接接头具有较大的不均匀性。由于接头各部分经历的热循环不同，造成焊接接头组织性能不均匀，形状不连续导致不同区域接头的性能不同。

④ 焊接过程中产生高温、弧光、飞溅及一些有毒气体，对人体有一定的损害，故需加强劳动保护。

**三、常用熔焊方法原理**

目前常用的焊接方法按照接头是否熔化分为熔化焊、压焊、钎焊，国内大多数院校焊接专业以熔化焊为主，因此，本书仅涉及熔化焊方法及其操作技能。

常用熔化焊焊接方法的基本原理、主要特点及应用范围如表 2-1 所示。

表 2-1　常用熔化焊方法的基本原理及应用范围

| 焊接方法 | 基本原理、主要特点 | 应 用 范 围 |
|---|---|---|
| 气焊 | 利用可燃气体与氧混合燃烧的火焰,加热母材、焊丝和焊剂,以达到焊接的目的,火焰温度约 3000℃。设备简单,移动方便。但加热区较宽,焊件变形较大,生产效率较低 | 适用于焊接各种黑色金属和有色金属,特别是薄件焊接、管子的全位置焊接,以及堆焊、钎焊等 |
| 焊条电弧焊 | 利用电弧为热源熔化焊条和母材,从而形成焊缝的一种手工操作的焊接方法。电弧温度可达 6000～8000℃。手工操作,设备简单,操作方便,适应性较强。但劳动强度大,生产效率比气体保护焊(气电焊)和埋弧焊低 | 适用于焊接各种黑色金属,也用于某些有色金属的焊接。对短焊缝、不规则焊缝及全位置焊接适宜 |
| 埋弧自动焊 | 电弧在焊剂层下燃烧,利用焊剂作为金属熔池的覆盖层,将空气隔绝使之不浸入熔池。电弧在焊剂层燃烧,焊丝的送进由专门机构完成,电弧沿焊接方向的移动靠手工操作或机械完成,分别称为埋弧半自动焊和埋弧自动焊,焊缝质量稳定,成形美观 | 适用于碳钢、低合金钢、不锈钢和铜等材料中厚板直缝或规则曲线焊缝的焊接 |
| 气体保护焊 | 利用专门供应的气体保护焊接区的电弧焊。气体作为金属熔池的保护层,将空气隔绝。明弧,无渣或少渣,生产效率较高,质量好。有半自动焊和自动焊之分。保护气体有惰性气体,还原性气体和氧化性气体,常用 Ar、He、N$_2$、CO$_2$ 及混合气体 | 惰性气体保护焊用于焊接碳钢、合金钢、铝、铜、钛等;氧化性气体保护焊用于普通碳钢、一般用途的低合金钢及耐热耐磨材料的堆焊 |
| 等离子弧焊 | 利用气体充分电离后,再经机械压缩效应和磁收缩效应,产生一束高温热源来进行焊接。等离子体能量密度大,温度高,可达 20000℃ 左右,热量集中,热影响区小,熔深大。按特点不同可分为大电流等离子弧焊接、微束等离子弧焊接和脉冲等离子弧焊接 | 适用于碳钢、低合金钢、不锈钢及钛、铜、镍、钼、钨等材料的焊接。微束等离子弧焊可以焊接金属箔及细丝 |
| 电渣焊 | 利用电流通过熔渣所产生的热熔化金属。热影响区宽,晶粒易长大,焊后要热处理 | 适用于碳钢、低合金钢厚壁结构和容器的纵缝以及厚的大钢件、铸件及锻件的拼焊 |
| 电子束焊 | 利用高能量密度的电子束轰击焊件产生热能加热焊件。焊缝深而窄,焊件变形小,热影响区小。可分为真空、低真空、局部真空和非真空电子束焊 | 适用于焊接大部分金属,特别是活性金属与难熔金属,也可以焊接某些非金属 |

| 焊接方法 | 基本原理、主要特点 | 应用范围 |
|---|---|---|
| 热剂焊 | 利用铝热剂或镁热剂氧化时放出的热熔化焊件。不需要电源,设备简单。但由于是铸造组织,质量较差,生产效率较低 | 适用于钢轨、钢筋的对接焊 |
| 激光焊 | 利用经聚焦后具有高能量密度的激光束熔化金属。焊接精度高,热影响区小,焊接变形小。按工作方式分为脉冲激光点焊和连续激光焊两种 | 除适用于焊接一般金属外,还能焊接钨、钼、钽、锆等难熔金属及异种金属,特别适用于焊接导线、微薄材料。在微电子元件中已有广泛应用 |

# 第二节　常用熔化焊焊接方法及选择

选择焊接方法时必须符合以下要求:能保证焊接产品的质量优良可靠,生产率高;生产费用低,能获得较好的经济效益。

影响这几方面的因素很多,概括如下:

## 1. 工件厚度

工件的厚度可在一定程度上决定所适用的焊接方法。每种焊接方法由于所用的热源不同,都有一定的适用的材料厚度范围。在推荐的厚度范围内焊接时,较易控制焊接质量和保持合理的生产率。

## 2. 接头形式和焊接位置

根据产品的使用要求和所用母材的厚度及形状,设计的产品可采用对接、搭接、角接等几种类型的接头形式。其中对接形式适用于大多数焊接方法。钎焊一般只适用于连接面积比较大而材料厚度较小的搭接接头。

产品中各个接头的位置往往根据产品的结构要求和受力情况决定。这些接头可能需要在不同的位置焊接,包括平焊、立焊、横焊、仰焊及全位置焊接等。平焊是最容易、最普遍的焊接位置,因此焊接时应该尽可能使产品接头处于平焊位置,这样就可以选择既能保证良好的焊接质量,又能获得较高的生产率的焊接方法,如埋弧焊和熔化极气体保护焊。对于立焊接头宜采用熔化极气体保护焊(薄板)、气电焊(中厚度),当板厚超过 30mm 时可采用电渣焊。

## 3. 母材性能

(1) 母材的物理性能

母材的导热、导电、熔点等物理性能会直接影响其焊接性及焊接质量。

当焊接热导率较高的金属,如铜、铝及其合金时,应选择热输入大、具有较高焊透能力的焊接方法,以使被焊金属在最短的时间内达到熔化状态,并使工件变形最小。

对于电阻率较高的金属则更宜采用电阻焊。

对于热敏感材料,则应注意选择热输入较小的焊接方法,例如激光焊、超声波焊等。

(2) 母材的力学性能

被焊材料的强度、塑性、硬度等力学性能会影响焊接过程的顺利进行。如铝、镁等塑性温度区较窄的金属就不能用电阻凸焊,而低碳钢的塑性温度区宽则易于电阻焊焊接;又如,延性差的金属就不宜采用大幅度塑性变形的冷焊方法;再如爆炸焊时,要求所焊的材料具有足够的强度与延性,并能承受焊接工艺过程中发生的快速变形。

另一方面，各种焊接方法对焊缝金属及热影响区的金相组织及其力学性能的影响程度不同，因此也会不同程度地影响产品的使用性能。选择的焊接方法还要便于通过控制热输入从而控制熔深、熔合比和热影响区（固相焊接时要便于控制其塑性变形）以获得力学性能与母材相近的接头。例如电渣焊、埋弧焊时由于热输入较大，从而使焊接接头的冲击韧度降低。

（3）母材的冶金性能

由于母材的化学成分直接影响了它的冶金性能，因而也影响了材料的焊接性。因此这也是选择焊接方法时必须考虑的重要因素。

工业生产中应用最多的普通碳钢和低合金钢采用一般的电弧焊方法都可进行焊接。钢材的合金含量，特别是碳含量愈高，焊接性往往越差，可选用的焊接方法种类越有限。

对于铝、镁及其合金等较活泼的有色金属材料，不宜选用 $CO_2$ 焊、埋弧焊，而应选用惰性气体保护焊，如钨极氩弧焊、熔化极氩弧焊等。对于不锈钢，通常可采用焊条电弧焊、钨极氩弧焊或熔化极氩弧焊等。特别是氩弧焊，其保护效果好，焊缝成分易于控制，可以满足焊缝耐蚀性的要求。对于钛、锆这类金属，由于其气体溶解度较高，焊后容易变脆，因此采用高真空电子束焊最佳。

此外，对于含有较多合金元素的金属材料，采用不同的焊接方法会使焊缝具有不同的熔合比，因而会影响焊缝的化学成分，亦即影响其性能。

具有高淬硬性的金属宜采用冷却速度缓慢的焊接方法和预热的办法，以减少热影响区的脆性和裂纹倾向。淬火钢则不宜采用电阻焊，否则，由于焊后冷却速度太快，可能造成焊点开裂。焊接某些沉淀硬化不锈钢时，采用电子束焊可以获得力学性能较好的接头。

**4. 生产条件**

（1）技术水平

在选择焊接方法以制造具体产品时，要考虑制造厂家的设计及制造的技术条件，其中焊工的操作技术水平尤其重要。

通常需要对焊工进行培训。包括手工操作、焊机使用、焊接技术、焊接检验及焊接管理等。对某些要求较高的产品，如压力容器，在焊接生产前则要对焊工进行专门的培训和考核。

焊条电弧焊时，要求焊工具有一定的操作技能，特别是进行立焊、仰焊、横焊等位置的焊接时，则要求焊工有更高的操作技能。

手工钨极氩弧焊与焊条电弧焊相比，要求焊工经过更长期的培训和具有更熟练、更灵巧的操作技能。

埋弧焊、熔化极气体保护焊多为机械化焊接或半自动焊，其操作技术比焊条电弧焊要求相对低一些。

（2）焊接设备

每种焊接方法都需要配用一定的焊接设备，包括焊接电源，实现机械化焊接的机械系统、控制系统及其他一些辅助设备。电源的功率、设备的复杂程度、成本等都直接影响了焊接生产的经济效益。因此，焊接设备也是选择焊接方法时必须考虑的重要因素。

焊接电源有直流电源和交流电源两大类。一般交流弧焊机的构造比较简单、成本低。焊条电弧焊所需设备最简单，除了需要一台电源外，只需配用焊接电缆及夹持焊条的电焊钳即可，宜优先考虑。近年来广泛使用的逆变电源、双脉冲电源，焊接参数能闭环控制，具有优良的特性和焊接性能，但是价格比较昂贵。

熔化极气体保护电弧焊需要有自动送进焊丝，自动行走小车等机械设备。此外还要有输送保护气的供气系统，通冷却水的供水系统及焊炬等。

（3）焊接用消耗材料

焊接时的消耗材料包括焊丝、焊条或填充金属、焊剂、钎剂、钎料、保护气体等。

各种熔化极电弧焊都需要配用一定的消耗性材料。如焊条电弧焊时使用药皮焊条；埋弧焊，熔化极气体保护焊都需要焊丝；药芯焊丝电弧焊则需要专门的药芯焊丝；电渣焊则需要焊丝、熔嘴或板极。埋弧焊和电渣焊除电极（焊丝等）外，还需要有一定化学成分的焊剂。

钨极氩弧焊和等离子弧焊时，需使用熔点很高的钨极、钍钨极或铈钨极作为不熔化电极。此外还需要价格较高的高纯度的惰性气体。

# 第三节　焊接接头及坡口形式

## 一、焊接接头

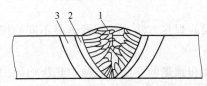

图 2-1　焊接接头组成示意图

1—焊缝金属；2—熔合区；3—热影响区

焊接接头包括焊缝、熔合区和热影响区，如图 2-1 所示。一个焊接结构总是由若干个焊接接头组成的。由于焊件厚度、结构形状以及对焊接质量要求不同，其接头形式及坡口形式也不相同，根据国家标准 GB/T 985—2008 规定，焊接接头的基本形式可分为对接接头、T 形接头、搭接接头、角接接头和端接接头 5 种。焊接接头的基本类型如图 2-2 所示。

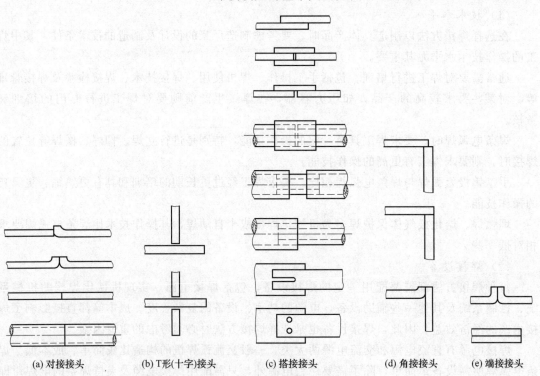

| (a) 对接接头 | (b) T形(十字)接头 | (c) 搭接接头 | (d) 角接接头 | (e) 端接接头 |

图 2-2　焊接接头的基本类型

### 1. 对接接头

两焊件构成大于或等于135°，小于或等于180°夹角的接头，称为对接接头。它是各种接头结构中采用最多的一种接头形式。对接接头的应力集中相对较小，能承受较大的静载荷和较高的疲劳交变载荷。不等厚度钢板的对接，应将厚板削薄后对接，重要焊接结构，如锅炉的锅筒对接。板差超过范围时，应将厚板的边缘削薄至与薄板边缘对齐，削出的斜面平滑且斜率不大于1∶4。

### 2. 搭接接头

两焊件部分重叠构成的接头称为搭接接头。根据结构形式和对强度的要求不同，搭接接头又可分为I形坡口、塞焊、内角焊等几种形式。这种接头形式特别适用于被焊结构狭小处以及密闭的焊接结构。

### 3. 角接接头

两焊件端面间构成大于30°小于135°夹角的接头称为角接接头。这种接头的承载能力很差，多用于不重要的结构中。

### 4. T形接头

一焊件端面与另一焊件平面构成直角或近似直角的接头，称为T形接头。其特点是应力分布不均匀，虽然承载能力低，但能承受各种方向的力和力矩，生产中应用的也很普遍。

### 5. 端接接头

两焊件重叠或两焊接表面之间夹角不大于30°构成的端部接头。这种接头承载能力差，多用于不重要或承压较低的密封结构中。

## 二、坡口

### 1. 焊件开坡口的目的

坡口就是根据设计和工艺的需要，将焊件的待焊接区域加工并装配成一定几何形状的沟槽，从而保证焊缝厚度满足技术要求。钢板厚度4mm以下，除重要结构外，一般可不开坡口。

焊缝开坡口的目的有以下几点：

① 保证焊缝熔透。某些焊缝如厚板对接焊缝等，设计要求为熔透焊缝。为了达到熔透效果，需要开坡口焊接。如采用焊条电弧焊或二氧化碳（$CO_2$）气体保护焊，坡口根部留2～3mm的钝边；如采用埋弧焊，坡口根部留3～6mm的钝边，并配合背面清根，可以实现熔透。

② 保证焊缝厚度满足设计要求。某些焊缝如高层建筑的箱型柱棱角焊缝、电站钢结构的柱节点板角焊缝等，为了满足受力需要，需要开适当坡口，使焊条或焊丝能够深入到接头的根部焊接，保证接头质量。

③ 减小焊缝金属的填充量，提高生产效率。某些受力较大的厚板角焊缝，假如焊接贴角焊缝，焊脚尺寸很大，焊缝金属的填充量大，通过开适当坡口焊接，可减少焊缝金属的填充量，并有利于减小焊接变形，提高了生产效率。

④ 调整焊缝金属的熔合比。所谓熔合比，就是指熔焊时被熔化的母材部分在焊缝金属中所占的比例。坡口的改变会使熔合比发生变化。在碳钢、合金钢的焊接中，可以通过加工适当的坡口改变熔合比来调整焊缝金属的化学成分，从而降低裂纹的敏感性，提高接头的力学性能。

### 2. 坡口形状

焊接接头的坡口形式很多。焊条电弧焊焊缝坡口的基本形式和尺寸详见 GB/T 985.1—2008，埋弧焊焊缝坡口的基本形式详见 GB/T 985.2—2008。焊接接头的基本坡口形式有 I 形坡口、V 形坡口、X 形坡口和 U 形坡口。此外还有双 Y 形、J 形、带钝边单边 V 形、双边 V 形（即 X 形）、带钝边单边 V 形（即 K 形）、带钝边双面双边 U 形、带钝边单边 J 形等。

（1）I 形坡口

I 形坡口用于较薄钢板的焊件对接。采用焊条电弧焊或气体保护焊焊接，选用板厚为 5～6mm 的钢板可以开 I 形坡口。如果采用埋弧焊，适用板厚一般为 12～24mm。这种坡口的焊缝填充金属（焊条或焊丝）很少。

（2）V 形坡口

钢板厚度为 7～40mm 时，可以采用 V 形坡口。这种坡口形状简单，加工方便，是最常用的坡口形式。焊接时为单面焊，不用翻转焊件，但由于是单面焊，焊后容易出现角变形。因此必须采取适当的控制变形措施。

V 形坡口常用于厚钢板需要全焊透的焊件，带衬垫的 V 形坡口，常用于背面无法清根的焊缝。

V 形坡口形式如图 2-3 所示。

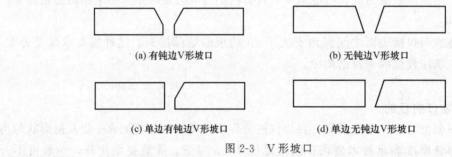

(a) 有钝边V形坡口          (b) 无钝边V形坡口

(c) 单边有钝边V形坡口          (d) 单边无钝边V形坡口

图 2-3   V 形坡口

（3）X 形坡口

钢板厚度为 12～60mm 时可采用 X 形坡口。X 形坡口也称为双面 V 形坡口，与 V 形坡口相比，在相同厚度下，能减少焊缝金属量约 1/2。采取双面施焊，焊后的残余变形较小。

（4）U 形坡口

U 形坡口应用于厚板焊接。对大厚度钢板，当焊件厚度相同时，U 形坡口的焊缝填充金属要比 V 形、X 形坡口少得多，由于热输入小，焊件产生的变形也小。而且焊缝金属中母材金属所占的比例小，但这种坡口加工较困难，成本较高，一般应用于重要的焊接结构。

U 形坡口有单面、单边和双面三种。当钢板厚度为 20～40mm 时，采用单面 U 形坡口；钢板厚度为 40～60mm 时，采用双面 U 形坡口，为防止根部焊穿，还有带钝边 U 形坡口、带钝边 J 形坡口（单边 U 形坡口），带钝边双 U 形坡口等。U 形坡口形式如图 2-4 所示。

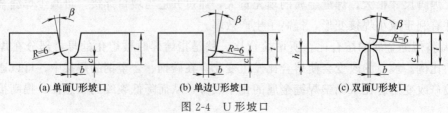

(a) 单面U形坡口          (b) 单边U形坡口          (c) 双面U形坡口

图 2-4   U 形坡口

### 3. 坡口的几何尺寸

坡口的几何尺寸包括坡口角度、坡口深度、根部间隙、钝边、圆弧半径，如图 2-5 所示。

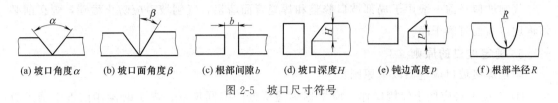

(a) 坡口角度 α   (b) 坡口面角度 β   (c) 根部间隙 b   (d) 坡口深度 H   (e) 钝边高度 P   (f) 根部半径 R

图 2-5 坡口尺寸符号

（1）坡口面角度（$\beta$）与坡口角度（$\alpha$）

焊件表面的垂直面与坡口面之间的夹角称为坡口面角度，用字母 $\beta$ 表示，如图 2-5（b）所示；两坡口面之间的夹角称为坡口角度，用字母 $\alpha$ 表示。开单侧坡口时，坡口角度等于坡口面角度；开双侧坡口时，坡口角度等于两个坡口面角度之和。

（2）坡口深度（$H$）

坡口深度是焊件表面至坡口底部的距离，用字母 $H$ 表示。

（3）根部间隙（$b$）

根部间隙是焊前在焊接接头根部之间预留的空隙，用字母 $b$ 表示。要求熔透的焊缝，采用一定的根部间隙可以保证熔透。

（4）钝边（$p$）

焊件在开坡口时，沿焊件厚度方向未开坡口的端面部分称为钝边，用字母 $p$ 表示。钝边的作用是防止焊缝根部焊漏。

（5）根部半径（$R$）

对于 U 形和 J 形坡口，坡口底部采用圆弧过渡。根部半径的作用是增大坡口根部的空间，使焊条或焊丝能够伸入到坡口根部，促使根部熔合良好。

### 4. 坡口的加工方法

根据焊件的结构形式、板厚、焊接方法和材料的不同，焊接坡口的加工方法也不同，常用的坡口加工方法有剪切、铣边、刨削、车削、热切割和气刨等。

（1）剪切

剪切是采用剪床或剪板机进行坡口加工的一种方法，一般用于 I 形坡口（即不开坡口）的薄板焊接面的加工。

（2）铣边

对于薄板 I 形坡口的加工，可以将多层钢板叠在一起，一次铣削完成，以提高坡口加工效率。

（3）刨削

对于中厚钢板的直边焊接坡口面可以采用刨床加工，加工后的坡口平直、精度高，能够加工 V 形、U 形或更为复杂的坡口。

（4）车削

对于如圆管材、圆盘等回转体焊接坡口，可以在车床上采用车削方法加工。

（5）热切割

对于普通钢板的焊接坡口加工，可以采用火焰切割方法加工，不锈钢板的焊接坡口可以采用等离子弧切割方法加工。热切割方法加工坡口可以提高加工效率，尤其是曲线焊缝坡口，只能采用热切割方法，如管子相贯焊接坡口等。热切割坡口在焊接前应将坡口表面的氧化皮打磨干净，防止产生氧化物夹杂或未焊透缺陷。

（6）气刨

气刨坡口目前一般用于局部坡口修整和焊缝背面清根，气刨坡口应防止渗碳，焊接前必须将坡口表面打磨干净。

### 5. 确定坡口的原则

确定焊接坡口应遵循以下原则：

① 焊接坡口应便于焊接操作。应根据焊缝所处的空间位置、焊工的操作位置来确定坡口方向，以便于焊工施焊。如在容器内部不便施焊，应开单面坡口在容器外面焊接。要求熔透的焊缝，在保证不焊漏的前提下，尽可能减小钝边尺寸，以减少清根量。再如，一条熔透角焊缝或对接焊缝，一侧为平焊，另一侧为仰焊，应在平焊侧开大坡口，仰焊侧开小坡口，以减小焊工的操作难度。

② 坡口的形状应易于加工。应根据加工坡口的设备情况来确定坡口形状，其形状应易于加工。

③ 尽可能减小坡口尺寸，以节省焊接材料，提高生产效率。

④ 焊接坡口尽可能减小焊后焊件的变形。

此外，近年来，随着制造业的不断发展，还出现了一些专用的坡口加工机，如管道坡口专用加工机、马鞍形坡口加工机等。

## 第四节　焊缝符号与焊接方法代号

### 一、焊缝类型

焊缝就是焊件经焊接后形成的结合部分，可按不同方法进行分类。按照焊缝结合形式可分为对接焊缝和角焊缝；按照焊缝的继续情况可分为定位焊缝、断续焊缝和连续焊缝。按焊缝在空间位置的不同可分为平焊缝、横焊缝、立焊缝和仰焊缝四种。

① 平焊缝。焊缝倾角在 $0°\sim5°$，焊缝转角在 $0°\sim10°$ 的水平位置施焊的焊缝，称为平焊缝。

② 立焊缝。焊缝倾角在 $80°\sim90°$，焊缝转角在 $0°\sim180°$ 的立向位置施焊的焊缝，称为立焊缝。

③ 横焊缝。焊缝倾角在 $0°\sim5°$，焊缝转角在 $70°\sim90°$ 的横向位置施焊的焊缝，称为横焊缝。

④ 仰焊缝。焊缝倾角为 $0°\sim8°$，焊缝转角在 $165°\sim180°$ 仰视位置的焊缝，称为仰焊缝。

### 二、焊缝符号

焊缝符号是工程语言的一种，用于在图样上标注焊缝形式、焊缝尺寸和焊接方法等。焊缝符号是进行焊接施工的主要依据。焊接工程技术人员，要熟悉常用焊缝符号的标注方法及其含义。

根据国标 GB/T 324—2008《焊缝符号表示法》的规定，完整的焊缝符号包括基本符号、指引线、补充符号、焊缝尺寸符号及数据等。为了简化，在图样上标注焊缝时通常只采用基本符号和指引线，其他内容一般在有关文件中（如焊工工艺规程等）说明。当然，也可以采用技术制图的方法来详细表示。

## 1. 基本符号

基本符号表示焊缝横截面的基本形式或特征，具体参见表2-2。

表2-2 基本符号

| 序号 | 名称 | 示意图 | 符号 |
|---|---|---|---|
| 1 | 卷边焊缝（卷边完全熔化） | 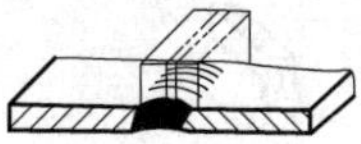 |  � |
| 2 | I形焊缝 | 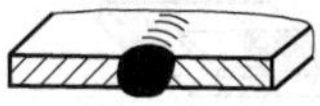 | ‖ |
| 3 | V形焊缝 |  | ∨ |
| 4 | 单边V形焊缝 |  | �𝖵 |
| 5 | 带钝边V形焊缝 |  | Y |
| 6 | 带钝边单边V形焊缝 |  |  �𝖸 |
| 7 | 带钝边U形焊缝 |  |  Y |
| 8 | 带钝边J形焊缝 |  |  ⏌ |
| 9 | 封底焊缝 |  | ⌣ |
| 10 | 角焊缝 | 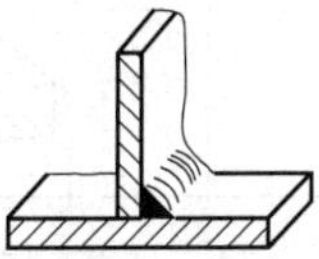 | ◺ |
| 11 | 塞焊缝或槽焊缝 | 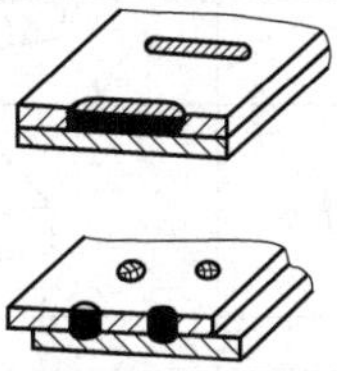 | ⊓ |
| 12 | 点焊缝 | 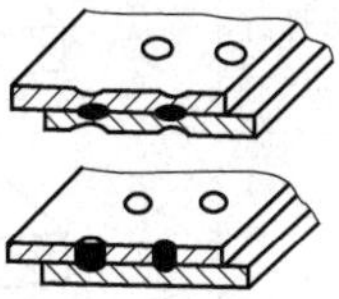 | ○ |
| 13 | 缝焊缝 | 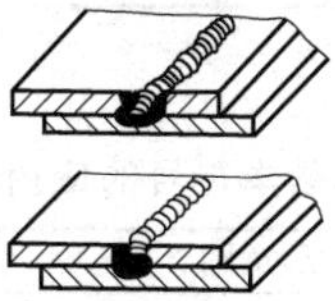 | ⊖ |
| 14 | 陡变V形焊缝 |  | ⩗ |

续表

| 序号 | 名称 | 示意图 | 符号 |
|---|---|---|---|
| 15 | 陡变单 V 形焊缝 |  | ⫽ |
| 16 | 端焊缝 |  | ⦀ |
| 17 | 堆焊缝 |  |  ⌢ |
| 18 | 平面连接(钎焊) | 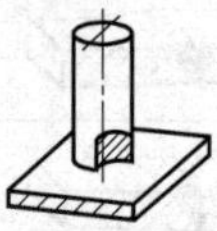 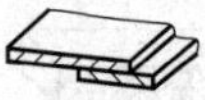 | = |
| 19 | 斜面连接(钎焊) | 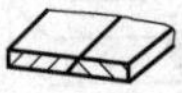 | ⫽ |
| 20 | 折叠连接(钎焊) |  | ⊋ |

标注双面焊焊缝或接头时，基本符号可以组合使用，如表 2-3 所示。

表 2-3　基本符号组合

| 序号 | 名称 | 示意图 | 符号 |
|---|---|---|---|
| 1 | 双面 V 形焊缝<br>(X 焊缝) |  | X |
| 2 | 单边双面 V 形焊缝<br>(K 焊缝) | 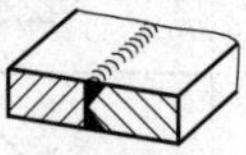 | K |
| 3 | 带钝边的双面 V 形焊缝 |  | X |
| 4 | 带钝边的单边双面 V 形焊缝 | 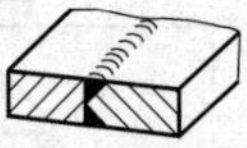 |  K |
| 5 | 双面 U 形焊缝 |  | ⨉ |

表 2-4 给出了基本符号的应用示例。

表 2-4　基本符号的应用示例

| 序号 | 符号 | 示意图 | 标注示例 | 备注 |
|---|---|---|---|---|
| 1 | V |  | 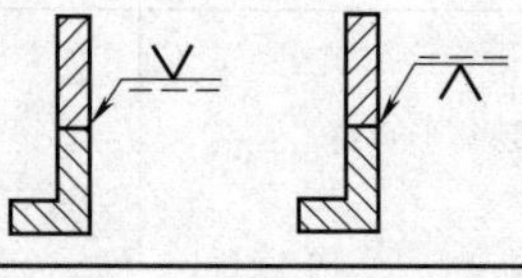 | |

续表

| 序号 | 符号 | 示意图 | 标注示例 | 备注 |
|---|---|---|---|---|
| 2 | Y | | | |
| 3 | △ | | | |
| 4 | X | | | |
| 5 | K | | | |

### 2. 指引线

指引线一般由带有箭头的指引线和两条基准线（一条为实线，另一条为虚线）两部分组成，如图 2-6 所示。

箭头线相对焊缝的位置（如图 2-7 所示），一般没有特殊要求，可以标注在焊缝侧，也可以标注在非焊缝侧，对于单边坡口，箭头线应指向带有坡口一侧的工件。必要时，允许箭头线折弯一次。基准线的虚线可以画在基准线的实线下侧或上侧。基准线一般应与图样的底边相平行，但在特殊条件下，亦可与底边相垂直。

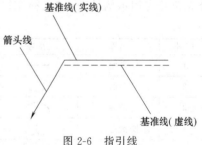

图 2-6 指引线

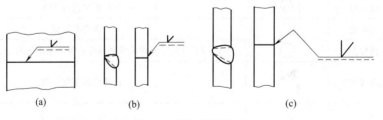

图 2-7 箭头线的位置

对于焊缝基本符号在基准线上的位置，规定如下。

① 如果焊缝在接头的箭头侧（指箭头线箭头所指的一侧），则将基本符号标在基准线的实线侧，如图 2-8（a）所示。

② 如果焊缝在接头的非箭头侧，则将基本符号标在基准线的虚线一侧，如图 2-8（b）

所示。

③ 标注对称焊缝及双面焊缝时，如图 2-8（c）、（d）所示。

焊缝尺寸众多，标注实际焊缝时，如果尺寸因素较少，直接在焊缝符号上标注。有时为了更明确地表示出焊缝的形式，可采用机械制图的方式来表示。

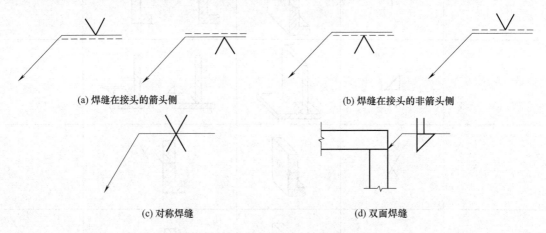

(a) 焊缝在接头的箭头侧　　　　　　　(b) 焊缝在接头的非箭头侧

(c) 对称焊缝　　　　　　　(d) 双面焊缝

图 2-8　基本符号与基准线的相对位置

### 3. 补充符号

有时为了补充说明焊缝的某些特征，需要其他符号来表示。比如要表示焊缝环绕工件周围，用一圆圈表示；要表示焊接时焊缝底部带有垫板，可以用一矩形来表示等，这些都属于补充符号。黑旗称为现场符号，表示此处焊缝在现场或工地上进行焊接。补充符号见表2-5。补充符号应用示例见表2-6。补充符号的标注示例见表2-7。

表 2-5　补充符号

| 序号 | 名称 | 符号 | 说明 |
|---|---|---|---|
| 1 | 平面 | ── | 焊缝表面通常经过加工后平整 |
| 2 | 凹面 | ⌣ | 焊缝表面凹陷 |
| 3 | 凸面 | ⌢ | 焊缝表面凸起 |
| 4 | 圆滑过渡 | ⌣⌣ | 焊趾处过渡圆滑 |
| 5 | 永久衬垫 | M | 衬垫永久保存 |
| 6 | 临时衬垫 | MR | 衬垫在焊接后拆除 |
| 7 | 三面焊缝 | ⊏ | 三面带有焊缝 |
| 8 | 周围焊缝 | ○ | 沿着工件周围施焊的焊缝标注位置为基准线与箭头线的交点处 |
| 9 | 现场焊缝 | ▶ | 在现场焊接的焊缝 |
| 10 | 尾部 | < | 可以表示需要的信息 |

表 2-6　补充符号应用示例

| 序号 | 名称 | 示意图 | 符号 |
|---|---|---|---|
| 1 | 平齐的 V 形焊缝 | | ▽ |

续表

| 序号 | 名称 | 示意图 | 符号 |
|---|---|---|---|
| 2 | 凸起的双面 V 形焊缝 |  |  |
| 3 | 凹陷的角焊缝 | 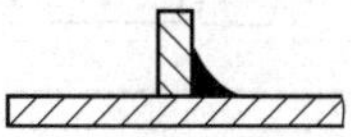 |  |
| 4 | 平齐的 V 形焊缝和封底焊缝 |  |  |
| 5 | 表面过渡平滑的角焊缝 | 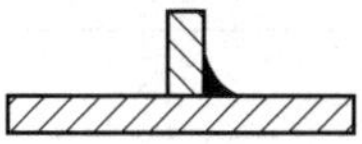 |  |

表 2-7　补充符号的标注示例

| 序号 | 符号 | 示意图 | 标注示例 | 备注 |
|---|---|---|---|---|
| 1 |  | 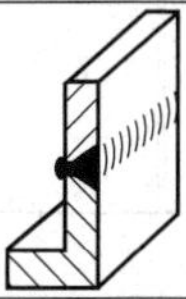 | 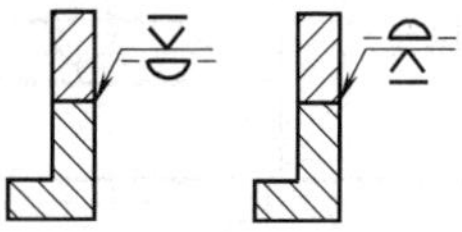 | |
| 2 |  | 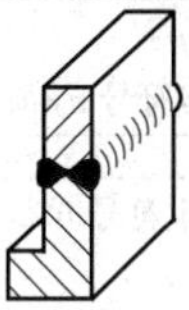 | 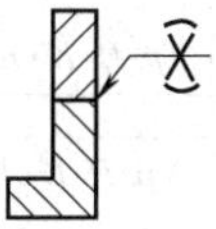 | |
| 3 | | 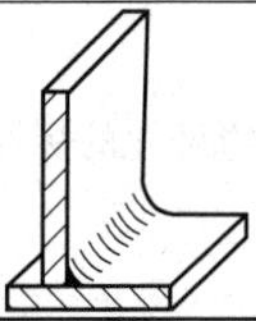 | 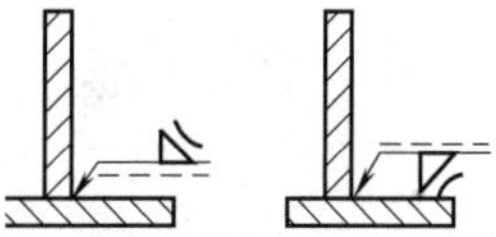 | |

### 4. 焊缝尺寸符号

（1）焊缝尺寸符号及数据标注方法

焊缝尺寸一般不标注，当需要标注时，应注意标注位置的正确性。如需要注明焊缝尺寸时，其尺寸符号见表 2-8。图 2-9 为焊缝尺寸的标注原则。

表 2-8　焊缝尺寸符号

| 符号 | 名称 | 示意图 | 符号 | 名称 | 示意图 |
|---|---|---|---|---|---|
| $\delta$ | 工件厚度 | 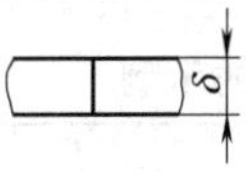 | $c$ | 焊缝宽度 | 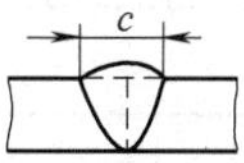 |
| $\alpha$ | 坡口角度 | 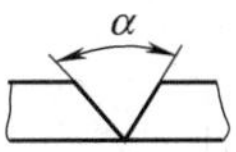 | $K$ | 焊脚尺寸 | 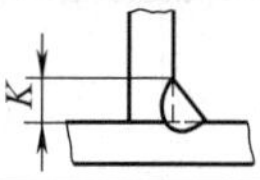 |
| $\beta$ | 坡口面角度 | 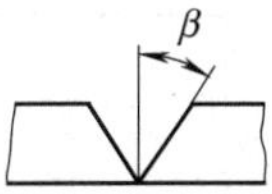 | $d$ | 点焊:熔核直径<br>塞焊:孔径 | 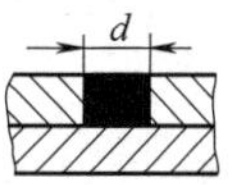 |
| $B$ | 根部间隙 | 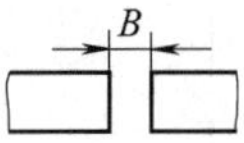 | $n$ | 焊缝段数 | 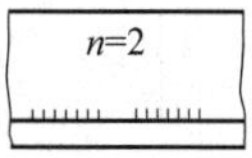 $n=2$ |

续表

| 符号 | 名称 | 示意图 | 符号 | 名称 | 示意图 |
|------|------|--------|------|------|--------|
| $p$ | 钝边 | | $l$ | 焊缝长度 | |
| $R$ | 根部半径 | | $e$ | 焊缝间距 | |
| $H$ | 坡口深度 | | $N$ | 相同焊缝数量 | |
| $S$ | 焊缝有效厚度 | | $h$ | 余高 | |

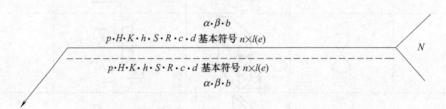

$$\alpha \cdot \beta \cdot b$$
$$p \cdot H \cdot K \cdot h \cdot S \cdot R \cdot c \cdot d \ \textbf{基本符号} \ n \times l(e)$$
$$- - - - - - - - - - - - - - - - - - - - - - - - -$$
$$p \cdot H \cdot K \cdot h \cdot S \cdot R \cdot c \cdot d \ \textbf{基本符号} \ n \times l(e)$$
$$\alpha \cdot \beta \cdot b$$

图 2-9　焊缝尺寸的标注原则

（2）焊缝尺寸符号的标注规定

① 焊缝横截面上的尺寸标在基本符号的左侧，如钝边高度 $p$、坡口深度 $H$、焊脚尺寸 $K$、焊缝余高 $h$、熔透深度 $S$、U 形坡口圆弧半径 $R$、焊缝宽度 $c$、焊点直径 $d$ 等。

② 焊缝长度方向尺寸标注在基本符号的右侧，如焊缝长度 $l$、焊缝间距 $e$ 等。

③ 坡口角度、根部间隙等尺寸标在基本符号的上侧或下侧。

④ 相同的焊缝数量符号标在基准线尾部。

⑤ 当需要标注的尺寸数据较多又不易分辨时，可在数据前面增加相对应的尺寸符号。

上述原则当箭头线方向变化时，其标注原则不变。表 2-9 为焊缝尺寸的标注示例。

表 2-9　尺寸标注的示例

| 序号 | 名称 | 示意图 | 尺寸符号 | 标注方法 |
|------|------|--------|----------|----------|
| 1 | 对接焊缝 | | $S$ | |
| 2 | 连接角焊缝 | | $K$ | |

| 序号 | 名称 | 示意图 | 尺寸符号 | 标注方法 |
|---|---|---|---|---|
| 3 | 断续角焊缝 | | $l$—焊缝长度<br>$e$—间距<br>$n$—焊缝段数<br>$K$—焊脚尺寸 | $K$ $n \times l(e)$ |
| 4 | 交错断续角焊缝 | | $l$—焊缝长度<br>$e$—间距<br>$n$—焊缝段数<br>$K$—焊脚尺寸 | $K$ $n \times l$ $(e)$<br>$K$ $n \times l$ $(e)$ |
| 5 | 塞焊缝或槽焊缝 | | $l$—焊缝长度<br>$e$—间距<br>$n$—焊缝段数<br>$d$—槽宽 | $c$ $n \times l(e)$ |
| 6 | 塞焊缝或槽焊缝 | | $e$—间距<br>$n$—焊缝段数<br>$d$—孔径 | $d$ $n \times (e)$ |
| 7 | 点焊缝 | | $N$—焊点数量<br>$e$—焊点距离<br>$d$—熔核直径 | $d$ $N \times (e)$ |
| 8 | 缝焊缝 | | $l$—焊缝长度<br>$e$—间距<br>$n$—焊缝段数<br>$c$—焊缝宽度 | $c$ $n \times l(e)$ |

（3）关于尺寸符号的说明

① 在基本符号的右侧无任何标注且又无其他说明时，意味着焊缝在焊件的整个长度上是连续的。

② 在基本符号的左侧无任何标注且又无其他说明时，表示对接焊缝要完全焊透。

③ 塞焊缝、槽焊缝带有斜边时，应该标注孔底部的尺寸。

## 三、焊接方法代号

我国规定用阿拉伯数字代号来表示金属焊接及钎焊等各种焊接方法，该数字代号可在图样上作为焊接方法来使用，见表 2-10。

**表 2-10 焊接方法及代号**

| 焊接方法 | 代号 | 焊接方法 | 代号 |
|---|---|---|---|
| 电弧焊 | 1 | 非熔化极气体保护电弧焊 | 14 |
| 无气体保护的电弧焊 | 11 | TIG 焊:钨极惰性气体保护焊(含钨极 Ar 弧焊) | 141 |
| 焊条电弧焊 | 111 | TIG 点焊 | 142 |
| 埋弧焊 | 12 | 等离子弧焊 | 15 |
| 丝极埋弧焊 | 121 | 大电流等离子弧焊 | 151 |
| 带极埋弧焊 | 122 | 微束等离子弧焊 | 152 |
| 熔化极气体保护电弧焊 | 13 | 等离子弧粉末堆焊(喷焊) | 153 |
| MIG 焊:熔化极惰性气体保护焊(含熔化极 Ar 弧焊) | 131 | 等离子弧填丝堆焊(冷、热丝) | 154 |
| MAG 焊:熔化极非惰性气体保护焊(含 $CO_2$ 保护焊) | 135 | 等离子弧 MIG 焊 | 155 |
| 非惰性气体保护药芯焊丝电弧焊 | 136 | 等离子弧点焊 | 156 |

# 第五节　焊接缺陷及检验

焊接缺陷指焊接过程中在焊接接头处产生的不符合设计或工艺文件要求的缺陷。

按焊接缺陷在焊缝中的位置，可分为外部缺陷与内部缺陷两大类。外部缺陷位于焊缝区的外表面，肉眼或用低倍放大镜即可观察到。例如：焊缝尺寸不符合要求、咬边、焊瘤、弧坑、烧穿、下塌、表面气孔、表面裂纹等。内部缺陷位于焊缝内部，需用破坏性试验或无损探伤方法来检验。例如：未焊透、未熔合、夹渣、内部气孔、内部裂纹等。

## 一、常见的焊接缺陷

### 1. 外观缺陷

（1）焊缝平直度

焊缝平直度是指焊缝外表面成形状况，即焊缝外表面形状高低不平，焊波粗劣，焊缝宽度不齐，焊缝余高不足或过高、角焊缝焊脚高度不符合设计要求等。

焊缝尺寸过小会降低焊接接头强度；尺寸过大将增加结构的应力和变形，造成应力集中，还增加焊接工作量。

产生焊缝平直度缺陷的原因主要有：焊接坡口角度不当或装配间隙不均匀；焊接电流过大或过小，焊工操作不熟练，运条方式或速度及焊角角度不当等；埋弧焊时焊接规范不正确等。

防止焊缝平直度缺陷的措施是：正确选用坡口角度及装配间隙；正确选择焊接电流；提高焊工操作技能；控制适当的工艺参数；角焊时随时注意保持正确的焊条角度和焊接速度等。

（2）咬边

咬边是指沿着焊趾，在母材部分形成的凹陷或沟槽，它是电弧将焊缝边缘的母材熔化后没有得到熔敷金属的充分补充所留下的缺口。如图 2-10 所示。

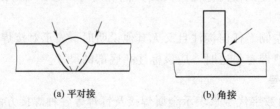

(a) 平对接　　　　　　　(b) 角接

图 2-10　咬边示意图

咬边减小了母材的有效截面积，减弱了焊接接头的强度，降低了结构的承载能力，同时咬边处易引起应力集中，承载后有可能在咬边处产生裂纹，甚至引起结构的破坏。

产生咬边的主要原因是焊接参数选择不当，或操作工艺不正确。电弧热量太高，即电流太大，运条速度太小，焊条与工件间角度不正确，摆动不合理，电弧过长，焊接次序不合理等都会造成咬边。直流焊时电弧的磁偏吹也是产生咬边的一个原因。某些焊接位置（立、横、仰）会加剧咬边。

矫正操作姿势，选用合理的规范，采用良好的运条方式都会有利于消除咬边。焊角焊缝时，用交流焊代替直流焊也能有效地防止咬边。

（3）焊瘤

焊接过程中，熔化金属流淌到焊缝之外未熔化的母材上，所形成的金属瘤即为焊瘤，如图 2-11 所示。

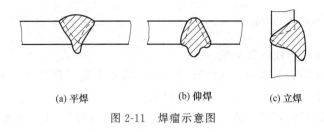

(a) 平焊　　　　　　(b) 仰焊　　　　　(c) 立焊

图 2-11　焊瘤示意图

焊瘤是由于熔池温度过高，使液态金属凝固较慢，在其自重作用而下淌形成的。造成熔池温度过高而使液态金属在高温停留时间过长的根本原因是焊接电流偏大及焊接速度太慢，焊缝间隙过大，焊条角度和运条方法不正确或焊条质量不好等均可引起焊瘤的产生。焊瘤常在立焊、横焊和仰焊时发生，操作时，如果运条动作慢，就会明显地产生熔敷金属的下坠，下坠的金属冷却后就成为焊瘤。

焊瘤不仅影响焊缝外表的美观，而且焊瘤下面常有未熔合、夹渣缺陷，易导致裂纹，同时，焊瘤改变了焊缝的实际尺寸，会带来应力集中。对于管道接头来说，管道内部的焊瘤还会使管内的有效面积减少，严重时使管内产生堵塞。

防止形成焊瘤的措施是：注意熔池温度的控制，选择合适的焊接工艺参数，选用无偏芯焊条，合理操作。如：立焊、横焊和仰焊的线能量要比平焊小；坡口间隙处停留时间不宜过长等。

（4）烧穿

烧穿是指焊接过程中，熔深超过工件厚度，熔化金属自焊缝背面流出，形成穿孔性缺陷。烧穿常发生于打底焊道的焊接过程中。焊接电流过大，速度太慢，电弧在焊缝处停留过久，都会产生烧穿缺陷。工件间隙太大，钝边太小也容易出现烧穿现象。烧穿是锅炉压力容器产品上不允许存在的缺陷，它完全破坏了焊缝，使接头失去其连接及承载能力。

为了防止烧穿，要正确设计焊接坡口尺寸，确保装配质量，选用适当的焊接工艺参数。单面焊可采用加铜垫板或焊剂垫等办法防止熔化金属下塌及烧穿。手工电弧焊焊接薄板时，可采用跳弧焊接法或断续灭弧焊接法。使用脉冲焊，也能有效地防止烧穿。

（5）凹坑

凹坑指在焊缝表面或焊缝背面形成的低于母材表面的局部低洼部分，如图 2-12 所示。凹坑多是由于收弧时焊条（焊丝）未作短时间停留造成的（此时的凹坑称为弧坑或者火口），仰、立、横焊时，常在焊缝背面根部产生内凹。凹坑减小了焊缝的有效截面积，弧坑常带有弧坑裂纹和弧坑缩孔。

防止凹坑的措施有：选用有电流衰减系统的焊机，尽量选用平焊位置，选用合适的焊接规范，提高焊工操作技能，适当摆动焊条以填满凹陷部分；在收弧处短时间停留或作几次环形摆动，以继续增加一定量的熔化金属以填满弧坑。

（6）塌陷及未焊满

塌陷指单面熔化焊时，由于焊接工艺不当，造成焊缝金属过量透过背面，使焊缝正面塌陷，背面凸起的现象，如图 2-13 所示。塌陷常在立焊和仰焊时产生，特别是管道的焊接，

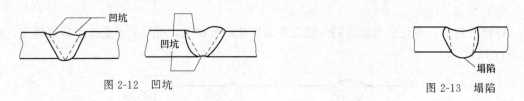

图 2-12    凹坑                                              图 2-13    塌陷

往往由于熔化金属下坠出现这种缺陷。

未焊满是指焊缝表面上连续的或断续的沟槽。填充金属不足是产生未焊满的根本原因。规范太弱，焊条过细，运条不当等会导致未焊满。

塌陷和未焊满同样削弱了焊缝，容易产生应力集中，同时，由于规范太弱使冷却速度增大，容易带来气孔、裂纹等。

防止未焊满的措施有：加大焊接电流，加焊盖面焊缝。

### 2. 内部缺陷

**（1）未焊透**

焊接时接头根部未完全熔透的现象称为未焊透，如图 2-14 所示。

图 2-14    未焊透

未焊透常出现在单面焊的根部和双面焊的中部。未焊透不仅使焊接接头的机械性能降低，而且在未焊透处的缺口和端部形成应力集中点，承载后会引起裂纹。

未焊透产生的原因是焊接电流太小；焊接速度太快；焊条角度不当或电弧发生偏吹；坡口角度或装配间隙太小，焊件散热太快；氧化物和熔渣等阻碍了金属间充分的熔合等。凡是造成焊条金属和基本金属不能充分熔合的因素，都会引起未焊透的产生。

防止未焊透的措施包括：正确选择坡口形式和装配间隙，并清除掉坡口两侧和焊层间的污物及熔渣；选用适当的焊接电流和焊接速度；运条时，应随时注意调整焊条的角度，特别是遇到磁偏吹和焊条偏心时，更要注意调整焊条角度，以使焊缝金属和母材金属得到充分熔合；对导热快、散热面积大的焊件，应采取焊前预热或焊接过程中加热的措施。

**（2）未熔合**

未熔合指焊接时，焊道与母材之间或焊道与焊道之间未完全熔化结合的部分；或指点焊时母材与母材之间未完全熔化结合的部分。如图 2-15 所示。

未熔合的危害大致与未焊透相同。产生未熔合的原因有：焊接线能量太低；电弧发生偏吹；坡口侧壁有锈垢和污物；焊层间清渣不彻底等。

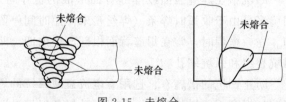

图 2-15    未熔合

**（3）夹渣**

焊后残留在焊缝中的熔渣称为夹渣。夹渣外形很不规则，大小相差也极悬殊，对接头性能影响比较严重。夹渣会降低焊接接头的塑性和韧性；夹渣的尖角处，造成应力集中；特别是对于淬火倾向较大的焊缝金属，容易在夹渣尖角处产生很大的内应力而形成焊接裂纹。

夹渣产生的原因有焊接电流过小，熔化金属和熔渣所得热量不足，使其流动性降低，而且熔化金属凝固速度快，熔渣来不及浮出；坡口尺寸不合理；坡口有污物；多层焊时，层间清渣不彻底；焊接线能量小，熔化金属和熔渣所得热量不足，使其流动性降低，而且熔化金属凝固速度快，熔渣来不及浮出；焊件边缘或焊层和焊道之间的熔渣未清除干净，特别是碱性焊条焊接，更易发生；焊条药皮、焊剂化学成分不合理，熔点过高；钨极惰性气体保护焊时，电源极性不当，电流密度大，钨极熔化脱落于熔池中；手工焊时，焊条角度和运条方法不当，熔渣和铁水混杂在一起阻碍了熔渣上浮。可根据以上原因分别采取对应措施以防止夹渣的产生。

防止方法是清除铁锈和层间熔渣，将凸凹不平处铲平，然后再焊接；选用工艺性能良好的焊条以及选择合适的焊接电流，减慢焊接速度，改善熔渣浮出条件；随时调整焊条角度和运条方法，注意熔渣流动的方向，使其浮到熔池表面；调整焊条药皮或焊剂的化学成分，降低熔渣的熔点和黏度，有利于防止夹渣产生。

（4）气孔

1）气孔的定义。气孔是指焊接时，熔池中的气体未在金属凝固前逸出，残存于焊缝中所形成的空穴。其气体可能是熔池从外界吸收的，也可能是焊接冶金过程中反应生成的。

2）气孔的分类。气孔从其形状上分，有球状气孔、条虫状气孔；从数量上可分为单个气孔和群状气孔，群状气孔又有均匀分布气孔、密集状气孔和链状分布气孔之分。按气孔内气体成分分类，有氢气孔、氮气孔、二氧化碳气孔、一氧化碳气孔、氧气孔等，熔焊气孔多为氢气孔、一氧化碳气孔和氮气孔等。气孔可能产生在焊缝表面或隐藏在焊缝内部深处。

3）气孔的危害。气孔对焊缝的性能有较大影响，它不仅使焊缝的有效工作截面减小，使焊缝机械性能下降，而且破坏了焊缝的致密性，使焊缝疏松，容易造成泄漏。条虫状气孔和针状气孔比圆形气孔危害性更大，在这种气孔的边缘有可能发生应力集中，致使焊缝的塑性降低。氢气孔（白点）还可能促成冷裂纹。因此在重要的焊件中，对气孔应严格地控制。

4）气孔的产生原因。

① 焊件表面及坡口处有水、油、锈、漆等污物存在，在电弧高温作用下分解出氢、一氧化碳和水蒸气进入熔池。

② 母材和焊条钢芯的含碳量过高，焊条药皮脱氧能力差。

③ 焊条药皮受潮，特别是碱性焊条，使用前烘干温度和时间不够，或烘干温度过高而使药皮中部分成分变质失效。

④ 焊接电流偏小或焊接速度偏快，熔池存在时间短，气体来不及逸出；焊接电流偏大，造成焊条药皮发红、脱落而失去保护作用；电弧过长失去保护作用，使空气侵入熔池。

⑤ 电弧偏吹，运条手法不稳。

（5）气孔的防止措施

为了防止气孔的产生，应从母材方面、焊接材料方面和焊接工艺等方面采取措施。

① 在母材方面，焊前认真清理坡口及其两侧，去除水分、锈、油污及防腐底漆等。

② 在焊接材料方面，不得使用药皮开裂、剥落、偏心、焊芯锈蚀或药皮变质的焊条。选用含碳量较低及脱氧能力强的焊条，并采用直流反接法进行焊接。焊前焊条要按规定的温度及时间烘干，并做到随用随取。

③ 在工艺方面，要选择合适的焊接规范，焊接速度不要过快；对于碱性焊条，应采用短弧焊，外界风大或有穿堂风现象，应采取防风措施；发现焊条偏心时，要及时转动或倾斜

焊条角度，避免偏吹；导热快、散热面大或工作环境温度低时，焊前要预热。

（6）裂纹

焊接裂纹是最危险的焊接缺陷，严重地影响着焊接结构的使用性能和安全可靠性，许多焊接结构的破坏事故，都是焊接裂纹引起的。裂纹除了降低焊接接头的强度外，还因裂纹的末端有一个尖锐的缺口，将引起严重的应力集中，促使裂纹的发展和结构的破坏。

1）裂纹的定义。

焊接裂纹指在焊接应力及其他致脆因素共同作用下，焊接接头中局部地区的金属原子结合力遭到破坏而形成的新界面所产生的缝隙。它具有尖锐的缺口和长宽比大的特征。

2）裂纹的分类。

① 根据裂纹尺寸大小，可分为三类：宏观裂纹，即肉眼可见的裂纹；微观裂纹，即在显微镜下才能发现的裂纹；超显微裂纹，即在高倍数显微镜下才能发现的裂纹，一般指晶间裂纹和晶内裂纹。

② 从产生温度上看，裂纹分为两类：热裂纹和冷裂纹。

热裂纹又称结晶裂纹，一般焊接完毕即出现，是指焊缝金属由液态冷却到固相线（$A_{c3}$）左右出现的结晶裂纹。这种裂纹主要发生在晶界，裂纹面上有氧化色彩，失去金属光泽。

冷裂纹是指在焊接完毕冷至马氏体转变温度以下产生的裂纹，一般是在焊后一段时间（几小时、几天甚至更长）才出现，故又称延迟裂纹。碳当量在 $0.35\%\sim0.40\%$ 的低合金钢、中、高碳素钢，工具钢及超高强钢等，都有冷裂纹倾向。

③ 按裂纹产生的原因分，又可把裂纹分为三种：再热裂纹、层状撕裂和应力腐蚀裂纹。

再热裂纹是接头冷却后再加热至 $500\sim700℃$ 时产生的裂纹。再热裂纹产生于沉淀强化的材料（如含 Cr、Mo、V、Ti、Nb 的金属）的焊接热影响区内的粗晶区，一般从熔合线向热影响区的粗晶区发展，呈晶间开裂特征。

层状撕裂的产生主要是由于钢材在轧制过程中，将硫化物（MnS）、硅酸盐类等杂质夹在其中，形成各向异性。在焊接应力或外拘束应力的作用下，金属沿轧制方向的杂物开裂。

应力腐蚀裂纹是在应力和腐蚀介质共同作用下产生的裂纹。除残余应力或拘束应力的因素外，应力腐蚀裂纹主要与焊缝组织组成及形态有关。

3）裂纹的危害。

裂纹的危害很大，尤其是冷裂纹，带来的危害是灾难性的。压力容器事故除极少数是设计不合理、选材不当的原因引起以外，绝大部分是由于裂纹引起的脆性破坏。

4）热裂纹的形成机理、影响因素及防止措施。

① 热裂纹的形成机理。热裂纹发生于焊缝金属凝固末期，敏感温度区大致在固相线附近的高温区，最常见的热裂纹是结晶裂纹，其生成原因是在焊缝金属凝固过程中，随着结晶面延伸，结晶偏析使低熔点杂质富集于晶界，形成所谓"液态薄膜"，在特定的敏感温度区（又称脆性温度区）间，其强度极小，由于焊缝凝固收缩而受到拉应力，最终开裂形成裂纹。结晶裂纹最常见的情况是沿焊缝中心长度方向开裂，为纵向裂纹，有时也发生在焊缝内部两个柱状晶之间，为横向裂纹。弧坑裂纹（火口裂纹）是另一种形态的、常见的热裂纹。

热裂纹包括结晶裂纹、液化裂纹和高温低塑性裂纹（多边化裂纹）。后两种裂纹都发生在热影响区，由于母材受热循环的过热影响，使奥氏体晶粒粗化，并导致晶界液膜或晶界弱化，在收缩应力作用下产生裂纹。

热裂纹都是沿晶界开裂，通常发生在杂质较多的碳钢、低合金钢、奥氏体不锈钢等材料气焊缝中。

② 影响热裂纹的因素有以下三类，一是合金元素和杂质的影响。碳元素以及硫、磷等杂质元素的增加，会扩大敏感温度区，使结晶裂纹的产生机会增多。二是冷却速度的影响。冷却速度增大，会使结晶偏析加重，还会使结晶温度区间增大，两者都会增加结晶裂纹的出现机会。三是结晶应力与拘束应力的影响，在脆性温度区内，金属的强度极低，焊接应力又使这部分金属受拉，当拉应力达到一定程度时，就会出现结晶裂纹。

③ 防止热裂纹的措施有两种。一是冶金措施控制。焊缝中有害杂质硫、磷、碳的含量，增加含锰量、采用碱性焊条、以防止或减少低熔点共晶物的产生。给焊材中加变质剂，细化晶粒，改善焊缝一次结晶组织。二是工艺措施。预热和缓冷，以减小焊接应力。控制焊缝形状，防止低熔点共晶物产生在焊缝中心。为防止火口偏析产生火口裂纹，应采用收弧板（引出板）进行收弧。

5）冷裂纹的形成机理、影响因素及防止措施。

冷裂纹产生于较低温度，且产生于焊后一段时间以后，故又称延迟裂纹；其主要产生于热影响区，也有发生在焊缝区的；冷裂纹可能是沿晶开裂、穿晶开裂或两者混合出现；冷裂纹引起的构件破坏是典型的脆断。常见的有焊趾裂纹、焊道下裂纹和根部裂纹三种形态。如图 2-16 所示。

① 冷裂纹的形成机理。冷裂纹产生的主要原因是：淬硬组织（马氏体）减小了金属的塑性储备，接头的残余应力使焊缝受拉，接头内有一定的含氢量。含氢量和拉应力是冷裂纹（这里指氢致裂纹）产生的两个重要因素。一般来说，金属内部原子的排列并非完全有序的，而是有许多微观缺陷。在拉应力的作用下，氢向高应力区（缺陷部位）扩散聚集。当氢聚集到一定浓度时，就会破坏金属中原子的结合键，金属内就出现一些微观裂纹。应力不断作用，氢不断地聚集，微观裂纹不断地扩展，

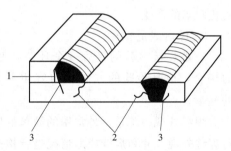

图 2-16 常见的冷裂纹形态
1—焊道下裂纹；2—焊趾裂纹；3—焊根裂纹

直至发展为宏观裂纹，最后断裂。决定冷裂纹的产生与否，有一个临界的含氢量和一个临界的应力值，当接头内氢的浓度小于临界含氢量，或所受应力小于临界应力时，将不会产生冷裂纹（即延迟时间无限长）。在所有的裂纹中，冷裂纹的危害性最大。

② 影响冷裂纹的因素。焊接冷裂纹产生的三大因素是，淬硬组织、含氢量和焊接接头拘束条件造成的焊接应力。由氢引起的延迟裂纹称为氢致裂纹。

③ 防止冷裂纹的方法有冶金措施和工艺措施。

冶金措施就是选用低氢焊条和工艺方法，严格控制氢的来源；通过合金元素改善焊缝组织状态，以提高焊缝塑性。

工艺措施是预热、层间保温、后热和缓冷以及焊后立即消除应力处理，合理选择工艺参数（较大线能量）以加速氢的逸出，改善接头组织以及缓和焊接应力。

此外，施焊中注意改善拘束条件，减小焊接应力，合理安排焊接顺序，分段焊及采用合

理焊接方向等措施。

## 二、焊接检验

焊接生产过程中，由于受各种复杂因素的影响，接头中会产生一些缺陷。对焊接接头进行必要的检验，是保证焊接质量的一项重要措施。高质量焊接接头的获得，一方面靠先进的焊接技术来保证，另一方面还要靠先进的质量管理和检验方法来控制，后者尤为重要。

焊接质量检验是对焊接过程及其产品的一种或多种特性进行测量、检查、试验，并将这些特性与规定的要求进行比较以确定其符合性的活动。它主要通过对焊接接头或整体结构的检验，发现焊缝和热影响区内的各种缺陷，以便做出相应处理，评价产品质量、性能是否达到设计、标准及有关规程的要求，以确保产品能够安全运行。

焊接质量的检验主要分为三个阶段，即焊前检验，焊接过程中检验和焊后成品检验。

### 1. 焊前检验

主要是检查技术文件（设计图纸、工艺文件等）是否完整齐全，并符合各项标准、法规的要求；焊接材料（焊条、焊丝、焊剂）和基本金属原材料的质量验收（包括对质量证明书、复验报告、外观质量的检查、验收）；坡口质量的检查；焊接设备是否完好、可靠等。焊前检验的目的是预防或减少焊接时产生缺陷的可能性。

### 2. 焊接过程中检验

主要包括焊接设备运行情况、焊接工艺执行情况的检查。其目的是及时发现焊接过程中的问题，以随时加以纠正，同时通过对焊接工艺实施情况的检查及焊接过程中的质量控制，防止缺陷的产生。

### 3. 焊后成品检验

它是焊接检验的最后一个环节，是鉴别产品质量的主要依据。对焊接质量要求不高的场合，成品检验的方法和内容主要是外观检验，即结构成形与尺寸及焊缝表面质量的检验。

焊缝外观检验是一种常用的简单的检验方法，是利用肉眼、挡板、量具或低倍放大镜等对焊缝外观尺寸和焊缝成形情况进行检验。

焊缝的外观检验，在一定程度上有利于分析发现内部缺陷。例如，焊缝表面有咬边和焊瘤时，其内部则常常伴随有未焊透；焊缝表面有气孔，则意味着内部可能不致密，有气孔和夹渣等。另外，通过外观检验可以判断焊接规范和工艺是否合理，如电流过小或运条过快，则焊道外表面会隆起和高低不平，电流过大则弧坑过大和咬边严重。

外观检验的内容，包括焊缝外形尺寸是否符合设计要求，焊缝外形是否平整，焊缝与母材过渡是否平滑等；检查的表面缺陷有裂纹、焊瘤、烧穿、未焊透、咬边、气孔等。并应特别注意弧坑是否填满，有无弧坑裂纹。多层焊时，要特别重视根部焊道的外观检验，对于有可能发生延迟裂纹的钢材，除焊后检查外，隔一定时间（15～30天）还要进行复查。有再热裂纹倾向的钢材，在最终热处理后也必须再次检验。

外观检验从点固焊开始，每焊完一层都要进行，以把焊接缺陷消灭在焊接过程中。

焊接检验尺（焊缝万能量规）是一种常用的焊缝外观尺寸检测工具，通常用焊接检验尺来测量焊件焊前的坡口角度、间隙、错边以及焊后对接焊缝的余高、宽度和角焊缝的高度、厚度等、具体检测方法如图2-17所示。

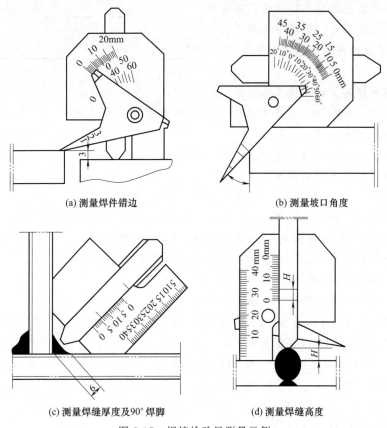

(a) 测量焊件错边　　　　　　　　(b) 测量坡口角度

(c) 测量焊缝厚度及90°焊脚　　　　(d) 测量焊缝高度

图 2-17　焊接检验尺测量示例

# 习　题

一、名词解释

1. 焊接　　　　　　2. 对接接头　　　　　3. 熔合比

4. 坡口　　　　　　5. 焊接缺陷　　　　　6. 裂纹

二、填空

1. 目前常用的焊接方法按照接头是否熔化分为_____、_____、_____。

2. 焊接接头包括_____、_____和_____。

3. 焊接接头的基本形式可分为_____、_____、_____、T 形接头 4 种。

4. 焊接接头的基本坡口形式有_____坡口、_____坡口、_____坡口和_____坡口。

5. 坡口的几何尺寸包括_____、_____、_____、钝边、_____。

6. 按焊缝在空间位置的不同焊缝类型可分为_____焊缝、____焊缝、____焊缝和____焊缝四种。

7. 根据国标 GB/T 324—2008《焊缝符号表示法》的规定，完整的焊缝符号包括_____、_____、_____、_____及数据等。

8. 按焊接缺陷在焊缝中的位置，可分为_____与_____两大类。

9. 从产生温度上看，裂纹分为两类：_____和_____。

10. 焊接质量的检验主要分为三个阶段，即____、____，和_____。

三、选择

1. 下列哪种焊接方法不属于熔化焊？（　　）

A. 气焊　B. 钎焊　C. 焊条电弧焊　D. 埋弧自动焊

2. 焊接接头不包括（　　）。

A. 焊缝　B. 熔合区　C. 母材区　D. 热影响区

3. 焊接接头的基本形式不包括（　　）。

A. 对接接头　B. 搭接接头　C. 仰焊接头　D. T 形接头

4. 在所有的熔焊接头中，受力状态较好、应力集中程度较小的是（　　）。

A. 对接接头　B. 搭接接头　C. T 形接头　D. 角接接头

5. 在金属材料性能中，不表示材料的物理性能的是（　　）。

A. 熔点　B. 热膨胀性　C. 耐腐蚀性　D. 导热性

6. 下列金属性能中，不属于化学性能的是（　　）。

A. 热膨胀性　B. 耐腐蚀性　C. 抗氧化性　D. 化学稳定性

7. 焊接缺陷可能发生的位置在哪？（　　）

A. 母材　B. 热影响区　C. 焊道　D. 以上都是

8. 坡口角度用符号（　　）表示。

A. $\beta$　B. $\alpha$　C. $C$　D. $K$

9. 坡口面角度用符号（　　）表示。

A. $\beta$　B. $\alpha$　C. $C$　D. $K$

10. 我国规定用阿拉伯数字代号来表示金属焊接及钎焊等各种焊接方法，其中焊条电弧焊用数字（　　）表示。

A. 121　B. 131　C. 141　D. 111

11. 我国规定用阿拉伯数字代号来表示金属焊接及钎焊等各种焊接方法，其中钨极氩弧焊用数字（　　）表示。

A. 121　B. 131　C. 141　D. 111

12. 焊接时接头根部未完全熔透的现象称为（　　）。

A. 未熔合　B. 未焊透　C. 气孔　D. 裂纹

13. 焊接时，焊道与母材之间或焊道与焊道之间未完全熔化结合的部分称为（　　）

A. 未熔合　B. 未焊透　C. 气孔　D. 裂纹

14. 下列哪一项不是未熔合产生的原因？（　　）

A. 接线能量太低　B. 电弧发生偏吹

C. 坡口侧壁清理干净，没有锈垢和污物　D. 焊层间清渣不彻底等

15. 焊缝检验尺不能测量哪个数据？（　　）

A. 坡口角度　B. 装配间隙　C. 气孔大小　D. 焊缝余高

四、判断

1. 焊条电弧焊不适用于有色金属的焊接。　　　　　　　　　　　　　（　　）

2. 母材的导热、导电、熔点等物理性能会直接影响其焊接性及焊接质量。（　　）

3. 搭接接头是各种接头结构中采用最多的一种接头形式。 （ ）

4. 钢板厚度在 6mm 以下，除重要结构外，一般可不开坡口。 （ ）

5. 开双侧坡口时，坡口角度等于坡口面角度。 （ ）

6. 钝边的作用是保证熔透。 （ ）

7. 焊缝符号中指引线一般由带有箭头的指引线和两条基准线（一条为实线，另一条为虚线）两部分组成。 （ ）

8. 焊缝尺寸符号标注时焊缝横截面上的尺寸标在基本符号的左侧。 （ ）

9. 裂纹属于外部缺陷。 （ ）

10. 气孔可能产生在焊缝表面或隐藏在焊缝内部深处。 （ ）

11. 在焊接接头的四种形式中，最好的接头形式是搭接接头。 （ ）

12. 开焊接坡口的目的是为了焊缝美观。 （ ）

13. 同样的母材，相同的板厚，开 V 形坡口焊接要比 X 形坡口变形小。 （ ）

14. 坡口形式与焊接方法的选择无关。 （ ）

15. 对接接头是最常见的焊接接头形式。 （ ）

五、简答

1. 焊件开坡口的目的是什么？

2. 确定焊接坡口应遵循的原则有哪些？

3. 选择焊接方法时，应该考虑的因素有哪些？

4. 产生咬边的主要原因有哪些？

5. 简述未焊透的产生原因及防止措施。

6. 简述夹渣的产生原因。

7. 简述气孔产生的原因。

# 第三章

# 气焊与气割

**知识目标：**
- 能够正确连接气焊、气割设备，熟练掌握设备操作方法。
- 掌握气焊和气割工艺。
- 能够正确的选择气焊和气割参数，熟练掌握薄板、钢管等焊接和切割操作技能。

**重点难点：**
- 回火处理方法。
- 气焊、气割参数选择。
- 气焊、气割速度和稳定性的控制。

## 第一节　概　　述

### 一、气焊原理及应用

#### 1. 气焊原理

气焊是利用可燃气体（常用乙炔）与助燃气体（常用氧气）混合燃烧形成的火焰，将接头部位的母材和焊丝熔化来进行焊接的一种材料连接方法。气焊过程如图 3-1 所示。

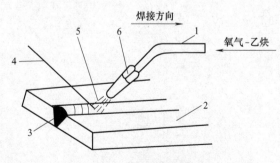

图 3-1　气焊过程示意图

1—焊炬；2—焊件；3—焊缝；4—焊丝；
5—气焊火焰；6—焊嘴

#### 2. 特点及应用

气焊具有加热均匀和缓慢的特点，不仅能焊接薄板和低熔点材料（有色金属及其合金），同时，由于气体火焰长度可随意调整，焊丝和火焰又是各自独立的，用来焊接需要预热和缓冷的工具钢、铸铁是比较有利的。另外，在钎焊、堆焊、构件变形的火焰矫正等方面也被广泛采用。其设备简单，操作灵活方便，成本低，无需电源，适用性好。因此，气焊技术在工业生产、建筑施工中得以广泛应用，是金属材料加工的主要方法之一。其缺点是气焊热量分散，热影响区及变形大，焊接接头质量不易保证。

### 二、气割原理及应用

#### 1. 气割原理

气割则是利用可燃气体与氧燃烧时所放出的热量将金属预热到燃点，使其在纯氧气流中燃烧，并利用高压氧流将燃烧的氧化熔渣从切口中吹除，从而达到分离金属的目的。

气割过程包括预热、氧化、吹渣、前进四个阶段。其实质是金属在纯氧中的燃烧过程，而不是熔化过程。但并不是所有金属都能满足这个过程的要求，只有符合下列条件的金属才能进行气割。

① 金属在氧气中的燃点应低于金属的熔点。

② 气割时金属氧化物的熔点应低于金属的熔点。

③ 金属的氧化反应应是放热反应。

④ 金属的导热性不应太高。

⑤ 金属中阻碍气割过程和提高钢的淬透性的杂质要少。

符合上述条件的金属有纯铁、低碳钢、中碳钢和低合金钢以及钛等。其他常用的金属材料如铸铁、不锈钢、铝和铜等，不满足上述条件，一般不能用气割方法切割。

#### 2. 特点及应用

作为常用的一种切割方法，气割具有设备简单，成本低，效率高，基本不受切割厚度与零件形状限制，而且容易实现机械化、自动化等优点，因而广泛地应用于切割低碳钢和低合金钢零件、开焊接坡口等。

# 第二节　气焊与气割用材料、火焰性质

气焊所用的材料主要指气焊丝、气焊熔剂、助燃气体和可燃气体等。助燃气体使用的是氧气。可燃气体使用的种类很多，例如，乙炔气、氢气、天然气和液化石油气等。目前，应用最普遍的是乙炔气，其次是液化石油气。

### 一、氧气

#### 1. 氧气性质

氧气是一种化学性质极为活泼的气体，它能与许多元素化合生成氧化物，同时放出热量。氧气本身不能燃烧，但却具有强烈的助燃作用。因此，当工业高压氧气一旦与油脂等易燃物质相接触，会发生剧烈的氧化反应而引起爆炸。所以在操作中，切不可使气焊设备及工具等沾染上油脂。

#### 2. 制取与贮存

氧气的制取方法有化学法、水电解法和空气分离法。目前工业上一般采用空气分离法。空气分离法就是根据液态氧和液态氮的沸点不同（分别为 $-183℃$ 和 $-196℃$），将空气压缩、冷却液化，然后再加热液化空气。当温度升高到 $-196℃$ 时，氮首先气化逸出，氧则必须继续升温到 $-183℃$ 时才开始气化，这时，氧和氮就被分离了，然后再经压缩机将氧气压缩到 $12\sim15MPa$，装入氧气钢瓶，以便贮运和使用。

#### 3. 纯度要求

为了保证气焊的质量，提高生产效率及减小氧气的消耗量，对于氧气的纯度要求是越高越好。工业所用氧气一般分为两级，见表3-1。

在一般情况下，由氧气厂和氧气站供应的氧气可以满足气焊的要求。对于质量要求更高的气焊应采用一级纯度的氧。

表 3-1　气焊用的氧气等级

| 名　称 | 等　级 | |
|---|---|---|
| | 一级 | 二级 |
| 氧气体积分数/% | ≥99.2 | ≥98.5 |
| 水含量/(mL/瓶) | ≤10 | ≤10 |

### 二、乙炔

#### 1. 乙炔性质

乙炔是可燃气体，无色、带有臭味的碳氢化合物，化学式为 $C_2H_2$。它与空气混合燃烧的火焰温度为 2350℃，而与氧气混合燃烧的火焰温度为 3000～3300℃，能够迅速熔化金属从而达到焊接的目的。

乙炔是一种具有爆炸性的危险气体，属于危险化学品，使用时必须注意安全。

乙炔与铜或银长期接触后生成的乙炔铜（$Cu_2C_2$）和乙炔银（$Ag_2C_2$）是一种具有爆炸性的化合物，两者受到剧烈振动或加热到 110～120℃ 时就会爆炸。所以严禁用银或铜制造与乙炔接触的器具设备，但可用含铜质量分数不超过 70% 的铜合金制造。乙炔和氯、次氯酸盐等反应会发生燃烧和爆炸，所以乙炔燃烧时，绝对禁止用四氯化碳灭火。

#### 2. 制取与贮存

工业用乙炔，主要利用水分解电石（$CaC_2$）产生，其化学反应如下：

$$CaC_2 + 2H_2O \longrightarrow C_2H_2 \uparrow + Ca(OH)_2 + Q$$

将乙炔贮存在毛细管内，可大大降低其爆炸性。因此，可利用乙炔能大量溶解于丙酮溶液的特性，将乙炔装入乙炔瓶内（瓶内有丙酮溶液和活性炭）贮存、运输和使用。

### 三、气焊丝

气焊中，气焊丝是作为填充金属与熔化的焊件混合形成焊缝，因此气焊丝本身的质量及化学成分可直接影响焊缝质量与性能。

#### 1. 对气焊丝的要求

① 焊丝的化学成分应基本与焊件母材的化学成分相同，并保证焊缝有足够的力学性能和其他方面的性能。

② 焊丝表面应无油脂、锈蚀和油漆等污物。

③ 焊丝应能保证焊接质量，如不产生气孔、夹渣、裂纹等缺陷。

④ 焊丝的熔点应等于或略低于被焊金属的熔点，焊丝熔化时应平稳，不应有强烈的飞溅和蒸发。

#### 2. 常用气焊丝

常用的气焊丝有碳素结构钢焊丝、合金结构钢焊丝、不锈钢焊丝、铜及铜合金焊丝、铝及铝合金焊丝和铸铁气焊丝等。其中碳素结构钢焊丝、合金结构钢焊丝、不锈钢焊丝的牌号及用途见表 3-2。铜及铜合金、铝及铝合金、铸铁焊丝的牌号、化学成分及用途分别见表 3-3～表 3-5。

### 四、气焊熔剂

在气焊过程中，被加热后的熔化金属极易与周围空气中的氧或火焰中的氧化合生成氧化物，使焊缝产生气孔和夹渣等缺陷。所以在焊接有色金属（如铜及铜合金、铝及铝合金）、铸铁及不锈钢等材料时，通常要采用气焊熔剂，以消除熔池中的氧化物，改善被焊金属的润湿性等。气焊低碳钢时不必使用气焊熔剂。

表 3-2  钢焊丝的牌号及用途

| 碳素结构钢焊丝 | | 合金结构钢焊丝 | | | | 不锈钢焊丝 | | |
|---|---|---|---|---|---|---|---|---|
| 牌号 | | 用途 | 牌号 | | 用途 | 牌号 | | 用途 |
| 焊 08 | H08 | 焊接一般低碳钢结构 | 焊 10 锰 2 | H10Mn2 | 用途与 H08Mn 相同 | 焊 00 铬 19 镍 9 | H00Cr19Ni9 | 焊接超低碳不锈钢 |
| | | | 焊 08 锰 2 硅 | H08Mn2Si | | | | |
| 焊 08 高 | H08A | 焊接较重要低、中碳钢及某些低合金钢 | 焊 10 锰 2 钼高 | H10Mn2MoA | 焊接普通低合金钢 | 焊 0 铬 19 镍 9 | H0Cr19Ni9 | 焊接 18-8 型不锈钢 |
| 焊 08 特 | H08E | 用途与 H08A 相同，工艺性能较好 | 焊 10 锰 2 钼钒高 | H10Mn2MoVA | 焊接普通低合金钢 | 焊 1 铬 19 镍 9 | H1Cr19Ni9 | |
| 焊 08 锰 | H08Mn | 焊接较重要的碳素钢及普通低合金钢结构 | 焊 08 铬钼高 | H08CrMoA | 焊接铬钼钢等 | 焊 1 铬 19 镍 9 钛 | H1Cr19Ni9Ti | |
| 焊 08 锰高 | H08MnA | 用途与 H08Mn 相同，但工艺性能较好 | 焊 18 铬钼高 | H18CrMoA | 焊接结构钢，如铬钼钢、铬锰硅钢 | 焊 1 铬 25 镍 13 | H1Cr25Ni13 | 焊接高强度结构钢和耐热合金钢 |
| 焊 15 高 | H15A | 焊接中等强度工件 | 焊 30 铬锰硅高 | H30CrMnSiA | 焊接铬锰硅钢 | 焊 1 铬 25 镍 20 | H1Cr25Ni20 | |
| 焊 15 锰 | H15Mn | 焊接高强度工件 | 焊 10 钼铬高 | H10MoCrA | 焊接耐热合金钢 | | | |

表 3-3  铜及铜合金焊丝的牌号、成分及用途

| 焊丝型号 | 牌号 | 名称 | 主要化学成分(质量分数)/% | 熔点/℃ | 用途 |
|---|---|---|---|---|---|
| HSCu | 丝 201 | 特制纯铜焊丝 | Sn(1.0~1.1),Si(0.35~0.5),Mn(0.35~0.5),其余为 Cu | 1050 | 纯铜的氩弧焊及气焊 |
| HSCu | 丝 202 | 低磷铜焊丝 | P(0.2~0.4),其余为 Cu | 1060 | 纯铜的氩弧焊及气焊 |
| HSCuZn-1 | 丝 221 | 锡黄铜焊丝 | Cu(59~61),Sn(0.8~1.2),Si(0.15~0.35),其余为 Zn | 890 | 黄铜的气焊及碳弧焊。也可用于钎焊铜、钢、铜镍合金，灰铸铁及镶嵌硬质合金刀具等，其中丝 222 流动性好 |
| HSCuZn-2 | 丝 222 | 铁黄铜焊丝 | Cu(57~59),Sn(0.7~1.0),Si(0.05~0.15),Fe(0.35~1.20),Mn(0.03~0.09),其余为 Zn | 860 | |
| HSCuZn-4 | 丝 224 | 硅黄铜焊丝 | Cu(61~69),Si(0.3~0.7),其余为 Zn | 905 | |

表 3-4  铝及铝合金焊丝的牌号、成分及用途

| 焊丝型号 | 牌号 | 名称 | 主要化学成分(质量分数)/% | 熔点/℃ | 用途 |
|---|---|---|---|---|---|
| SAl-3 | 丝 301 | 纯铝焊丝 | Al≥99.6 | 660 | 纯铝的氩弧焊及气焊 |
| SAlSi-1 | 丝 311 | 铝硅合金焊丝 | Si(4~6),其余为 Al | 580~610 | 焊接除铝镁合金外的铝合金 |
| SAlMn | 丝 321 | 铝锰合金焊丝 | Mn(1.0~1.6),其余为 Al | 643~654 | 铝锰合金的氩弧焊及气焊 |
| SAlMg-5 | 丝 331 | 铝镁合金焊丝 | Mg(4.7~5.7),Mn(0.2~0.6),Si(0.2~0.5),其余为 Al | 638~660 | 铝镁合金及铝锌合金焊接 |

表 3-5　铸铁焊丝的牌号、成分及用途

| 牌号 | 化学成分(质量分数)/% | | | | | 用途 |
| --- | --- | --- | --- | --- | --- | --- |
| | C | Mn | S | P | Si | |
| 丝 401-A | 3～3.6 | 0.5～0.8 | ≤0.08 | ≤0.5 | 3.0～3.5 | 焊补灰铸铁 |
| 丝 401-B | 3～4.0 | 0.5～0.8 | ≤0.5 | ≤0.5 | 2.75～3.5 | |

气焊熔剂可以在焊前直接撒在焊件坡口上或者粘在气焊丝上加入熔池。

**1. 气焊熔剂的作用**

在高温作用下,气焊熔剂熔化后与熔池内的金属氧化物或非金属夹杂物作用生成熔渣,覆盖在熔池的表面,使熔池与空气隔离,从而防止了熔池金属的继续氧化,改善了焊缝的质量。

**2. 对气焊熔剂的要求**

① 气焊熔剂应具有很强的反应能力,即能迅速熔解某些氧化物或与某些高熔点化合物作用生成新的低熔点和易挥发的化合物。

② 气焊熔剂熔化后应黏度小,流动性好,产生的熔渣熔点低,密度小,易浮于熔池表面。

③ 气焊熔剂应能减小熔化金属的表面张力,使熔化的填充金属与焊件更容易熔合。

④ 气焊熔剂不应对焊件有腐蚀等副作用,生成的熔渣要容易清除。

**3. 常用的气焊熔剂**

气焊熔剂的选择要根据焊件的材质及其性能而定,常用的气焊熔剂的牌号、性能及用途见表 3-6。

表 3-6　气焊熔剂的牌号、性能及用途

| 名称 | 牌号 | 性能 | 用途 |
| --- | --- | --- | --- |
| 不锈钢及耐热钢气焊熔剂 | CJ101 | 熔点为900℃,有良好的浸润作用,能防止熔化金属被氧化,焊后熔渣易清除 | 用作不锈钢及耐热钢气焊时的助熔剂 |
| 铸铁气焊熔剂 | CJ201 | 熔点为650℃,呈碱性反应,能有效地去除铸铁在气焊时所产生的硅酸盐,有加速金属熔化的功能 | 用作铸铁件气焊时的助熔剂 |
| 铜气焊熔剂 | CJ301 | 系硼基盐类,熔点约为650℃,呈酸性反应,能有效地熔解氧化铜和氧化亚铜 | 用作铜及铜合金气焊时的助熔剂 |
| 铝气焊熔剂 | CJ401 | 熔点约为560℃,呈酸性反应,能有效地破坏氧化铝膜,因极易吸潮,在空气中能引起铝的腐蚀,焊后必须将熔渣清除干净 | 用作铝及铝合金气焊时的助熔剂 |

**五、氧乙炔焰的性质及适用范围**

氧乙炔焰是氧与乙炔混合燃烧所形成的火焰。氧乙炔焰的外形与氧气和乙炔的混合比大小有关。根据氧与乙炔混合比的大小不同,可得到三种不同性质的火焰,即中性焰、碳化焰和氧化焰。其构造、形状和成分如图 3-2 所示,特点见表 3-7。

**1. 中性焰**

中性焰是氧与乙炔混合比为 1.1～1.2 时燃烧所形成的火焰。火焰燃烧时,既无过量的氧,也无游离碳。由此可见,中性焰是乙炔和氧气比例相适应的火焰。

表 3-7　氧乙炔焰的特点

| 火焰种类 | $O_2 : C_2H_2$ | 火焰最高温度/℃ | 火焰特点 |
|---|---|---|---|
| 中性焰 | 1.1~1.2 | 3050~3150 | 焰心呈亮白色,端部有淡白色火焰闪动,轮廓清楚;氧气与乙炔充分燃烧 |
| 氧化焰 | >1.2 | 3100~3300 | 焰心短而尖,内焰和外焰没有明显的界线,火焰笔直有劲,并发出"嘶嘶"的响声。火焰具有强烈的氧化性 |
| 碳化焰 | <1.1 | 2700~3000 | 焰心的轮廓不清,整个火焰长而柔软,外焰呈橙黄色,乙炔过多时,还会冒黑烟,具有较强的还原性和一定的渗碳作用 |

　　中性焰的焰心外表面分布着乙炔分解所生成的碳素微粒层,因受高温而呈现出一个很清晰的焰心。在内焰处,乙炔在氧中燃烧生成的一氧化碳和氢气,能使熔池金属的氧化物还原,所以,中性焰的内焰实际上并非中性,而是具有一定的还原性。

　　距焰心 2~4mm 处的温度最高,可达 3150℃左右,此时热效率最高,保护效果也最好。因此,在气焊时焰心离焊件表面 2~4mm 为宜。中性焰适用于低碳钢、中碳钢、低合金钢、不锈钢、纯铜、锡青铜及灰铸铁等材料的焊接。中性焰的温度分布如图 3-3 所示。

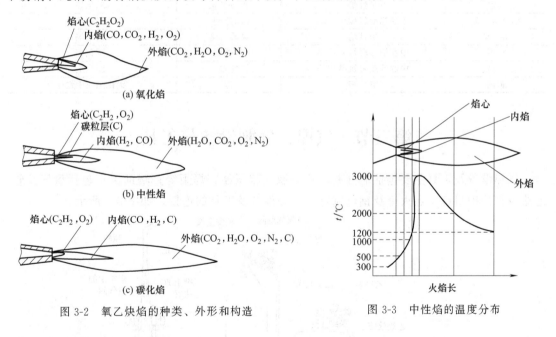

图 3-2　氧乙炔焰的种类、外形和构造　　　　图 3-3　中性焰的温度分布

## 2. 碳化焰

　　碳化焰是氧与乙炔的混合比小于 1.1 时燃烧所形成的火焰。因有过剩的乙炔存在,在火焰高温作用下分解出游离碳,在焰心周围出现了呈淡白色的内焰,其长度比焰心长 1~2 倍,是一个明显可见的富碳区。碳化焰燃烧时,常伴有"黑烟"冒出,火焰柔软。

　　碳化焰的最高温度在 2700~3000℃ 之间。在焊接低碳钢时,游离碳会渗入熔池,使焊缝金属的含碳量增加,塑性下降,而且会有过多的氢进入熔池,使焊缝金属易产生气孔和裂纹。

　　碳化焰具有较强的还原作用,也有一定的渗碳作用。轻微碳化焰适用于高碳钢、铸铁、高速钢、硬质合金、蒙乃尔合金、碳化钨和铝青铜等材料的焊接。强碳化焰没有实用价值。

### 3. 氧化焰

氧化焰是氧与乙炔混合比在大于 1.2 时燃烧所形成的火焰。氧化焰中有过量的氧，在尖形焰心外面形成一个具有氧化性的富氧区。由于氧化反应剧烈，因此内焰和外焰分不清，整个火焰都缩短了。并且由于高压氧气流的高速流动，氧化焰燃烧时，常伴有"嘶嘶"的声响。

氧化焰的最高温度在 3100～3300℃ 之间。对于一般的碳钢和有色金属，很少采用氧化焰，这是因为氧化焰会使焊缝金属氧化及形成气孔，并加剧熔池的沸腾，使焊缝中合金元素烧损，从而使焊缝组织变脆，降低了焊缝的性能。在焊接黄铜时，采用含硅焊丝，氧化焰会使熔池表层形成硅的氧化膜，可减少锌的蒸发。因此轻微氧化焰适用于黄铜、锰黄铜、镀锌钢板等材料的焊接。

由上述可知，焊接不同的金属材料，应采用不同性质的火焰才能获得优质焊缝。

不同材料焊接时所采用的火焰种类见表 3-8。

表 3-8　不同材料焊接时应采用的火焰种类

| 焊接金属 | 火焰种类 | 焊接金属 | 火焰种类 |
| --- | --- | --- | --- |
| 低、中碳钢 | 中性焰 | 铬镍钢 | 中性焰或乙炔稍多的中性焰 |
| 低合金钢 | 中性焰 | 锰钢 | 氧化焰 |
| 纯铜 | 中性焰 | 镀锌铁板 | 氧化焰 |
| 铝及铝合金 | 中性焰或轻微碳化焰 | 高速钢 | 碳化焰 |
| 铅、锡 | 中性焰 | 硬质合金 | 碳化焰 |
| 青铜 | 中性焰或轻微氧化焰 | 高碳钢 | 碳化焰 |
| 不锈钢 | 中性焰或轻微碳化焰 | 铸铁 | 碳化焰 |
| 黄铜 | 氧化焰 | 镍 | 碳化焰或中性焰 |

# 第三节　气焊、气割设备与工具

气焊设备及工具主要包括氧气瓶、乙炔瓶、减压器、焊炬等；辅助工具包括氧气胶管、乙炔胶管、护目镜、点火枪及钢丝刷等。气焊设备及工具的连接，如图 3-4 所示。

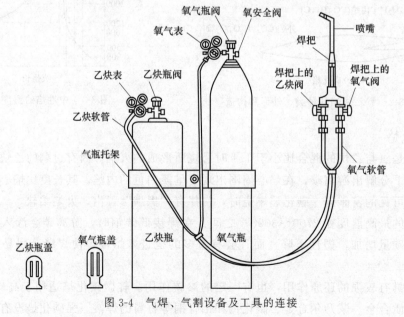

图 3-4　气焊、气割设备及工具的连接

### 一、氧气瓶

#### 1. 瓶体

氧气瓶是贮存和运输氧气的一种高压容器。气瓶的容积为 40L，在 15MPa 压力下，可贮存 $6m^3$ 的氧气。氧气瓶主要由瓶体、瓶帽、瓶阀及瓶箍等组成，如图 3-5 所示。

瓶体用合金钢经热挤压制成的圆筒形无缝容器。瓶体外表涂天蓝色油漆，并用黑漆标注"氧气"字样。

#### 2. 瓶阀

它是控制瓶内氧气进出的阀门。目前主要采用活瓣式瓶阀，这种瓶阀使用方便，可用扳手直接开启和关闭。活瓣式氧气瓶阀如图 3-6 所示。

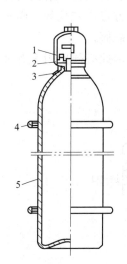

图 3-5 氧气瓶的构造

1—瓶帽；2—瓶阀；3—瓶箍；

4—防震圈；5—瓶体

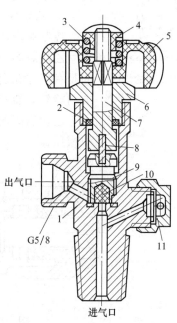

图 3-6 活瓣式氧气瓶阀

1—阀体；2—密封垫圈；3—弹簧；4—弹簧压帽；5—手轮；

6—压紧螺母；7—阀杆；8—开关板；9—活门；

10—气门；11—安全装置

使用时，如果用手轮按逆时针方向旋转，则开启瓶阀，顺时针旋转则关闭瓶阀。瓶阀的一侧装有安全膜，当瓶内压力超过规定值时，安全膜片即自行爆破放气，从而保护了氧气瓶的安全。

#### 3. 氧气瓶的使用方法

① 氧气瓶在使用时应直立放置，安放稳固，防止倾倒。只有在特殊情况下才允许卧放，但瓶头一端必须垫高，并防止滚动。

② 在开启氧气瓶时，焊工应站在出气口的侧面，先拧开瓶阀吹掉出气口内的杂质，然后再与氧气减压器连接。开启和关闭氧气瓶阀时不要过猛。

③ 氧气瓶内的氧气不能全部用完，至少要保持 0.1～0.3MPa 的压力，以便充氧气时便于鉴别气体性质及吹除瓶阀内的杂质，还可以防止使用中可燃气体倒流或空气进入瓶内。

④ 在夏季露天操作时，氧气瓶应放在阴凉处，避免阳光的强烈照射。

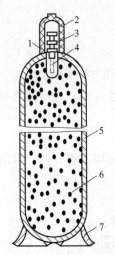

图 3-7　乙炔瓶的构造

1—瓶口；2—瓶帽；3—瓶阀；

4—石棉；5—瓶体；6—多

孔填料；7—瓶底

## 二、乙炔瓶

乙炔瓶是一种贮存和运输乙炔的容器，主要由瓶体、瓶阀、瓶内的多孔性填料等组成，如图 3-7 所示。

### 1. 瓶体

乙炔瓶体是由低合金钢板经轧制、焊接制成的。瓶体的外表涂成白色，并标注红色"乙炔"字样。瓶内最高压力为 1.5MPa。为了使乙炔稳定而安全地贮存，瓶内装着贮存丙酮的多孔性填料，填料多采用多孔轻质的活性炭、浮石、硅酸钙及石棉纤维等，目前广泛采用硅酸钙。

### 2. 乙炔瓶阀

控制瓶内乙炔进出的阀门，其构造如图 3-8 所示。

乙炔瓶阀与氧气瓶阀不同，它没有旋转手轮，活门的开启和关闭是利用方孔套筒扳手转动阀杆上端的方形头实现的。阀杆逆时针方向旋转，瓶阀开启；反之，关闭乙炔瓶阀。

乙炔瓶阀的阀体旁侧没有侧接头，因此必须使用带有夹环的乙炔减压器。

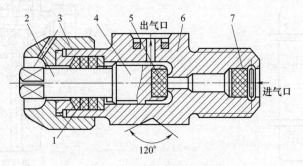

图 3-8　乙炔瓶阀的构造

1—防漏垫圈；2—阀杆；3—压紧螺杆；4—活门；5—密封填料；6—阀体；7—过滤件

### 3. 乙炔瓶的使用方法

① 乙炔瓶在使用时只能直立放置，不能横放。否则会使瓶内的丙酮流出，甚至会通过减压器流入乙炔胶管和焊炬内，而引起燃烧或爆炸。

② 乙炔瓶应避免剧烈的振动和撞击，以免填料下沉形成空洞，而影响乙炔的贮存甚至造成乙炔瓶爆炸。

③ 乙炔瓶的表面温度不应超过 30~40℃。温度过高会降低乙炔在丙酮中的溶解度，使瓶内的乙炔压力急剧增高。在 1 个大气压下，温度 15℃时，1L 丙酮可溶解 23L 乙炔，而在 30℃时为 16L 乙炔，在 40℃时为 13L 乙炔。

④ 工作时，使用乙炔的压力不能超过 0.15MPa，输出流量不能超过 1.5~2.5m³/h。

⑤ 乙炔减压器与乙炔瓶的瓶阀连接必须可靠，严禁在漏气的状况下使用。

⑥ 乙炔瓶内的乙炔不能全部用完，当高压表的读数为零、低压表的读数为 0.01~0.03MPa 时，应立即关闭瓶阀。

由于乙炔是易燃易爆气体，因此焊工在使用乙炔瓶时必须谨慎，应严格遵守乙炔瓶的安全使用方法。

### 三、减压器

#### 1. 减压器的作用

减压器具有两个作用：一是减压；二是稳压。

（1）减压作用

由于气瓶内压力较高，而气焊时所需的工作压力却较小，如氧气的工作压力一般要求为 0.1~0.4MPa，乙炔的工作压力则更低，最高为 0.15MPa，因此需要用减压器，以把贮存在气瓶内的高压气体降为低压气体，才能输送到焊炬内使用。

（2）稳压作用

随着气体的消耗，气瓶内气体的压力是逐渐下降的，即在气焊工作中，气瓶内的气体压力是时刻变化的，这种变化会影响气焊过程的顺利进行。因此就需要使用减压器保持输出气体的压力和流量都不受气瓶内气体压力下降的影响，使工作压力自始至终保持稳定。

#### 2. 减压器的分类

减压器按用途不同可分为氧气减压器和乙炔减压器，或分为集中式和岗位式；按构造不同可分为单级式和双级式；按工作原理不同可分为正作用式、反作用式及双级混合式。

国内比较常用的是单级反作用式和双级混合式。常用减压器的主要技术数据见表 3-9。

表 3-9　常用减压器的主要技术数据

| 减压器型号 | QD-1 | QD-2A | QD-3A | QJ16 | SJ7-10 | QD-20 | QW2-16/0.6 |
|---|---|---|---|---|---|---|---|
| 名称 | 单级氧气减压器 | | | | 双级氧气减压器 | 单级乙炔减压器 | 单级丙烷减压器 |
| 进气口最高压力/MPa | 15 | 15 | 15 | 15 | 15 | 2.0 | 1.6 |
| 最高工作压力/MPa | 2.5 | 1.0 | 0.2 | 2.0 | 2.0 | 0.15 | 0.06 |
| 工作压力调节范围/MPa | 0.1~2.5 | 0.1~1.0 | 0.01~0.2 | 0.1~2.0 | 0.1~2.0 | 0.01~0.15 | 0.02~0.06 |
| 最大放气能力/(m³/h) | 80 | 40 | 10 | 180 | — | 9 | — |
| 出气口直径/mm | 6 | 5 | 3 | — | 5 | 4 | — |
| 压力表规格/MPa | 0~25<br>0~4 | 0~25<br>0~1.6 | 0~25<br>0~0.4 | 0~25<br>0~4 | 0~25<br>0~4 | 0~2.5<br>0~0.25 | 0~0.16<br>0~2.5 |
| 安全阀泄气压力/MPa | 2.9~3.9 | 1.15~1.6 | — | 2.2 | 2.2 | 0.18~0.24 | 0.07~0.12 |
| 进口连接螺纹 | G5/8 | G5/8 | G5/8 | G5/8 | G5/8 | 夹环连接 | G5/8 左 |
| 质量/kg | 4 | 2 | 2 | 2 | 3 | 2 | 2 |
| 外形尺寸<br>（长×宽×高）/mm | 200×200×210 | 165×170×160 | 165×170×160 | 170×200×142 | 220×170×220 | 170×185×3.5 | 165×190×160 |

#### 3. 减压器的构造

氧气、乙炔和丙烷等气体所用的减压器，在作用原理构造和使用方法上基本相同，所不同的是乙炔减压器与乙炔瓶的连接是用特殊的夹环，并用紧固螺栓加以固定的。乙炔减压器的外形如图 3-9 所示。

单级式减压器按工作原理不同，可分为反作用式和正作用式两种，它们的构造分别如图 3-10 和图 3-11 所示。

#### 4. 减压器的使用方法

① 在安装减压器之前，要略微打开氧气瓶阀门，吹除污物，以防灰尘和水分带入减压器。同时还要检查减压器接头螺钉是否损坏，应保证

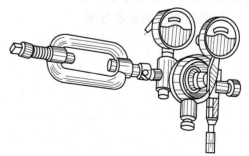

图 3-9　带夹环的乙炔减压器

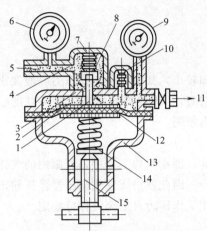

图 3-10　单级反作用式减压器

1—传动杆；2—低压室；3—活门座；4—高压室；

5—气体入口；6—高压表；7—副弹簧；

8—减压活门；9—低压表；10—安全阀；

11—气体出口；12—弹性薄膜；13—外壳；

14—主弹簧；15—调压螺钉壳

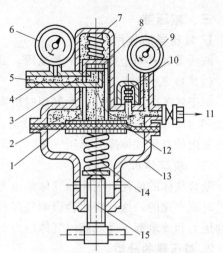

图 3-11　单级正作用式减压器

1—传动杆；2—低压室；3—活门座；4—高压室；

5—气体入口；6—高压表；7—副弹簧；

8—减压活门；9—低压表；10—安全阀；

11—气体出口；12—弹性薄膜；13—外壳；

14—主弹簧；15—调压螺钉壳

减压器接头螺纹与氧气瓶阀的连接达到 5 扣以上，以防安装不牢，高压气体射出伤人，还要检查高压表和低压表的表针是否处于零位。

② 在开启瓶阀时，瓶阀出气口不得对准操作者或者他人，以防高压气体突然冲出伤人。并应将减压器的调压螺钉旋松，使其处于非工作状态，以免开启瓶阀时损坏减压器。

③ 在气焊工作中，必须注意观察工作压力表的压力数值。在调节工作压力时，要缓慢地旋进调压螺钉，以免高压氧冲坏弹簧、薄膜装置和低压表。停止工作时应先关闭高压气瓶的瓶阀，然后放出减压器内的全部余气，放松调压螺钉使表针降到零位。

④ 减压器上不得沾染油脂、污物，如有油脂，应擦拭干净再用。

⑤ 严禁各种气体的减压器及压力表替换使用。

⑥ 减压器若有冻结现象，应用热水或水蒸气解冻，绝不能用火焰烘烤。

### 四、焊炬

焊炬是气焊时用以控制气体流量、混合比及火焰，并进行焊接的工具。

焊炬的好坏直接影响气焊的焊接质量，因此要求焊炬具有良好的调节性能，以保持氧气及可燃气体的比例及火焰能率的大小，使火焰稳定地燃烧。同时焊炬的质量要轻，气密性要好，操作方便，使用安全可靠。

### 1. 焊炬型号的表示方法

焊炬型号的表示方法如下所示：

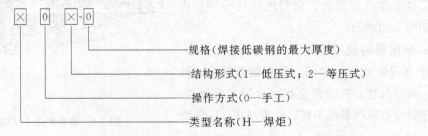

### 2. 低压焊炬的构造

根据可燃气体压力不同，焊炬可分为低压焊炬和等压式焊炬。由于等压式焊炬不能使用低压乙炔，所以很少采用。这里主要介绍低压焊炬。

可燃气体表压力低于 0.007MPa 的焊炬称为低压焊炬。可燃气体靠喷射氧流的射吸作用与氧混合，故又称为射吸式焊炬，如图 3-12 所示。低压焊炬又分为换嘴式和换管式两种。

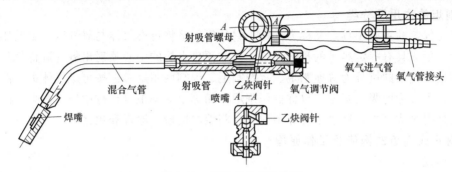

图 3-12　射吸式焊炬结构图

低压焊炬除使用低压乙炔外，也可使用中压乙炔。低压焊炬的主要技术数据见表 3-10。

表 3-10　低压焊炬的主要技术数据

| 焊炬型号 | H01-6 | | | | | H01-12 | | | | | H02-1 | | |
|---|---|---|---|---|---|---|---|---|---|---|---|---|---|
| 焊嘴代号 | 1 | 2 | 3 | 4 | 5 | 1 | 2 | 3 | 4 | 5 | 1 | 2 | 3 |
| 焊嘴直径/mm | 0.9 | 1.0 | 1.1 | 1.2 | 1.3 | 1.4 | 1.6 | 1.8 | 2.0 | 2.2 | 0.5 | 0.7 | 0.9 |
| 焊接范围/mm | 1~2 | 2~3 | 3~4 | 4~5 | 5~6 | 6~7 | 7~8 | 8~9 | 9~10 | 10~12 | 0.2~0.4 | 0.4~0.7 | 0.7~1.0 |
| 氧气压力/MPa | 0.2 | 0.25 | 0.3 | 0.35 | 0.4 | 0.4 | 0.45 | 0.5 | 0.6 | 0.7 | 0.1 | 0.15 | 0.2 |
| 乙炔压力/MPa | 0.001~0.008 | | | | | 0.001~0.008 | | | | | 0.001~0.008 | | |
| 氧气消耗量/(m³/h) | 0.15 | 0.20 | 0.24 | 0.28 | 0.37 | 0.37 | 0.49 | 0.65 | 0.86 | 1.10 | 0.016~0.018 | 0.045~0.05 | 0.10~0.12 |
| 乙炔消耗量/(L/h) | 170 | 240 | 280 | 330 | 430 | 430 | 580 | 780 | 1050 | 1210 | 20~22 | 55~65 | 110~130 |

### 3. 低压焊炬的工作原理

低压焊炬的工作原理如图 3-13 所示。

打开氧气调节阀，氧气即从喷嘴口快速喷出，并在喷嘴外围造成负压（吸力），再打开乙炔调节阀，乙炔气即聚集在喷嘴的外围。由于氧射流负压的作用，聚集在喷嘴外围的乙炔很快地被氧气吸入，并按一定的比例（体积比约为 1∶1）与氧气混合，并以相当高的流速经过射吸管，混合后从焊嘴喷出。

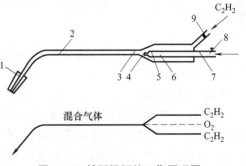

图 3-13　低压焊炬的工作原理图
1—焊嘴；2—混合气通道；3—射吸管；4—喷嘴；
5—喷嘴管；6—乙炔通道；7—氧气通道；
8—氧气调节阀；9—乙炔调节阀

### 4. 低压焊炬的使用方法

首先要根据焊件的厚度来选择适当的焊炬和焊嘴，然后检查焊炬的射吸情况。即接上氧气胶管，拧开乙炔阀和氧气阀，将手指轻轻地按在乙炔进气管接头上，若感到有一股吸力，则表明射吸能力正常，若没有吸力，甚至氧气从乙炔接头上倒流，则表明射吸情况不正常，则禁止使用。

焊炬射吸经检查后，将乙炔管接头与乙炔胶管接好，并检查焊炬其他各气体通道及各气阀是否正常。

在点火时，应把氧气阀稍微打开，再打开乙炔阀。点火后立即调整火焰达到正常形状。若停止使用时，应先关乙炔阀，后关氧气阀，以防止回火和减少烟尘。

## 五、割炬

### 1. 割炬的作用及分类

割炬是气割的主要工具，又称为割枪。它的作用是将可燃气体与氧气以一定的比例和方式混合后，形成具有一定热量的预热火焰，并在预热火焰的中心喷射出氧气进行气割。

割炬按用途不同可分为普通割炬、重型割炬、焊割两用炬等。按可燃气体进入混合室的方式不同，可分为射吸式割炬（也称低压割炬）和等压式割炬（也称中压式割炬）两种。目前常用的是射吸式割炬，这里主要介绍射吸式割炬的构造、原理和规格等。

### 2. 射吸式割炬的构造及工作原理

（1）构造

这种割炬的结构是以射吸式焊炬为基础，增加了切割氧的气路和阀门，并采用专门的割嘴，割嘴的中心是切割氧的通道，预热火焰均匀地分布在它的周围，如图 3-14 所示。割嘴根据具体结构不同，可分为组合式（环形）割嘴和整体式（梅花形）割嘴，如图 3-15 所示。

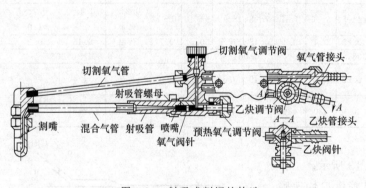

图 3-14　射吸式割炬的构造

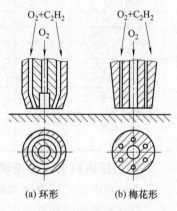

图 3-15　割嘴的形状

（2）工作原理

气割时，先开启预热氧气调节阀，再打开乙炔调节阀，使氧气与乙炔混合后，从割嘴喷出并立即点火。待割件预热至燃点时，即开启切割氧气调节阀。此时高速切割氧气流由割嘴的中心孔喷出，将切口处的金属氧化并吹除。

（3）常用的射吸式普通割炬的型号及规格

常用的射吸式普通割炬的型号及规格见表 3-11。

表 3-11　常用的射吸式普通割炬的型号及规格

| 型号 | 配用割嘴 | 割嘴形式 | 切割氧孔径 /mm | 切割厚度范围 /mm | 氧气压力/kPa | 气体消耗量/(L/h) | |
|---|---|---|---|---|---|---|---|
| | | | | | | 氧气 | 乙炔 |
| G01-30 | 1 | 环形 | 0.7 | 3～10 | 196～294 | 800～2200 | 210 |
| | 2 | | 0.9 | 10～20 | | | 240 |
| | 3 | | 1.0 | 20～30 | | | 310 |

续表

| 型号 | 配用割嘴 | 割嘴形式 | 切割氧孔径/mm | 切割厚度范围/mm | 氧气压力/kPa | 气体消耗量/(L/h) | |
|---|---|---|---|---|---|---|---|
| | | | | | | 氧气 | 乙炔 |
| G01-100 | 1 | 梅花形 | 1.0 | 16～25 | 294～490 | 2200～7300 | 350～400 |
| | 2 | | 1.3 | 25～50 | | | 400～500 |
| | 3 | | 1.6 | 50～100 | | | 500～600 |
| G01-300 | 1 | 梅花形 | 1.8 | 100～150 | 490～637 | 9000～14000 | 680～780 |
| | 2 | | 2.2 | 150～200 | | | 800～1100 |
| | 3 | 环形 | 2.6 | 200～250 | 784～900 | 14500～26000 | 1150～1200 |
| | 4 | | 3.0 | 250～300 | | | 1250～1600 |

### 3. 割炬的安全使用方法

焊炬的使用基本上也适用于割炬,此外还应注意以下几方面:

① 在切割前要注意将工件表面上的漆皮、铁锈和油水污物等加以清理,以防油漆燃着爆溅伤人,在水泥地面切割时,应垫高工件,防止水泥地面受热爆溅伤人。

② 进行切割时,飞溅出来的金属微粒与熔渣微粒很多,割嘴的喷孔很容易被堵塞,因此,应该经常用通针通开,以免发生回火。

③ 装配割嘴时,必须使内嘴与外嘴严格保持同心,这样才能保证切割用的氧气射流位于环形预热火焰的中心。

④ 内嘴必须与高压氧气通道紧密连接,以免高压氧漏入环形通道而把预热火焰吹灭。

⑤ 在正常工作停止时,应先关闭切割氧调节阀,再关闭乙炔和预热氧调节阀,一旦发生回火时,应快速地按以上顺序关闭各个调节阀。

### 六、辅助工具

① 氧气胶管和乙炔胶管。根据 GB/T 2550—2007 标准规定:气焊中氧气胶管为黑色,内径为8mm;乙炔胶管为红色,内径为10mm。这两种胶管不能互换,更不能用其他胶管代替。

② 护目镜。其主要起保护焊工眼睛不受火焰亮光的刺伤及遮挡金属飞溅的作用,其次用来观察熔池的情况。护目镜的颜色应根据焊工的视力及被焊材料的性质来选择。一般选用3～7号的黄绿色镜片为宜。

③ 点火枪。使用手枪式点火枪最为安全方便。当用火柴点火时,应把划着的火柴从焊嘴后面送到焊嘴上,以免烧伤手。

④ 钢丝刷、錾子、锤子、锉刀等主要用来清理焊缝。

⑤ 钢丝钳和活扳手等。主要用来连接和启闭气体通路。

# 第四节　气焊工艺

合理的气焊工艺是获得优质焊接接头质量的可靠保证。气焊主要工艺内容包括:接头形式、焊前准备、焊丝选择、气焊熔剂选用、火焰种类选择、火焰能率选择,焊嘴倾角和焊接速度等。

### 一、接头形式和焊前准备

气焊操作灵活,适应性强,平、立、横、仰各种位置的施焊均可实施,在平焊位置操作性较好。接头形式主要采用对接接头、卷边接头和角接接头,适用于焊接薄板。焊接厚度小于 2mm 的薄板时采用卷边接头；焊接厚度大于 5mm 的钢板时，需开坡口，但厚板很少用气焊。由于搭接接头和 T 形接头焊后变形较大，故较少采用。

为保证焊缝质量，气焊前，应将焊丝和焊接接头两侧 10～20mm 内的油污、铁锈和水分等彻底清除。

## 二、焊丝的牌号及直径的选择

### 1. 焊丝的牌号

焊丝牌号应根据焊件材料的力学性能或化学成分，选择相应性能或成分的焊丝，详见表 3-2～表 3-5。

### 2. 焊丝的直径

焊丝直径是根据焊件厚度选择的。焊丝直径选择方法见表 3-12。

表 3-12　焊丝直径与焊件厚度的关系　　　　　　　　　　　mm

| 焊件厚度 | 0.5～2 | 2～4 | 3～5 | 5～10 | 10～15 |
|---|---|---|---|---|---|
| 焊丝直径 | 1～2 | 2～3 | 3～3.2 | 3.2～4 | 4～5 |

若焊丝过细，焊接时焊件熔化速度慢，而焊丝熔化速度快，易出现母材未充分熔化而焊丝大量熔化形成的液态金属覆盖于坡口面，造成未熔合等缺陷；相反，如果焊丝过粗，焊丝加热时间增加，吸收大部分热量，焊件热输入量增大，热影响区变宽，易产生未焊透等缺陷。

在开坡口焊件的第一、二层焊缝焊接时，应选用较细的焊丝，其他各层焊缝可采用粗焊丝。焊丝直径还与操作方法有关，一般右焊法所选用的焊丝要比左焊法粗些。

## 三、气焊熔剂的选择

气焊熔剂的选择要根据焊件的成分及其性质确定。一般情况下，焊接碳素结构钢时，无需使用熔剂，但在焊接有色金属、铸铁以及不锈钢等材料时，必须采用气焊熔剂，具体见表 3-6。

## 四、氧乙炔焰的种类及能率的选择

### 1. 火焰的性质

应根据不同材料的焊件，合理地选择火焰的性质，详见表 3-8。

### 2. 火焰的能率

火焰的能率是以每小时可燃气体（乙炔）的消耗量（L/h）来表示的。其物理意义是单位时间内可燃气体所提供的能量。

火焰能率的大小是由焊炬型号和焊嘴代号决定的。焊嘴代号越大，火焰能率也越大。所以火焰能率的选择实际上是确定焊炬的型号和焊嘴代号。在气焊时，对于一种型号的焊炬和焊嘴，还可以在一定范围内调节火焰的能率。在实际生产中，可根据焊件厚度、被焊金属的热物理性质（熔点、导热性）以及焊接位置来选择。焊件厚度越大，金属熔点越高，导热性越好，火焰能率就应越大。

在气焊低碳钢和低合金钢时，可按下列经验公式来计算：

左焊法：乙炔消耗量＝（100～120）×钢板厚度（L/h）

右焊法：乙炔消耗量＝（120～150）×钢板厚度（L/h）

然后根据计算所得的火焰能率，选择焊炬的型号和焊嘴代号。

气焊纯铜等导热性强的焊件，应选用较大的火焰能率。在非平焊位置气焊时，应选用较小的火焰能率。

### 五、焊炬的倾斜角

焊炬的倾斜角度的大小，主要取决于焊件的厚度和母材的熔点及导热性。焊件越厚，导热性及熔点越高，应采用较大的焊炬倾角，使火焰的热量集中；相反则采用较小的倾角。

在焊接碳素钢时，焊炬的倾斜角与焊件厚度的关系如图 3-16 所示。

焊炬的倾斜角在焊接过程中是需要改变的，在焊接开始时，采用的焊炬倾斜角为 80°～90°，目的是为了较快地加热焊件，以迅速地形成熔池。在焊接过程中，一般为 45°左右。当焊接结束时，可将焊炬的倾斜角减小，使焊炬对准焊丝加热，并使火焰上下跳动，断续地对焊丝和熔池加热，这样做可填满弧坑和避免烧穿。

在气焊中，焊丝和焊件表面的倾斜角一般为 30°～40°，它与焊炬中心线的角度为 90°～100°，如图 3-17 所示。

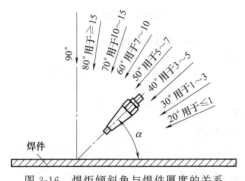

图 3-16　焊炬倾斜角与焊件厚度的关系

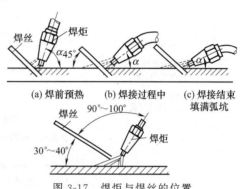

图 3-17　焊炬与焊丝的位置

### 六、焊接方向

在气焊时，按照焊炬和焊丝的移动方向，可分为左向焊法和右向焊法两种。

#### 1. 右向焊法

右向焊法如图 3-18（a）所示，焊炬指向焊缝，焊接过程自左向右，焊炬在焊丝前面移动，焊炬火焰直接指向熔池，并遮盖整个熔池，使周围空气与熔池隔离，所以能防止焊缝金属的氧化和减小产生气孔的可能，同时能使已焊完的焊缝缓慢地冷却，改善了焊缝组织。由于焰心距熔池较近及火焰受焊缝的阻挡，火焰热量集中，热量的利用率也较高，使熔深增加，提高了生产率。所以右向焊法适合焊接厚度较大、熔点较高及导热性较好的焊件。但右向焊法不易掌握，一般很少采用。

#### 2. 左向焊法

左向焊法如图 3-18（b）所示，焊炬是指向焊件未焊部分，焊接过程自右向左，焊炬是跟着焊丝走。左向焊法由于火焰指向焊件未焊部分，对金属有预热作用，因此焊接薄板时生产率很高，同时这种方法操作方便，容易掌握，是普遍应用的方法。左向焊法的缺点是焊缝易氧化，冷却较快，热量利用率低。

### 七、焊接速度

应根据焊工的操作熟练程度，并在保证接头质量的前提下，尽量提高焊接速度，以减小焊件的受热程度及提高生产率。一般说来，对于厚度大、熔点高的焊件，焊接速度要慢些，以避免产生

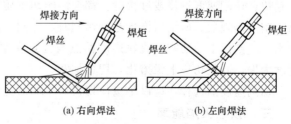

图 3-18　右向焊法和左向焊法

未熔合的缺陷；对于厚度小、熔点低的焊件，焊接速度要快些，以避免产生烧穿和焊件过热，从而提高焊接质量。

综上，各焊接参数均对焊接质量和焊缝成形有较大的影响，其中一项参数的改变都会导致焊接接头质量下降或成形变差，如图 3-19 所示。焊接时，必须科学地选择焊接参数，并做到合理匹配，以保证焊接质量。

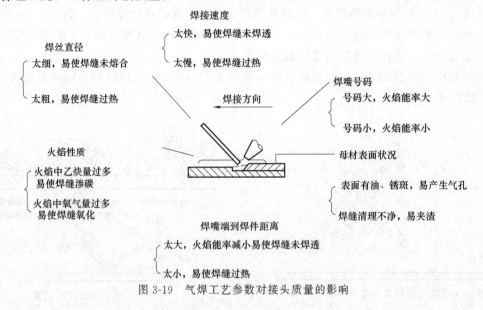

图 3-19  气焊工艺参数对接头质量的影响

# 第五节  气 割 工 艺

气割参数主要包括气割氧压力、切割速度、预热火焰能率、割嘴与工件的倾斜角度、割嘴与工件表面的距离等。这些参数的选择主要取决于割件的厚度。

## 一、气割氧压力

气割时，氧气的压力与割件的厚度、割嘴代号以及氧气纯度等因素有关。工件越厚，割嘴代号越大，要求切割氧气的压力越大；反之，工件较薄时，应减小割嘴代号和氧气压力。切割氧压力过低，易形成粘渣，出现割不透现象。切割氧压力过大，不仅造成氧气浪费，而且使切口表面粗糙，切口加大，气割速度反而减慢。另外，氧气纯度对气割质量也有很大影响，氧气纯度低，金属氧化缓慢，使气割时间增加，氧气消耗量随之增加，也影响着气割质量。

## 二、切割速度

切割速度主要取决于工件的厚度。工件越厚，切割速度越慢；反之工件越薄，气割速度应越快。切割速度过慢或过快时，都会影响切割质量。切割速度过快时，后拖量变大，甚至出现割不透现象。所谓后拖量是指切割时，在同一条割纹上，沿切割方向的上端与下端间的距离，气割面上的切割氧流轨迹的始点与终点在水平方向上的距离，如图 3-20 所示。气割速度太慢，会使切口上缘熔化，切口加宽。

切割速度的选择，应以尽量使切口产生的后拖量较小为原则，以保证气割质量。

## 三、预热火焰能率

这里所指的预热与焊前预热含义不同，它是指将待切割位置局部金属预热至其燃点以上，火焰能率对预热效果有很大的影响，进而影响切割质量。火焰能率主要取决于割件厚度。一般割件越厚，火焰能率越大。火焰能率过大时，割件切口边缘棱角被熔化，火焰能率过小时，预热时间增加，切割速度减慢或割不透。

预热火焰应采用中性焰或轻微氧化焰。碳化焰因有游离状态的碳，会使切口边缘增碳，故不能使用。

### 四、割嘴与割件的倾角

割嘴与工件倾斜角度（见图 3-21）的大小，主要是根据工件的厚度来决定的，见表 3-13。割嘴与工件间的倾斜角对切割速度和后拖量会产生直接影响，如果倾角选择不当，不但不能提高切割速度，反而会增加氧气的消耗量，甚至造成气割困难。

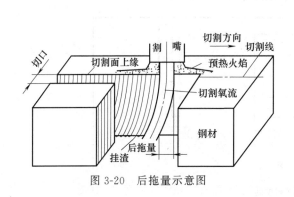

图 3-20 后拖量示意图

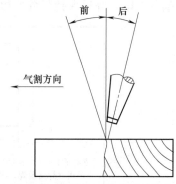

图 3-21 割嘴与工件的倾斜角度

表 3-13 割嘴与工件的倾角、工件厚度的关系

| 工件厚度/mm | <4 | 4～20 | 20～30 | >30 | | |
| --- | --- | --- | --- | --- | --- | --- |
| | | | | 起割 | 割穿后 | 停割 |
| 倾角方向 | 后倾 | 后倾 | 垂直 | 前倾 | 垂直 | 后倾 |
| 倾角读数/(°) | 25～45 | 5～10 | 0 | 5～10 | 0 | 5～10 |

### 五、割嘴离工件表面的距离

割嘴与工件表面的距离，应根据工件厚度和预热火焰的长度来确定。在一般情况下以预热火焰焰心距离工件表面 3～5mm 为宜。当切割薄件时，为防止割口过宽，预热火焰可长些，距离可适当地加大。当工件厚度较大时，距离可适当减小，预热火焰可短些。但距离不能太小，距离过小时，切割时产生的飞溅物会堵塞割嘴、割嘴易过热，易引发回火现象。

手工气割参数，见表 3-14。

表 3-14 手工气割参数

| 板材厚度/mm | 割炬 | | | | 气体压力/MPa | | 切割速度/(mm/min) |
| --- | --- | --- | --- | --- | --- | --- | --- |
| | 型号 | 割嘴 | | | 氧气 | 乙炔 | |
| | | 号码 | 切割氧孔直径/mm | 切割氧孔形状 | | | |
| 4.0 以下 | G01-30 | 1 | 0.6 | 环形 | 0.3～0.4 | 0.001～0.12 | 450～500 |
| 4～10 | G01-30 | 1～2 | 0.6 | 环形 | 0.4～0.5 | 0.001～0.12 | 400～450 |
| 10～25 | G01-30 | 2<br>3 | 0.8<br>1.0 | 环形 | 0.5～0.7 | 0.001～0.12 | 250～350 |
| 25～50 | G01-100 | 3～5 | 1.0<br>1.3 | 环形<br>梅花形 | 0.5～0.7 | 0.001～0.12 | 180～250 |
| 50～100 | G01-100 | 3～5<br>5～6 | 1.3<br>1.6 | 梅花形 | 0.5～0.7 | 0.001～0.12 | 130～180 |

# 第六节　气焊与气割技能实训

## 实训一　气焊熔敷焊

### 一、要求

焊件尺寸如图 3-22 所示，将 3 块焊件分别置于平焊位置、立焊位置和仰焊位置，采用气焊完成平敷焊、立敷焊和仰敷焊训练任务。正反两面均可施焊，焊道与焊道之间间隔30mm。要求焊缝平直，接头平滑过渡，收弧的弧坑要填满；焊缝表面不得有咬边、裂纹、焊瘤等缺陷；焊后保持焊缝原始状态，不得补焊和打磨。

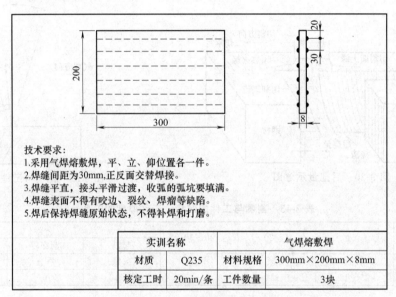

技术要求：
1.采用气焊熔敷焊，平、立、仰位置各一件。
2.焊缝间距为30mm,正反面交替焊接。
3.焊缝平直，接头平滑过渡，收弧的弧坑要填满。
4.焊缝表面不得有咬边、裂纹、焊瘤等缺陷。
5.焊后保持焊缝原始状态，不得补焊和打磨。

| 实训名称 | | 气焊熔敷焊 | |
|---|---|---|---|
| 材质 | Q235 | 材料规格 | 300mm×200mm×8mm |
| 核定工时 | 20min/条 | 工件数量 | 3块 |

图 3-22　气焊熔敷焊任务图

### 二、分析

熔敷焊主要任务是在焊件表面上采用规定的气焊火焰熔化母材和焊丝，形成熔宽、余高均匀的堆焊焊缝。项目的关键技能点为：点燃、火焰调节、起焊、焊炬与焊丝运动、接头、收尾、回火处理等。其难点是初学者在火焰能率、焊接速度、焊嘴高度等参数确定和焊炬操作、焊丝送进、回火处理等操作技能方面比较生疏。因此，在项目实施前，必须先熟练掌握焊炬各调节阀的作用，能够快速辨识碳化焰、中性焰、氧化焰，正确调节火焰能率，并能对回火做出正确处理。

在工程实践中，熔敷焊主要用在铸件修复和表面改性等方面。

### 三、准备

#### 1. 气焊设备

选用标准氧气钢瓶、乙炔钢瓶各一个，H01-12 焊炬一把，氧气压力表，乙炔压力表各1 套，检查各输气软管及管接头处是否有漏气现象，各调节阀是否正常，焊炬是否有射吸能力。

#### 2. 工件材料

焊件尺寸为 300mm×200mm×8mm 的 Q235 钢板，检查钢板平直度，并修复平整，为保证焊接质量焊接区内需打磨除锈，直至露出金属光泽，避免产生气孔、裂纹等缺陷。在钢板待焊位置，用石笔和钢板尺划线。

### 3. 焊接材料

选用牌号为 H08A，直径为 1.2mm 的焊丝，使用前检查焊丝是否损坏，除去污物杂锈保证其表面光滑。

### 4. 辅助器具

准备好气焊点火枪、气焊眼镜、通针、手锤、角向磨光机、锉刀、钢丝刷、砂纸、钢直尺、钢角尺、石笔、活动扳手、钢丝钳、焊缝检验尺等辅助工具和量具。

### 四、实施

### 1. 基本操作技能

（1）气焊火焰的点燃、调节和熄灭

1）焊炬的握法。右手持焊炬，拇指位于乙炔阀处，食指位于氧气阀处，以便随时调节气体流量。其他三指握住焊炬柄。

2）火焰的点燃。先逆时针方向旋转氧气阀门放出氧气，再逆时针方向微开乙炔阀门，使氧气和乙炔在焊炬内形成混合气体并从焊嘴喷出，此时将焊嘴靠近火源点火。在开始练习时，可能出现不易点燃和连续"放炮"的响声，这是因为氧气量过大或乙炔不纯所造成的。应微关氧气阀门或将不纯的乙炔释放，重新点火。

在点火时，拿火源的手不要正对焊嘴，见图 3-23，也不要将焊嘴指向他人，以防烧伤。

3）火焰的调节。刚点燃的火焰多为碳化焰，如要调成中性焰，应逐渐增加氧气的供给量，直至火焰的内、外焰无明显的界限，焰心端部有淡白色火焰闪动，即获得中性焰。如继续增加氧气或减少乙炔，可得到氧化焰；反之，增加乙炔或减少氧气，可得到碳化焰。

图 3-23　点火姿势

调节氧气和乙炔流量大小，还可得到不同的火焰能率。在气焊工作时，若先减少氧气，后减少乙炔，可减小火焰能率；若先增加乙炔，后增加氧气，可增大火焰能率。

4）火焰的熄灭。正确的熄灭火焰方法是：先顺时针方向旋转乙炔阀门，直至关闭乙炔，再顺时针方向旋转氧气阀门关闭氧气。这可避免黑烟和火焰倒袭。注意关闭阀门时以不漏气为准，不要关得太紧，以防磨损太快，降低焊炬的使用寿命。

5）回火现象的处理。在气焊工作中有时会发生气体火焰进入喷嘴内而逆向燃烧的现象，这种现象称为回火。回火有逆火和回烧两种。逆火，火焰向喷嘴孔逆行，并瞬时自行熄灭，同时伴有爆鸣声的现象，也称爆鸣回火。回烧，火焰向喷嘴孔逆行，并继续向混合室和气体管路燃烧的现象。这种回火可能烧毁焊炬、管路及引起可燃气体贮罐的爆炸，也称倒袭回火。

发生回火的根本原因是混合气体从焊炬的喷射孔内喷出的速度小于混合气体燃烧速度。混合气体的燃烧速度一般是不变的，如果由于某些原因使气体的喷射速度降低时，就有可能发生回火现象。一般影响气体喷射速度的原因如下：

① 输送气体的胶管太长、太细，或者胶管打褶，使气体流动时受阻，降低了气体的流速。

② 焊接时间过长或者焊嘴距离焊件太近，使焊嘴温度过高，导致焊炬内的气体压力增

高，从而增大了混合气体流动的阻力，降低了气体的流速。

③ 焊炬喷嘴端面黏附了过多的飞溅物而堵塞了喷射孔，使混合气体流通不畅。

④ 输送气体的胶管内有残留水分而增加了气体的流动阻力，或气体胶管内存在着氧乙炔混合气体等。

为了防止火焰回烧进入乙炔管内，一般在乙炔减压器输出端与乙炔胶管间装有回火防止器。回火防止器只能防止倒流的火焰烧入乙炔瓶内引起爆炸，若发生回火处理不及时，仍会出现焊炬及胶管被烧损的可能。因此，在气焊工作中，若发生回火现象，必须立即处理。处理的方法是：一旦回火（氧乙炔焰爆鸣熄灭，并发出"吱吱"的火焰倒流声）应该迅速关闭乙炔调节阀门和氧气调节阀门，切断乙炔和氧气的来源。当回火焰熄灭之后，再打开氧气阀门，将残留在焊炬内的余焰和烟灰彻底吹除，重新点燃焊炬继续进行工作。若工作时间很长，焊炬喷嘴过热可放入水中冷却，清除喷嘴上的飞溅熔渣后，再重新使用。

（2）焊炬和焊丝的运动

焊炬和焊丝的运动包括三个动作：两者沿焊缝作纵向移动，不断地熔化焊件和焊丝而形成焊缝；焊炬沿焊缝作横向摆动，充分加热焊件，利用混合气体的冲击力搅拌熔池，使熔渣浮出；焊丝在垂直方向送进并作上下跳动，以控制熔池热量和给送填充金属。在焊接时，焊丝和焊炬的运动必须均匀、协调，且通过焊丝和焊炬有规律的摆动，控制焊缝熔池中液态金属的流动，以保证焊件金属熔透，使焊缝成形高度和宽窄一致。焊炬和焊丝的摆动方法和幅度，视焊件材料的性质、焊缝的位置、接头形式及板厚而定。常用焊炬和焊丝的摆动方法，如图 3-24 所示。

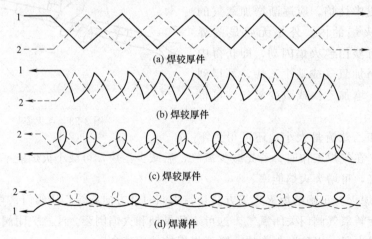

图 3-24　气焊时常用焊炬和焊丝的摆动方法
1—焊炬；2—焊丝

### 2. 焊接操作要点

（1）平敷焊操作

① 起焊。在起焊时，由于焊件温度很低，这时焊炬的倾斜角度应大些，对准焊件始端进行预热，同时焊炬作往复移动，尽量使起焊处加热均匀，预热范围为 40～60mm，然后再回到起焊处，使焰心距焊件表面 2～4mm，当钢板表面由红色半熔化状态变为白亮而清晰的熔池时，便可填充焊丝。将焊丝熔滴滴入熔池熔合后立即抬起焊丝，焊炬向前移动形成新的熔池。若用左焊法时，焊炬与焊丝端头的位置如图 3-25 所示。

② 焊道的接头。在焊接中途停顿又继续施焊时，应将火焰移向原熔池的上方，重新加热熔化，当形成新的熔池后再填加焊丝，开始续焊。续焊位置应与前焊道重叠 5~10mm，重叠焊道可不填加或少填加焊丝，以保证焊缝的余高圆滑过渡。

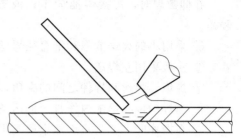

焊接方向

图 3-25　焊炬与焊丝端头的位置

③ 焊道的收尾。由于焊件端部散热条件差，应减小焊炬的倾斜角，增加焊接速度，并多加一些焊丝，以防熔池扩大而烧穿。为防止收尾时空气侵入熔池，应用温度较低的外焰保护熔池，直至熔池填满，使火焰缓慢离开熔池。

在焊接过程中，焊炬倾角是不断变化的。在预热阶段为 50°~70°，在正常焊接阶段为 30°~50°，在结尾阶段为 20°~30°，如图 3-26 所示。

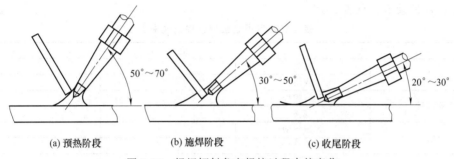

(a) 预热阶段　　　　　(b) 施焊阶段　　　　　(c) 收尾阶段

图 3-26　焊炬倾斜角在焊接过程中的变化

（2）立敷焊操作

在立敷焊时，焊接熔池处于立面或倾斜面上，液态金属易下淌，焊缝的高度和宽度不易控制，成形困难。通常采用从下向上的焊接方法，在操作时焊炬、焊丝与焊件之间的角度，如图 3-27 所示。在操作中，焊炬作横向摆动，以保证两边熔合良好，并随时掌握熔池温度的变化情况，当发现熔池温度过高时，焊炬要向上跳起，抬高火焰，降低温度，来控制熔池形状，使熔池金属受热适当，防止液态金属下淌。但焊炬向上跳起时，要注意用外焰保护熔池，防止产生气孔等缺陷。

立敷焊要选用比平敷焊小的火焰能率。

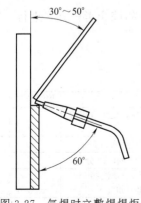

图 3-27　气焊时立敷焊焊炬、焊丝与焊件之间的夹角

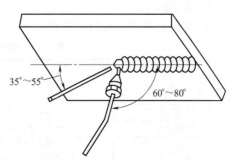

图 3-28　气焊时仰敷焊焊炬、焊丝与焊件之间的夹角

（3）仰敷焊操作

在仰敷焊时，焊接熔池向下，液态金属下坠，焊缝成形困难。仰敷焊的基本操作要领是：

① 采用小的火焰能率和细直径焊丝。

② 一般采用左焊法。

③ 焊炬、焊丝和焊件之间的夹角，如图 3-28 所示。

④ 当焊丝浸在熔池内作月牙形运条时，要和焊炬的摆动相协调。

⑤ 在操作时，要防止熔池金属飞溅和熔滴坠落而烧伤。

### 3. 现场清理

焊接结束后，先关闭氧气瓶和乙炔瓶瓶阀，然后打开焊炬上氧气调节阀和乙炔阀，释放软管内的剩余气体。卷盘好输气软管，清理工位，整理工具。

### 五、记录

填写过程记录卡，见表 3-15。

表 3-15　气焊熔敷焊过程记录卡

| 记 录 项 目 | | 记　　录 | 备　　注 |
|---|---|---|---|
| 母材 | 材质 | | |
| | 规格 | | |
| 焊接材料 | 型号（牌号） | | |
| | 规格 | | |
| 焊炬 | 焊炬类型 | | |
| | 焊炬型号 | | |
| 焊接参数 | 火焰能率/（L/min） | | |
| | 火焰性质 | | |
| | 焊炬操作方式 | | |
| | 运丝方式 | | |
| | 焊接位置 | | |
| | 焊接方向 | | |
| | 焊接速度 | | |
| 焊缝外观 | 余高/mm | | |
| | 宽度/mm | | |
| | 长度/mm | | |
| 用时/min | | | |

### 六、考核

实训考核建议采用"过程考核×40%＋结果考核×60%"的综合考核方式进行。

（1）过程考核

按表 3-16 所示要求进行过程考核。

表 3-16　熔敷焊过程考核卡

| 序号 | 实训要求 | 配分 | 评 分 标 准 | 检测结果 | 得分 |
|---|---|---|---|---|---|
| 1 | 安全文明生产 | 15 | 劳动保护(气焊眼镜、工作服、胶鞋、护脚、皮手套等穿戴整齐) | | |
| 2 | 火焰性质调节 | 15 | 三种火焰调节熟练，每一种火焰调节不熟练扣 5 分 | | |
| 3 | 火焰能率调节 | 10 | 增大或减小火焰能率操作规范熟练，否则扣 10 分 | | |
| 4 | 工件清理 | 10 | 按要求清理。如待焊部位清理不彻底，视情况扣 1~5 分；如存在大面积明显锈斑、氧化皮等此项扣完 | | |
| 5 | 操作姿势 | 20 | 蹲姿正确，操作姿势规范。如蹲姿、握姿、操作姿势不正确，则此项扣完 | | |

续表

| 序号 | 实训要求 | 配分 | 评分标准 | 检测结果 | 得分 |
|---|---|---|---|---|---|
| 6 | 回火处理 | 10 | 回火时,反应迅速处理及时,方法正确 | | |
| 7 | 运丝操作 | 20 | 合理选择运丝方法。如运丝操作不正确,视情况扣2~20分 | | |
| 8 | 焊接位置及焊接方向 | | 按项目要求进行。如不按要求操作,该项目以零分计 | | |
| 9 | 操作时间 | | 20min内完成,不扣分。超时1~5min,每分钟扣2分(从得分中扣除);超时6min以上者需重新参加考核 | | |
| | | | 过程考核得分 | | |

（2）结果考核

使用钢板尺、焊接检验尺、低倍放大镜等对焊缝外观进行检测,按表 3-17 所示要求进行考核。

表 3-17　气焊熔敷焊考评表

| 序号 | 考核项目 | 分值 | 评分标准 | 检测结果 | 得分 |
|---|---|---|---|---|---|
| 1 | 安全文明生产 | 10 | 服从管理、安全操作 | | |
| 2 | 焊缝长度 280~300mm | 10 | 每短5mm扣2分 | | |
| 3 | 焊缝宽度 $c=(12\pm2)$mm | 10 | 1处不合格扣2分 | | |
| 4 | 焊缝余高 $H=(3\pm1)$mm | 20 | 1处不合格扣2分 | | |
| 5 | 焊缝成形 | 20 | 波纹细腻、均匀、光滑,1处不合格扣2分 | | |
| 6 | 直线度 | 10 | 与焊缝位置线重合,偏差超过3mm,每处扣3分 | | |
| 7 | 气孔 | 10 | 每个扣2分 | | |
| 8 | 飞溅 | 10 | 每1处飞溅扣1分 | | |
| | | | 结果考核得分 | | |

## 七、总结

平敷焊、立敷焊和仰敷焊是气焊基本技能。气焊火焰最高温度,在焰心前端2mm左右处,焊接过程中,将焊丝端部伸入此区域熔化速度较快;应当注意熔池温度、流动性和液态金属量的变化,通过填加焊丝或改变焊炬倾角可改变作用在熔池上的热量,从而改变稀释率,因此必须加强左、右手分别操作焊炬和焊丝的协调性训练,保持焊炬喷嘴高度稳定,摆幅均匀。接头部位应注意必须将焊缝收尾和母材交界处熔化,以防止出现未熔合、焊缝凹陷或者凸起。收尾处应注意略拉长火焰,减小倾角,加大送丝量,减小对母材的热出入量,使弧坑填满,火焰缓慢离开收尾处,防止产生冷裂纹。

## 实训二　薄板的板-板对接平焊

### 一、要求

按图 3-29 技术要求进行训练,学习者需反复练习,至少完成8条焊缝的训练任务,焊缝质量达到要求后参加考核。

### 二、分析

薄板对接焊关键技能点为:装配、校正、焊接。主要出现的问题是烧穿,焊接时应严格控制火焰能率,采用较小倾角,增大火焰加热面积,适当提高焊接速度。

### 三、准备

#### 1. 气焊设备

选用标准氧气钢瓶、乙炔钢瓶各一个,H01-6 焊炬一把,氧气压力表,乙炔压力表各一

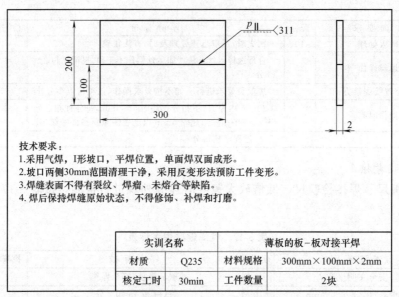

技术要求：
1. 采用气焊，I形坡口，平焊位置，单面焊双面成形。
2. 坡口两侧30mm范围清理干净，采用反变形法预防工件变形。
3. 焊缝表面不得有裂纹、焊瘤、未熔合等缺陷。
4. 焊后保持焊缝原始状态，不得修饰、补焊和打磨。

| 实训名称 | | 薄板的板-板对接平焊 | |
|---|---|---|---|
| 材质 | Q235 | 材料规格 | 300mm×100mm×2mm |
| 核定工时 | 30min | 工件数量 | 2块 |

图 3-29 薄板对接平焊任务图

套，检查各输气软管及管接头处是否有漏气现象，各调节阀是否正常，焊炬是否有射吸能力。

**2. 工件材料**

焊件尺寸为 300mm×100mm×2mm 的 Q235 钢板 2 块，检查钢板平直度，并修复平整。焊前清理待焊处，将焊件表面的油污、铁锈及氧化物等清除干净，可用抹布、锉刀及钢丝刷清理，油污可用汽油清洗，直至呈现金属光泽。

**3. 焊接材料**

焊丝牌号为 H08A，$\phi 2mm$，使用前检查焊丝是否损坏，除去污物杂锈保证其表面光滑。

**4. 辅助器具**

准备好气焊点火枪、气焊眼镜、通针、胶木锤、角向磨光机、锉刀、钢丝刷、砂纸、钢直尺、钢角尺、石笔、活动扳手、钢丝钳、焊缝检验尺等辅助工具和量具。

**四、实施**

**1. 装配与定位焊**

① 在装配时不要错边，预留间隙为 0.5mm。

② 定位焊时所使用的焊丝与正式焊接的焊丝相同。定位焊的位置在焊件正面，定位焊顺序由焊件中间开始向两端进行，如图 3-30（a）所示 [厚焊件定位焊与薄焊件不同，如图 3-30（b）所示]。定位焊缝的长度为 3～4mm，定位焊缝的间距为 50～80mm 为宜。定位焊点不宜过宽和过低。定位焊点的横截面如图 3-31 所示。

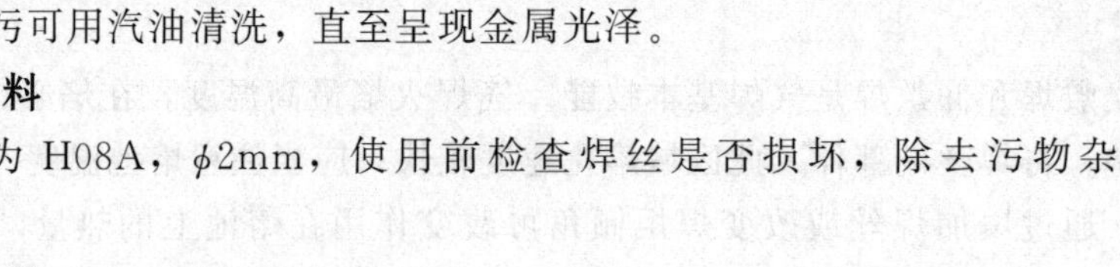

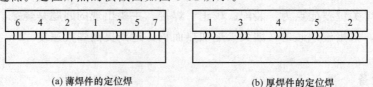

(a) 薄焊件的定位焊　　　　　　(b) 厚焊件的定位焊

图 3-30 焊件定位焊顺序

(a) 不好　　　　　　　　(b) 好

图 3-31　定位焊点的要求

在定位焊后，为防止角变形，可采用预先反变形法，即将焊件沿焊缝内下折成 160°左右，如图 3-32 所示。

③ 矫正。为了保证焊缝的良好成形和焊缝反面焊透均匀及防止出现接缝高低不平，定位焊后必须校正不平之处。校正用胶木锤，防止敲伤焊件。

### 2. 焊接

① 确定焊接参数（见表 3-18）。

表 3-18　气焊薄板焊接层数

| 焊件厚度/mm | 焊丝直径/mm | 氧气压力/MPa | 乙炔压力/MPa | 焊嘴号码 | 焊缝层数 |
|---|---|---|---|---|---|
| 2 | 2 | 0.2~0.3 | 0.01~0.1 | H01-6 2号 | 1 |

② 焊接操作采用左焊法，选用中性火焰。起焊时可从接缝一端留 30mm 处施焊，如图 3-33 所示。其目的是使起焊处于板内，传热面积大，冷凝不易出现裂纹或烧穿。火焰内焰尖端要对准接缝中心线，距焊件 2~5mm，焊丝端部位于焰心前下方，做上下往复运动，焊丝端部不要离开外焰保护区，以免氧化。焊炬可作平稳直线运动，也可作上下摆动，如图 3-34 所示。其目的是调节熔池温度，使得焊件熔化良好，并控制液体金属的流动，使焊缝成形美观。

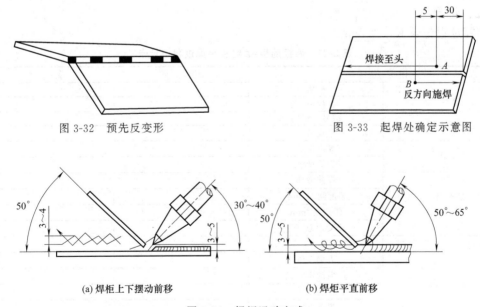

图 3-32　预先反变形

图 3-33　起焊处确定示意图

(a) 焊炬上下摆动前移　　　　　　　　(b) 焊炬平直前移

图 3-34　焊炬运动方式

在气焊过程中，如果火焰性质发生了变化，发现熔池浑浊、有气泡、火花飞溅或熔池沸腾等现象，要及时将火焰调节为中性焰，然后再进行焊接。焊炬的倾角、高度和焊接速度，应根据熔池的大小而调整。如发现熔池过小，焊丝熔化后仅敷在焊件表面，说明热量不足，焊炬倾角应增大，焊接速度要减慢。如发现熔池过大，且没有流动金属时，则说明焊件已被烧穿，此时应迅速提起火焰或加快焊接速度，减小焊炬倾角，并多加焊丝。焊接始终应保持熔池为椭圆形且大小一致，才能获得满意的焊缝。

在薄焊件焊接时，火焰的焰心要指在焊丝上，用焊丝阻挡部分热量，以防接头处熔化太快而烧穿。

在焊接结束时，将焊炬火焰慢慢提起，使熔池逐渐缩小。收尾时要填满弧坑，防止产生气孔、裂纹、凹坑等缺陷。对接焊缝尺寸的一般要求见表 3-19。

表 3-19　对接焊缝尺寸的一般要求

| 焊件厚度/mm | 焊缝余高/mm | 焊缝宽度/mm | 层数 |
|---|---|---|---|
| 0.8~1.2 | 0.5~1 | 4~6 | 1 |
| 2~3 | 1~2 | 6~8 | 1 |
| 4~5 | 1.5~2 | 6~8 | 1~2 |
| 6~7 | 2~2.5 | 8~10 | 2~3 |

③ 焊接时易出现的缺陷及排除方法（见表 3-20）。

表 3-20　焊接时易出现的缺陷及排除方法

| 缺陷名称 | 产生原因 | 排除方法 |
|---|---|---|
| 咬边 | ① 火焰能率过大<br>② 焊嘴倾角不正确<br>③ 焊嘴焊丝摆动不当 | ① 选择合适的火焰能率<br>② 正确运用焊嘴倾斜角<br>③ 焊嘴焊丝摆动要适当 |
| 烧穿 | ① 接头间隙过大、错位<br>② 火焰能率过大<br>③ 焊接速度过慢 | ① 减小装配间隙<br>② 减小火焰能率<br>③ 运用合适的焊接速度 |
| 焊瘤 | ① 火焰能率过大<br>② 焊接速度过慢<br>③ 间隙过大 | ① 选择合适的火焰能率<br>② 提高焊接速度<br>③ 减小装配间隙 |

## 五、记录

填写过程记录卡，见表 3-21。

表 3-21　薄板的板-板对接平焊过程记录卡

| 记录项目 | | 记　录 | 备　注 |
|---|---|---|---|
| 母材 | 材质 | | |
| | 规格 | | |
| 焊接材料 | 型号（牌号） | | |
| | 规格 | | |
| 焊炬 | 焊炬类型 | | |
| | 焊炬型号 | | |
| 装配及定位焊 | 焊前清理 | | |
| | 装配间隙/mm | | |
| | 错边量/mm | | |
| | 反变形量/(°) | | |
| 焊接参数 | 火焰能率/(L/min) | | |
| | 火焰性质 | | |
| | 焊炬操作方式 | | |
| | 运丝方式 | | |
| | 焊接方向 | | |
| | 焊接速度 | | |
| 焊缝外观 | 余高/mm | | |
| | 宽度/mm | | |
| | 长度/mm | | |
| 用时/min | | | |

### 六、考核

实训考核建议采用"过程考核×40%＋结果考核×60%"的综合考核方式进行。

（1）过程考核

按表 3-22 所示要求进行过程考核。

表 3-22 薄板的板-板对接平焊过程考核卡

| 序号 | 实训要求 | 配分 | 评分标准 | 检测结果 | 得分 |
|------|---------|------|---------|---------|------|
| 1 | 安全文明生产 | 10 | 劳动保护(气焊眼镜、工作服、胶鞋、护脚、皮手套等穿戴整齐) | | |
| 2 | 工件清理 | 10 | 按要求清理 | | |
| 3 | 操作姿势 | 10 | 操作姿势规范 | | |
| 4 | 回火处理 | 10 | 回火时,处理及时,方法正确 | | |
| 5 | 运丝操作 | 10 | 运丝稳定,动作规范 | | |
| 6 | 装配间隙 | 10 | 2~2.5mm,始焊端小、末焊端大 | | |
| 7 | 错边量 | 10 | ≤1.2mm | | |
| 8 | 定位焊缝质量 | 10 | 长度3~4mm,无缺陷 | | |
| 9 | 反变形量 | 10 | 下折160°左右 | | |
| 10 | 收尾质量 | 10 | 无弧坑 | | |
| 11 | 操作时间 | | 30min 内完成,不扣分。超时 1~5min,每分钟扣 2 分(从得分中扣除);超时 6min 以上者需重新参加考核 | | |
| | 过程考核得分 | | | | |

（2）结果考核

使用钢板尺、焊接检验尺、低倍放大镜等对焊缝外观进行检测,按表 3-23 所示要求进行考核。

表 3-23 焊缝质量检验项目及标准

| 序　号 | 考核项目 | 分　值 | 评分标准 | 检测结果 | 得　分 |
|--------|---------|--------|---------|---------|--------|
| 1 | 正面焊缝高度 $h$/mm | 10 | $0 \leqslant h \leqslant 2$ | | |
| 2 | 背面焊缝高度 $h'$/mm | 10 | $0 \leqslant h' \leqslant 1$ | | |
| 3 | 正面焊缝高低差 $h_1$/mm | 10 | $0 \leqslant h_1 \leqslant 1$ | | |
| 4 | 焊缝每侧增宽/mm | 10 | 0.5~2 | | |
| 5 | 咬边/mm | 10 | $F \leqslant 0.5, 0 \leqslant L < 10$ | | |
| 6 | 错边量 | 20 | 无 | | |
| 7 | 焊后角变形 $\theta$ | 20 | $0° \leqslant \theta \leqslant 3°$ | | |
| 8 | 气孔、夹渣、未熔合、焊瘤 | 10 | 无 | | |
| | 考核结果得分 | | | | |

注:表中"$F$"为缺陷深度,"$L$"为缺陷长度,累计计算。

### 七、总结

烧穿、错边、角变形、焊瘤、咬边是薄板对接焊容易出现的问题。装配前应矫正钢板,保证装配时因工件变形出现错边,定位焊应在正面,并从中间向两端进行,做反变形时应注意各部位角度一致,气焊时采用中性焰,左焊法施焊。焊接过程中如发现火焰性质发生变化,应及时调整。应特别注意起焊处和焊缝收尾处,由于散热条件的改变引起的熔池温度变化,应采取改变焊炬倾角、填丝速度和焊接速度等,控制热输入量,从而保证焊缝质量。

## 实训三　管-管水平位置对接焊

### 一、要求

本项目包含两个子项目,即管-管水平转动焊接、管-管水平固定焊接项目,按图 3-35 要求，完成训练项目，使焊缝质量达到技术要求。

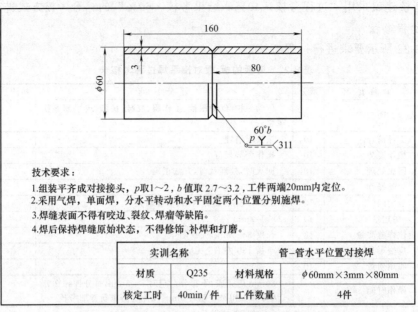

技术要求：
1. 组装平齐成对接接头，$p$取1～2，$b$值取2.7～3.2，工件两端20mm内定位。
2. 采用气焊，单面焊，分水平转动和水平固定两个位置分别施焊。
3. 焊缝表面不得有咬边、裂纹、焊瘤等缺陷。
4. 焊后保持焊缝原始状态，不得修饰、补焊和打磨。

| 实训名称 | | 管-管水平位置对接焊 | |
|---|---|---|---|
| 材质 | Q235 | 材料规格 | $\phi$60mm×3mm×80mm |
| 核定工时 | 40min/件 | 工件数量 | 4件 |

图 3-35  管-管水平位置对接焊任务图

### 二、分析

管子对接焊是一项生产中常见的焊接作业。分为水平位置、垂直位置、斜45°位置等，本项目主要介绍水平位置管对接，它又可分为两种情况：水平转动焊、水平固定焊。不同直径的管子定位焊点位置和数量也不一样。水平转动焊主要是爬坡焊，水平固定焊则是全位置焊，难点在于4点至8点区域段是仰焊，如操作不当易出现未焊透和焊瘤。

### 三、准备

**1. 气焊设备**

选用标准氧气钢瓶、乙炔钢瓶各一个，H01-6焊炬一把，氧气压力表，乙炔压力表各一套，检查各输气软管及管接头处是否有漏气现象，各调节阀是否正常，焊炬是否有射吸能力。

**2. 工件材料**

焊件尺寸为$\phi$60mm×3mm×80mm的Q235钢管4件。焊前清理待焊处，将焊件表面的油污、铁锈及氧化物等清除干净，可用抹布、锉刀及钢丝刷清理，油污可用汽油清洗，直至呈现金属光泽。

**3. 焊接材料**

焊丝牌号为H08A，$\phi$2mm，使用前检查焊丝是否损坏，除去污物杂锈保证其表面光滑。

**4. 辅助器具**

准备好气焊点火枪、气焊眼镜、通针、胶木锤、角向磨光机、锉刀、钢丝刷、砂纸、钢直尺、钢角尺、石笔、活动扳手、钢丝钳、焊缝检验尺等辅助工具和量具。

### 四、实施

**1. 装配与定位焊**

① 定位焊必须采用与正式焊接相同的焊丝和火焰。

② 焊点起头和收尾应圆滑过渡。

③ 开坡口的焊件在定位焊时，焊点高度不应超过焊件厚度的 1/2。

④ 定位焊必须焊透，不允许出现未熔合、气孔、裂纹等缺陷。

定位焊点的数量应按接头的形状和管子的直径大小来确定：直径小于 70mm 定位焊 2～3 点，直径为 100～300mm 定位 4～6 点，直径为 300～500mm 定位 6～8 点，如图 3-36 所示。

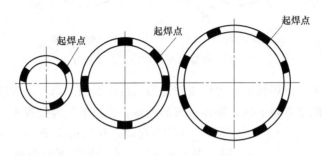

(a) 直径小于70mm    (b) 直径为100～300mm    (c) 直径为300～500mm

图 3-36   不同管径定位焊及起焊点

## 2. 焊接

(1) 确定焊接参数（见表 3-24）

表 3-24   气焊钢管焊接参数

| 焊件厚度/mm | 焊丝直径/mm | 氧气压力/MPa | 乙炔压力/MPa | 焊嘴号码 | 焊缝层数 |
|---|---|---|---|---|---|
| 3 | 2 | 0.2～0.3 | 0.01～0.1 | H01-6 2号 | 3 |

(2) 焊接

① 可转动管子对接焊。由于管子可以自由转动，因此焊缝可控制在水平位置施焊。

其操作方法有两种：一是将管子定位焊一点，从定位焊点相对称的位置开始施焊，中间不要停顿，直焊到与起焊点重合为止，如图 3-37 (a) 所示。另一种是将管子分为两次焊完，即由一点开始起焊，分别向相反的方向施焊，如图 3-37 (b) 所示。

对于厚壁开有坡口的管子，不能处于水平位置焊接，应采用爬坡焊。若用平焊，则难以得到较大的熔深，焊缝成形也不美观。

用左焊法进行爬坡焊时，将熔池安置在与管子水平中心线成 50°～70° 角度范围内，如图 3-38 (a) 所示。这样可以加大熔透深度，控制熔池形状，使接头均匀熔透，同时使填充金属的熔滴自然流向熔池下部，焊缝成形快，有利于控制焊缝的高度。

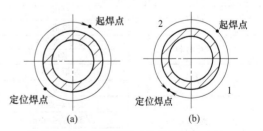

图 3-37   薄壁管可转动施焊的操作方法

爬坡焊可以用右焊法。这时，熔池应控制在与垂直中心线成 10°～30° 范围内，如图 3-38 (b)所示。对于开坡口的管子，应分三层焊接。第一层焊嘴与管子表面的倾斜角度为 45°左右，火焰焰心末端距熔池 3～5mm。当看到坡口钝边熔化后并形成熔池时，立即把焊丝送入熔池前沿，使之熔化填充熔池。焊炬作圆周式摆动，焊丝随焊炬一起向前移动，焊件

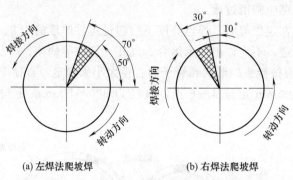

(a) 左焊法爬坡焊　　　　(b) 右焊法爬坡焊

图 3-38　厚壁管可转动施焊的操作方法

根部要保证焊透。第二层焊接时，焊炬要作适当的横向摆动。第三层焊接时，焊接方法同第二层一样，但火焰能率应略小些，使焊缝成形美观。在整个气焊过程中，每一层焊缝要一次焊完，各层的起焊点互相错开 20～30mm。每次焊接收尾时，要填充弧坑，火焰慢慢离开熔池，以免出现气孔、夹渣等缺陷。

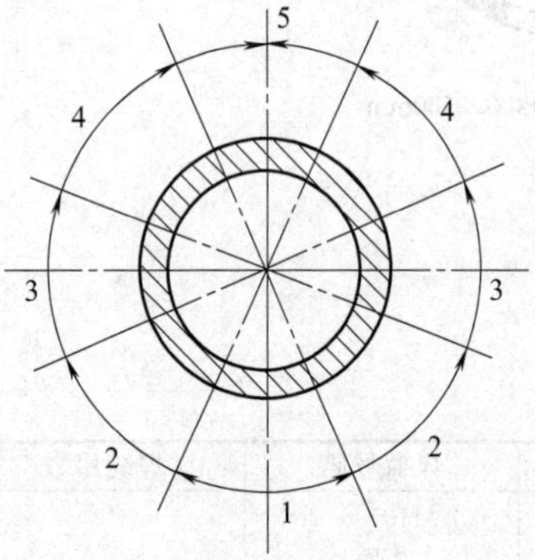

② 不可转动管子对接焊。不可转动管子的焊接，属多位置施焊，如图 3-39 所示。不可转动管的对接气焊，每层焊道均分两次完成，从图 3-39 中的点 1 开始，沿接缝或坡口焊到 5 的位置结束。在气焊中，应当灵活地改变焊丝、焊炬和管子之间的夹角，才能保证不同位置的熔池形状，达到既能焊透、又不产生过热和烧穿现象的目的。不可转动管子气焊时，起点和终点处应相互重叠 10～15mm，以避免起点和终点处产生焊接缺陷。

图 3-39　不可转动管焊接位置
1—仰焊；2—仰爬坡焊；3—立焊；
4—上爬坡焊；5—平焊

### 五、记录

填写过程记录卡，见表 3-25。

表 3-25　管-管的水平位置对接焊过程记录卡

| 记 录 项 目 | | 记　　录 | 备　　注 |
|---|---|---|---|
| 母材 | 材质 | | |
| | 规格 | | |
| 焊接材料 | 型号(牌号) | | |
| | 规格 | | |
| 焊炬 | 焊炬类型 | | |
| | 焊炬型号 | | |
| 装配及<br>定位焊 | 定位焊点数 | | |
| | 装配间隙/mm | | |
| | 焊接位置 | | |
| | 错边量/mm | | |
| 焊接参数 | 火焰能率/(L/min) | | |
| | 火焰性质 | | |
| | 焊炬操作方式 | | |
| | 运丝方式 | | |
| | 焊接方向 | | |
| | 焊接速度 | | |

续表

| 记录项目 | | 数据记录 | 备注 |
|---|---|---|---|
| 焊缝外观 | 余高/mm | | |
| | 宽度/mm | | |
| | 长度/mm | | |
| 用时/min | | | |

## 六、考核

实训考核建议采用"过程考核×40%＋结果考核×60%"的综合考核方式进行。

（1）过程考核

按表 3-26 所示要求进行过程考核。

表 3-26　管-管水平位置对接焊过程考核卡

| 序号 | 实训要求 | 配分 | 评分标准 | 检测结果 | 得分 |
|---|---|---|---|---|---|
| 1 | 安全文明生产 | 5 | 劳动保护(气焊眼镜、工作服、胶鞋、护脚、皮手套等穿戴整齐) | | |
| 2 | 工件清理 | 5 | 按要求清理 | | |
| 3 | 操作姿势 | 10 | 操作姿势规范 | | |
| 4 | 回火处理 | 10 | 回火时,处理及时,方法正确 | | |
| 5 | 焊接位置 | 10 | 按规定位置施焊 | | |
| 6 | 装配间隙 | 10 | 2～2.5mm | | |
| 7 | 错边量 | 10 | ≤1.2mm | | |
| 8 | 定位焊缝质量 | 10 | 长度3～4mm,无缺陷 | | |
| 9 | 起头质量 | 10 | 无过窄、凸起、未熔合等缺陷 | | |
| 10 | 接头质量 | 10 | 无过高、脱节缺陷 | | |
| 11 | 收尾质量 | 10 | 无弧坑 | | |
| 12 | 操作时间 | | 40min 内完成,不扣分。超时 1～5min,每分钟扣 2 分(从得分中扣除);超时 6min 以上者需重新参加考核 | | |
| 过程考核得分 | | | | | |

（2）结果考核

使用钢板尺、焊接检验尺、低倍放大镜等对焊缝外观进行检测,检测结果按表 3-27 所示要求进行考核。

表 3-27　焊缝质量检验项目及标准

| 序　号 | 考核项目 | 分　值 | 评分标准 | 检测结果 | 得　分 |
|---|---|---|---|---|---|
| 1 | 焊缝高度 $h$/mm | 10 | $0 \leqslant h \leqslant 2$ | | |
| 2 | 焊缝高低差 $h_1$/mm | 10 | $0 \leqslant h_1 \leqslant 1$ | | |
| 3 | 焊缝每侧增宽/mm | 10 | 0.5～2 | | |
| 4 | 焊缝宽度差 $c_1$/mm | 10 | $0 \leqslant c_1 \leqslant 1$ | | |
| 5 | 咬边/mm | 20 | $F \leqslant 0.5, 0 \leqslant L < 10$ | | |
| 6 | 气孔、夹渣、未熔合、焊瘤 | 20 | 无 | | |
| 7 | 通球(管内径 85%) | 20 | 通过 | | |
| 考核结果得分 | | | | | |

注：表中"$F$"为缺陷深度,"$L$"为缺陷长度,累计计算。

## 七、总结

管子对接气焊中,焊缝为曲线形状,焊接过程中,应将熔池所在位置沿焊缝的切线方向视为直焊缝,由于切线方向随着焊接过程的进行不断改变方向,因此焊炬和焊丝角度也应不断调整。固定管子对接过程由仰焊、仰爬坡焊、立焊、上爬坡焊、平焊组成,操作者应根据所焊不同阶段适时调整操作姿态和手法。尤其是仰焊段和仰爬坡焊,难度较大，应反复练习，学会采取合理的措施控制熔池温度，使用火焰吹力防止液态金属流失，保证焊接质量。

## 实训四　钢板直线气割

### 一、要求

按图 3-40 技术要求，完成钢板直线气割训练项目，使割缝质量达到技术要求。本项目有三个子项目，分别是薄板（厚度为 4mm）、中厚板（12mm）、厚板（30mm）氧-乙炔火焰切割技能训练。

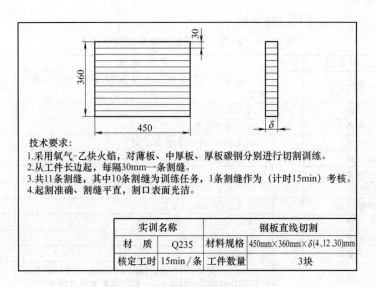

技术要求：
1. 采用氧气-乙炔火焰，对薄板、中厚板、厚板碳钢分别进行切割训练。
2. 从工件长边起，每隔30mm一条割缝。
3. 共11条割缝，其中10条割缝为训练任务，1条割缝作为（计时15min）考核。
4. 起割准确、割缝平直，割口表面光洁。

| 实训名称 | | 钢板直线切割 | |
| --- | --- | --- | --- |
| 材　质 | Q235 | 材料规格 | 450mm×360mm×δ(4、12、30)mm |
| 核定工时 | 15min/条 | 工件数量 | 3块 |

图 3-40　钢板直线气割任务图

### 二、分析

氧气切割是焊接操作者必须具备的基本技能，它在下料、坡口加工等方面应用十分广泛，是常用的金属切割方法。钢板沿直线气割是最基本的训练项目，钢板厚度不同切割方法和技巧有很大差异。气割过程的关键是操作者对后拖量、割炬的稳定性和切割速度均匀性控制，即在切割过程中，应保持割嘴和工件表面距离和割炬前移速度稳定。此外，还应注意回火时的处理措施。

### 三、气割准备

#### 1. 气割设备

选用标准氧气钢瓶、乙炔钢瓶各一个，G01-30 射吸式割炬一把，1 号、2 号割嘴各一只，选用 G01-100 型割炬 2 号喷嘴，氧气压力表，乙炔压力表各一套，检查各输气软管及管接头处是否有漏气现象，各调节阀是否正常，割炬是否有射吸能力。

#### 2. 工件材料

焊件尺寸为 450mm×360mm×δ（δ 分别为 4mm、12mm、30mm），材质为 Q235。切割前清理工件表面的油污、铁锈及氧化物等。

#### 3. 辅助器具

应准备好气焊点火枪、气焊眼镜、通针、手锤、角向磨光机、耐火砖、钢丝刷、砂纸、钢直尺、钢角尺、石笔、活动扳手、钢丝钳等辅助工具和量具。

#### 四、实施

##### 1. 切割基本操作技术

（1）操作姿势

气割时，操作者要注意起割姿势，一般采用以下操作姿势：双脚呈外"八字"形蹲在工件的一旁，右臂靠住右膝盖，以便移动割炬，右手握住割炬手柄，并以右手的拇指和食指控制预热氧的调节阀，便于随时调整预热火焰和预热氧气的调节阀，同时起到掌握气割方向的作用，其余三指平稳地托住混合气管；左臂悬空在两脚中间，中指从切割氧管和混合管之间穿过，拇指和食指控制切割氧的阀门，无名指和小手指处于混合管下方，平稳地托住混合管。操作时下身不要弯得太低，呼吸要有节奏，眼睛应注视工件、割嘴和切割线。

（2）点火

点火前应先检查割炬的射吸能力。将割炬的氧气接通，打开预热氧气调节阀手轮，气割工用左手拇指轻触乙炔气接头，若手指感到有吸力，则说明割炬射吸性能良好，可以使用。

点火时，先稍打开预热氧气调节阀，再打开乙炔气调节阀，开始点火。手要避开火焰，防止烧伤，将火焰调成中性焰或轻微氧化焰。然后打开割炬上的切割氧开关，并增大氧气流量，使切割氧流的形状（即风线形状）成为笔直而清晰的圆柱体，并有一定的长度。否则应关闭割炬上所有的阀门，用通针进行修整或者调整内外嘴的同轴度。预热火焰和风线调整好后，关闭割炬上的切割氧开关，准备起割。

（3）起割

开始切割时，先预热钢板的边缘，待边缘呈现亮红色时，将火焰局部移出边缘线以外，同时慢慢打开切割气阀。当看到被预热的红色金属在氧气流中被吹掉时，进一步开大切割氧气阀，看到割件背面飞出鲜红的氧化金属渣时，说明工件已被割透，此时应根据工件的厚度，以适当的速度从右边向左移动进行切割。

对于中厚钢板的切割，应从工件边缘棱角处开始预热，要准确地控制割嘴与工件的垂直度，如图 3-41 所示。将工件预热到切割温度时，逐渐开大切割氧压力，并将割嘴稍向气割方向倾斜 5°～10°，如图 3-42 所示。当工件边缘全部割透时，再加大切割氧流，并使割嘴垂直于工件，进入正常气割过程。

图 3-41　预热位置

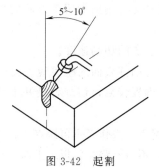

图 3-42　起割

（4）正常气割过程

起割后，为了保证焊缝的质量，在整个气割过程中，割炬的移动速度要均匀，割嘴距工件表面的距离要保持一定。若操作者的身体需要更换位置时，应先关闭切割氧气阀，待身体的位置移好后，再将割嘴对准待割处，适当加热，然后慢慢打开切割氧气阀，可继续向前切割。

在气割过程中，有时因割嘴过热或氧化渣的飞溅，使割嘴堵塞或乙炔供应不足时，出现鸣爆和回火现象。此时，必须迅速地关闭预热氧气调节阀和切割氧气阀，切断氧气供给，防止出现回火。如果仍然听到割炬里还有"嘶嘶"的响声，则说明火焰没有完全熄灭，此时，应迅速关闭乙炔阀，或者拔下割炬上的乙炔软管，将回火的火焰排出。以上处理待正常后，要重新检查割炬的吸射力，然后才允许重新点燃割炬进行切割。

在中厚钢板的正常气割过程中，割嘴要始终垂直工件作横向月牙形或"之"字形摆动，如图 3-43 所示。割嘴的移动速度要慢，并且应连续进行，尽量不中断气割，避免工件温度下降。

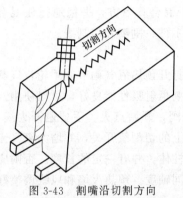

图 3-43　割嘴沿切割方向
横向摆动示意图

（5）停割

气割过程临近终点时，割嘴应沿气割方向的反方向倾斜一个角度，以便使钢板的下部提前割透，使切口在收尾处整齐美观。当达到终点时，应迅速关闭切割氧气阀并将割炬抬起，再关闭乙炔阀，最后关闭预热调节阀。松开减压器调节螺钉，将氧气放出。停割后，还要仔细清除切口边缘的挂渣，便于以后加工。工作结束时，应将减压器卸下并将乙炔阀关闭。中厚钢板如果遇到割不透时，允许停割，并从切割线的另一端重新起割。

**2. 切割操作要点**

氧气切割前，应使用钢板尺和石笔在工件表面上每30mm 画一条切割线，沿线切割，工件需置于耐火上，将切割部位悬空。薄板、中厚板和厚板切割流程相同，但操作要点略有差异，下面分别介绍厚度为 4mm、12mm、30mm 钢板的切割操作要点。

（1）薄板（4mm）的气割

4mm 及以下厚度钢板气割时，常出现的问题是：割口背部易黏渣，割口正面棱角易被熔化，钢板易变形，割口易黏合。

为了得到高质量的割口，薄板的切割应注意以下几点：

① 采用 G01-30 型割炬 1 号割嘴，预热火焰能率要低。

② 切割时应将割嘴沿切割方向的反向倾斜一定的角度（30°～60°），以防止切割处过热而熔化。

③ 采用较快的切割速度。

④ 割炬与割件表面的距离应保持 10～15mm。

⑤ 由于钢板较薄，切割者最好不要蹲在薄钢板之上，以避免产生过大变形，影响切割质量。

一般情况下，操作者不可蹲在工件上进行切割，避免工件变形，妨碍切割正常操作。如工件面积较大，不得不蹲在薄板之上时，可在薄板下垫一块厚板，但所垫厚板应避开切割线。

（2）中厚板（12mm）的气割

中厚板（12mm）的气割时，常出现的问题是：由于割嘴与工件表面距离变化造成割口宽窄不一，割口背部易粘渣。

切割时主要注意以下几点：

① 选用 G01-30 型割炬 2 号割嘴，预热火焰能率适中。

② 预热时，应将待气割起始点端部厚度方向全部均匀预热，防止起割部位出现割不透

现象，打开切割氧气阀门时应保持割炬稳定，切勿抖动。

③ 切割速度均匀，割嘴与工件表面距离保持在4～5mm。

④ 如切割中，操作者不便操作，需停止调整位置时，应首先关掉切割氧气阀，停止切割，待移动好位置后再进行切割，这种做法俗称"接刀"。在移动位置重新切割时，要在原来的停割处进行预热，然后对准割缝开启切割氧气，继续进行切割。

⑤ 气割过程中，气割风线的形状是保证气割质量的前提，气割时除了要仔细观察割嘴和割缝外，同时要注意，当听到"噗噗"声时为割穿，否则未割穿。

⑥ 气割过程中，有时会由于各种原因而出现爆鸣和回火现象，此时应迅速关闭切割氧调节阀门，火焰会自动在割嘴外正常燃烧；如果在关闭阀门后仍然听到割炬内还有嘶嘶的响声，说明火焰还没有熄灭，应迅速关闭乙炔阀门。

⑦ 切割至钢板末端时，割嘴应沿气割方向略向后倾斜一个角度，以便钢板下部割透，确保割缝在收尾处整齐。停割后要仔细清除割口周边上的挂渣。

（3）厚板（30mm）的气割

厚板（30mm）的气割时，常出现的问题是：后拖量相对较大，割口呈现上宽下窄，操作不当时易发生回火，割口背部易粘渣。

厚板的切割应注意：

① 选用G01-100型割炬2号割嘴，提高预热火焰能率，割嘴至工件表面3～5mm。

② 预热和起割。起割前，割嘴和切割线两侧平面的夹角为90°，割嘴向切割方向倾斜20°～30°，用较大能率的预热割件上边缘的棱角处，预热到燃烧温度时（呈现亮红色），再缓慢打开切割氧调节阀，当割件上边缘被割穿时，即可加大切割氧流，并使割嘴垂直于割件，沿切割线缓慢向前移动时作横向月牙形摆动。

③ 临近割缝末端时，由于散热条件改变，应适当加快切割速度，防止割口上边缘棱角熔化，出现熔合现象。切割至末端，应将割嘴沿着切割方向倾斜20°～30°，适当放慢切割速度，确保下半部分割透。

在气割过程中，若遇到割不穿的情况时，应立即停止气割，以免发生气体涡流，使熔渣在切口中旋转，切割面产生凹坑。重新起割时应选择另一端作为起割点。

## 五、记录

填写过程记录卡，见表3-28。

表3-28 钢板直线气割过程记录卡

| 记 录 项 目 | | 记 录 | 备 注 |
|---|---|---|---|
| 母材 | 材质 | | |
| | 规格 | | |
| 焊接材料 | 型号（牌号） | | |
| | 规格 | | |
| 割炬 | 割炬类型 | | |
| | 割嘴型号 | | |
| 气割参数 | 火焰能率/(L/min) | | |
| | 火焰性质 | | |
| | 割炬操作方式 | | |
| | 切割方向 | | |
| | 切割速度 | | |
| 用时/min | | | |

## 六、考核

实训考核建议采用"过程考核×40％＋结果考核×60％"的综合考核方式进行。

（1）过程考核

按表 3-29 所示要求进行过程考核。

表 3-29　钢板直线气割过程考核卡

| 序号 | 实训要求 | 配分 | 评分标准 | 检测结果 | 得分 |
|---|---|---|---|---|---|
| 1 | 安全文明生产 | 20 | 劳动保护(气焊眼镜、工作服、胶鞋、护脚、皮手套等穿戴整齐) | | |
| 2 | 工件清理 | 20 | 按要求清理 | | |
| 3 | 操作姿势 | 20 | 操作姿势规范 | | |
| 4 | 回火处理 | 20 | 回火时,处理及时,方法正确 | | |
| 5 | 气割位置 | 20 | 按规定位置切割 | | |
| 6 | 操作时间 | | 15min 内完成,不扣分。超时 1~5min,每分钟扣 2 分(从得分中扣除);超时 6min 以上者需重新参加考核 | | |
| 过程考核得分 | | | | | |

（2）结果考核

使用钢板尺、焊接检验尺、低倍放大镜等对割口外观进行检测,检测结果按表 3-30 所示要求进行考核。

表 3-30　气割切口表面质量检验项目及标准

| 序　号 | 考核项目 | 分　值 | 评分标准 | 检测结果 | 得　分 |
|---|---|---|---|---|---|
| 1 | 切口表面 | 20 | 割纹粗细不均,每 1cm 扣 1 分,扣完为止 | | |
| 2 | 气割挂渣 | 10 | 氧化铁挂渣每 1 处扣 2 分,扣完为止 | | |
| 3 | 切口间隙 | 10 | 切口间隙宽窄不一或间隙大于 4mm,扣 10 分 | | |
| 4 | 切口棱角 | 10 | 出现圆角每 1cm 扣 1 分 | | |
| 5 | 割透情况 | 30 | 割不透每一处扣 10 分,扣完为止 | | |
| 6 | 割缝直线度 | 20 | 未按所划线切割或出现歪斜现象,每 5cm 扣 5 分,扣完为止 | | |
| 考核结果得分 | | | | | |

## 七、总结

钢板气割,应根据板厚选择合适的火焰能率,割嘴至工件表面为 3~5mm。厚板切割难度较大,容易出现起割处和末端割不透问题。起割时,可将割炬沿切割方向倾斜 20°~30°,首先将上半部分棱角割穿,再立即将割炬垂直于工件表面,并加大火焰能率;割至末端,将割炬沿切割方向后方倾斜 20°~30°,以减小后拖量,确保割透。

# 实训五　法兰气割

## 一、要求

按图 3-44 要求,完成法兰气割训练项目,掌握使用气割圆规切割法兰的操作要领。

## 二、分析

与钢板气割不同,法兰切割割缝为圆弧,对于直径超过 100mm 的圆孔、法兰、圆弧及圆饼的气割均可借助气割圆规,提高切割质量和效率,降低操作者的劳动强度。该项目的难点在于起割处开气割孔,应注意防止割嘴堵塞,导致火焰性质发生改变。

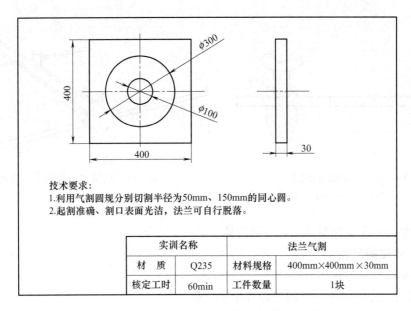

技术要求:
1.利用气割圆规分别切割半径为50mm、150mm的同心圆。
2.起割准确、割口表面光洁,法兰可自行脱落。

| 实训名称 | | 法兰气割 | |
|---|---|---|---|
| 材　质 | Q235 | 材料规格 | 400mm×400mm×30mm |
| 核定工时 | 60min | 工件数量 | 1块 |

图 3-44　法兰气割任务图

### 三、准备

#### 1. 气割设备

选用标准氧气钢瓶、乙炔钢瓶各一个,选用 G01-100 型割炬一把,2 号喷嘴一个,氧气压力表,乙炔压力表各一套,检查各输气软管及管接头处是否有漏气现象,各调节阀是否正常,割炬是否有射吸能力。

#### 2. 工件材料

焊件尺寸为 400mm×400mm×30mm,材质为 Q235。切割前清理工件表面的油污、铁锈及氧化物等。

#### 3. 辅助器具

准备好气焊点火枪、气焊眼镜、通针、手锤、角向磨光机、耐火砖、钢丝刷、砂纸、钢直尺、钢角尺、石笔、活动扳手、钢丝钳等辅助工具和量具。

#### 4. 气割圆规的制作与使用

(1) 气割圆规制作

气割圆规结构如图 3-45 所示,可自行制作。需要注意,套管直径应大于割嘴外径,但不能超出太多在套管中部焊接一根半径杆(直径 5~6mm、长 300mm),定位销可以在半径杆上来回移动。

(2) 割圆规的使用方法

使用时按照工件需割的半径调节好定位销(无论是割外圆还是割内圆都要留出 2~3mm 的气割余量)。气割时把套管套在割嘴上,把定位销的尖端插入工件预先打好的冲眼内即可,割圆规使用方法如图 3-46 所示。

### 四、实施

#### 1. 划线

在清理好的割件上用石笔画出法兰切割线。考虑到法兰切割后的加工余量,画线时应将法兰毛坯的外圆直径放大 10~20mm,内圆直径缩小 10~20mm。

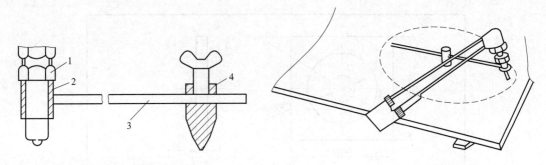

图 3-45　气割圆规简图　　　　　　图 3-46　使用割圆规割圆示意图

1—割嘴；2—套管；3—半径杆；4—定位销

法兰气割的顺序是先割外圆，后割内圆。

### 2. 法兰外圆的气割

气割外圆时操作过程如下：

① 气割前，先用样冲在圆的中心打个定位孔。

② 将割嘴套入气割圆规套管内，定位销锥尖置于定位孔内，然后调节锥尖与割炬切割氧喷射孔中心的距离，使割嘴中心孔位于切割线上，并拧紧顶丝。

③ 气割外圆时，可在钢板边缘起割，切割正常后，慢慢地将割炬移向法兰的中心，当定位锥尖落入定位孔后，便可将割炬沿圆周旋转一周，完成外圆切割法兰即从钢板上落下。

### 3. 法兰内圆的切割

气割前，先将法兰用耐火砖支起，耐火砖应放在法兰外缘处，不应放在切割线的下方，气割内圆时，需在钢板上割个孔，开孔的位置选择在内圆弧内 10mm 左右处。方法是先将割嘴垂直于割件预热至燃点时，将割嘴倾斜 20°～30°，打开切割氧将氧化铁渣吹掉，切割氧不宜太大，随着切割深度的不断增加，逐渐将割炬割嘴垂直于钢板，并不断地开大切割氧阀门，使氧化铁渣朝与割嘴倾斜相反的方向飞出。当氧化铁渣的火花不再上飞时，说明已将钢板割透。此时，割嘴向距离最近处的画线位置靠近，待割嘴进入画线位置后，将气割圆规销钉尖置于样冲凹坑内，用气割圆规正常切割内圆。

开气割孔时应注意以下几点：

① 起割孔一般距切割线 5～15mm。

② 为加快预热温度，预热的火焰能率应选择得大些，或将火焰调节为弱氧化焰。

③ 为防止熔渣堵塞割嘴，起割时割炬应后倾 20°左右。

④ 当起割点被加热到呈红亮颜色时，便可慢慢开启切割氧调节阀，将割件割穿。

⑤ 若一次未能割穿，应另换一处重新起割，或从对面继续起割。

### 4. 停割

气割到终点停割时，割嘴和割圆规应同时向气割的相反方向略移动一段距离，以便割嘴和割圆规可以顺利移出工件。防止强行停割造成回火。停割后要仔细清理割缝周边的熔渣，以便后续加工。

### 五、记录

填写过程记录卡，见表 3-31。

表 3-31 法兰气割过程记录卡

| 记录项目 | | 记 录 | 备 注 |
|---|---|---|---|
| 母材 | 材质 | | |
| | 规格 | | |
| 焊接材料 | 型号(牌号) | | |
| | 规格 | | |
| 割炬 | 割炬类型 | | |
| | 割嘴型号 | | |
| 气割参数 | 火焰能率/(L/min) | | |
| | 火焰性质 | | |
| | 割炬操作方式 | | |
| | 切割方向 | | |
| | 切割速度 | | |
| 用时/min | | | |

## 六、记录

实训考核建议采用"过程考核×40%＋结果考核×60%"的综合考核方式进行。

（1）过程考核

按表 3-32 所示要求进行过程考核。

表 3-32 法兰气割过程考核卡

| 序号 | 实训要求 | 配分 | 评分标准 | 检测结果 | 得分 |
|---|---|---|---|---|---|
| 1 | 安全文明生产 | 20 | 劳动保护(气焊眼镜、工作服、胶鞋、护脚、皮手套等穿戴整齐) | | |
| 2 | 工件清理 | 20 | 按要求清理 | | |
| 3 | 操作姿势 | 20 | 操作姿势规范 | | |
| 4 | 回火处理 | 20 | 回火时,处理及时,方法正确 | | |
| 5 | 气割位置 | 20 | 按规定位置切割 | | |
| 6 | 操作时间 | | 6min 内完成,不扣分。超时 1~5min,每分钟扣 2 分(从得分中扣除);超时 6min 以上者需重新参加考核 | | |
| 过程考核得分 | | | | | |

（2）结果考核

使用钢板尺、焊接检验尺、低倍放大镜等对割口外观进行检测,检测结果按表 3-33 所示要求进行考核。

表 3-33 气割切口表面质量检验项目及标准

| 序 号 | 考核项目 | 分 值 | 评分标准 | 检测结果 | 得 分 |
|---|---|---|---|---|---|
| 1 | 切口表面 | 20 | 割纹粗细不均,每 1cm 扣 1 分,扣完为止 | | |
| 2 | 气割挂渣 | 10 | 氧化铁挂渣每 1 处扣 2 分,扣完为止 | | |
| 3 | 切口间隙 | 10 | 切口间隙宽窄不一或间隙大于 4mm,扣 10 分 | | |
| 4 | 切口棱角 | 10 | 出现圆角每 1cm 扣 1 分 | | |
| 5 | 割透情况 | 30 | 割不透每一处扣 10 分,扣完为止 | | |
| 6 | 割缝直线度 | 20 | 未按所画线切割或出现歪斜现象,每 5cm 扣 5 分,扣完为止 | | |
| 考核结果得分 | | | | | |

## 七、总结

法兰气割,需借助气割圆规完成。切割过程中的难点在于切割内圆时,起割处需在平板上开孔。开孔时,采用较大的火焰能率,割嘴垂直于工件进行预热,预热至燃点时,将割炬

沿切割方向倾斜 $20°\sim30°$，打开切割氧气阀门，使用较小的切割氧吹渣，直至钢板背面出现熔渣，立即使割炬垂直于钢板，并增大火焰能率进行正常气割。

# 习　题

一、名词解释

1. 中性焰　2. 后拖量　3. 回火　4. 左焊法

二、填空

1. 气焊是利用_____气体（常用_____）与_____（常用_____）混合燃烧形成的火焰，将接头部位的母材和焊丝熔化来进行焊接的一种材料连接方法。

2. 气割则是利用可燃气体与氧燃烧时所放出的热量将金属预热到_____，使其在纯氧气流中燃烧，并利用高压氧流将燃烧的氧化熔渣从切口中吹除，从而达到分离金属的目的。

3. 气割过程包括_____、_____、_____和前进四个阶段。其实质是金属在纯氧中的_____过程，而不是_____过程。

4. 目前，工业上一般采用_____制取氧气。

5. 工业用乙炔，主要利用_____产生。

6. 中性焰是氧与乙炔混合比为_____时燃烧所形成的火焰。火焰燃烧时，既无过量的氧，也无游离碳。

7. 气焊设备及工具主要包括_____、_____、_____、_____等。

8. _____是气焊时用以控制气体流量、混合比及火焰，并进行焊接的工具。

9. 在开坡口焊件的第一、二层焊缝焊接时，应选用较_____的焊丝，其他各层焊缝可采用较_____焊丝。焊丝直径还与操作方法有关，一般右焊法所选用的焊丝要比左焊法_____些。

10. 火焰的能率是以每小时_____的消耗量（L/h）来表示的。

11. 在气焊时，按照焊炬和焊丝的移动方向，可分为_____和_____两种。

三、选择

1. 乙炔瓶的工作压力为 1.5MPa，其使用压力不得超过（　　）MPa。

A. 0.1　　　　　B. 0.15　　　　　C. 0.2　　　　　D. 0.3

2. 乙炔气瓶和氧气瓶的放置距离最低不得低于（　　）m。

A. 2　　　　　B. 3　　　　　C. 5　　　　　D. 10

3. 下列材料气焊时不必使用气焊熔剂的是（　　）。

A. 铸铁　　　　　B. 低碳钢　　　　　C. 合金钢　　　　　D. 有色金属

4. 气焊紫铜时，应使焰心至熔池表面保持的距离是（　　）mm。

A. 1～3　　　　　B. 15～20　　　　　C. 3～6　　　　　D. 20～30

5. 气焊黄铜时为了形成难熔的氧化锌薄膜或者氧化硅粘渣以防止锌的蒸发，必须采用氧化焰并且氧过剩的体积分数是（　　）。

A. 30%　　　　　B. 40%　　　　　C. 50%　　　　　D. 60%

6. 使用气焊焊接不锈钢时，选择（　　）是很关键的。

A. 焊剂　　　　　B. 焊丝　　　　　C. 坡口形式　　　　　D. 焊丝直径

7. 下列材料气焊时不必使用气焊熔剂的是（　　）。

A. 铸铁　　　　　B. 低碳钢　　　　　C. 合金钢　　　　　D. 有色金属

8. 气割 6～30mm 钢板时，割嘴的倾斜角度说法正确的是（　　）。

A. 垂直于割件　　　　　　　　B. 沿气割方向倾斜 5°～10°

C. 沿气割反方向倾斜 5°～10°　　D. 以上说法都不对

9. 割小于 6mm 钢板时，割嘴的倾斜角度正确的是（　　）。

A. 割嘴垂直于割件　　　　　　　B. 沿气割方向倾斜 5°～10°

C. 沿气割反方向倾斜 5°～10°　　D. 以上都不正确

10. 氧气切割过程能正常进行的最基本条件是（　　）。

A. 氧气纯度须大于 99.2%　　　　B. 切割氧气压力须大于 0.2MPa

C. 金属在氧气中的燃点应低于熔点　　D. 开始气割时要有一定的预热温度

11. 气割时，割嘴的倾角主要取决于工件的（　　）。

A. 厚度　　　　　B. 材质　　　　　C. 位置　　　　　D. 大小

12. 气焊黄铜时选用（　　）。

A. 碳化焰　　　　B. 中性焰　　　　C. 氧化焰　　　　D. 轻微碳化焰

13. 气焊紫铜时选用（　　）。

A. 碳化焰　　　　B. 中性焰　　　　C. 氧化焰　　　　D. 轻微碳化焰

14. 气焊火焰随着氧乙炔的混合比的增加形成火焰次序正确的是（　　）。

A. 中性焰、碳化焰、氧化焰

B. 中性焰、氧化焰、碳化焰

C. 碳化焰、中性焰、氧化焰

D. 碳化焰、氧化焰、中性焰

15. 气焊硬质合金时选用（　　）。

A. 碳化焰　　　　B. 中性焰　　　　C. 氧化焰　　　　D. 轻微氧化焰

16. 气焊铝及铝合金焊丝选择是根据（　　）。

A. 母材的化学成分　　　　　　　B. 焊接接头的强度

C. 焊接工件工作条件　　　　　　D. 焊接接头的空间位置

17. 气焊熔剂的选择是根据在焊接过程中（　　）来选用的。

A. 产生的硫化物　　B. 产生的气体　　C. 产生的氧化物　　D. 产生的熔渣

18. 下列气焊焊丝牌号是焊铜及铜合金的是（　　）。

A. HS201　　　　B. HS301　　　　C. HS401　　　　D. 焊 15 高

19. 乙炔钢瓶的瓶体和字体的颜色是（　　）。

A. 白、红　　　　B. 灰、黑　　　　C. 黑、黄　　　　D. 蓝、黑

20. 乙炔钢瓶距离明火的距离不得小于（　　）m。

A. 40　　　　　　B. 30　　　　　　C. 20　　　　　　D. 10

四、判断

1. 气焊紫铜及低合金钢时，可用碳化焰。　　　　　　　　　　　　　　（　　）

2. 乙炔气瓶使用时可以卧置。　　　　　　　　　　　　　　　　　　（　　）

3. 排除氧气瓶阀故障时，要先把氧气阀门关闭，再进行修理或更换零件。（　　）

4. 氧气瓶和乙炔气瓶减压器可以互相交换使用。　　　　　　　　　　（　　）

5. 气焊熔点高、导热性好的金属材料应选择较大的火焰能率。　　　　（　　）

6. 焊炬的倾斜角度，取决于焊件厚度和母材的熔点及导热性能，焊件愈厚，导热性能和熔点愈高，应采用较小的焊炬倾斜角。（ ）

7. 气焊的焊接方向为左向焊法，适用于焊接厚板。（ ）

8. 选择割嘴与割件表面的距离要根据预热火焰的长度和割件厚度，一般情况下距离为 $3\sim5$mm。（ ）

9. 割嘴与割件的倾斜角度会影响气割速度和后拖量，当割嘴沿气割方向倾斜一定角度时，在一定程度上可提高气割速度。（ ）

10. 金属的气割过程是铁不断熔化的过程。（ ）

11. 气焊火焰中氧化焰温度最高。（ ）

12. 气焊时，右向焊法，是指焊接过程自左向右焊炬在焊丝前面移动，这种焊法适用焊厚板。（ ）

13. 一般气焊焊接黑色金属和有色金属焊丝的化学成分基本上与被焊金属的化学成分相同。（ ）

14. 作为气焊时使用的氧气其纯度应至少在 99.2%。（ ）

15. 使用溶解乙炔气瓶，瓶内气体严禁用完，必须留 $0.01\sim0.03$MPa 压力。（ ）

五、简答

1. 可采用氧气切割的金属应满足哪些条件？

2. 对气焊丝的要求有哪些？

3. 气焊熔剂的作用是什么？对气焊熔剂的要求有哪些？

4. 减压器的作用是什么？

5. 简述割炬的安全使用方法。

6. 简述气焊工艺。

7. 简述气割工艺。

8. 发生回火的原因是什么？如何处理回火现象？

六、实践

1. 在熟练掌握平敷焊和立敷焊的基础上，尝试横敷焊练习，并总结操作要点和注意事项。

2. 尝试薄板 T 形接头焊接操作，总结操作要点和注意事项。

# 第四章

# 焊条电弧焊

**知识目标:**
- 能够正确连接焊条电弧焊设备。
- 掌握焊条电弧焊工艺。
- 熟练掌握焊条电弧焊板对接,管对接,管-板对接操作技能。

**重点难点:**
- 焊条电弧焊工艺参数选择。
- 板对接焊,反变形量确定方法。
- 运条、接头与收尾的操作手法。

## 第一节　概　述

焊条电弧焊是最常用的熔焊焊接方法之一。由于其具有设备简单、操作灵活方便、适应性强,能在空间任何位置进行焊接等优点,在造船、锅炉及压力容器、机械制造、建筑结构、化工设备制造维修等行业都广泛地使用这种方法。

### 一、焊条电弧焊原理

焊条电弧焊是用手工操作焊条进行焊接的电弧焊方法。焊条电弧焊时,焊接电源、焊接电缆、焊钳、焊条、工件形成一个闭合回路,焊条末端和工件之间燃烧的电弧所产生的高温使药皮、焊芯和工件熔化,熔化的焊芯端部迅速形成细小的金属熔滴,通过弧柱过渡到局部熔化的工件表面形成熔池,药皮熔化过程中产生的气体和熔渣,不仅使熔池与电弧周围的空气隔绝,而且和熔化了的焊芯、母材金属发生一系列冶金反应,保证所形成焊缝的性能。随着电弧以适当的弧长和速度在工件上不断地前移,熔池液态金属逐步冷却结晶,形成焊缝。焊接过程如图 4-1 所示。

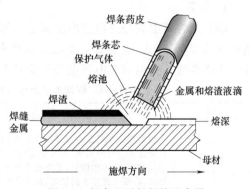

图 4-1　焊条电弧焊焊接示意图

### 二、焊条电弧焊特点

与其他常用焊接方法相比，焊条电弧焊具有以下特点：

① 设备简单，维护方便。焊条电弧焊可用交流弧焊机或直流弧焊机进行焊接，这些设备都比较简单，购置设备的投资少，而且维护方便，成本低。这是它应用广泛的原因之一。

② 操作灵活。在空间任意位置的焊缝，凡焊条能够达到的地方都能进行焊接。

③ 应用范围广。选用合适的焊条可以焊接低碳钢、低合金高强度钢、高合金钢及有色金属。不仅可焊接同种金属，还可以在普通钢上堆焊具有耐磨、耐腐蚀、高硬度等特殊性能的材料，应用范围很广。

④ 对焊工要求高。焊条电弧焊的焊接质量，除靠选用合适的焊条、焊接参数及焊接设备外，主要靠焊工的操作技术和经验保证。在相同的工艺设备条件下，技术水平高、经验丰富的焊工能焊出外形美观、质量优良的焊缝。

⑤ 劳动条件差。焊条电弧焊主要靠焊工的手工操作控制焊接的全过程，整个焊接过程中，焊工要在高温烘烤、弧光、飞溅、有毒的烟尘及金属和金属氧氮化合物的蒸气环境中工作，劳动条件是比较差的，因此要加强劳动保护。

⑥ 生产效率低。焊条电弧焊是手工作业，难以实现机械化和自动化，同时焊条熔敷率低，故生产效率低。

⑦ 焊材利用率不高。焊接时由于有焊条头损失，浪费严重。以每根焊条长度 350mm 计算，每根焊条头为 35mm，则每吨焊条约有 100kg 浪费。

# 第二节 焊　　条

焊条在焊接过程中主要起两方面作用：一是作为电极传导电流，维持电弧的稳定燃烧；二是作为填充金属与熔化的母材共同形成焊缝。

### 一、焊条的组成

焊条是由焊芯（金属芯）和药皮两部分组成的，如图 4-2 所示。在焊条的前端有 45°左右的倒角，主要是为了便于引弧。在尾部有一段裸焊芯，约占焊条总长的 1/16，便于焊钳夹持并有利于导电。常用的焊条直径有 1.6mm、2.0mm、2.5mm、3.2mm、4.0mm、5.0mm 等几种，其长度一般在 250～450mm 之间。

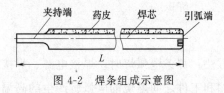

图 4-2　焊条组成示意图

#### 1. 焊芯

焊芯是焊条中被药皮包覆的金属芯。焊条电弧焊时，焊芯熔化形成的填充金属占整个焊缝金属的 50%～70%。因此，焊芯金属的化学成分及含量，直接影响着焊缝金属的化学成分和力学性能。碳钢焊芯中各组成元素对焊接过程和焊缝金属性能的影响见表 4-1。

表 4-1　碳钢焊芯元素对焊接过程及焊缝金属性能的影响

| 元素 | 对焊接过程和焊缝金属的影响 | 质量分数/% |
|---|---|---|
| 碳(C) | 脱氧剂。在高温时与氧化合生成 CO 或 $CO_2$ 气体，在熔池周围形成气罩，可降低或防止空气中的氧、氮与熔池发生作用，能减少焊缝中氧和氮的含量。但含量过高时，还原作用剧烈，会增加飞溅和产生气孔的倾向，明显地提高焊缝的强度、硬度，降低焊接接头的塑性，接头产生裂纹的倾向增大 | ≤0.10 |

续表

| 元素 | 对焊接过程和焊缝金属的影响 | 质量分数/% |
|---|---|---|
| 锰（Mn） | 脱氧剂和合金剂。能减小焊缝中氧的含量，与硫化合生成硫化锰（MnS）起脱硫作用，减小产生热裂纹的倾向。可作为合金元素渗入焊缝，使焊缝的力学性能得到提高 | 0.30～0.55 |
| 硅（Si） | 脱氧剂。与氧形成二氧化硅（SiO₂）。但会增加熔渣的黏度，而黏度过大会促使非金属夹杂物的生成。过多的硅还会降低焊缝金属的塑性和韧性 | ≤0.04 |
| 铬（Cr）与镍（Ni） | 从炼钢原料中混入的杂质。焊接过程中，铬易氧化而形成难溶的氧化铬（Cr₂O₃），使焊缝产生夹渣。镍对焊接过程无影响，但对钢的韧性有比较明显的影响。一般低温冲击值要求较高时，可以适当掺入一些镍 | Cr≤0.20 Ni≤0.30 |
| 硫（S）与磷（P） | 有害杂质。会使焊缝金属的力学性能降低。硫与铁作用能生成硫化亚铁（FeS），它的熔点低于铁，使焊缝在高温状态下容易产生热裂纹。磷与铁作用生成磷化亚铁和磷化铁（Fe₂P 和 Fe₃P），使熔化金属的流动性增大，在常温下变脆，焊缝容易产生冷脆现象。一般焊芯中要求，均不大于 0.04%；焊接重要结构时，焊芯中要求硫与磷的质量分数均不大于 0.03% | 一般 S 与 P≤0.04；重要结构 S 与 P≤0.03 |

### 2. 药皮

压涂在焊芯表面的涂料层称为药皮。焊条药皮是矿石粉末、铁合金粉、有机物和化工制品等原料按一定比例配置后压涂在焊芯表面的一层涂料。其作用是：

① 机械保护。焊条药皮熔化和分解后产生气体和熔渣，隔绝空气防止熔滴和熔池金属与空气接触。熔渣凝固后的渣壳覆盖在焊缝表面，可防止高温的焊缝金属被氧化和氮化，并可减慢焊缝金属的冷却速度。

② 冶金处理。通过熔渣和铁合金进行脱氧、去硫、去磷、去氢和渗合金等焊接冶金反应，可去除有害元素，增添有用元素，使焊缝具备良好的力学性能。

③ 改善焊接工艺性能。药皮可保证电弧容易引燃并稳定的连续燃烧；同时减少飞溅，改变熔滴过渡和焊缝成形等。

## 二、焊条的分类

焊条的分类方法很多，从不同的角度主要有以下四类分类方法：

### 1. 按药皮主要成分分类

可将焊条分为不定型、氧化钛型、钛钙型、钛铁矿型、氧化铁型、纤维素型、低氢钾型、低氢钠型、石墨型和盐基型十类。

### 2. 按焊条用途分类

可分为：结构钢焊条、钼和铬钼耐热钢焊条、不锈钢焊条、堆焊焊条、低温钢焊条、铸铁焊条、镍和镍合金焊条、铜和铜合金焊条、铝和铝合金焊条和特殊用途焊条十大类。

### 3. 按焊条性能分类

按焊条性能分类的焊条，都是根据其特殊使用性能而制造的专用焊条，有超低氢焊条、低尘低毒焊条、立向下焊条、底层焊条、铁粉高效焊条、抗潮焊条、水下焊条、重力焊条和躺焊焊条等。

### 4. 按熔渣性质分类

可将焊条分为酸性焊条和碱性焊条。

（1）酸性焊条

因其焊条药皮中含有大量的酸性氧化物而得名的。如果施工现场只有交流弧焊机，并且焊接的是一般金属结构，通常选用酸性焊条。这种焊条工艺性能好，对水、锈产生气孔的敏感性不大，易于操作，生产中应用最多的是 E4303 型焊条。

（2）碱性焊条

其药皮中的成分以碱性氧化物为主的焊条。它的力学性能和抗裂纹性能都较酸性焊条好，但是工艺性能不如酸性焊条，表现在稳弧性差、脱渣较差、焊缝表面成形较差等。使用前要求将碱性焊条在 350～400℃ 温度下烘焙 1～2h。常用的碱性焊条是 E5016 型和 E5015 型低氢型焊条。E5016 型焊条可以使用交流或直流电源，但 E5015 型焊条必须用直流反接（焊钳接正极、焊件接负极）电源进行焊接。当所焊接的是重要结构时，就应该选用碱性焊条。酸性焊条和碱性焊条的性能比较见表 4-2。

表 4-2　酸性焊条和碱性焊条的性能比较

| 焊条 | 酸 性 焊 条 | 碱 性 焊 条 |
|---|---|---|
| 工艺性能特点 | 引弧容易，电弧稳定，可用交直流电源焊接 | 电弧的稳定性较差，只能采用直流电源焊接 |
| | 宜长弧操作 | 需短弧操作，否则易引起气孔 |
| | 焊接电流大 | 较同规格酸性焊条焊接电流较小 |
| | 对铁锈、油污和水分的敏感性不大，抗气孔能力强。焊条使用前在 100～150℃ 下烘焙 1～2h | 对水、锈产生气孔的敏感性较大，使用前需在 350～400℃ 温度下烘焙 1～2h |
| | 飞溅小，脱渣性好 | 飞溅较大，脱渣性稍差 |
| | 焊接时烟尘较少 | 焊接时烟尘较多 |
| 焊缝金属性能 | 焊缝常、低温冲击性能一般 | 焊缝常、低温冲击性能较好 |
| | 合金元素烧损较多 | 合金元素过渡效果好，塑性和韧性好，特别是低温冲击韧度好 |
| | 脱硫效果差，抗热裂纹能力差 | 脱氧、硫能力强，焊缝含氢、氧、硫量低，抗裂性能好 |

## 三、焊条的型号与牌号

### 1. 焊条的型号

焊条型号是以国家标准为依据，反映焊条主要特性的一种表示方法。其主要内容包括焊条符号"E"、焊条类别、焊条特点（主要是指熔敷金属的力学性能）和药皮类型等。

国家标准 GB/T 5117—2012《非合金钢及细晶粒钢焊条》规定了非合金钢及细晶粒钢焊条的型号，是根据熔敷金属的力学性能、药皮类型、焊接位置和电流种类等来划分的。此处以非合金钢及细晶粒钢焊条为例做简要介绍，其他类型的焊条的编制请参阅有关资料。

① 型号中的第一字母"E"表示焊条。

② "E"后面的两位数字表示熔敷金属的最小抗拉强度。

③ "E"后面的第三和第四位数字表示药皮类型、焊接位置和电流类型，见表 4-3。

表 4-3　药皮类型、焊接位置和电流类型代号

| 代　号 | 药 皮 类 型 | 焊 接 位 置 | 电 流 类 型 |
|---|---|---|---|
| 03 | 钛型 | 全位置 | 交流和直流正、反接 |
| 10 | 纤维素 | 全位置 | 直流反接 |
| 11 | 纤维素 | 全位置 | 交流和直流反接 |
| 12 | 金红石 | 全位置 | 交流和直流正接 |
| 13 | 金红石 | 全位置 | 交流和直流正、反接 |
| 14 | 金红石＋铁粉 | 全位置 | 交流和直流正、反接 |
| 15 | 碱性 | 全位置 | 直流反接 |
| 16 | 碱性 | 全位置 | 交流和直流反接 |
| 18 | 碱性＋铁粉 | 全位置 | 交流和直流反接 |
| 19 | 钛铁矿 | 全位置 | 交流和直流正、反接 |
| 20 | 氧化铁 | PA、PB | 交流和直流正接 |

续表

| 代　号 | 药皮类型 | 焊接位置 | 电流类型 |
|---|---|---|---|
| 24 | 金红石＋铁粉 | PA、PB | 交流和直流正、反接 |
| 27 | 氧化铁＋铁粉 | PA、PB | 交流和直流正、反接 |
| 28 | 碱性＋铁粉 | PA、PB、PC | 交流和直流反接 |
| 40 | 不做规定 | 由制造商确定 | |
| 45 | 碱性 | 全位置 | 直流反接 |
| 48 | 碱性 | 全位置 | 交流和直流反接 |

说明：焊接位置见 GB/T 16672—1996，其中 PA＝平焊、PB＝平角焊、PC＝横焊、PG＝向下立焊；此处"全位置"并不一定包含向下立焊，由制造商确定。

④ 第四部分为熔敷金属的化学成分分类代号，可为无标记或短划"－"后面加字母、数字和数字的组合。

⑤ 第五部分为熔敷金属的化学成分代号之后的焊后状态代号，其中无标记表示焊态，"P"表示热处理状态，"AP"表示焊态和焊后热处理两种状态均可。

非合金钢及细晶粒钢焊条型号的示例：

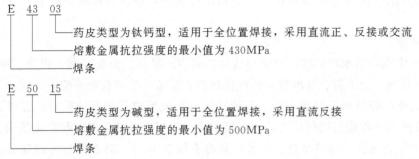

2. 焊条的牌号

焊条牌号是焊条制造厂对其生产的焊条所规定的编号，主要根据焊条的用途及性能特点来命名，一般可分为十大类。

结构钢焊条牌号的编制方法如下。

① 牌号的第一个汉语拼音大写字母"J"或汉字"结"表示结构钢焊条。

②"J"后面的两位数表示熔敷金属的抗拉强度等级。

③"J"后面的第三位数字表示药皮类型和电源种类，见表 4-4。

表 4-4　焊条药皮类型及电源种类

| 牌　号 | 焊条类型 | 焊接电源种类 | 牌　号 | 焊条类型 | 焊接电源种类 |
|---|---|---|---|---|---|
| ××0 | 不属于规定的类型 | 不规定 | ××5 | 纤维素型 | 直流或交流 |
| ××1 | 氧化钛型 | 直流或交流 | ××6 | 低氢钾型 | 直流或交流 |
| ××2 | 氧化钛钙型 | 直流或交流 | ××7 | 低氢钠型 | 直流 |
| ××3 | 钛铁矿型 | 直流或交流 | ××8 | 石墨型 | 直流或交流 |
| ××4 | 氧化铁型 | 直流或交流 | ××9 | 盐基型 | 直流 |

④ 当药皮中铁粉的质量分数约为 30％或熔敷效率为 105％以上时，在牌号末尾只加注元素符号"Fe"或汉字"铁"即可；其后缀为两位数字，表示熔敷效率的 1/10。铁粉焊条的特点是：焊接时，由于铁粉受热氧化而产生大量的热量，成为除电弧以外的补充热源，因此可以提高焊芯的熔化系数和焊缝金属的熔敷效率，从而提高焊接生产率。

⑤ 当结构钢焊条具有特殊性能和用途时，在牌号末尾加注起主要作用的元素符号或表示主要用途的拼音字母（一般不超过 2 个）。

结构钢焊条牌号示例如下：

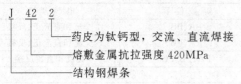

J 42 2
└─ 药皮为钛钙型，交流、直流焊接
└─ 熔敷金属抗拉强度 420MPa
└─ 结构钢焊条

读作：结 422。

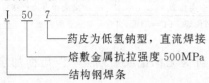

J 50 7
└─ 药皮为低氢钠型，直流焊接
└─ 熔敷金属抗拉强度 500MPa
└─ 结构钢焊条

读作：结 507。

**3. 焊条的正确保管、发放及使用**

焊接材料的保管、发放和使用，以及必要的复验是保证焊接质量的重要环节。每一个焊工、保管员和技术员都应该熟悉焊接材料的贮存和保管规则，熟悉焊接材料的烘焙和使用要求。

（1）焊条的保管

① 购进的焊条应先由技术检验部门核对焊接材料的生产单位、质量证书、牌号、规格、重量、批号、生产日期。对不符合标准规定的焊接材料，检验人员有权拒绝验收入库。

② 当发现已入库的焊条出现保管不善、存放时间过长或发放错误等情况时，管理人员可按有关产品验收技术条件进行抽样检查，不合格的应予以报废，并通知车间停止使用。

③ 焊条的仓库保管条件：通风良好、干燥；室温不低于 18℃，对含氢量有特殊要求的焊条，其相对湿度应不大于 60%；货架或垫木离墙、离地应不小于 300mm；按品种、牌号分类堆放，并做好标示。

（2）焊条的发放和使用

使用者从仓库领回焊条，须按产品说明书规定的规范进行烘干后才能发放使用。

① 由于酸性焊条对水分不敏感，不易产生气孔，所以酸性焊条可根据受潮情况决定是否进行烘干。对于受潮严重的焊条要进行 70～150℃ 的烘焙，保温 1h，使用前不再烘焙。对一般受潮的焊条，焊前不必烘焙。

② 碱性焊条在使用前必须烘干，以降低焊条的含水量，防止气孔、裂纹等缺陷的产生。烘干温度一般为 350～400℃，保温 2h。经烘干的碱性焊条最好放入一个温度控制在 100～150℃ 的保温电烘箱中存放，随用随取。

③ 露天作业时，规定碱性焊条一次领取不得超过 4h 的用量，酸性焊条一次领取不得超过 8h 的用量，如果到时间未用完应立即归还焊条房。

④ 在现场作业时，焊工应将焊条存放在焊条箱（盒）或焊条保温筒内，不得随意乱放，以免焊条受潮或破损而影响焊接质量。

# 第三节　焊条电弧焊电源及工具、量具

## 一、对焊条电弧焊电源的要求

焊条电弧焊电源是为电弧提供电能的一种装置，为保证焊接质量，对焊接电源提出如下要求。

### 1. 陡降的外特性

焊接电源在稳定的工作状态下，输出端焊接电压和焊接电流的关系称为电源的外特性。焊条电弧焊电极尺寸较大，电流密度低。在电弧稳定燃烧条件下，其电弧静特性处于 U 形曲线的水平段，故首先要求电源外特性曲线与电弧静特性曲线的水平段相交，即要求焊条电弧焊的电源应具有下降的外特性。从焊接参数稳定性考虑，要求电源外特性形状陡降为好，因为对于相同的弧长变化，陡降外特性电源所引起的电流变化比缓降外特性电源所引起的电流变化小得多。

焊条电弧焊过程中，弧长变化是经常发生的。为了保证焊接参数稳定，从而获得均匀一致的焊缝，电源应具有陡降的外特性。具有陡降外特性的电源不但能够保证电弧稳定燃烧，还能保证短路时不会产生过大的电流而烧坏焊机。

### 2. 合适的空载电压

为保证焊接电弧的顺利引燃和稳定燃烧，要求焊接电源必须有一定的空载电压。所谓空载电压，是在焊接电源接通电网而焊接回路断开没有引燃电弧时，焊接电源输出端的电压。焊条电弧焊空载电压应在满足弧焊工艺前提下，尽可能采用较低的空载电压。对于通用交流和直流焊条电弧焊电源的空载电压规定如下：

弧焊变压器　$U_0 \leqslant 80\text{V}$

弧焊整流器　$U_0 \leqslant 85\text{V}$

### 3. 良好的动特性

焊接电源的动特性是指弧焊电源适应焊接电弧变化的特性。在焊接过程中，由于操作者和外部因素的影响，电弧长度总是在不断地变化。电源的动特性良好，表示电源对电弧变化的反应速度快，这对电弧的稳定性、熔滴过渡、飞溅和焊缝成形都有很大影响。

### 4. 良好的调节性能

在焊接过程中，要面对不同的结构、材质、厚度、焊接位置和焊条直径。因此，要求弧焊电源能在较大范围内均匀、连续、方便地调节焊接电流。

## 二、常用焊条电弧焊电源类型

常用的焊条电弧焊电源有以下几类：

### 1. 动铁式弧焊变压器

该动铁芯式弧焊变压器属于 BX1 系列，包括 BX1-135、BX1-300、BX1-500 等型号。它是一台具有 3 只铁芯柱的单相漏磁式降压变压器，其中两边为固定铁芯 1，中间为动铁芯 2。

一二次绕组 $N_1$、$N_2$ 各自分开绕在变压器铁芯 1 上，二者之间相距 $B$，如图 4-3 所示。铁芯 2 可在铁芯 1 的窗口内进出移动（在图 4-3 中是垂直于纸面移动），故称动铁芯式。

弧焊变压器的下降特性是借助动铁芯的增强漏磁作用获得的。空载时，由于无焊接电流通过，形成较高的空载电压，其大小与一、二次绕组圈数比（$N_2/N_1$）及耦合系数有关。焊接时，二次绕组有焊接电流通过，漏磁增加，相应漏抗增大，从而使二次输出电压下降，获得下降的外特性。短路时，电弧电压为零，空载电压完全降在漏抗上，也就是漏抗限制了短路电流。

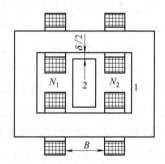

图 4-3　动铁式弧焊变压器结构示意图

　　焊接电流的调节，这种弧焊变压器是借助改变铁芯位置进行焊接电流调节的。当转动手柄使动铁芯移出时，铁芯间空气隙长度增大而截面积减小，磁阻增大，漏抗减小，且一、二次绕组耦合系数增大，从而使空载电压升高，焊接电流增大；反之，则使空载电压降低，焊接电流减小。

### 2. 动圈式弧焊变压器

　　动圈式弧焊变压器属于 BX3 系列，有 BX3-120、BX3-300、BX3-500 等型号。如图 4-4 所示，在两侧芯柱上都套有一次绕组 $N_1$ 和二次绕组 $N_2$。$N_1$ 在下方固定不动，$N_2$ 在上方，借助手把可令其沿铁芯柱上下移动，以改变其与 $N_1$ 之间的距离 $\delta_{12}$。由于铁芯窗口较高，$\delta_{12}$ 可调节范围较大。

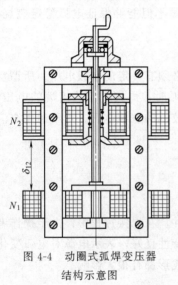

图 4-4　动圈式弧焊变压器
结构示意图

　　空载时，空载电压不仅决定于一次与二次绕组匝数之比，而且与一、二次绕组之间耦合系数有关。当一、二次绕组之间距离增大时，耦合系数减小，反之减小时，其耦合系数增大。所以当一、二次绕组之间距离变化时，空载电压将有 3%～5% 的变化。焊接时，除一次绕组外，二次绕组也产生了漏磁，因而总漏抗增大，使输出电压下降，从而获得下降外特性。短路时，电弧电压等于零，这时要靠总漏抗限制短路电流。

　　这种弧焊变压器调节焊接电流的方式有两种：一是改变两绕组之间距离以进行均匀调节，即距离增大时，焊接电流减小；距离减小时，焊接电流增大。由于受变压器铁芯窗口高度的限制，焊接电流的下限不可能很小，即焊接电流的调节范围较窄。二是改变二次绕组匝数进行有级调节。这两种方式配合使用，既扩大了调节范围，又可实现焊接电流的均匀调节。

### 3. 弧焊整流器

　　弧焊整流器是将交流电经变压器降压，并经整流元件转换成直流电来作为焊接电源的。其型号以大写字母"Z"开头，下降特性为 ZX 系列，平特性为 ZP 系列、多特性为 ZD 系列。

　　（1）硅弧焊整流器

　　整流器通常都采用三相整流电路，主要由主变压器、饱和电抗器、硅整流器组、输出电抗器、通风机组以及控制系统等组成，其组成部分见图 4-5。这类弧焊电源中，常用于焊条电弧焊的焊机型号有 ZXG-300、ZXG-400 型等。

　　（2）晶闸管式弧焊整流器

　　弧焊整流器是用晶闸管作整流元件，其组成如图 4-6 所示。其主电路由变压器 T，晶闸管整流器 VT 和输出电感 L 组成。当要求得到下降外特性时，触发脉冲的相位由给定电压 $U_{gi}$ 和电流反馈信号 $U_{fi}$ 确定；当要求得到平外特性时（用作 $CO_2$ 气体保护焊电源），触发脉冲相位则由给定电压 $U_{gi}$ 和电压

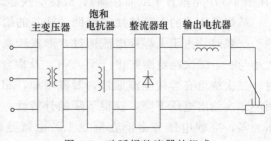

图 4-5　硅弧焊整流器的组成

反馈信号 $U_{fu}$ 确定。

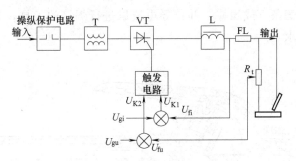

图 4-6　晶闸管弧焊整流器的组成

晶闸管式弧焊整流器采用晶闸管作整流，电源效率高、省电、动特性好，且晶闸管具有良好的可控性，电网电压波动时，可通过补偿电流使焊接电流稳定。因此它的性能优于硅弧焊整流器，目前已逐步取代硅弧焊整流器，成为一种主要直流弧焊电源。我国生产的晶闸管式弧焊整流器有 ZX5-400、ZDK-160、ZDK-500 型等。

（3）弧焊逆变器

弧焊逆变器是一种新型的弧焊电源，20 世纪 80 年代初问世。图 4-7 所示为 ZX7-400 型逆变整流弧焊机的工作原理示意图。单相或三相 50Hz 的交流网路电压先经输入整流器整流和滤波变为直流电，再通过大功率开关电子元件的交替开关作用，变为几百赫或几十千赫的中频交流电，后经变压器降至适合于焊接的几十伏电压。若直接输出，此逆变器便是交流电源；若再用输出整流器整流并经电抗器滤波，则可输出适于焊接的直流电，此逆变器便是直流电源。

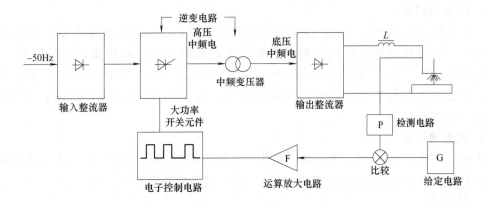

图 4-7　逆变整流弧焊机工作原理示意图

逆变整流弧焊机采用了较复杂的变流顺序，即：工频交流→直流→中频交流→降压→交流或直流。主要思路是将工频交流变为中频交流之后再降至适于焊接的电压。这样做可以使焊机的重量轻、体积小、高效节能、具有良好的动特性和焊接工艺性能。这种弧焊逆变器因高效、轻巧、性能好的特点迅速得到推广和使用。

**三、焊条电弧焊常用工具、量具**

焊条电弧焊常用工具有焊钳、焊接电缆、清渣工具、焊条保温桶；常用的量具有钢直尺和焊缝检验尺。

## 1. 焊钳

焊钳是用以夹持焊条（或炭棒）并传导电流以进行焊接的工具，其结构如图 4-8 所示。焊接对焊钳有如下要求：

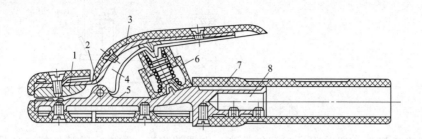

图 4-8　焊钳的构造

1—钳口；2—固定销；3—弯臂罩壳；4—弯臂；5—直柄；6—弹簧；7—胶木手柄；8—焊接电缆固定处

① 焊钳必须有良好的绝缘性与隔热能力。

② 焊钳的导电部分采用纯铜材料制成，保证有良好的导电性。其与焊接电缆的连接应简便可靠、接触良好。

③ 焊条位于水平、45°、90°等方向时，焊钳应能夹紧焊条，更换焊条方便，并且质量轻，便于操作，安全性高。

## 2. 焊接电缆

焊接电缆的作用是传导焊接电流。焊接电缆由多股细纯铜丝制成，其截面积应根据焊接电流和导线长度选择。

## 3. 焊条保温筒

焊条从烘箱内取出后可放在焊条保温筒内继续保温，以保持焊条药皮在使用过程中的干燥度。焊条保温筒在使用过程中，先连接在弧焊电源的输出端，在弧焊电源空载时通电加热到工作温度（150～200℃）后再放入焊条。装入焊条时，应将焊条斜滑入筒内，防止直落保温筒底；在焊接过程中断时，应接入弧焊电源的输出端，以保持焊条保温筒的工作温度。

## 4. 角向磨光机

角向磨光机应用得较多。角向磨光机用于焊接前坡口钝边的磨削、焊件表面的除锈，焊接接头的磨削，多层焊时层间缺陷的磨削及一些焊缝表面缺陷等的磨削。

## 5. 敲渣锤

敲渣锤是清除焊缝中焊渣的工具，焊工应随身携带。敲渣锤有尖锯形和扁铲形两种，常用的是尖锯形。清渣时，焊工应戴平光镜。

## 6. 钢直尺

钢直尺用以测量长度尺寸，常用薄钢板或不锈钢制成。

## 7. 焊接检验尺

焊接检验尺（又称万能焊接检验尺）是一种用来测量工件加工坡口角度、工件的组装间隙和焊后的焊缝余高、焊缝宽度等几何尺寸的精密测量工具，它的正、反面均可用于测量。焊接检验尺测量示例如图 4-9 所示。

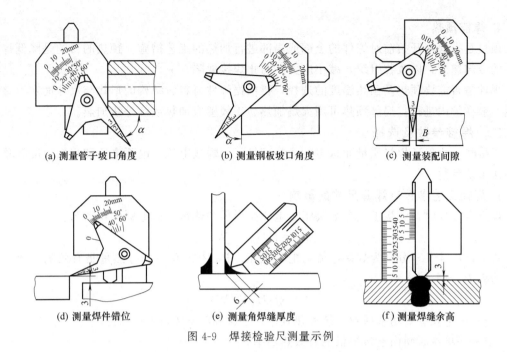

(a) 测量管子坡口角度    (b) 测量钢板坡口角度    (c) 测量装配间隙

(d) 测量焊件错位    (e) 测量角焊缝厚度    (f) 测量焊缝余高

图 4-9  焊接检验尺测量示例

# 第四节  焊条电弧焊工艺

## 一、焊前准备

焊前准备主要包括坡口的制备、欲焊部位的清理、焊条焙烘、预热等。对上述工作必须给以足够的重视，否则会影响焊接质量，严重时还会造成焊后返工或使工件报废。因焊件材料不同等因素，焊前准备工作也不相同。下面仅以碳钢及普通低合金钢为例加以说明。

### 1. 坡口的制备

坡口制备的方法很多，应根据焊件的尺寸、形状与本厂的加工条件综合考虑进行选择。目前工厂中常用剪切、气割、刨边、车削、碳弧气刨等方法制备坡口。

### 2. 欲焊部位的清理

对于焊接部位，焊前要清除水分、铁锈、油污、氧化皮等杂物，以利于获得高质量的焊缝。清理时，可根据被清物的种类及具体条件。分别选用钢丝刷、砂轮磨或喷丸处理等手工或机械方法，也可用除油剂（汽油、丙酮）清洗的化学方法，必要时，也可用氧-乙炔焰烘烤清理的部位，以去除焊件表面油污和氧化皮。

### 3. 焊条烘焙

焊条的烘焙温度因药皮类型不同而异，应按焊条说明书的规定进行。低氢型焊条的烘焙温度为 $300\sim350℃$，其他焊条在 $70\sim150℃$。温度低了，达不到去除水分的目的；温度过高，容易引起药皮开裂，焊接时成块脱落，而且药皮中的组成物会分解或氧化，直接影响焊接质量。

焊条烘焙一般采用专用的烘箱，应遵循使用多少烘多少，随烘随用的原则，烘后的焊条不宜在露天放置过久，可放在低温烘箱或专用的焊条保温筒内。

低氢型焊条对水分比较敏感，要求使用前一定烘干，原则上重复烘干不超过两次。酸性焊条药皮中允许的含水量较高，是否要烘干，可视焊条存放时间及受潮程度而定。

#### 4. 焊前预热

预热是指焊接开始前对焊件的全部或局部进行加热的工艺措施。预热的目的是降低焊接接头的冷却速度，以改善组织，减小应力，防止焊接缺陷。

焊件是否需要预热及预热温度的选择，要根据焊件材料、结构的形状与尺寸而定。整体预热一般在炉内进行；局部预热可用火焰加热、工频感应加热或红外线加热。

### 二、焊接参数及选择

焊接时，为保证焊接质量而选定的诸物理量，如焊接电流、电弧电压和焊接速度等总称为焊接工艺参数。

#### 1. 焊接工艺参数对焊缝尺寸的影响

焊条电弧焊时，焊接工艺参数决定了电弧所提供的热量，即电弧的功率为：

$$P_o = I_h U_h \quad (W)$$

式中，$I_h$ 与 $U_h$ 分别为焊接电流与电弧电压。$P_o$ 中只有一部分热量是有效的，成为有效热功率 $P$，则

$$P = \eta I_h U_h \quad (W)$$

式中　$\eta$——电弧有效功率系数，统称热效率，手弧焊时 $\eta = 65\% \sim 80\%$；

　　　$P$——单位时间内电弧提供的有效热功率。

而焊接过程中焊接电弧的总热量 $Q$ 则为

$$Q = Pt = I_h U_h t \quad (J)$$

式中　$t$——焊接时间。

因此，对一定尺寸的焊缝来说，来自热源的热量不仅随 $I_h$、$U_h$ 的增加而增大，而且与焊接时间成正比。而焊接时间则取决于焊接速度。即焊缝长度一定时，焊接速度越高，所用时间越短；反之，所用时间就长。为了全面说明焊接工艺参数的影响，我们引入一个综合参数 $P/V$——焊接线能量。它是一个很重要的工艺参数，其物理意义是：熔焊时，由焊接热源输入给单位长度焊缝的能量，单位 J/cm。

焊接工艺参数直接影响焊缝横截面的形状。焊缝横截面积尺寸用有效厚度（熔深）$H$、焊缝宽度（熔宽）$B$ 和余高 $c$ 表示。实验表明，焊接电流对熔深影响最大。电流增加，电弧的热量与吹力增大，熔深明显增大。焊缝的宽度则主要取决于电弧电压。电弧电压增加，即意味着电弧长度增加，加热面积加宽，而使熔宽增大。焊接速度对熔宽与熔深都有影响，焊速增加，熔宽与熔深均下降。

焊缝的熔宽与熔深之比叫做焊缝的成形系数，以 $\varphi$ 表示。

$$\varphi = \frac{B}{H}$$

$\varphi$ 值大，表示焊缝宽而浅；反之，表示窄而深。$\varphi$ 值过大时，焊缝可能焊不透；过小时，熔池中的杂质难以浮出，容易出现焊接缺陷。焊条电弧焊时，$\varphi$ 的适宜范围为 $1 \sim 2$。

#### 2. 焊接工艺参数的选择

（1）焊条直径的选择

为了提高生产效率，应尽可能地选用直径较大的焊条。但用直径过大的焊条焊接，容易造成未焊透或焊缝成形不良等缺陷。选用焊条直径应考虑焊件的位置及厚度，平焊位置或厚度较大的焊件应选用直径较大的焊条，横焊、立焊、仰焊位置焊接时，焊接电流应比平焊位置小 $10\% \sim 20\%$；较薄焊件应选用直径较小的焊条，见表 4-5。另外，在焊接同样厚度的 T

形接头时，选用的焊条直径应比对接接头的焊条直径大些。

**表 4-5 焊条直径与焊件厚度的关系**

| 焊件厚度/mm | 2 | 3 | 4～5 | 6～12 | >13 |
|---|---|---|---|---|---|
| 焊条直径/mm | 2 | 3.2 | 3.2～4 | 4～5 | 4～6 |

（2）焊接电流的选择

焊接电流是焊条电弧焊最重要的工艺参数，也可以说是唯一的独立参数，因为焊工在操作过程中需要调节的只有焊接电流，而焊接速度和电弧电压都是由焊工控制的。焊接电流越大，熔深越大（焊缝宽度和余高变化都不大），焊条熔化得快，焊接效率也高；但是，焊接电流太大时，飞溅和烟雾大，药皮易发红和脱落，而且容易产生咬边、焊瘤、烧穿等缺陷；若焊接电流太小，则引弧困难，焊条容易粘连在工件上，电弧不稳，熔池温度低，焊缝窄而高，熔合不好，而且容易产生夹渣、未焊透等缺陷。

在选择焊接电流时，要考虑的因素很多，如焊条直径、药皮类型、焊件厚度、接头类型、焊接位置、焊道层次等。

一般的，焊条直径越大，熔化焊条所需的热量越大，则必须增大焊接电流，每种直径的焊条都有一个最合适的焊接电流范围。各种直径焊条使用焊接电流的参考值见表 4-6。

**表 4-6 各种直径焊条使用焊接电流的参考值**

| 焊条直径/mm | 1.6 | 2.0 | 2.5 | 3.2 | 4.0 | 5.0 | 5.8 |
|---|---|---|---|---|---|---|---|
| 焊接电流/A | 25～40 | 40～65 | 50～80 | 100～130 | 160～210 | 200～270 | 260～300 |

还可以根据选定的焊条直径用经验公式计算焊接电流。即

$$I=10d^2$$

式中 $I$——焊接电流，A；

$d$——焊条直径，mm。

通常在焊接打底焊道时，特别是在焊接单面焊双面成形的焊道时，使用的焊接电流较小，才便于操作和保证背面焊道的质量；在焊接填充焊道时，为了提高效率，保证熔合好，通常都使用较大的焊接电流；而在焊接盖面焊道时，为防止咬边和获得较美观的焊道，使用的焊接电流应稍小些。

在实际生产过程中，焊工都是根据试焊的试验结果，再根据自己的实践经验来选择焊接电流的。通常焊工都是根据焊条直径推荐的焊接电流范围，或根据经验选定一个焊接电流，在试板上进行试焊，在焊接过程中应根据熔池的变化情况、熔渣和铁液的分离情况、飞溅大小、焊条是否发红、焊缝成形是否好、脱渣性是否好等来选择焊接电流。当焊接电流合适时，焊接时很容易引弧，电弧稳定，熔池温度较高，熔渣比较稀，很容易从铁液中分离出去，能观察到颜色比较暗的液体从熔池中翻出，并向熔池后面集中，熔池较亮，表面稍下凹，但很平稳地向前移动，焊接过程中飞溅很小，能听到很均匀的噼啪声，焊后焊缝两侧圆滑地过渡到母材，鱼鳞纹较细，焊渣也容易敲掉。如果选用的焊接电流太小，则很难引弧，焊条容易粘在工件上，焊道余高会很高，鱼鳞纹粗，两侧熔合不好，当焊接电流太小时，根本形不成焊道。如果选用的焊接电流太大，焊接时飞溅和烟雾则很大，焊条药皮成块脱落，焊条发红，电弧吹力大，熔池有一个很深的凹坑，表面很亮，非常容易烧穿、产生咬边，由于焊机负载过重，可听到很明显的哼哼声，焊缝外观很难看，鱼鳞纹很粗。

（3）电弧电压

电弧电压主要影响焊缝的宽窄，电弧电压越高，焊缝越宽，因为焊条电弧焊时，焊缝宽

度主要靠焊条的横向摆动幅度来控制，因此电弧电压的影响不明显。

当焊接电流调好以后，电焊机的外特性曲线就确定了。实际上电弧电压由弧长决定。电弧越长，电弧电压越高；电弧越短，电弧电压越低。但若电弧太长时，电弧燃烧不稳，飞溅大，容易产生咬边、气孔等缺陷；若电弧太短，容易粘焊条。在一般情况下，电弧长度等于焊条直径的 1/2～1 倍为好，相应的电弧电压为 16～25V。碱性焊条的电弧长度应为焊条直径的 1/2 较好，酸性焊条的电弧长度应等于焊条直径。

（4）焊接速度

焊接速度就是单位时间内完成焊缝的长度。焊条电弧焊时，在保证焊缝具有所要求的尺寸和外形、保证熔合良好的原则下，焊接速度由焊工根据具体情况灵活掌握。

（5）焊接层数的选择

在厚板焊接时，必须采用多层焊或多层多道焊。多层焊的前一条焊道对后一条焊道起预热作用，而后一条焊道对前一条焊道起热处理作用（退火和缓冷），有利于提高焊缝金属的塑性和韧性。每层焊道厚度不能大于 4～5mm。

# 第五节　焊条电弧焊技能实训

## 实训一　焊条电弧焊平敷焊

### 一、要求

项目任务见图 4-10，将焊件置于平焊位置，按要求完成训练任务，反复练习达到考核要求。

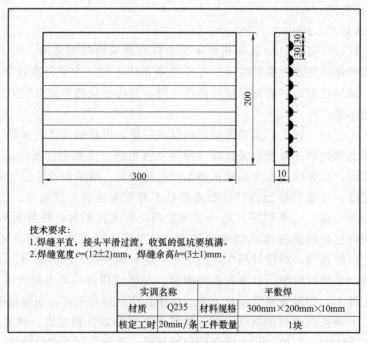

技术要求：
1.焊缝平直，接头平滑过渡，收弧的弧坑要填满。
2.焊缝宽度 $c$=(12±2)mm，焊缝余高 $h$=(3±1)mm。

| 实训名称 | | 平敷焊 | |
|---|---|---|---|
| 材质 | Q235 | 材料规格 | 300mm×200mm×10mm |
| 核定工时 | 20min/条 | 工件数量 | 1块 |

图 4-10　焊条电弧焊平敷焊任务图

### 二、分析

焊条电弧焊平敷焊是将焊件置于平焊位置，堆敷焊道的过程。平敷焊的关键技能点为：

引弧、运条、接头、收尾。焊接操作过程中应根据熔池几何形状实时调整焊条角度、焊接速度、焊条摆幅，弧长控制在2～3mm范围内。该项目主要训练学习者的基本功，熟练掌握平敷焊技能是后续课程学习的前提。

在工程实践中，熔敷平焊主要用于工件表面改性（堆焊）、再制造等方面。

### 三、准备

#### 1. 焊接设备

ZX7-400型弧焊逆变器，直流正接或反接；角向磨光机。

#### 2. 工件材料

Q235A低碳钢板，300mm×200mm×10mm。

#### 3. 焊接材料

E4303或E5015焊条，直径为3.2mm或4.0mm。

### 四、实施

#### 1. 焊接参数

焊条电弧焊平敷焊焊接参数见表4-7。

表 4-7 平敷焊焊接参数

| 焊接层数 | 焊条直径/mm | 焊接电流/A |
|---|---|---|
| 平敷焊 | 3.2 | 100～120 |
| 平敷焊 | 4.0 | 140～180 |

#### 2. 操作姿势

平敷焊时，焊工一般采用蹲式操作（见图4-11），两脚的夹角为70°～80°，两脚距离为240～260mm。持焊钳的胳膊半伸开，悬空无依托操作。

#### 3. 引弧操作

引弧是手工焊条电弧焊操作中最基本的动作，如果引弧不当会产生气孔、夹渣等焊接缺陷。引弧操作时，焊工首先用防护面罩遮挡面部，然后将焊条末端对准焊件轻轻碰击，最后很快将焊条提起，这时电弧就在焊条末端与焊件之间建立起来。引弧有直击法和划擦法两种方法。

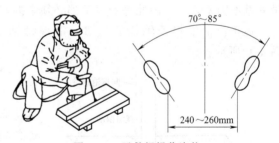

图 4-11 平敷焊操作姿势

（1）直击法（也称击弧法）

直击法是一种理想的引弧方法，将焊条末端与焊件表面垂直地接触，当焊条的末端与焊件表面轻轻一碰，便迅速提起焊条，并保持一定距离，立即引燃电弧，如图4-12所示。操作时必须掌握好手腕上下动作的时间和距离。

（2）划擦法

这种方法与擦火柴有些相似，先将焊条末端对准焊件，然后焊条在焊件表面划擦一下，当电弧引燃后趁金属还没有开始大量熔化的一瞬间。立即使焊条将末端与被焊表面的距离维持在2～4mm的距离，电弧就能稳定地燃烧，如图4-13所示。操作时手腕顺时针方向旋转，使焊条端头与焊件接触后再离开。

以上两种方法相比较，划擦法比较容易掌握，但是在狭小的工作面上或不允许烧伤的焊件表面上，应采用直击法。直击法对初学者来说较难掌握，一般容易发生电弧熄灭或造成短路现象，这是由于没有掌握好离开焊件时的速度和保持一定距离的原因。如果操作时焊条上拉太快或提得太高，则都不能引燃电弧或电弧只燃烧一瞬间就熄灭；相反，动作太慢则可能使焊条与焊件粘在一起，造成焊接回路短路。

在引弧时，如果发生焊条和焊件粘在一起时，只要将焊条左右摇动几下，就可脱离焊件，如果这时还不能脱离焊件，就应立即将焊钳放松，使焊接回路断开，待焊条稍冷后再拆下。如果焊条粘住焊件的时间过长，则可能因过大的短路电流使电焊机烧坏，所以引弧时，手腕动作必须灵活和准确，而且要选择好引弧起始点的位置。在正式焊接时，不管采用直击法还是划擦法引弧，都要在规定的位置完成，不能影响焊件的表面质量。

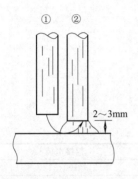

图 4-12　直击法引弧

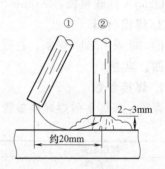

图 4-13　划擦法引弧

### 4. 运条操作

在焊接过程中，焊条相对焊缝所做的各种动作的总称叫做运条。正确运条是保证焊缝质量的基本因素之一，因此每个焊工都必须掌握好运条这项基本功。

运条包括沿焊条轴线的送进、沿焊缝轴线方向纵向移动和横向摆动三个动作，如图 4-14 所示。

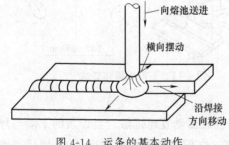

图 4-14　运条的基本动作

（1）运条的基本动作

① 焊条沿轴线向熔池方向送进。若要使焊条熔化后，能继续保持电弧的长度不变，则应要求焊条向熔池方向送进的速度与焊条熔化的速度应相等。如果焊条送进的速度小于焊条熔化的速度，则电弧的长度将逐渐增加，导致断弧；如果焊条送进速度太快，则电弧长度迅速缩短，使焊条末端与焊件接触而发生短路，同样会使电弧熄灭。

② 焊条沿焊接方向的纵向移动。此动作使焊条熔敷金属与熔化的母材金属形成焊缝。焊条移动速度对焊缝质量、焊接生产率有很大影响。如果焊条移动速度太快，则电弧来不及熔化足够的焊条与母材金属，会产生未焊透或焊缝较窄；若焊条移动速度太慢，则会造成焊缝过高、过宽、外形不整齐，在焊接较薄焊件时容易焊穿。移动速度必须适当才能使焊缝均匀。

③ 焊条的横向摆动。焊条横向摆动的作用是为了获得一定宽度的焊缝，并保证焊缝两侧熔合良好。其摆动幅度应根据焊缝宽度与焊条直径决定。横向摆动力求均匀一致，才能获得宽度整齐的焊缝。正常的焊缝宽度一般不超过焊条直径的 2～5 倍。

（2）运条方法

运条的方法很多，选用时应根据接头的形式、装配间隙、焊缝的空间位置、焊条直径与性能、焊接电流及焊工技术水平等方面而定。常用的运条方法及适用范围参见表 4-8。

表 4-8　常用的运条方法及使用范围

| 运条方法 | | 运条示意图 | 适用范围 |
|---|---|---|---|
| 直线形运条法 | | | ①3～5mm 厚焊件 I 形坡口对接平焊<br>②多层焊的第一层焊道<br>③多层多道焊 |
| 直线往返形运条法 | | | ①薄板焊<br>②对接平焊（间隙较大） |
| 锯齿形运条法 | | | ①对接接头（平焊、立焊、仰焊）<br>②角接接头（立焊） |
| 月牙形运条 | | | 同锯齿形运条 |
| 三角形运条 | 斜三角形 | | ①角接接头（仰焊）<br>②对接接头（开 V 形坡口横焊） |
| | 正三角形 | | ①角接接头（立焊）<br>②对接接头 |
| 圆圈形运条 | 斜圆圈形 | | ①角接接头（平焊、仰焊）<br>②对接接头（横焊） |
| | 正圆圈形 | | 对接接头（厚焊件平焊） |
| 八字形运条 | | | 对接接头（厚焊件平焊） |

### 5. 焊条电弧焊平敷焊焊缝起头、收弧和接头

（1）焊缝的起头

焊缝起头时由于焊件的温度很低，引弧后又不能迅速地使其温度升高，容易出现余高高、熔深浅，甚至熔合不良和产生夹渣缺陷，因此引弧后应稍拉长电弧对焊件进行预热，然后压低电弧进行正常焊接。平焊和碱性焊条多采用回焊法，从距离始焊点 10mm 左右处引弧，返回到始焊点，如图 4-15 所示；逐渐压低电弧，调整焊条角度，如图 4-16 所示；同时焊条作微微摆动，从而达到所需要的宽度，然后进行正常的焊接。

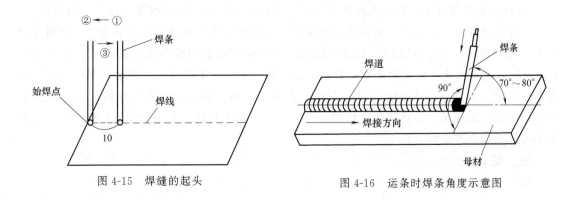

图 4-15　焊缝的起头　　　　　　图 4-16　运条时焊条角度示意图

（2）焊缝的收尾

焊缝的收尾是焊接过程中的关键动作，是整条焊缝的结束，收尾时不仅要熄灭电弧，还要将弧坑填满。如果操作不当，可能会产生弧坑、缩孔和弧坑裂纹等焊接缺陷。所以焊缝应进行收弧处理，也就是逐渐填满弧坑后再熄弧，以维持正常的熔池温度，保证连续的焊缝外形。

收尾一般有反复断弧收尾法、划圈收尾法、回焊收尾法三种。

① 反复断弧收尾法是焊到焊缝终端时，在熄弧处反复进行起弧、断弧的动作，直到填满弧坑为止。收弧时必须将电弧拉向坡口边缘或焊缝中间再熄弧。此法不适用于碱性焊条。

② 划圈收尾法是焊到焊缝终端时，焊条作圆圈形摆动，并稍作停留，待弧坑填满后将电弧在熔池边缘慢慢向前方拉长，再熄灭电弧。

③ 回焊收尾法是焊到焊缝终端时在收弧处稍作停顿，然后改变焊条角度向后回焊 20～30mm，再将焊条拉向一侧熄弧。此法适用于碱性焊条。

（3）焊缝的接头

焊条电弧焊时，由于受到焊条长度的限制，在焊接过程中产生焊缝接头的情况是不可避免的。常用的施焊接头的连接形式大体可以分为两类：一类是焊缝与焊缝之间的接头连接，一般称为冷接头；另一类是焊接过程中由于自行断灭弧或更换焊条时，熔池处在高温红热状态下的接头连接，称为热接头。根据不同的接头形式，可采用不同的操作方法，下面是酸性焊条的接头方法

① 冷接头操作方法。焊缝冷接头操作方法见图 4-17（d），冷接头在施焊前，应使用砂轮机或机械方法将焊缝被连接处打磨出斜坡形过渡带，在接头前方 10mm 处引弧，电弧引燃后稍微拉长一些，然后移到接头处，稍作停留，待形成熔池后再继续向前焊接。用这种方法可以使接头得到必要的预热，保证熔池中气体的逸出，防止在接头处产生气孔。收弧时要将弧坑填满后，慢慢地将焊条拉向弧坑一侧熄弧。

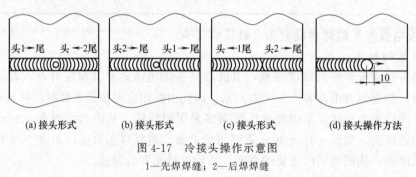

(a) 接头形式　　　(b) 接头形式　　　(c) 接头形式　　　(d) 接头操作方法

图 4-17　冷接头操作示意图

1—先焊焊缝；2—后焊焊缝

② 热接头操作方法。焊缝热接头操作方法见图 4-18，其接头的操作方法可分为两种：

一种是快速接头法；另一种是正常接头法。快速接头法是在熔池熔渣尚未完全凝固的状态下，将焊条端头与熔渣接触，在高温热电离的作用下重新引燃电弧后的接头方法，见图 4-18（b）。这种接头方法适用于厚板的大电流焊接，要求焊工更换焊条的动作要特别迅速而准确。正常的接头方法是在熔池前方 10mm 左右处引弧，然后将电弧迅速拉回熔池，按照熔池的形状摆动焊条后正常焊接，见图 4-18（c），如果等到收弧处完全冷却后再接头，则以采用冷接头操作方法为宜。

**五、记录**

填写记录卡，见表 4-9。

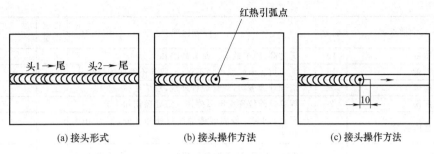

图 4-18 热接头操作方法示意图
1—先焊焊缝；2—后焊焊缝

表 4-9 焊条电弧焊平敷焊过程记录卡

| 项目 | | 记录 | 备注 |
|---|---|---|---|
| 母材 | 材质 | | |
| | 规格 | | |
| 焊接材料 | 型号（牌号） | | |
| | 规格 | | |
| 焊接参数 | 电源种类和极性 | | |
| | 焊接电压/V | | |
| | 焊接电流/A | | |
| 焊缝外观 | 余高/mm | | |
| | 宽度/mm | | |
| | 长度/mm | | |
| 用时/min | | | |

## 六、考核

项目考核建议采用"过程考核×40%＋结果考核×60%"的综合考核方式进行。

（1）过程考核

按表 4-10 所示要求进行过程考核。

表 4-10 焊条电弧焊平敷焊过程考核表

| 序号 | 实训要求 | 配分 | 评分标准 | 检测结果 | 得分 |
|---|---|---|---|---|---|
| 1 | 安全文明生产 | 2 | 按要求穿戴防护用具。不符合要求酌情扣分 | | |
| 2 | 设备连接 | 4 | 独自完成设备连接。不能完成该项不得分 | | |
| 3 | 焊条、参数选用 | 5 | 焊条直径与选用参数匹配 | | |
| 4 | 工件清理 | 2 | 按要求清理。未清理或清理不符合要求该项不得分 | | |
| 5 | 操作姿势 | 4 | 规定的操作姿势。根据规范姿势酌情扣分 | | |
| 6 | 焊条夹持 | 2 | 夹持有利于操作。造成操作困难酌情扣分 | | |
| 7 | 引弧操作 | 5 | 引弧点、引弧范围。不在点或引弧范围过大酌情扣分 | | |
| 8 | 运条操作 | 20 | 合理选择运条方法。运条方法不正确酌情扣分 | | |
| 9 | 焊接位置及焊接方向 | 2 | 平焊位、右焊法。方向及焊接位置变换不得分 | | |
| 10 | 起头质量 | 10 | 无过窄、凸起、未熔合等缺陷。每处缺陷扣 2 分 | | |

续表

| 序号 | 实训要求 | 配分 | 评分标准 | 检测结果 | 得分 |
|------|----------|------|----------|----------|------|
| 11 | 接头质量 | 10 | 无过高、脱节缺陷。每处缺陷扣 2 分 | | |
| 12 | 收尾质量 | 10 | 无弧坑。未收弧该项不得分；收弧不彻底酌情扣分 | | |
| 13 | 焊后清理 | 2 | 清理焊缝表面，观察焊缝外观，总结经验 | | |
| 14 | 电弧擦伤 | 2 | 焊缝以外位置无电弧擦伤。每处擦伤扣 1 分 | | |
| 15 | 焊缝整体质量 | 20 | 平直，均匀。偏离焊缝轴线每处扣 5 分；不均匀每处扣 3 分 | | |
| 16 | 操作时间 | | 20min 内完成，不扣分。超时 1～5min，每分钟扣 2 分（从得分中扣除）；超时 6min 以上者需重新参加考核 | | |
| | | | 过程考核得分 | | |

（2）结果考核

使用钢板尺、焊接检验尺、低倍放大镜等对焊缝外观进行检测，按表 4-11 所示要求进行考核。

表 4-11　焊条电弧焊平敷焊考核表

| 序号 | 考核项目 | 分值 | 评分标准 | 检测结果 | 得分 |
|------|----------|------|----------|----------|------|
| 1 | 安全文明生产 | 10 | 服从管理、安全操作。不符合要求酌情扣分 | | |
| 2 | 焊缝宽度 $c=(12\pm2)$mm | 20 | 1 处不合格扣 2 分 | | |
| 3 | 焊缝余高 $H=(3\pm1)$mm | 20 | 1 处不合格扣 2 分 | | |
| 4 | 焊缝成形 | 20 | 波纹细腻、均匀光滑 | | |
| 5 | 直线度 | 20 | 与焊缝位置线重合 | | |
| 6 | 飞溅 | 10 | 飞溅清理干净 | | |
| | | | 结果考核得分 | | |

### 七、总结

引弧时，焊条角度应尽可能大一些，80°～90°为宜，以确保焊芯与工件接触，提高引弧成功率。焊接时，在熔池表面张力作用下，焊缝宽度较焊条摆幅小，因此运条时必须根据焊缝宽度要求适当加大摆幅；焊接电压影响着焊缝宽度，其大小由电弧长度决定，因此在焊接过程中，必须严格稳定控制弧长。焊缝收尾操作规范极易被操作者忽视，进而出现凹坑（称为"火口"），凹坑处往往伴随出现放射状裂纹，严重影响焊接质量，因此必须重视焊缝的收尾处理。

## 实训二　V 形坡口板对接平焊单面焊双面成形

### 一、要求

V 形坡口板对接平焊任务如图 4-19 所示，按要求完成规定的训练任务，使焊缝质量达到技术要求。

### 二、分析

单面焊双面成形技术是对两块具有 V 形或 U 形坡口的焊件进行装配、单面施焊的方式，使坡口的正、反面均得到符合质量要求的焊缝。项目操作流程为：焊前准备→工件装配→打底焊→填充焊→盖面焊→考核。其中，反变形量直接决定焊件的角变形大小。

### 三、准备

**1. 焊接设备**

ZX7-315 或 ZX7-400 弧焊逆变器，角向抛光机。

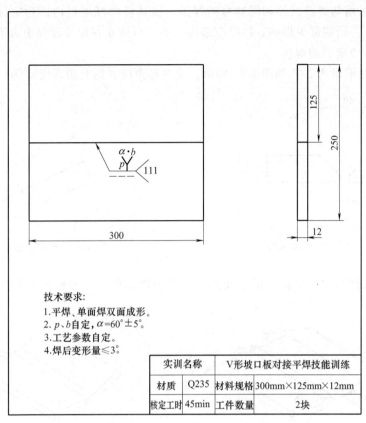

技术要求:
1. 平焊、单面焊双面成形。
2. $p$、$b$自定，$\alpha=60°\pm5°$。
3. 工艺参数自定。
4. 焊后变形量≤3°。

| 实训名称 | | V形坡口板对接平焊技能训练 | |
|---|---|---|---|
| 材质 | Q235 | 材料规格 | 300mm×125mm×12mm |
| 核定工时 | 45min | 工件数量 | 2块 |

图 4-19　V形坡口板对接平焊任务图

### 2. 工件材料

Q235 低碳钢板，300mm×125mm×12mm，2块。

### 3. 焊接材料

E4303 或 E5015 焊条，直径为 3.2mm 和 4.0mm。

## 四、实施

### 1. 装配与定位焊

（1）焊接参数

V形坡口板对接平焊焊接参数如表 4-12 所示。

表 4-12　V形坡口板对接平焊焊接参数

| 焊接层数 | 焊条直径/mm | 焊接电流/A |
|---|---|---|
| 装配定位焊 | 3.2 | 90～110 |
| 打底焊 | 3.2 | 80～100 |
| 填充焊 | 4.0 | 140～160 |
| 盖面焊 | 4.0 | 140～160 |

（2）装配定位焊

① 修磨钝边 0.5～1mm，无毛刺。试件装配前，用角向磨光机、锉刀、砂布和钢丝刷等清理坡口、坡口面及正反两面各 20mm 范围内的油污、水分和铁锈，直至露出金属光泽。

② 装配间隙始端为 3.2mm，终端为 4.0mm。放大终端的间隙是考虑到焊接过程中的横向收缩量，以保证熔透坡口根部所需要的间隙。错边量≤1mm。工件见图 4-20。

③ 定位焊采用与焊接试件相同牌号的焊条，在试件两端坡口内进行定位焊，其焊缝长度为10～15mm。始端可少焊些，终端应多焊一些，以防止在焊接过程中由于收缩造成的未焊段坡口间隙变窄而影响焊接。

④ 预置反变形量为3°，如图4-21所示。反变形角度 $\theta$ 的对边高度 $\Delta$ 为：$\Delta b \cdot \sin\theta$

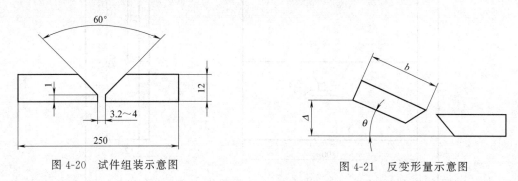

图 4-20　试件组装示意图　　　　　　　　　图 4-21　反变形量示意图

获得反变形量的方法是：双手拿住其中一块钢板的两边，轻轻磕打另一块钢板，如图4-22所示。

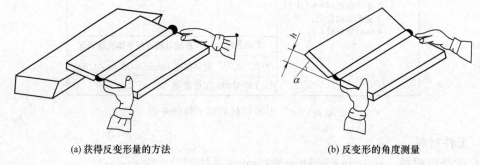

(a) 获得反变形量的方法　　　　　　　　　(b) 反变形的角度测量

图 4-22　平焊定位焊时预置的反变形量

### 2. 焊接

（1）打底焊

打底焊的焊接方式有断弧法和连弧法两种。

1）断弧法。

断弧法分为两点击穿法和一点击穿法两种手法。焊接时，主要是依靠电弧时燃时灭的时间长短来控制熔池的温度、形状及填充金属的薄厚，以获得良好的背面成形和内部质量。现在主要介绍断弧法的两点击穿法。

① 引弧。在始焊端前方10～15mm处的坡口上引燃电弧，然后将电弧拉回始焊处，并略抬高电弧稍作预热，当坡口根部产生微熔化的"汗珠"时，立即将焊条压低，待1～2s后，可听到电弧穿透坡口而发出的"噗噗"声，当看到定位焊缝以及相接坡口两侧金属开始熔化，并形成第一个熔池时立即灭弧。此时熔池前端应有熔孔，深入两侧母材0.5～1mm，如图4-23所示。此处所形成的熔池是整条焊道的起点。当熔池边缘变成暗红、熔池金属尚未完全凝固、熔池中心处于半熔化状态时，在护目镜下观察到呈亮黄颜色时，应立即重新引燃电弧，并在该熔池左前方靠近根部的坡口面上，焊条以一定倾角略向下轻微地压一下，击穿焊件根部，击穿时先以短弧对焊件根部加热1～2s，然后再迅速将焊条逆焊接方向挑划，当听到焊件被击穿的"噗噗"声时，应迅速地使用一定长的弧柱带着熔滴穿过熔孔，打开熔

孔后立即灭弧；大约经过 1s 以后，在上述左侧坡口根部熔池尚未完全凝固时再迅速引弧，并迅速将电弧移向第一个熔池的右前方靠近根部的坡口面上，按照上述击穿左侧坡口的方法来击穿右侧坡口根部，然后迅速灭弧。这种连续不断地反复在坡口根部左右两侧交叉击穿的运条方法，称为两点击穿法。

一点击穿法操作时，建立第一个熔池的方法与两点法相同。所不同的是当第一个熔池边缘变成暗红，熔池中间仍处于熔融状态时，可立即在熔池中间引燃电弧，此时应使电弧同时熔化两侧钝边，听到"噗噗"声后果断灭弧。

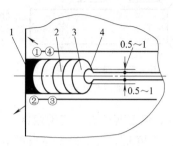

图 4-23　打底焊层焊接
1—定位焊缝；2—焊道；3—熔池；4—熔孔

断弧焊法每引燃、熄灭电弧一次，就完成一个焊点的焊接，其节奏控制在每分钟 45～60 次之间，以防止产生缩孔。施焊过程中每个焊点与前一个焊点重叠 2/3，另外 1/3 作用在熔池的前方，用来熔化和击穿坡口根部形成熔池。

② 焊缝的接头。焊缝的接头可采用热接法。更换焊条时的熄弧与接头也是单面焊双面成形技术的关键之一。为防止因熄弧不当而产生的冷缩孔，熄弧前应在熔池边缘迅速地连续点焊，使焊条滴下 2～3 滴熔滴，以达到填满熔池并使其缓慢冷却的目的，然后再将电弧压低并移至某一坡口面，再迅速灭弧。在迅速更换焊条后，先在距焊道端头 10～15mm 处的任一侧坡口面上引弧，然后在将电弧回拉的过程中，使电弧从坡口面侧绕至接头端加热，随后再将电弧送入根部，使其形成更换焊条后的第一个熔池，最后即转入正常操作。

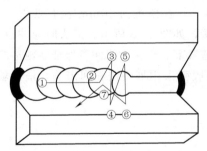

图 4-24　更换焊条时的电弧运行轨迹

更换焊条时的电弧轨迹如图 4-24 所示。电弧在图 4-24 中①的位置重新引弧，沿焊道至接头处②的位置，作长弧预热来回摆动。摆动几下（③～⑥）之后，在⑦的位置压低电弧。当出现熔孔并听到"噗噗"声时，迅速灭弧。这时更换焊条的操作结束，可转入正常的断弧焊法焊接。

③ 焊缝的收弧。收弧前，应在熔池前方做一个熔孔，然后回焊 10mm 左右，再灭弧，或向末尾的根部送进 2～3 滴熔滴，然后灭弧，以使熔池缓慢冷却，避免接头时出现冷缩孔。

2）连弧法。

用连弧焊法操作时，即在焊接过程中电弧始终燃烧，焊条作连续、有规则的摆动，因此必须保证坡口质量，要采取较小的根部间隙，选用较小的焊接电流，使熔滴均匀地过渡到熔池中，得到致密、平整、均匀的背面焊缝。

① 引弧。连弧焊时从定位焊缝上引弧，焊条在坡口内侧作"U"形运条，如图 4-25 所示。电弧从坡口两侧运条时均稍停顿，焊接频率约为每分钟 50 个熔池，并保证熔池间重叠 2/3，熔孔明显可见，每侧坡口根部熔化缺口为 0.5～1mm，同时听到击穿坡口的"噗噗"声。一般直径 3.2mm 的焊条可焊接约 100mm 长的焊缝。

② 接头。焊缝的接头时，更换焊条应迅速，在接头处的熔池后面约 10mm 处引弧。焊至熔池处，应压低电弧击穿熔池前沿，形成熔孔，然后向前运条，以 2/3 的弧柱压在熔池

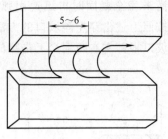

图 4-25 连弧法焊接的
电弧运行轨迹

上，1/3 的弧柱压在焊件背面燃烧为宜。收尾时，将焊条运到坡口面上缓慢向后提起收弧，以防止在弧坑表面产生缩孔。

（2）填充焊

填充焊之前，要清理前层焊道的焊渣、夹角和飞溅物，将凸起处修平，特别是死角处更要清理干净。填充焊采用直径 4mm 的焊条，焊条横摆运弧或反月牙形运弧，填充焊时应注意以下几点：

① 焊条摆动到两侧坡口处要稍作停留，做到两边停中间快，这是控制熔池温度的一种手段，其目的是提高焊缝两侧温度，保证两侧有一定的熔深，防止中间温度过高，且能使填充焊道略向下凹。

② 填充焊时不得击穿根部焊道，最后一层焊道高度要低于母材坡口表面 1mm 左右，要注意不能熔化坡口两侧的棱边，以便于盖面焊时掌握焊缝宽度，如图 4-26 所示。

（3）盖面焊

采用直径 4.0mm 的焊条，焊条与焊接方向的夹角应保持在 75°左右；采用月牙形运条法和"8"字形运条法；焊接电流应稍小一点，运弧的幅度稍大些，以坡口两侧熔合 0.5～1mm 为宜，运弧时应遵循两边慢中间快的原则，焊条摆动到坡口边缘时应稍作停顿，以免产生咬边，熔池形状是平直的，见图 4-27，最后成形才是平滑过渡。

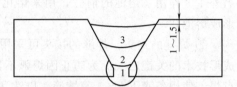

图 4-26 填充焊道高度示意图

更换焊条收弧时应对熔池稍填熔滴，迅速更换焊条，并在弧坑前 10mm 左右处引弧，然后将电弧退至弧坑的 2/3 处，填满弧坑后进行正常焊接，如图 4-28 所示。接头时应注意，若接头位置偏后，则接头部位焊缝过高；若偏前，则焊道脱节。焊接时应注意保证熔池边缘不得超过表面坡口棱边 2mm；否则焊缝超宽。盖面层的收弧采用划圈法和回焊法，最后填满弧坑使焊缝平滑。

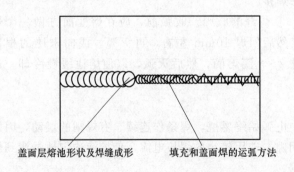

盖面层熔池形状及焊缝成形　　填充和盖面焊的运弧方法

图 4-27 熔池各段焊道成形示意图

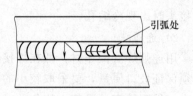

引弧处

图 4-28 盖面焊接头操作

## 五、记录

填写记录卡，见表 4-13。

## 六、考核

项目考核建议采用"过程考核×40％＋结果考核×60％"的综合考核方式进行。

（1）过程考核

按表 4-14 所示要求进行过程考核。

**表 4-13　焊条电弧焊 V 形坡口板对接平焊单面焊双面成形过程记录卡**

| 项目 | | 记录 | 备注 |
|---|---|---|---|
| 母材 | 材质 | | |
| | 规格 | | |
| 装配 | 清理 | | |
| | 间隙 | | |
| | 错边量 | | |
| | 定位焊　焊条直径/mm | | |
| | 　　　　焊接电流/A | | |
| | 反变形量 | | |
| 打底焊 | 焊条直径/mm | | |
| | 焊接电流/A | | |
| 填充焊 | 焊条直径/mm | | |
| | 焊接电流/A | | |
| | 填充层数 | | |
| 盖面焊 | 焊条直径/mm | | |
| | 焊接电流/A | | |
| 用时/min | | | |

**表 4-14　焊条电弧焊平对接过程考核表**

| 序号 | 实训要求 | 配分 | 评分标准 | 检测结果 | 得分 |
|---|---|---|---|---|---|
| 1 | 安全文明生产 | 2 | 穿戴劳保护具，未按要求酌情扣分 | | |
| 2 | 工件清理 | 5 | 坡口面及正反面 20mm 范围内无油污、铁锈，露出金属光泽，未按要求清理扣除该项分值 | | |
| 3 | 焊条、参数选用 | 2 | 焊条直径与选用参数配套 | | |
| 4 | 装配间隙 | 5 | 3～4mm，始端小末端大。间隙不符合要求该项不得分 | | |
| 5 | 错边量 | 5 | ≤1mm。超差不得分 | | |
| 6 | 定位焊缝质量 | 10 | 长度 10～15mm，无缺陷。有缺陷不得分 | | |
| 7 | 反变形量 | 5 | 按工件实际尺寸计算测量。超差不得分 | | |
| 8 | 工件固定/焊接位置 | 2 | 平焊位置。其他位置不得分 | | |
| 9 | 打底焊质量 | 10 | 焊透无缺陷。有一处缺陷扣 2 分 | | |
| 10 | 打底焊接头 | 5 | 无脱节和过高。每处缺陷扣 2 分 | | |
| 11 | 打底焊缝清理 | 4 | 背面及正面、坡口面清理干净，死角位置无熔渣。不清理该项不得分 | | |
| 12 | 第一层填充层质量 | 10 | 形状内凹，无缺陷。形状不符合要求扣 10 分，每处缺陷扣 2 分 | | |
| 13 | 层间清理 | 5 | 清理熔渣，尤其是死角。未清理不得分 | | |
| 14 | 第二层填充层质量 | 10 | 形状下凹或平，离坡口上边缘 0.5～1mm。形状不符合扣 10 分，高度超差每处扣 2 分 | | |
| 15 | 层间清理 | 5 | 清理熔渣。未清理不得分 | | |
| 16 | 盖面层质量 | 10 | 焊缝宽度、高度符合要求。超差每处扣 2 分 | | |
| 17 | 焊后清理 | 5 | 清理飞溅物及熔渣。未清理不得分 | | |
| 18 | 操作时间 | | 45min 内完成，不扣分。超时 1～5min，每分钟扣 2 分（从得分中扣除）；超时 6min 以上者需重新参加考核 | | |
| 过程考核得分 | | | | | |

（2）结果考核

使用钢板尺、低倍放大镜等对焊缝外观质量进行检测，按表 4-15 要求进行考核。

表 4-15　Ⅴ形坡口板对接平焊的评分标准

| 项目 | 序号 | 考核要求 | 分值 | 评分标准 | 检测结果 | 得分 |
|---|---|---|---|---|---|---|
| 焊缝外观质量 | 1 | 表面无裂纹 | 5 | 有裂纹不得分 | | |
| | 2 | 无烧穿 | 5 | 有烧穿不得分 | | |
| | 3 | 无焊瘤 | 8 | 每处焊瘤扣 0.5 分 | | |
| | 4 | 无气孔 | 5 | 每个气孔扣 0.5 分,直径>1.5mm 不得分 | | |
| | 5 | 无咬边 | 8 | 深度>0.5mm,累计长度 15mm 扣 1 分 | | |
| | 6 | 无夹渣 | 8 | 每处夹渣扣 0.5 分 | | |
| | 7 | 无未熔合 | 8 | 未熔合累计长 10mm,扣 1 分 | | |
| | 8 | 焊缝起头、接头、收尾无缺陷 | 9 | 起头、收尾过高、脱节每处各扣 1 分 | | |
| | 9 | 焊缝宽度不均匀≤3mm | 8 | 焊缝宽度变化>3mm。累计长度 30mm,不得分 | | |
| 焊缝内部质量 | 10 | 焊缝内部无气孔、夹渣、未熔合、裂纹 | 10 | Ⅰ级片不扣分,Ⅱ级片扣 5 分,Ⅲ级片扣 8 分,Ⅳ级片不得分 | | |
| 焊缝外形尺寸 | 11 | 焊缝宽度比坡口每侧增宽 0.5~2.5mm;宽度差≤3mm | 8 | 每超差 1mm,累计 20mm,扣 1 分 | | |
| | 12 | 焊缝余高差≤2mm | 8 | 每超差 1mm,累计 20mm,扣 1 分 | | |
| 焊后变形错位 | 13 | 角变形<3° | 5 | 超差不得分 | | |
| | 14 | 错变量≤0.1 板厚 | 5 | 超差不得分 | | |
| 安全生产 | 15 | 违章从得分中扣分 | | | | |
| 总分 | | | 100 | 总得分 | | |

## 七、总结

反变形量是决定焊件角变形的关键因素,装配环节应按严格要求控制好反变形量。打底焊时必须使坡口根部熔透,以保证背面成形和焊缝根部质量。填充焊时应在坡口两侧做短暂停留,以避免出现未熔合。盖面焊时需控制好弧长,运条平稳,焊缝覆盖宽度应大于坡口上缘宽度的 2~4mm,防止出现咬边、焊瘤、未焊满等缺陷。

# 实训三　Ⅴ形坡口板对接立焊单面焊双面成形

## 一、要求

Ⅴ形坡口板对接立焊单面焊双面成形任务图如图 4-29 所示。按要求完成相应训练任务,使焊缝达到技术要求。

## 二、分析

立焊是指焊缝倾角 90°(立向上)或 270°(立向下)位置的焊接。本课题介绍板对接向上立焊的操作技术,即焊工操作时斜 30°面对焊缝,拿焊钳的右手在两腿之间(胸前)由下向上垂直焊接。

立焊时熔池金属和熔渣受重力等作用下坠,因其流动性不同容易分离。熔池温度过高或体积过大时,液态金属易下淌形成焊瘤,焊缝成形困难,焊缝不如平焊时美观。

## 三、准备

### 1. 焊接设备

ZX7-315 或 ZX7-400 弧焊逆变器。

### 2. 工件材料

Q235 低碳钢板,300mm×125mm×12mm,2 块。工件加工 60°Ⅴ形坡口。

### 3. 焊接材料

E4303 或 E5015 焊条,直径为 $\phi$3.2mm 或 $\phi$4.0mm。

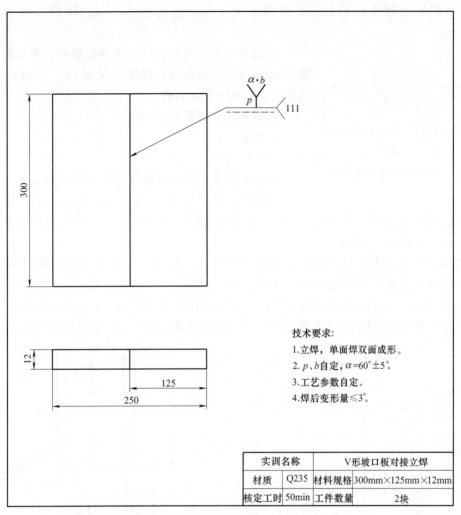

技术要求:
1. 立焊,单面焊双面成形。
2. $p$、$b$ 自定,$\alpha = 60° \pm 5°$。
3. 工艺参数自定。
4. 焊后变形量 ≤3°。

| 实训名称 | | V形坡口板对接立焊 | |
| --- | --- | --- | --- |
| 材质 | Q235 | 材料规格 | 300mm×125mm×12mm |
| 核定工时 | 50min | 工件数量 | 2块 |

图 4-29　V形坡口板对接立焊任务图

## 四、实施

### 1. 装配与定位焊

（1）焊接参数

V形坡口板对接立焊焊接参数如表 4-16 所示。

表 4-16　V形坡口板对接立焊焊接参数

| 焊接层数 | 焊条直径/mm | 焊接电流/A |
| --- | --- | --- |
| 装配定位焊 | 3.2 | 90～110 |
| 打底焊 | 3.2 | 80～100 |
| 填充焊 | 4.0 | 140～150 |
| 盖面焊 | 4.0 | 130～140 |

（2）装配与定位焊

① 修磨钝边 0.5～1mm,无毛刺。

② 用角向磨光机、锉刀、砂布和钢丝刷等清理坡口正反两面各 20mm 范围内的油污、水分和铁锈,直至露出金属光泽。

③ 装配始端间隙为 3.2mm，终端为 4.0mm，错边量≤1mm。焊件及坡口尺寸如图 4-30 所示。

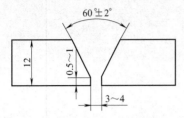

图 4-30　焊件及坡口尺寸

④ 定位焊采用与焊接试件相同的焊条，在试件正反面距两端 20mm 之内进行，焊缝长度为 10～15mm，并将试件固定在焊接支架上待焊。

⑤ 预置反变形量为 3～4°。

### 2. 焊接

（1）打底焊

在定位焊缝上引弧，当焊至定位焊缝尾部时，应稍加预热，将焊条向根部顶一下，听到"噗噗"声，表明坡口根部已被熔透，此时第一个熔池已经形成，熔池前方应有熔孔，该熔孔向坡口两侧各深入 0.5～1mm，如图 4-31 所示。

打底焊时可采用断弧法。当第一个熔池形成后，立即熄弧，使熔池金属有瞬时凝固的机会，熄弧时间应视熔池液态金属凝固的状态而定，当液态金属的颜色由明亮变暗时，立即送入焊条施焊，进而形成第二个熔池。依次重复操作，直至完成打底焊道。打底焊采用月牙形或锯齿形横向运条方法，短弧操作（弧长小于焊条直径）。焊条的下倾角为 60°～80°，如图 4-32 所示。

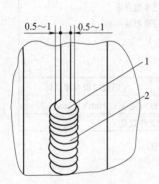

图 4-31　板对接立焊打底焊熔孔尺寸

1—熔孔；2—焊道

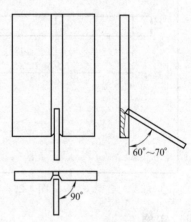

图 4-32　打底焊时焊条角度

打底焊道需要更换焊条而停弧时，先在熔池上方做一个熔孔，然后回焊 10～15mm 再熄弧，并使其形成斜坡形。接头可分为热接和冷接两种方法。

① 热接法。当弧坑还处在红热状态时，在弧坑下方 10～15mm 处的斜坡上引弧，并焊至收弧处，使弧坑根部温度逐步升高，然后将焊条沿预先做好的熔孔向坡口根部顶一下，使焊条与试件的下倾角增大到 90°左右、听到"噗噗"声后，稍作停顿，恢复正常焊接。停顿时间一定要适当，若过长，易使背面产生焊瘤；若过短，则不易接上头。另外焊条更换的动作越快越好，落点要准。

② 冷接法。当弧坑已经冷却，用砂轮和扁铲在已焊的焊道的收弧处打磨一个 10～15mm 的斜坡，在斜坡上引弧并预热，使弧坑根部温度逐步升高，当焊至斜坡最低处时，将焊条沿预先做好的熔孔向坡口根部顶一下，听到"噗噗"声后，稍作停顿，再提起焊条进行正常焊接。

（2）填充焊

① 对打底焊缝仔细清渣，应特别注意死角处焊渣的清理。

② 在距离焊缝始端 10mm 左右处引弧后，将电弧拉回到始端施焊。每次都应按此法操作，以防止出现缺陷。

③ 采用横向锯齿形或月牙形运条法摆动。焊条摆动到两侧坡口处要稍作停顿，以利于熔合及排渣，并防止焊缝两边产生死角，如图 4-33 所示。

④ 焊条与试件的下倾角为 70°～80°。

⑤ 最后一层填充层的厚度，应使其比母材表面低 0.5～1mm，且应呈凹形，不得熔化坡口棱边，以利于盖面层保持平直。

（3）盖面焊

① 盖面焊焊道的引弧与填充焊相同。试件与焊条的下倾角为 60°～70°，运条方法可根据焊缝余高的不同要求加以选择。如要求余高较大，焊条采用月牙形摆动；如要求稍平，则可作锯齿形摆动。

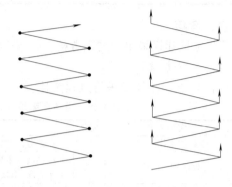

(a) 电弧两侧稍作停顿　　(b) 电弧两侧稍作上、下摆动

图 4-33　锯齿形运条法示意图

② 如图 4-34 所示，焊条摆动坡口边缘 $a$、$b$ 两点时，要压低电弧并稍作停留，这样有利于熔滴过渡和防止咬边，摆动到焊道中间时要快些，防止熔池外形凸起产生焊瘤。

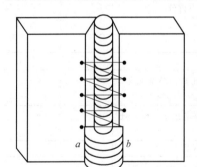

图 4-34　盖面层焊接运条法

③ 可采用比表 4-16 所示稍大的焊接电流，用快速摆动法采用短弧运条，使焊条末端紧靠熔池快速摆动，并在坡口边缘稍作停留，以防咬边。前进速度要均匀一致，使每个新熔池覆盖前一个熔池的 2/3～3/4，以获得薄而细腻的焊缝波纹。

④ 更换焊条前收弧时，应对熔池填满熔滴，迅速更换焊条后，再在弧坑上方 10mm 左右的填充层焊缝金属上引弧，并拉至原弧坑处填满弧坑后，继续施焊。

## 五、记录

填写记录卡，见表 4-17。

表 4-17　焊条电弧焊 V 形坡口板对接立焊单面焊双面成形实训记录卡

| 项 目 | | | 记 录 | 备注 |
|---|---|---|---|---|
| 母材 | 材质 | | | |
| | 规格 | | | |
| 装配 | 清理 | | | |
| | 间隙 | | | |
| | 错边量 | | | |
| | 定位焊 | 焊条直径/mm | | |
| | | 焊接电流/A | | |
| | 反变形量 | | | |
| 打底焊 | 焊条直径/mm | | | |
| | 焊接电流/A | | | |

续表

| 项　目 | | 记录 | 备注 |
|---|---|---|---|
| 填充焊 | 焊条直径/mm | | |
| | 焊接电流/A | | |
| | 填充层数 | | |
| 盖面焊 | 焊条直径/mm | | |
| | 焊接电流/A | | |
| 用时/min | | | |

### 六、考核

项目考核建议采用"过程考核×40%＋结果考核×60%"的综合考核方式进行。

（1）过程考核

按表 4-18 所示要求进行过程考核。

**表 4-18　焊条电弧焊 V 形坡口板对接立焊过程考核表**

| 序号 | 实训要求 | 配分 | 评分标准 | 检测结果 | 得分 |
|---|---|---|---|---|---|
| 1 | 安全文明生产 | 2 | 穿戴劳保护具，未按要求酌情扣分 | | |
| 2 | 工件清理 | 5 | 坡口面及正反面 20mm 范围内无油污、铁锈，露出金属光泽，未按要求清理扣除该项分值 | | |
| 3 | 焊条、参数选用 | 3 | 焊条直径与选用参数配套 | | |
| 4 | 装配间隙 | 5 | 3～4mm，始端小末端大。间隙不符合要求该项不得分 | | |
| 5 | 错边量 | 4 | ≤1mm。超差不得分 | | |
| 6 | 定位焊缝质量 | 10 | 长度 10～15mm，无缺陷。有缺陷不得分 | | |
| 7 | 反变形量 | 4 | 按工件实际尺寸计算测量。超差不得分 | | |
| 8 | 工件固定/焊接位置 | 2 | 立焊位置。其他位置不得分 | | |
| 9 | 打底焊质量 | 10 | 焊透无缺陷。有一处缺陷扣 2 分 | | |
| 10 | 焊缝接头 | 5 | 无脱节和过高。每处缺陷扣 2 分 | | |
| 11 | 打底焊缝清理 | 5 | 背面及正面、坡口面清理干净，死角位置无熔渣。不清理该项不得分 | | |
| 12 | 第一层填充层质量 | 10 | 形状下凹，无缺陷。形状不符合要求扣 10 分，每处缺陷扣 2 分 | | |
| 13 | 层间清理 | 5 | 清理熔渣，尤其是死角。未清理不得分 | | |
| 14 | 第二层填充层质量 | 10 | 形状下凹或平，离坡口上边缘 0.5～1mm。形状不符合扣 10 分，高度超差每处扣 2 分 | | |
| 15 | 层间清理 | 5 | 清理熔渣。未清理不得分 | | |
| 16 | 盖面层质量 | 10 | 焊缝宽度、高度符合要求。超差每处扣 2 分 | | |
| 17 | 焊后清理 | 5 | 清理飞溅物及熔渣。未清理不得分 | | |
| 18 | 操作时间 | | 50min 内完成，不扣分。超时 1～5min，每分钟扣 2 分（从得分中扣除）；超时 6min 以上者需重新参加考核 | | |
| 过程考核得分 | | | | | |

（2）结果考核

使用钢板尺、低倍放大镜等对焊缝外观质量进行检测，按表 4-19 所示要求进行考核。

### 七、总结

立焊位置焊接时易出现熔滴体积过大，易产生焊瘤及咬边缺陷，在焊接过程中应及时调整运条方法及焊条角度，控制好熔池体积及熔池温度，最终获得成形良好的焊接接头。

表 4-19　V 形坡口对接立焊评分标准

| 项目 | 序号 | 考核要求 | 分值 | 评分标准 | 检测结果 | 得分 |
|---|---|---|---|---|---|---|
| 焊缝外观质量 | 1 | 表面无裂纹 | 5 | 有裂纹不得分 | | |
| | 2 | 无烧穿 | 5 | 有烧穿不得分 | | |
| | 3 | 无焊瘤 | 8 | 每处焊瘤扣 0.5 分 | | |
| | 4 | 无气孔 | 5 | 每个气孔扣 0.5 分,直径＞1.5mm 不得分 | | |
| | 5 | 无咬边 | 8 | 深度＞0.5mm,累计长度 15mm 扣 1 分 | | |
| | 6 | 无夹渣 | 8 | 每处夹渣扣 0.5 分 | | |
| | 7 | 无未熔合 | 8 | 未熔合累计长 10mm,扣 1 分 | | |
| | 8 | 焊缝起头、接头、收尾无缺陷 | 9 | 起头、收尾过高、脱节每处各扣 1 分 | | |
| | 9 | 焊缝宽度不均匀≤3mm | 8 | 焊缝宽度变化＞3mm。累计长度 30mm,不得分 | | |
| 焊缝内部质量 | 10 | 焊缝内部无气孔、夹渣、未熔合、裂纹 | 10 | Ⅰ 级片不扣分,Ⅱ 级片扣 5 分,Ⅲ 级片扣 8 分,Ⅳ 级片不得分 | | |
| 焊缝外形尺寸 | 11 | 焊缝宽度比坡口每侧增宽 0.5～2.5mm;宽度差≤3mm | 8 | 每超差 1mm,累计 20mm,扣 1 分 | | |
| | 12 | 焊缝余高差≤2mm | 8 | 每超差 1mm,累计 20mm,扣 1 分 | | |
| 焊后变形错位 | 13 | 角变形＜3° | 5 | 超差不得分 | | |
| | 14 | 错变量≤0.1 板厚 | 5 | 超差不得分 | | |
| 安全生产 | 15 | 违章从得分中扣分 | | | | |
| 总分 | | | 100 | 总得分 | | |

# 实训四　V 形坡口板对接横焊单面焊双面成形

## 一、要求

V 形坡口板对接横焊任务图见图 4-35,按项目任务图完成规定的训练任务,使焊缝质量达到技术要求。

## 二、分析

横焊是焊缝倾角 0°,焊缝转角 0°的焊接位置。V 形坡口对接横焊时,熔滴和熔渣受重力作用而下淌,容易产生焊缝上侧咬边、焊缝下侧金属下坠、焊瘤、夹渣、未焊透等缺陷。

## 三、准备

### 1. 焊接设备

ZX7-315 或 ZX7-400 型弧焊逆变器。

### 2. 工件材料

Q235 低碳钢板,300mm×125mm×12mm,2 块。工件加工 60°V 形坡口,如图 4-36 所示。

### 3. 焊接材料

E4303 或 E5015 焊条,直径为 3.2mm 或 4.0mm。

## 四、实施

### 1. 装配与焊接

（1）焊接参数

V 形坡口板对接横焊参数见表 4-20。

（2）装配与定位焊

① 修磨钝边。0.5～1mm,无毛刺。

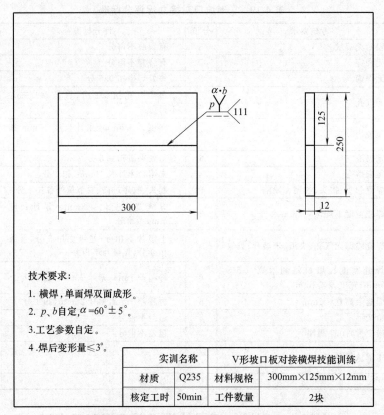

图 4-35 V形坡口板对接横焊任务图

**技术要求:**

1. 横焊,单面焊双面成形。

2. $p$、$b$自定,$\alpha =60°\pm 5°$。

3. 工艺参数自定。

4. 焊后变形量≤3°。

| 实训名称 | | V形坡口板对接横焊技能训练 | |
|---|---|---|---|
| 材质 | Q235 | 材料规格 | 300mm×125mm×12mm |
| 核定工时 | 50min | 工件数量 | 2块 |

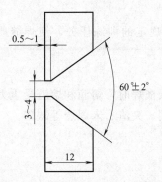

图 4-36 试件及坡口尺寸示意图

② 试件清理。试件装配前用角向磨光机、锉刀、砂布和钢丝刷等清理坡口正反两面各 20mm 范围内的油污、水分和铁锈,防止对焊接产生影响。

③ 装配间隙。间隙为 2.5～3.5mm,其中始端为 2.5mm,终端为 3.5mm。错边量≤1.2mm。

④ 定位焊。将清理的试件对齐找平,调整好间隙,采用与焊接试件相同牌号的焊条在试件坡口反面距两端15mm之内进行定位焊,其焊缝长度为10～15mm,并将试件固定在焊接支架上,使焊接坡口处于水平位置,试件的高度以焊工的蹲姿或站姿操作方便为宜。始焊端处于左侧,坡口上边缘与焊工视线平齐。

⑤ 反变形量。预置反变形量为 2°～3°。

表 4-20 V形坡口板对接横焊焊接参数

| 焊接层次 | 焊条直径/mm | 焊接电流/A |
|---|---|---|
| 装配定位焊 | 3.2 | 90～120 |
| 打底焊 | 3.2 | 90～110 |
| 填充焊 | 4.0 | 150～160 |
| 盖面焊 | 4.0 | 140～150 |

## 2. 焊接

### （1）打底焊

将试件垂直固定于焊接架上，并使焊接坡口处于水平位置，将试件小间隙的一端处与左侧。焊前检查焊件的清理、定位和焊件固定的高度是否合适。第一层为打底焊，可采用断弧焊或连弧焊，以后各层采用多层多道连弧焊接法。

焊接应正面对焊缝，蹲姿两脚应与肩同宽，一般使用正握焊钳焊接，从左向右焊接，图4-37为焊条角度示意图。

① 断弧焊法的打底焊。打底焊时，采用 3.2mm 的焊条焊接，焊前调试好焊接参数，在始焊端定位焊缝上中段处引弧，以连弧焊作小锯齿形或圆圈形运弧，焊至定位焊缝的终端，放慢焊接速度压低电弧，对准坡口根部中心，将焊条向背面顶送并稍作停顿，当听到电弧击穿坡口根部的"噗噗"声时，形成第一个熔池立即熄灭。运弧时从上钝边到下钝边，要有一定的斜度，上下两钝边先后熔化焊透形成搭桥，前面有熔孔出现，后面有熔

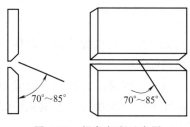

图 4-37　焊条角度示意图

池，电弧回带一下即停（灭）弧，待熔池金属凝固的同时再起弧，引弧的位置在坡口内上钝边处，钝边熔化的同时，电弧稍作移动，随后移到下钝边，下钝边熔化的同时电弧要达到底部深入 0.5～1mm，上下钝边熔化连接形成熔池，并有新的熔孔即熄弧。依次反复进行焊接可顺利地进行断弧打底焊。要控制好电弧在上下钝边的停留时间，若快了熔合不好或背部咬边，反之慢了则熔化金属会跟下来，焊道形成下坠。要运用好引弧、运弧、熄弧的时间，要求后一个熔池覆盖前一个熔池的 1/3 左右，断弧焊运弧至下钝边时电弧要适当短些。

② 连弧焊法的打底焊。连弧焊打底焊一般用于碱性焊条。引弧方法与断弧焊相同，焊接速度视焊透和焊缝成形情况而定。及时调整焊条角度、运弧方法和焊接速度。焊条的前进角度为 75°～85°，左右角度即下倾角为 70°～80°，如图 4-37 所示。

连弧焊打底，电弧不间断，焊接速度快，运弧方法一般都是以小锯齿形或斜圆圈形。施焊过程中要采用短弧，使电弧的 1/3 在熔池前，用来击穿和熔化坡口根部，2/3 覆盖在熔池上，用来保护熔池，防止产生气孔。

连弧焊运条时首先向下坡口摆动，熔化下坡口根部，然后再熔化上坡口根部，使熔孔呈斜椭圆形，下半圆在前，上半圆在后，如图 4-38 所示。

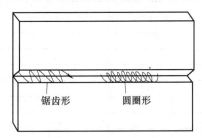

锯齿形　　　圆圈形

图 4-38　两种运条方法

### （2）填充焊

填充焊一般为多层多道焊，焊前彻底清理好前层焊接的飞溅物、焊渣，夹角和凸起处要修平，多层多道焊的排列如图 4-39 所示。图 4-40 为各层焊道的焊条角度示意图。

多层多道焊接，对焊条的角度很重要，焊条下压紧而灵活，运条的幅度很小，焊道与焊道之间应平滑过渡，避免产生沟槽、棱角。各层次焊接停弧时，均应增加焊接速度，熔池衰减并停在熔池的前方，焊缝的接头引弧时应在接头前20～30mm 处引燃电弧，以较快的焊接速度回焊移至

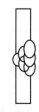

图 4-39　焊层排列

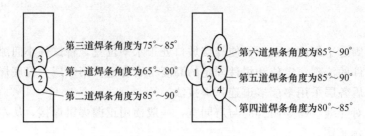

图 4-40　焊层与焊条角度

接头处，接头后再继续前行焊接。收弧时，因是板材对接焊缝，只能用回焊法或用断弧焊填满弧坑收弧。

填充层焊完后，焊缝表面应距下坡口棱边约 1.5mm，距上坡口棱边约 0.5mm，注意不要破坏坡口两侧棱边，若填充层焊道有凹凸处应在盖面前予以补平，为盖面焊做好准备。

（3）盖面焊

盖面层焊接也采用多道焊，依次从下往上堆焊，焊条与焊件角度见图 4-40。

施焊时采用直线形运条法，焊条微微向前移动，运条速度要均匀，短弧焊接。上、下边缘焊道施焊时，运条应稍快些，焊道尽可能细、薄一些，可避免出现咬边缺陷，这样有利于盖面焊缝与母材圆滑过渡。盖面焊缝的实际宽度以上下坡口边缘各熔化 1.5～2mm 为宜。

如果焊件较厚，焊缝较宽时，盖面焊缝也可以采用大斜圆圈形运条法焊接，一次盖面成形。

## 五、考核

填写记录卡，见表 4-21。

表 4-21　焊条电弧焊 V 形坡口板对接横焊单面焊双面成形记录卡

| 项目 | | 记录 | 备注 |
|---|---|---|---|
| 母材信息 | 材质 | | |
| | 规格 | | |
| 装配 | 清理 | | |
| | 间隙 | | |
| | 错边量 | | |
| | 定位焊 | 焊条直径/mm | | |
| | | 焊接电流/A | | |
| | 反变形量 | | |
| 打底焊 | 焊条直径/mm | | |
| | 焊接电流/A | | |
| 填充焊 | 焊条直径/mm | | |
| | 焊接电流/A | | |
| | 填充层数/道数 | | |
| 盖面焊 | 焊条直径/mm | | |
| | 焊接电流/A | | |
| 用时/min | | | |

## 六、考核

项目考核建议采用"过程考核×40％＋结果考核×60％"的综合考核方式进行。

（1）过程考核

按表 4-22 所示要求进行过程考核。

表 4-22  V 形坡口板对接横焊过程考核表

| 序号 | 实训要求 | 配分 | 评分标准 | 检测结果 | 得分 |
|---|---|---|---|---|---|
| 1 | 安全文明生产 | 2 | 穿戴劳保护具,未按要求酌情扣分 | | |
| 2 | 工件清理 | 5 | 坡口面及正反面 20mm 范围内无油污、铁锈,露出金属光泽,未按要求清理扣除该项分值 | | |
| 3 | 焊条、参数选用 | 4 | 焊条直径与选用参数配套 | | |
| 4 | 装配间隙 | 5 | 3～4mm,始端小末端大。间隙不符合要求该项不得分 | | |
| 5 | 错边量 | 5 | ≤1mm。超差不得分 | | |
| 6 | 定位焊缝质量 | 5 | 长度 10～15mm,无缺陷。有缺陷不得分 | | |
| 7 | 反变形量 | 5 | 按工件实际尺寸计算测量。超差不得分 | | |
| 8 | 工件固定/焊接位置 | 2 | 横焊位置。其他位置不得分 | | |
| 9 | 打底焊质量 | 10 | 焊透无缺陷。有一处缺陷扣 2 分 | | |
| 10 | 焊缝接头 | 7 | 无脱节和过高。每处缺陷扣 2 分 | | |
| 11 | 打底焊缝清理 | 5 | 背面及正面、坡口面清理干净,死角位置无熔渣。不清理该项不得分 | | |
| 12 | 第一层填充层质量 | 10 | 形状下凹,无缺陷。形状不符合要求扣 10 分,每处缺陷扣 2 分 | | |
| 13 | 层间清理 | 5 | 清理熔渣,尤其是死角。未清理不得分 | | |
| 14 | 第二层填充层质量 | 10 | 形状下凹或平,离坡口上边缘 0.5～1mm。形状不符合扣 10 分,高度超差每处扣 2 分 | | |
| 15 | 层间清理 | 5 | 清理熔渣。未清理不得分 | | |
| 16 | 盖面层质量 | 10 | 焊缝宽度、高度符合要求。超差每处扣 2 分 | | |
| 17 | 焊后清理 | 5 | 清理飞溅物及熔渣。未清理不得分 | | |
| 18 | 操作时间 | | 50min 内完成,不扣分。超时 1～5min,每分钟扣 2 分(从得分中扣除);超时 6min 以上者需重新参加考核 | | |
| | | | 过程考核得分 | | |

(2) 结果考核

使用钢板尺、低倍放大镜等对割口外观质量进行检测,按表 4-23 所示要求进行考核。

表 4-23  V 形坡口对接横焊的评分标准

| 项目 | 序号 | 考核要求 | 分值 | 评分标准 | 检测结果 | 得分 |
|---|---|---|---|---|---|---|
| 焊缝外观质量 | 1 | 表面无裂纹 | 5 | 有裂纹不得分 | | |
| | 2 | 无烧穿 | 5 | 有烧穿不得分 | | |
| | 3 | 无焊瘤 | 8 | 每处焊瘤扣 0.5 分 | | |
| | 4 | 无气孔 | 5 | 每个气孔扣 0.5 分,直径>1.5mm 不得分 | | |
| | 5 | 无咬边 | 8 | 深度>0.5mm,累计长度 15mm 扣 1 分 | | |
| | 6 | 无夹渣 | 8 | 每处夹渣扣 0.5 分 | | |
| | 7 | 无未熔合 | 8 | 未熔合累计长 10mm,扣 1 分 | | |
| | 8 | 焊缝起头、接头、收尾无缺陷 | 9 | 起头、收尾过高、脱节每处各扣 1 分 | | |
| | 9 | 焊缝宽度不均匀≤3mm | 8 | 焊缝宽度变化>3mm。累计长度 30mm,不得分 | | |
| 焊缝内部质量 | 10 | 焊缝内部无气孔、夹渣、未熔合、裂纹 | 10 | Ⅰ级片不扣分,Ⅱ级片扣 5 分,Ⅲ级片扣 8 分,Ⅳ级片不得分 | | |
| 焊缝外形尺寸 | 11 | 焊缝宽度比坡口每侧增宽 0.5～2.5mm;宽度差≤3mm | 8 | 每超差 1mm,累计 20mm,扣 1 分 | | |
| | 12 | 焊缝余高差≤2mm | 8 | 每超差 1mm,累计 20mm,扣 1 分 | | |
| 焊后变形错位 | 13 | 角变形<3° | 5 | 超差不得分 | | |
| | 14 | 错变量≤0.1 板厚 | 5 | 超差不得分 | | |

| 项目 | 序号 | 考核要求 | 分值 | 评分标准 | 检测结果 | 得分 |
|---|---|---|---|---|---|---|
| 安全生产 | 15 | 违章从得分中扣分 | | | | |
| 总分 | | | 100 | 总得分 | | |

### 七、总结

在横焊时为克服重力的影响，防止上坡口咬边、下坡口未熔合的产生，要避免焊接过程中运条速度过慢、熔池体积过大、焊接电流过大和电弧过长等不正确操作。宜用短弧焊接，多道堆焊，并根据焊道的不同位置调整合适的焊条角度。打底层焊应选择小直径焊条，断弧频率要适宜，电弧在坡口根部停留时间要得当。

## 实训五　V形坡口板对接仰焊单面焊双面成形

### 一、要求

V形坡口板对接仰焊单面焊双面成形任务如图 4-41 所示。按要求完成训练项目，使焊缝质量达到技术要求。

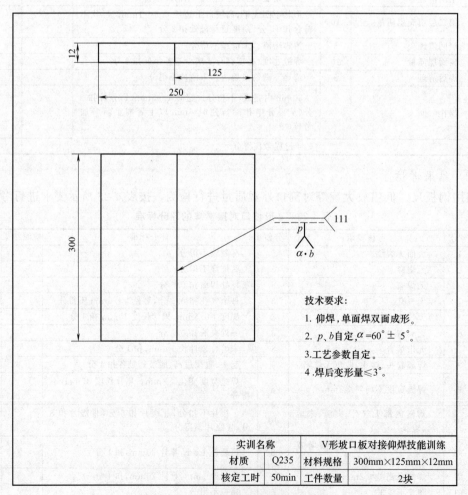

技术要求：

1. 仰焊，单面焊双面成形。
2. $p$、$b$自定，$\alpha = 60° \pm 5°$。
3. 工艺参数自定。
4. 焊后变形量 $\leq 3°$。

| 实训名称 | | V形坡口板对接仰焊技能训练 | |
|---|---|---|---|
| 材质 | Q235 | 材料规格 | 300mm×125mm×12mm |
| 核定工时 | 50min | 工件数量 | 2块 |

图 4-41　V形坡口板对接仰焊任务图

## 二、分析

仰焊是指焊条位于焊件下方，焊工仰视焊件所进行的焊接，仰焊是在焊缝倾角 0°或 180°、焊缝转角 270°的焊接位置。

## 三、准备

### 1. 焊接设备

ZX7-315 或 ZX7-400 型弧焊逆变器。

### 2. 工件材料

Q235 低碳钢板，300mm × 125mm×12mm，2 块。工件加工 60°V 形坡口，见图 4-42。

### 3. 焊接材料

E4303 或 E5015 焊条，直径为 $\phi$3.2mm 或 $\phi$4mm。

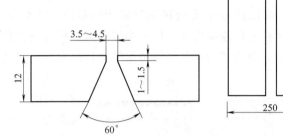

图 4-42　板对接仰焊试件尺寸

## 四、实施

### 1. 装配与定位焊

（1）焊接参数

V 形坡口板对接仰焊焊接参数如表 4-24 所示。

表 4-24　V 形坡口板对接仰焊焊接参数

| 焊接层次 | 焊条直径/mm | 焊接电流/A |
| --- | --- | --- |
| 装配定位焊 | 3.2 | 90～110 |
| 打底焊 | 3.2 | 80～90 |
| 填充焊 | 3.2 | 90～100 |
| 盖面焊 | 3.2 | 80～90 |

（2）装配与定位焊

① 修磨钝边 1～1.5mm，无毛刺。

② 试件清理。试件装配前用角向磨光机、锉刀、砂布和钢丝刷等清理坡口正反两面各 20mm 范围内的油污、水分和铁锈，防止对焊接产生影响。

③ 试件的装配与定位焊。装配始端间隙为 3.2mm，终端为 4.0mm，错边量≤1mm。

将清理好的试件放在操作平台型钢上对齐找平调整好间隙，用与正式焊接相同的焊条及工艺进行定位焊。定位焊在试件两端坡口内进行，其焊缝长度为 15mm 左右，适当做好反变形，经检查合格后，按要求固定在焊接操作架上待焊，试件的高度以焊工的蹲姿或站姿操作方便为宜。

### 2. 焊接

（1）打底焊

仰焊操作常见的姿势为蹲式，焊工的身体偏左侧，便于握焊钳的右手操作，并防止熔化金属落在身上。焊接时，可用正握焊钳操作或反握焊钳操作，都要求有协调平衡稳固的身体，焊工与试件要有适当距离和角度，大臂带动小臂，以肩肘为支点运弧焊接。

打底层焊可采用连弧焊法，也可以采用断弧焊击穿法。

1）连弧焊手法

① 焊缝的引弧。用连弧焊打底焊时，焊条的前进角度为 80°～90°，左右角度为 90°，如图 4-43 所示。焊条端头对准焊缝中心，在定位焊缝上引弧前移，并使焊条在坡口内作轻微横向快速摆动，焊至定位焊缝末端时，应稍作预热，将焊条上顶击穿焊缝根部（钝边）形成第一个熔池，此时需使熔孔向坡口两侧各深入 0.5～1mm 而前进焊接。焊接过程中，熔池始终是跟着电弧走（即拖着走）。

② 焊缝的停弧。焊接速度稍快停在熔池前方一侧，先在熔池前方做一熔孔，然后将电弧向后回带 10mm 左右，再熄弧，使其形成斜坡状。

③ 焊缝的接头。焊缝接头时采用热接法。在弧坑（停弧处）后面 15～20mm 处引弧，然后迅速移至熔池接头处，应缩小焊条与焊接方向夹角，同时将焊条顺着原先熔孔向坡口根部顶一下，听到"噗噗"声后稍作停顿，继续前进焊接，更换焊条要快。

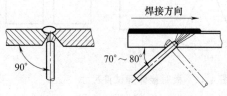

图 4-43　仰焊打底焊焊条角度

④ 焊接要点。采用直线往返形或锯齿形运条法，短弧施焊，焊条与试板夹角为 90°，与焊接方向夹角为 60°～70°，见图 4-43。利用焊条角度和电弧吹力把熔化金属拖住，并将部分熔化金属送到试件背面。操作中注意使新熔池覆盖前一熔池的 1/3～1/2，并适当加快焊接速度，以减少熔池面积和形成薄焊道，从而达到减轻焊缝金属自重的目的。

2）断弧焊击穿法

① 焊缝的引弧。断弧时焊条直接在焊件定位焊缝处引燃电弧，预热片刻，将焊条拉到坡口间隙处作轻微快速横向摆动，然后将焊条向上送进，当听到"噗噗"声后，表明坡口根部已被击穿，第一个熔孔已经形成，此时将焊条向斜下方熄弧，当熔池颜色由明变暗时，重新燃弧形成熔孔后再熄弧，如此不断地使每个新形成的熔池覆盖前一熔池的 1/3～1/2。

② 焊缝的接头。焊缝的接头在更换焊条前，应在熔池前方做一熔孔，然后回带 10mm 左右再熄弧。更换焊条要快，在弧坑后面 10mm 坡口内引弧，向接头部位焊去，当焊至弧坑处，沿预先做好的熔孔向坡口根部顶一下，听到"哄噗"声后，稍停，在熔池中部斜下方熄弧，随即恢复正常的断弧打底焊。

③ 焊接要点。采用直线往返形运条法施焊，焊条与焊件方向的夹角如图 4-43 所示。焊接过程中熔池体积应小一些，焊道应薄一些，焊条少作横向摆动，避免焊道表面出现凸形。熄弧动作要快，干净利落，并使焊条总是向上探，利用电弧吹力可有效地防止背面焊缝内凹。

（2）填充焊

填充焊时先将前一层焊道的焊渣、飞溅物清除干净，若有焊瘤应修磨平整，然后进行填充焊接。此时选用直径为 3.2mm 的焊条，焊接电流要相应的加大。可采用直线形或小锯齿形运条，以后各层采用锯齿形运条，摆动幅度可逐渐加大。摆动到坡口两侧时，焊条可稍作停顿，必须保证坡口有一定的熔深，并使填充焊道表面稍向下凹，同时要控制好最后一道填充焊道的高度应低于母材表面 0.5～1mm，保证坡口的棱边不被熔化，以便盖面时容易控制焊缝宽度。

每层焊道应控制在 3～4mm 的厚度范围内；各层之间的焊接方向要相反，其接头相互错开 30mm，同时要控制层间温度不要太高，以保证焊接接头的力学性能。

（3）盖面焊

盖面层焊接前需仔细清理焊渣及飞溅物。焊接时可用短弧、月牙形或锯齿形运条法。焊条与焊接方向的夹角为 85°～90°，焊条摆动幅度比填充焊时大，运条要均匀，同时观察坡口两侧的熔化情况，焊条需在坡口两侧稍作停顿，以坡口边缘熔化 1～2mm 为准，防止咬边。注意保持熔池外形平直，如有凸形出现，可使焊条在坡口两侧停顿时间稍长一些，必要时做熄弧动作。一根焊条焊完后，电弧要收在焊缝中间，迅速更换焊条后，在熔池前方 10mm 左右处引弧，引燃的电弧要迅速拉向熔池处划一小圆圈，待熔池金属重新熔化后，再继续向前摆动施焊完成盖面层的焊接。

## 五、记录

填写记录卡，见表 4-25。

表 4-25 焊条电弧焊 V 形坡口板对接仰焊单面焊双面成形实训记录卡

| 项目 | | | 记录 | 备注 |
|---|---|---|---|---|
| 母材 | 材质 | | | |
| | 规格 | | | |
| 装配 | 清理 | | | |
| | 间隙 | | | |
| | 错边量 | | | |
| | 定位焊 | 焊条直径/mm | | |
| | | 焊接电流/A | | |
| | 反变形量 | | | |
| 打底焊 | 焊条直径/mm | | | |
| | 焊接电流/A | | | |
| 填充焊 | 焊条直径/mm | | | |
| | 焊接电流/A | | | |
| | 填充层数 | | | |
| 盖面焊 | 焊条直径/mm | | | |
| | 焊接电流/A | | | |
| 用时/min | | | | |

## 六、考核

项目考核建议采用"过程考核×40％＋结果考核×60％"的综合考核方式进行。

（1）过程考核

按表 4-26 所示要求进行过程考核。

表 4-26 V 形坡口板对接仰焊过程考核表

| 序号 | 实训要求 | 配分 | 评分标准 | 检测结果 | 得分 |
|---|---|---|---|---|---|
| 1 | 安全文明生产 | 2 | 穿戴劳保护具，未按要求酌情扣分 | | |
| 2 | 工件清理 | 5 | 坡口面及正反面 20mm 范围内无油污、铁锈，露出金属光泽，未按要求清理扣除该项分值 | | |
| 3 | 焊条、参数选用 | 5 | 焊条直径与选用参数配套 | | |
| 4 | 装配间隙 | 5 | 3～4mm，始端小末端大。间隙不符合要求该项不得分 | | |
| 5 | 错边量 | 5 | ≤1mm。超差不得分 | | |
| 6 | 定位焊缝质量 | 5 | 长度 10～15mm，无缺陷。有缺陷不得分 | | |
| 7 | 反变形量 | 5 | 按工件实际尺寸计算测量。超差不得分 | | |
| 8 | 工件固定/焊接位置 | 3 | 仰焊位置。其他位置不得分 | | |
| 9 | 打底焊质量 | 10 | 焊透无缺陷。有一处缺陷扣 2 分 | | |
| 10 | 焊缝接头 | 5 | 无脱节和过高。每处缺陷扣 2 分 | | |
| 11 | 打底焊缝清理 | 5 | 背面及正面、坡口面清理干净，死角位置无熔渣。不清理该项不得分 | | |
| 12 | 第一层填充层质量 | 10 | 形状下凹，无缺陷。形状不符合要求扣 10 分，每处缺陷扣 2 分 | | |

| 序号 | 实训要求 | 配分 | 评分标准 | 检测结果 | 得分 |
|---|---|---|---|---|---|
| 13 | 层间清理 | 5 | 清理熔渣,尤其是死角。未清理不得分 | | |
| 14 | 第二层填充层质量 | 10 | 形状下凹或平,离坡口上边缘 0.5～1mm。形状不符合扣 10 分,高度超差每处扣 2 分 | | |
| 15 | 层间清理 | 5 | 清理熔渣。未清理不得分 | | |
| 16 | 盖面层质量 | 10 | 焊缝宽度、高度符合要求。超差每处扣 2 分 | | |
| 17 | 焊后清理 | 5 | 清理飞溅物及熔渣。未清理不得分 | | |
| 18 | 操作时间 | | 50min 内完成,不扣分。超时 1～5min,每分钟扣 2 分(从得分中扣除);超时 6min 以上者需重新参加考核 | | |
| 过程考核得分 | | | | | |

（2）结果考核

使用钢板尺、低倍放大镜等对焊缝外观质量进行检测,按表 4-27 所示要求进行考核。

表 4-27　V 形坡口对接横焊的评分标准

| 项目 | 序号 | 考核要求 | 分值 | 评分标准 | 检测结果 | 得分 |
|---|---|---|---|---|---|---|
| 焊缝外观质量 | 1 | 表面无裂纹 | 5 | 有裂纹不得分 | | |
| | 2 | 无烧穿 | 5 | 有烧穿不得分 | | |
| | 3 | 无焊瘤 | 8 | 每处焊瘤扣 0.5 分 | | |
| | 4 | 无气孔 | 5 | 每个气孔扣 0.5 分,直径>1.5mm 不得分 | | |
| | 5 | 无咬边 | 8 | 深度>0.5mm,累计长度 15mm 扣 1 分 | | |
| | 6 | 无夹渣 | 8 | 每处夹渣扣 0.5 分 | | |
| | 7 | 无未熔合 | 8 | 未熔合累计长 10mm,扣 1 分 | | |
| | 8 | 焊缝起头、接头、收尾无缺陷 | 9 | 起头、收尾过高、脱节每处各扣 1 分 | | |
| | 9 | 焊缝宽度不均匀≤3mm | 8 | 焊缝宽度变化>3mm。累计长度 30mm,不得分 | | |
| 焊缝内部质量 | 10 | 焊缝内部无气孔、夹渣、未熔合、裂纹 | 10 | Ⅰ级片不扣分,Ⅱ级片扣 5 分,Ⅲ级片扣 8 分,Ⅳ级片不得分 | | |
| 焊缝外形尺寸 | 11 | 焊缝宽度比坡口每侧增宽 0.5～2.5mm;宽度差≤3mm | 8 | 每超差 1mm,累计 20mm,扣 1 分 | | |
| | 12 | 焊缝余高差≤2mm | 8 | 每超差 1mm,累计 20mm,扣 1 分 | | |
| 焊后变形错位 | 13 | 角变形≤3° | 5 | 超差不得分 | | |
| | 14 | 错变量≤0.1 板厚 | 5 | 超差不得分 | | |
| 安全生产 | 15 | 违章从得分中扣分 | | | | |
| 总分 | | | 100 | 总得分 | | |

## 七、总结

仰焊时由于熔池倒悬在焊件下面,液体金属靠自身表面张力作用保持在焊件上,如果熔池温度过高,表面张力则减小,熔池体积增大,则重力作用加强,这些都会引起熔池金属下坠,甚至成为焊瘤,背面则会形成凹陷,使焊缝成形较为困难。因此仰焊时应采用短弧焊接,熔池体积要尽可能小,运条速度要快,焊道成形应该薄且平整。

## 实训六　中径管 V 形坡口对接水平固定全位置焊

### 一、要求

中径管 V 形坡口对接水平固定全位置焊任务图如图 4-44 所示,按照项目任务图完成任务训练,使焊缝质量达到技术要求。

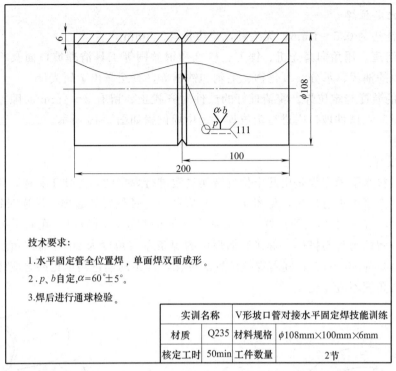

技术要求:

1.水平固定管全位置焊,单面焊双面成形。

2.p、b自定,α=60°±5°。

3.焊后进行通球检验。

| 实训名称 | V形坡口管对接水平固定焊技能训练 | |
|---|---|---|
| 材质 | Q235 材料规格 | φ108mm×100mm×6mm |
| 核定工时 | 50min 工件数量 | 2节 |

图 4-44　中径管 V 形坡口管对接水平固定全位置焊任务图

## 二、分析

管子对接水平固定焊需经过仰、立、平三种焊接位置的转换焊接,焊接熔池在各种位置转换变化过程中形成,所以水平固定焊称为全位置焊。这种焊接位置操作难度较大。

## 三、准备

### 1. 焊接设备

ZX7-315 或 ZX7-400 型弧焊逆变器。

### 2. 工件材料

Q235 低碳钢管,φ108mm×6mm×100mm,60°V 形坡口,见图 4-45。

### 3. 焊接材料

E4303 或 E5015 焊条,直径为 φ2.5mm 和 φ3.2mm。

## 四、实施

（1）焊接参数

V 形坡口管对接水平固定全位置焊焊接参数见表4-28。

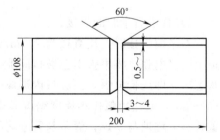

图 4-45　管对接水平固定试件图

表 4-28　V 形坡口管对接水平固定全位置焊焊接参数

| 焊接层次 | 焊条直径/mm | 焊接电流/A |
|---|---|---|
| 装配定位焊 | 2.5 | 70~80 |
| 根层打底焊 | 2.5 | 60~80 |
| 盖面焊 | 3.2 | 80~100 |

（2）装配定位焊

① 修磨钝边为 0.5～1mm，无毛刺，错边量≤0.5mm。

② 试件清理。用角向磨光机、锉刀、砂纸和钢丝刷等工具清理坡口面及相邻正反两面 20mm 范围内的油污、水分、氧化物、毛刺和铁锈等，直至露出金属光泽。

③ 试件的装配与定位焊。将清理好的试件对齐找正、留有 3～4mm 间隙，用正式焊接工艺和焊接材料在试件坡口内进行定位焊，定位焊位置如图 4-46 所示。

**五、焊接**

（1）打底焊

中径管对接水平固定焊是由几个位置转换过渡进行焊接的，为便于叙述，将试件按时钟面分成左右两个半圈进行焊接，见图 4-47，从底部 6 点钟位置处起焊，沿逆时针方向经 3～12 点，经过仰、立、平焊三种位置，先完成右半圈的焊接，因为焊工在右手握焊钳时，右侧便于仰焊位置的观察与操作。焊接时仰焊位的焊条左右角度为 90°，前进角度（焊条与管子切线的倾角）为 80°～85°，随着焊接位置的变化，焊条的前进角度也跟着变化，如图 4-48 所示，但左右角度不应变化。

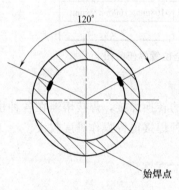

图 4-46　定位焊位置

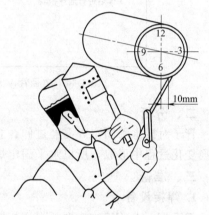

图 4-47　管焊接划分及起焊点

1）管子右半圈的焊接。

右半圈焊接时，用直径为 2.5mm 的焊条在仰焊位置 10mm 处（大约时钟 7 点处）坡口边上引燃电弧，将电弧引至坡口间隙处，用长弧烤热起焊处，经 2～3s，坡口两侧接近熔化状态时立即压低电弧，当坡口内形成熔池后将电弧稍稍抬起，焊条与管子切线方向的倾角为 80°～85°，采用短弧作小幅度锯齿形横向摆动，逆时针方向进行焊接；在时钟的 4～3 点位置处是下爬坡与立焊，焊条与管子切线的角度为 85°～90°，焊条向坡口根部的顶送量比仰焊部位浅一些，并在坡口两侧稍作停顿。到达立焊（时钟 3 点）位置时，焊条与管子切线的倾角为 90°；在时钟的 2～12 点位置处是上爬坡与平焊，焊条角度的变化如图 4-48 所示，到达平焊（时钟 12 点）位置处时，焊条与管子切线的倾角为 80°，焊条向坡口根部的顶送量又比仰焊部位浅一些，以防止熔化金属由于重力作用而造成背面焊缝过高和产生焊瘤。焊接时注意控制焊接电弧、焊缝熔池金属与熔渣之间的相互位置，及时调节焊条角度，防止熔渣超前流动，造成夹渣及未熔合、未焊透等缺陷。收弧位置也要超过管子垂直中心线 10mm，以便于焊接左半圈时的焊缝接头，如图 4-49 所示。

2）接头。

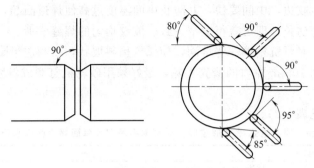

图 4-48　管对接水平固定焊焊条角度

更换焊条时焊缝的接头有热接和冷接两种方法。

① 热接。焊缝接头的热接时，在收弧处尚保持红热状态时，立即从熔池前面引弧，迅速把电弧拉到收弧处。

② 冷接。焊缝接头冷接时，即熔池已经冷却凝固，必须将收弧处修磨成斜坡状，并在其附近引弧，再拉到修磨处稍作停顿，待先焊焊缝充分熔化，方可向前正常焊接。

与定位焊缝接头时，焊条运至定位焊点向下压一下，听到"噗噗"声后，快速向前施焊，到定位焊缝另一端时，焊条在接头处稍停，将焊条再向下压一下，又听到"噗噗"声后表明根部已经熔透，恢复原来操作手法。

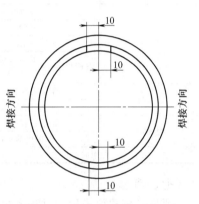

图 4-49　水平固定管焊接时起点和终点超过中心线 10mm 示意图

3）管子左半圈的焊接。

管子左半圈的焊接操作方法与右半圈焊接时相似，但是要在管子的仰焊位和平焊位两处进行接头。

① 仰焊位焊缝的接头。当接头处没有焊出斜坡状时，可用角向砂轮或扁铲等工具将接头处修整出斜坡状，也可用焊条电弧来切割。其方法是先用长弧预热接头，当出现熔化状态时立即拉平焊条，顶住熔化金属，如果一次割不出缓坡，可以多做几次。当形成斜坡状后，马上把焊条调整为正常焊接角度，进行仰焊位接头（切忌此时熄弧），随后将焊条向上顶一下，以击穿坡口根部形成熔孔，待仰位接头完全熔合后转入正常操作。

② 平焊位焊缝的接头。在平焊位接头时，运条至斜立焊位置，逐渐改变焊条角度，使之处于顶弧状态，即将焊条前倾，当焊至距接头 3～5mm 即将封闭时，绝不可熄弧，应把焊条向内压一下，等听到击穿声后，使焊条在接头处稍作摆动，填满弧坑后熄弧。

打底层焊电弧要控制得短一些，保持大小适宜的熔孔。熔孔过大，会使焊缝背面产生下坠或焊瘤。仰焊位置操作时，电弧在坡口两侧停留时间不宜过长，并且电弧尽量向上顶；平焊位置操作时，要控制熔池温度，电弧不能在熔池的前面多停留，并且保持 2/3 的熔池落在原来的熔池上，以有利于背面焊缝的良好成形。

（2）盖面焊

盖面焊接前要清理好前层焊道的焊渣、飞溅物和夹角，凸起部分铲掉修平，调试好焊接参数。焊接时焊条与管外壁的夹角与打底层焊的角度相同，运弧以月牙形和正锯齿形为主，幅度可大些，关键是在于各部位的运弧速度和电弧长度，电弧运至焊道两侧要慢，以提高其两侧温度，防止产生咬边，中间要快，并防止中间温度过高使焊道凸起，要特别注意电弧运至中间的弧长，宁短勿长，即可获得宽窄一致、波纹均匀的焊缝成形。

右半圈收弧时，对弧坑稍填一些熔滴，使弧坑呈斜坡状，以利左半圈的接头。在左半圈焊接前需将接头处约10mm左右的渣壳去除，最好采用砂轮机打磨成斜坡状。

## 六、记录

填写记录卡，见表4-29。

**表4-29  焊条电弧焊 V 形坡口管对接水平固定焊单面焊双面成形记录卡**

| 项目 | | | 记录 | 备注 |
|---|---|---|---|---|
| 母材 | 材质 | | | |
| | 规格 | | | |
| 装配 | 清理 | | | |
| | 间隙 | | | |
| | 同轴度 | | | |
| | 定位焊 | 焊条直径/mm | | |
| | | 焊接电流/A | | |
| 打底焊 | 焊条直径/mm | | | |
| | 焊接电流/A | | | |
| 盖面焊 | 焊条直径/mm | | | |
| | 焊接电流/A | | | |
| 用时/min | | | | |

## 七、考核

项目考核建议采用"过程考核×40％＋结果考核×60％"的综合考核方式进行。

（1）过程考核

按表4-30所示要求进行过程考核。

**表4-30  V 形坡口管对接水平固定焊过程考核表**

| 序号 | 实训要求 | 配分 | 评分标准 | 检测结果 | 得分 |
|---|---|---|---|---|---|
| 1 | 安全文明生产 | 2 | 穿戴劳保护具，未按要求酌情扣分 | | |
| 2 | 工件清理 | 5 | 坡口面及正反面 20mm 范围内无油污、铁锈，露出金属光泽，未按要求清理扣除该项分值 | | |
| 3 | 焊条、参数选用 | 3 | 焊条直径与选用参数配套 | | |
| 4 | 装配间隙 | 8 | 3～4mm，间隙不符合要求该项不得分 | | |
| 5 | 同轴度 | 7 | ≤1mm。超差不得分 | | |
| 6 | 定位焊缝质量 | 10 | 长度10～15mm，无缺陷。有缺陷不得分 | | |
| 7 | 工件固定/焊接位置 | 5 | 水平固定焊位置。其他位置不得分 | | |
| 8 | 打底焊质量 | 10 | 焊透无缺陷。有一处缺陷扣 2 分 | | |
| 9 | 焊缝接头 | 5 | 无脱节和过高。每处缺陷扣 2 分 | | |
| 10 | 打底焊缝清理 | 5 | 背面及正面、坡口面清理干净，死角位置无熔渣。不清理该项不得分 | | |
| 11 | 焊条角度 | 10 | 按要求变换焊条角度。焊接过程中未能及时调整焊条角度每次扣 2 分 | | |
| 12 | 盖面层质量 | 10 | 焊缝成形均匀，无缺陷。有缺陷每处扣 2 分 | | |
| 13 | 焊缝宽度 | 10 | 超出坡口两侧1mm左右，超差或宽度不够每处扣 2 分 | | |
| 14 | 焊缝高度 | 5 | 余高 2～3mm。超差每处扣 2 分 | | |
| 15 | 焊后清理 | 5 | 清理飞溅物及熔渣。未清理该项不得分；清理不彻底每处扣 2 分 | | |
| 16 | 操作时间 | | 50min 内完成，不扣分。超时 1～5min，每分钟扣 2 分（从得分中扣除）；超时 6min 以上者需重新参加考核 | | |
| 过程考核得分 | | | | | |

（2）结果考核

使用钢板尺、低倍放大镜等对焊缝外观质量进行检测，按表 4-31 所示要求进行考核。

表 4-31 V 形坡口管对接水平固定焊评分标准

| 项目 | 序号 | 考核要求 | 分值 | 评分标准 | 检测结果 | 得分 |
|---|---|---|---|---|---|---|
| 焊缝外观质量 | 1 | 表面无裂纹 | 5 | 有裂纹不得分 | | |
| | 2 | 无烧穿 | 5 | 有烧穿不得分 | | |
| | 3 | 无焊瘤 | 8 | 每处焊瘤扣 0.5 分 | | |
| | 4 | 无气孔 | 5 | 每个气孔扣 0.5 分，直径>1.5mm 不得分 | | |
| | 5 | 无咬边 | 8 | 深度>0.5mm，累计长度 15mm 扣 1 分 | | |
| | 6 | 无夹渣 | 8 | 每处夹渣扣 0.5mm | | |
| | 7 | 无未熔合 | 8 | 未熔合累计长 10mm，扣 1 分 | | |
| | 8 | 焊缝起头、接头、收尾无缺陷 | 10 | 起头、收尾过高、脱节每处各扣 1 分 | | |
| | 9 | 通球检验合格 | 8 | 通球检验不合格不得分 | | |
| 焊缝内部质量 | 10 | 焊缝内部无气孔、夹渣、未熔合、裂纹 | 10 | 煤油检查渗漏，每处扣 2 分 | | |
| 焊缝外形尺寸 | 11 | 焊缝允许宽度(10mm±1mm) | 10 | 每超差 1mm，累计 20mm，扣 1 分 | | |
| | 12 | 焊缝余高 0~3mm | 10 | 每超差 1mm，累计 20mm，扣 1 分 | | |
| 焊后变形错位 | 13 | 错边量≤0.5mm | 5 | 每超 1mm 扣 2 分 | | |
| 安全生产 | 14 | 违章从得分中扣分 | | | | |
| 总分 | | | 100 | 总得分 | | |

## 八、总结

管对接水平固定焊时要使焊缝成形基本一致，难度更大，要求在焊接位置转换过程中，必须相应调整焊条角度才能控制好熔池形状，否则就会出现焊缝宽窄不一致、高低相差大的不良成形，尤其是平焊位容易出现下凹现象，仰焊位容易产生夹渣、未熔合和焊瘤等缺陷，焊道易产生焊缝中间高、两侧咬边等缺陷。因此，焊接时应注意每个环节的操作要领。

# 实训七　中径管 V 形坡口对接垂直固定焊

## 一、要求

中径管 V 形坡口对接垂直固定焊任务图如图 4-50 所示。按任务图要求完成项目任务，使焊缝质量达到要求。

## 二、分析

中径管对接垂直固定焊实际上是管的横向环焊缝，它类似于板材的对接横焊。因有弧度，焊接时焊条应随弧度转动，焊工也要不断地按管子弧度移动身体进行操作，所以会给操作增加一定难度。

## 三、准备

### 1. 焊接设备

ZX7-315 或 ZX7-400 型弧焊逆变器。

### 2. 工件材料

Q235 低碳钢管，$\phi$108mm×100mm×6mm，2 节。工件加工 60°V 形坡口。

### 3. 焊接材料

E4303 或 E5015 焊条，直径为 $\phi$2.5mm 和 $\phi$3.2mm。

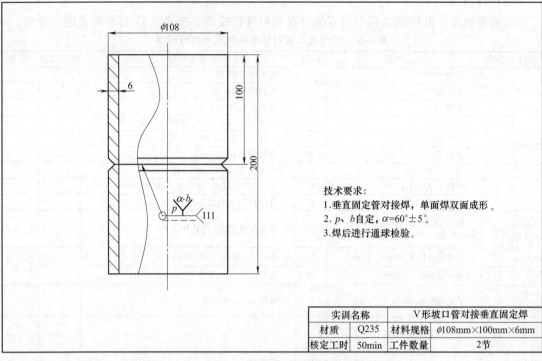

技术要求:
1.垂直固定管对接焊,单面焊双面成形。
2.p、b自定,α=60°±5°。
3.焊后进行通球检验。

| 实训名称 | | V形坡口管对接垂直固定焊 | |
|---|---|---|---|
| 材质 | Q235 | 材料规格 | φ108mm×100mm×6mm |
| 核定工时 | 50min | 工件数量 | 2节 |

图 4-50　中径管 V 形坡口管对接垂直固定焊任务图

## 四、实施

### 1. 装配与定位焊

（1）焊接参数

V 形坡口管对接垂直固定焊焊接参数如表 4-32。

表 4-32　V 形坡口管对接垂直固定焊焊接参数

| 焊接层次 | 焊条直径/mm | 焊接电流/A |
|---|---|---|
| 装配定位焊 | 2.5 | 70～80 |
| 根层打底焊（1） | 2.5 | 60～70 |
| 填充焊（2、3） | 2.5 | 60～70 |
| 盖面焊（4、5、6） | 3.2 | 90～120 |

（2）装配定位焊

① 修磨钝边 0.5～1mm，无毛刺。

② 试件清理。用角向磨光机、锉刀、砂布和钢丝刷等清理坡口正反两面各 20mm 范围内的油污、水分、氧化物、毛刺和铁锈等，直至露出金属光泽。

③ 装配间隙为 2.5～3.2mm，错边量≤0.8mm，组对图如图 4-51 所示。

④ 定位焊点焊两处，如图 4-52 所示，用正式焊接工艺和焊接材料在试件两端的坡口内进行定位焊，焊缝长度为 15mm，左右两端处理成斜坡状，并有适当的反变形。组装后经检查合格，按焊位和适当的高度固定在操作架上待焊。

### 2. 焊接

（1）打底焊

中径管对接垂直固定焊，一般焊工的操作姿势为蹲姿，两脚与肩同宽，面对试件（焊缝），要有适当的距离和角度，协调稳固的身体，大臂带动小臂，以肩肘为支点，手臂在胸前操作焊接，一般为右焊法，正握焊钳焊接，打底焊可采用连弧焊法和断弧焊法，连弧焊法和断弧焊法对组装间隙要求不同，连弧焊打底，要求坡口间隙小于 2mm，而断弧焊因焊接速度慢，要求坡口间隙要大于 2mm。定位焊一般为 2～3 点，每点长为 10～15mm，不得有缺陷，定位焊缝两端处理成斜坡状，以便于接头。

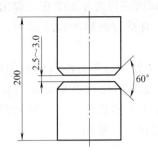

图 4-51  焊件组对形式示意图

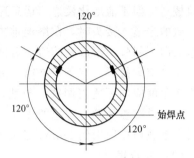

图 4-52  焊件定位焊缝位置示意图

① 连弧焊法的打底焊。焊接时在两个定位焊处之间坡口内引弧，采用小锯齿形或往复直线运弧法，先熔化偏左上侧钝边，再迅速熔化偏右下侧钝边，形成一个搭桥，熔池形成后，焊条向里压送至根部，焊条的前进角度为 75°～85°，左右角度下侧为 70°～80°，如图 4-53 所示。运弧时除了焊条角度的作用外，电弧运到上钝边要灵活一些，电弧运到下钝边要短而紧一些，这样熔化金属往上吹，背面成形饱满而不咬边，焊道不会下坠。收弧时用回焊法停下来，打底焊的接头，在收弧熔池后 20mm 左右引弧，然后移至熔池接头，接头后运弧速度稍慢，焊条往里压，使电弧达到根部，待接头熔池温度正常时继续前进焊接。

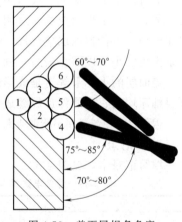

图 4-53  盖面层焊条角度

② 断弧焊法的打底焊。这是中径管对接垂直固定电弧间断进行的焊接，焊接的起点，在两个定位焊点之间进行，引弧后电弧达到根部，先后熔化上下钝边并击穿，即两点击穿法，形成熔池和熔孔即熄弧，待熔池金属凝固的同时再引弧，由偏左上至右下熔化钝边根部并击穿，形成新的熔孔和熔池即熄弧，以此法反复进行。

断弧焊打底焊，应掌握好熄弧要领，一定做到引弧准确，熄弧果断干净利索，绝不能拖泥带水，同时要注意焊条角度，电弧达到根部的深度和电弧长度的变化，这对焊缝背面成形很重要，焊条左右角度即焊条的下倾角为 70°～85°，前进角度为 65°～80°，电弧要短，要有往下往里压的感觉，熔池 1/3 在背面形成，加强焊缝背面的熔合成形。

绕管一周将封闭接头时，在接头缓坡前沿 3～5mm 处，不再用断弧焊而采用连弧焊至接头处，电弧向内压，稍作停顿，然后焊过缓坡填满弧坑后熄弧。

（2）填充焊

如采用三层焊接，应用斜锯齿形运条法，生产率高，但操作难度大，用得较少。若采用三层六道焊，应运用直线形运条法。焊接电流比打底焊略大些，焊道间要充分熔合，尤其与下坡口熔合的焊道，要避免熔渣与熔池混淆而造成夹渣、未熔合的缺陷。

施焊前，需将打底层焊道上的熔渣及飞溅物等清理干净，有接头超高现象时，可用錾子或锉刀修平。

填充层焊道分上、下两道，先焊下道焊缝，再焊上道焊缝。

第一道焊接时，在焊接方向焊条与管子切线成 $65°\sim75°$ 夹角，与坡口下端夹角为 $90°\sim100°$，采用直线形运条法。运条过程中保持电弧对准打底层焊道下边缘，并使熔池边缘接近坡口棱边，但不能熔化棱边，运条速度要均匀，焊条角度要随焊道部位改变而变化，焊出宽窄一致的焊道。接头时，在熔池前方 $10\sim15mm$ 处引燃电弧，直接拉向熔池偏上部位，压低电弧向下斜焊，形成新的熔池后恢复正常焊接。

第二道焊接时，焊条对准第一道焊道与上坡口面形成的夹角处，运条方法与前道相同，但焊条角度应向下适当调整，与坡口下端成 $75°\sim85°$ 夹角。运条时要注意夹角处的熔化情况，使焊道覆盖住第一焊道的 $1/3\sim1/2$，避免填充层焊道表面出现凹槽或凸起，填充层焊完后，下坡口应留出约 $2mm$，上坡口应留出约 $0.5mm$，为盖面焊打好基础。

（3）盖面焊

盖面焊时焊条与焊件角度如图 4-53 所示。盖面层分三道由下至上焊接。施焊盖面层的下焊道时，电弧应对准下坡口边缘，使熔池下沿熔合坡口下棱边（$\leqslant1.5mm$），并覆盖填充层焊道，下焊道焊速要快，运用直线往复运条法，使此焊道细些与母材圆滑过渡。中间焊道焊速要慢，以使盖面层成凸形。焊最后一条焊道时，应适当增大焊接速度或减小焊接电流，焊条倾角要小，以防止咬边，确保整个焊缝外形宽窄一致，均匀平整。

盖面层的上、下焊道是成形的关键。施焊时，其熔化坡口棱边应控制在 $1\sim1.5mm$，并且要细而均匀，才能保证焊缝成形宽窄一致，与母材圆滑过渡。

盖面焊时，焊道间不清理渣壳，待整条焊缝焊接之后一并清除。可保持焊缝表面的金属光泽。

## 五、记录

填写记录卡，见表 4-33。

表 4-33　焊条电弧焊 V 形坡口管对接垂直固定焊单面焊双面成形实训记录卡

| 项目 | | 记录 | 备注 |
|---|---|---|---|
| 母材 | 材质 | | |
| | 规格 | | |
| 装配 | 清理 | | |
| | 间隙/mm | | |
| | 同轴度/mm | | |
| 定位焊 | 焊条直径/mm | | |
| | 焊接电流/A | | |
| 打底焊 | 焊条直径/mm | | |
| | 焊接电流/A | | |
| 填充焊 | 焊条直径/mm | | |
| | 焊接电流/A | | |
| | 焊接道数 | | |
| 盖面焊 | 焊条直径/mm | | |
| | 焊接电流/A | | |
| | 焊接道数 | | |
| 用时/min | | | |

## 六、考核

项目考核建议采用"过程考核×40％＋结果考核×60％"的综合考核方式进行。

（1）过程考核

按表 4-34 所示要求进行过程考核。

表 4-34　V 形坡口管对接垂直固定焊过程考核表

| 序号 | 实训要求 | 配分 | 评分标准 | 检测结果 | 得分 |
|---|---|---|---|---|---|
| 1 | 安全文明生产 | 2 | 穿戴劳保护具，未按要求酌情扣分 | | |
| 2 | 工件清理 | 5 | 坡口面及正反面 20mm 范围内无油污、铁锈，露出金属光泽，未按要求清理扣除该项分值 | | |
| 3 | 焊条、参数选用 | 5 | 焊条直径与选用参数配套 | | |
| 4 | 装配间隙 | 8 | 2.5～3mm，间隙不符合要求该项不得分 | | |
| 5 | 同轴度 | 7 | ≤1mm。超差不得分 | | |
| 6 | 定位焊缝质量 | 5 | 长度 10～15mm，无缺陷。有缺陷不得分 | | |
| 7 | 工件固定/焊接位置 | 2 | 垂直固定焊位置。随意变换位置不得分 | | |
| 8 | 打底焊质量 | 10 | 焊透无缺陷。有一处缺陷扣 2 分 | | |
| 9 | 焊缝接头 | 6 | 无脱节和过高。每处缺陷扣 2 分 | | |
| 10 | 打底焊缝清理 | 5 | 背面及正面、坡口面清理干净，死角位置无熔渣。不清理该项不得分 | | |
| 11 | 填充层质量 | 10 | 形状下凹，无缺陷；道间熔合良好；离坡口上边缘 0.5～1mm。每处缺陷扣 2 分 | | |
| 12 | 层间清理 | 5 | 清理熔渣，尤其是死角。未按要求清理该项不得分 | | |
| 13 | 盖面层质量 | 10 | 焊缝宽度、高度符合要求；道间熔合良好。每处缺陷扣 2 分 | | |
| 14 | 焊条角度 | 15 | 能根据位置变化及时调整焊条角度。不及时调整焊条角度每次扣 2 分 | | |
| 15 | 焊后清理 | 5 | 清理飞溅物及熔渣。未清理该项不得分；清理不彻底每处扣 2 分 | | |
| 16 | 操作时间 | | 50min 内完成，不扣分。超时 1～5min，每分钟扣 2 分（从得分中扣除）；超时 6min 以上者需重新参加考核 | | |
| 过程考核得分 | | | | | |

（2）结果考核

使用钢板尺、低倍放大镜等对焊缝外观质量进行检测，按表 4-35 所示要求进行考核。

表 4-35　V 形坡口管对接垂直固定焊评分标准

| 项目 | 序号 | 考核要求 | 分值 | 评分标准 | 检测结果 | 得分 |
|---|---|---|---|---|---|---|
| 焊缝外观质量 | 1 | 表面无裂纹 | 5 | 有裂纹不得分 | | |
| | 2 | 无烧穿 | 5 | 有烧穿不得分 | | |
| | 3 | 无焊瘤 | 8 | 每处焊瘤扣 0.5 分 | | |
| | 4 | 无气孔 | 5 | 每个气孔扣 0.5 分，直径>1.5mm 不得分 | | |
| | 5 | 无咬边 | 8 | 深度>0.5mm，累计长度 15mm 扣 1 分 | | |
| | 6 | 无夹渣 | 8 | 每处夹渣扣 0.5mm | | |
| | 7 | 无未熔合 | 8 | 未熔合累计长 10mm，扣 1 分 | | |
| | 8 | 焊缝起头、接头、收尾无缺陷 | 10 | 起头、收尾过高、脱节每处各扣 1 分 | | |
| | 9 | 通球检验合格 | 8 | 通球检验不合格不得分 | | |
| 焊缝内部质量 | 10 | 焊缝内部无气孔、夹渣、未熔合、裂纹 | 10 | 煤油检查渗漏，每处扣 2 分 | | |
| 焊缝外形尺寸 | 11 | 焊缝允许宽度(10mm±1mm) | 10 | 每超差 1mm，累计 20mm，扣 1 分 | | |
| | 12 | 焊缝余高 0～3mm | 10 | 每超差 1mm，累计 20mm，扣 1 分 | | |
| 焊后变形错位 | 13 | 错边量≤0.5mm | 5 | 每超 1mm 扣 2 分 | | |
| 安全生产 | 14 | 违章从得分中扣分 | | | | |
| 总分 | | | 100 | 总得分 | | |

## 七、总结

管子对接垂直固定焊时，熔池在管壁横向环缝的立面上进行焊接，熔化金属易下坠，造成焊缝上部易咬边，中间焊缝不平。因此，要注意操作姿势的稳定性，随时调整焊条角度、运弧方法和焊接速度，并注意多层多道焊上下焊道的搭接量。

## 实训八　板-管（骑座式）V形坡口垂直俯位焊

### 一、要求

管-板垂直固定俯位焊（骑座式）任务图如图4-54所示，按项目任务图要求完成项目任务，使焊缝质量符合技术要求。

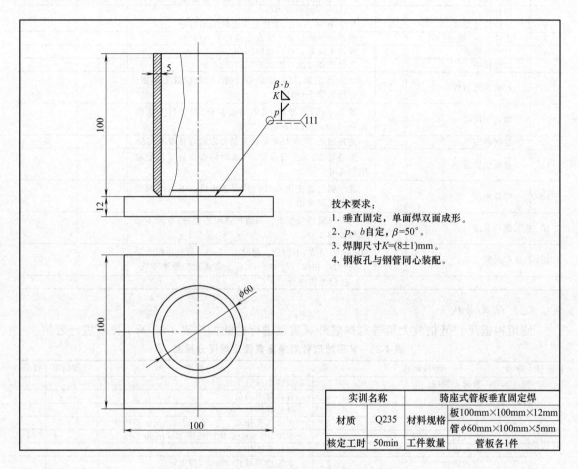

技术要求：
1. 垂直固定，单面焊双面成形。
2. $p$、$b$自定，$\beta=50°$。
3. 焊脚尺寸$K=(8\pm1)$mm。
4. 钢板孔与钢管同心装配。

| 实训名称 | | 骑座式管板垂直固定焊 | |
|---|---|---|---|
| 材质 | Q235 | 材料规格 | 板100mm×100mm×12mm |
| | | | 管$\phi$60mm×100mm×5mm |
| 核定工时 | 50min | 工件数量 | 管板各1件 |

图4-54　管-板垂直固定俯位焊（骑座式）任务图

### 二、分析

管板类接头实际上是一种T形接头的环形焊缝焊接，是锅炉、压力容器制造业主要的焊缝形式之一。管板固定焊接根据接头形式不同，可分为插入式管板和骑座式管板两类。一般要求根部焊透，保证背面成形，正面焊脚对称。由管子和平板组成的T形接头，将管子垂直固定在水平位置，称为管板垂直固定平焊，又称管板垂直固定俯位焊。

### 三、准备

#### 1. 焊接设备

ZX7-315或ZX7-400型弧焊逆变器。

#### 2. 工件材料

管材：20钢，$\phi$60mm×5mm×100mm；板材：Q235，100mm×100mm×12mm。试件板材加工$\phi$50mm通孔，管材开50°单边V形坡口。见图4-55。

### 3. 焊接材料

E4303 或 E5015 焊条，直径为 2.5mm 和 3.2mm。

### 四、实施

#### 1. 装配与定位焊

（1）焊接参数

板-管 T 形接头、单边 V 形坡口，垂直俯位焊焊接参数如表 4-36 所示。

（2）装配定位焊

① 钝边 1mm，无毛刺。

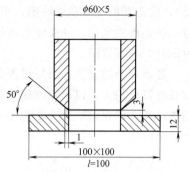

图 4-55　骑座式管-板焊件及组对

② 清除管子及孔板的坡口范围内两侧 20mm 及内外表面上的油、锈及其他污物，至露出金属光泽。

表 4-36　板-管 T 形接头、单边 V 形坡口，垂直俯位焊焊接参数

| 焊接层次 | 焊条直径/mm | 焊接电流/A |
| --- | --- | --- |
| 装配定位焊 | 2.5 | 70～80 |
| 打底焊（共 1 道） | 2.5 | 60～70 |
| 盖面焊（共 2 道） | 3.2 | 90～110 |

③ 装配间隙为 3mm。

④ 定位焊采用与试件相同牌号的焊条，采用一点定位，焊点长度为 10～15mm，焊点不能过厚，必须焊透和无缺陷，焊点两端预先打磨成斜坡便于接头。

#### 2. 焊接

（1）打底焊

管板角接的难度在于施焊空间受工件形式的限制，接头没有对接接头大，又由于管子与孔板厚度的差异，造成由于散热不同，使熔化情况也不同。焊接时除了要保证焊透和双面成形外，还要保证焊脚高度达到规定要求的尺寸，所以它的相对难度要大，但目前生产中对这种接头形式却未被重视，主要原因是因为它的检测手段尚不完善，只能通过表面探伤及间接金相抽样来实现，不能对产品（如对接试样）上焊缝进行 100％射线探伤，所以焊缝内部质量不太有保证。

打底焊应保证根部焊透，防止焊穿和产生焊瘤，采用连弧法焊接，在定位焊点相对称的位置起焊，并在坡口内的孔板上引弧，进行预热，当孔板上形成熔池时，向管子一侧移动，待与孔板熔池相连后，压低电弧使管子坡口击穿并形成熔孔，然后采用小锯齿形或直线形运条法进行正常焊接，焊条角度如图 4-56 所示。焊接过程中焊条角度要求基本保持不变，运条速度要均匀平稳，电弧在坡口根部与孔板边缘应稍作停留，应严格控制电弧长度（保持短

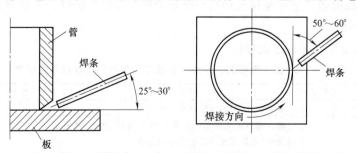

图 4-56　骑座式管-板垂直俯位打底焊焊条角度

弧），使电弧的 1/3 在熔池前，用来击穿和熔化坡口根部，2/3 覆盖在熔池上，用来保护熔池，防止产生气孔。并要注意熔池温度，保持熔池形状和大小基本一致，以免产生未焊透、内凹和焊瘤等缺陷。

更换焊条的方法：当每根焊条即将焊完前，向焊接相反方向回焊约 10～15mm，并逐渐拉长电弧至熄灭，以消除收尾气孔或将其带至表面，以便在换焊条后将其熔化，接头尽量采用热接法，即在熔池未冷却前引弧，稍作上下摆动压低电弧，当根部击穿并形成熔孔后，转入正常焊接。

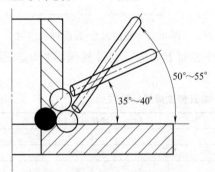

图 4-57　盖面层焊接时焊条角度

接头的封闭：应先将焊缝始端修磨成斜坡形，待焊至斜坡前沿时，压低电弧，稍作停留，然后恢复正常弧长，焊至与始焊缝重叠约 10mm 处，填满弧坑即可熄弧。

（2）盖面焊

盖面层必须保证管子不咬边，焊脚对称。盖面层采用两道焊，后道焊缝覆盖前一道焊缝的 1/3～2/3，应避免在两焊道间形成沟槽和焊缝上凸，盖面层焊条角度如图 4-57 所示。

## 五、记录

填写记录卡，见表 4-37。

表 4-37　板-管 T 形接头、单边 V 形坡口，垂直俯位焊实训过程记录卡

| 项目 | | | 记录 | 备注 |
|---|---|---|---|---|
| 母材 | 材质 | | | |
| | 规格 | | | |
| 装配 | 清理 | | | |
| | 间隙 | | | |
| | 同轴度 | | | |
| | 定位焊 | 焊条直径/mm | | |
| | | 焊接电流/A | | |
| | 垂直度 | | | |
| 打底焊 | 焊条直径/mm | | | |
| | 焊接电流/A | | | |
| 盖面焊 | 焊条直径/mm | | | |
| | 焊接电流/A | | | |
| 用时/min | | | | |

## 六、考核

项目考核建议采用"过程考核×40%＋结果考核×60%"的综合考核方式进行。

（1）过程考核

按表 4-38 所示要求进行过程考核。

表 4-38　管-板 T 形接头、单边 V 形坡口，垂直俯位焊过程考核表

| 序号 | 实训要求 | 配分 | 评分标准 | 检测结果 | 得分 |
|---|---|---|---|---|---|
| 1 | 安全文明生产 | 2 | 穿戴劳保护具，未按要求酌情扣分 | | |
| 2 | 工件清理 | 5 | 坡口面及正反面 20mm 范围内无油污、铁锈，露出金属光泽，未按要求清理扣除该项分值 | | |
| 3 | 焊条、参数选用 | 2 | 焊条直径与选用参数配套 | | |

续表

| 序号 | 实训要求 | 配分 | 评 分 标 准 | 检测结果 | 得分 |
|---|---|---|---|---|---|
| 4 | 装配间隙 | 8 | 3mm,间隙不符合要求该项不得分 | | |
| 5 | 同轴度 | 7 | ≤1mm。超差不得分 | | |
| 6 | 定位焊缝质量 | 8 | 长度10~15mm,无缺陷。有缺陷不得分 | | |
| 7 | 工件固定/焊接位置 | 3 | 垂直固定俯位焊位置。其他位置不得分 | | |
| 8 | 打底焊质量 | 10 | 焊透无缺陷。有一处缺陷扣2分 | | |
| 9 | 焊缝接头 | 5 | 无脱节和过高。每处缺陷扣2分 | | |
| 10 | 打底焊缝清理 | 5 | 背面及正面、坡口面清理干净,死角位置无熔渣。不清理该项不得分 | | |
| 11 | 第一道盖面层质量 | 10 | 无咬边、未熔合等缺陷。每处缺陷扣2分 | | |
| 12 | 第二道盖面层质量 | 10 | 无上咬边、未熔合等缺陷。每处缺陷扣2分 | | |
| 13 | 焊缝表面质量 | 10 | 道间熔合良好、无缺陷;焊脚尺寸符合要求。每处缺陷扣2分 | | |
| 14 | 焊条角度 | 10 | 能根据位置变化随时变换焊条角度。未及时调整焊条角度每次扣2分 | | |
| 15 | 焊后清理 | 5 | 清理飞溅物及熔渣。未清理该项不得分;清理不彻底每处扣2分 | | |
| 16 | 操作时间 | | 50min内完成,不扣分。超时1~5min,每分钟扣2分(从得分中扣除);超时6min以上者需重新参加考核 | | |
| | 过程考核得分 | | | | |

（2）结果考核

使用钢板尺、低倍放大镜等对焊缝外观质量进行检测，按表4-39所示要求进行考核。

表4-39 板-管T形接头、单边V形坡口、垂直俯位焊考核表

| 项目 | 序号 | 考 核 要 求 | 分值 | 评 分 标 准 | 检测结果 | 得分 |
|---|---|---|---|---|---|---|
| 焊缝外观质量 | 1 | 表面无裂纹 | 5 | 有裂纹不得分 | | |
| | 2 | 无烧穿 | 5 | 有烧穿不得分 | | |
| | 3 | 无焊瘤 | 8 | 每处焊瘤扣0.5分 | | |
| | 4 | 无气孔 | 5 | 每个气孔扣0.5分,直径>1.5mm不得分 | | |
| | 5 | 无咬边 | 8 | 深度>0.5mm,累计长度15mm扣1分 | | |
| | 6 | 无夹渣 | 8 | 每处夹渣扣0.5分 | | |
| | 7 | 无未熔合 | 8 | 未熔合累计长10mm,扣1分 | | |
| | 8 | 焊缝起头、接头、收尾无缺陷 | 9 | 起头、收尾过高、脱节每处各扣1分 | | |
| | 9 | 通球检验合格 | 8 | 通球检验不合格不得分 | | |
| 焊缝内部质量 | 10 | 焊缝内部无气孔、夹渣、未熔合、裂纹 | 10 | 煤油检查渗漏,每处扣2分 | | |
| 焊缝外形尺寸 | 11 | 焊脚尺寸 $K=(8\pm1)$mm | 8 | 每超差1mm,累计20mm,扣1分 | | |
| | 12 | 焊缝余高0~3mm | 8 | 每超差1mm,累计20mm,扣1分 | | |
| 焊后变形错位 | 13 | 管板之间夹角90°±3° | 5 | 超差不得分 | | |
| | 14 | 组装位置正确 | 5 | 位置尺寸不正确不得分 | | |

续表

| 项目 | 序号 | 考 核 要 求 | 分值 | 评 分 标 准 | 检测结果 | 得分 |
|---|---|---|---|---|---|---|
| 安全生产 | 15 | 违章从得分中扣分 | | | | |
| 总分 | | | 100 | 总得分 | | |

### 七、总结

管板角接的难度在于施焊空间受工件形式的限制,接头没有对接接头大,又由于管子与孔板厚度的差异,造成由于散热不同,使熔化情况也不同。焊接时除了要保证焊透和双面成形外,还要保证焊脚高度达到规定要求的尺寸。

## 实训九　板-管(骑座式)单边V形坡口水平固定位置焊

### 一、要求

板-管T形接头,单边V形坡口,骑座式水平固定位置焊,单面焊双面成形任务图如图4-58所示。按项目任务图完成训练任务,使焊缝质量达到技术要求。

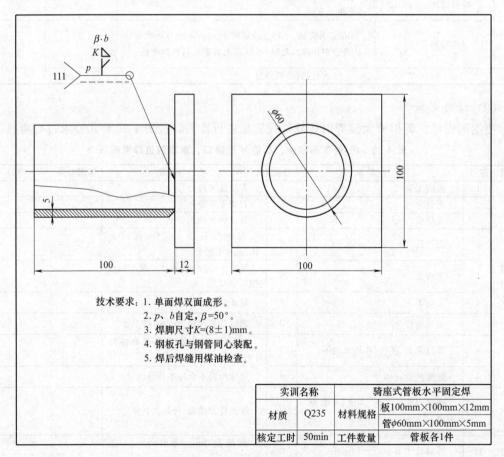

技术要求:1. 单面焊双面成形。
2. $p$、$b$自定,$\beta=50°$。
3. 焊脚尺寸$K=(8\pm1)$mm。
4. 钢板孔与钢管同心装配。
5. 焊后焊缝用煤油检查。

| 实训名称 | | 骑座式管板水平固定焊 | |
|---|---|---|---|
| 材质 | Q235 | 材料规格 | 板100mm×100mm×12mm |
| | | | 管φ60mm×100mm×5mm |
| 核定工时 | 50min | 工件数量 | 管板各1件 |

图 4-58　管板垂直固定全位置焊(骑座式)任务图

### 二、分析

骑座式管板水平固定焊条电弧焊是全位置焊接,要求焊件在水平固定不变的情况下完成环形焊缝的焊接。施焊时将管板分为左右两个半圈,采用多层多道焊。

### 三、准备

#### 1. 焊接设备

ZX7-315 或 ZX7-400 型弧焊逆变器。

#### 2. 工件材料

管材：20 钢，$\phi60mm\times5mm\times100mm$；板材：Q235，$100mm\times100mm\times12mm$。试件板材加工 $\phi50mm$ 通孔，管材开 50°单边 V 形坡口。

#### 3. 焊接材料

E4303 或 E5015 焊条，直径为 $\phi2.5mm$ 和 $\phi3.2mm$。

### 四、实施

#### 1. 装配与定位焊

（1）焊接参数

板-管 T 形接头，单边 V 形坡口，骑座式水平固定全位置焊焊接参数见表 4-40。

表 4-40　管-板（骑座式）水平固定焊的焊接参数

| 焊接层次 | 焊条直径/mm | 焊接电流/A |
| --- | --- | --- |
| 装配定位焊 | 2.5 | 70～80 |
| 打底焊 | 2.5 | 70～80 |
| 盖面焊 | 3.2 | 90～110 |

（2）装配与定位焊

① 修磨管子钝边 1mm，无毛刺。

② 清除管子及孔板的坡口范围内两侧 20mm 及内外表面上的油、锈及其他污物，至露出金属光泽。

③ 定位焊采用与试件相同牌号的焊条，将间隙调整为 3mm，采用一点定位，在坡口内进行定位焊，焊点长度为 10～15mm，焊点不能过厚，必须焊透和无缺陷，焊点两端预先打磨成斜坡（便于接头）。

#### 2. 焊接

（1）打底焊

管板水平固定焊环形焊缝，施焊时分两个半圈，各两层，每半圈都存在仰、立、平三种不同位置的焊接。

打底层的焊接，可以采用连弧焊手法，也可采用断弧焊手法进行。

① 在仰焊 6 点钟位置前 5～10mm 处的坡口内引弧，见图 4-59，焊条在坡口根部管与板之间作微小横向摆动，当母材熔化铁水与焊条熔滴连在一起后，第一个熔池形成，然后进行正常手法的焊接。

② 连弧焊采用月牙形或锯齿形摆动。

③ 因管与板厚度差较大，焊接电弧应偏向孔板，使管、板温度均匀，并保证板孔边缘熔化良好。一般焊条与孔板的夹角为 15°～20°，与焊接前进方向的夹角随着焊接位置的不同而改变。

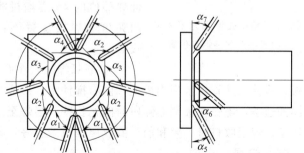

图 4-59　骑座式管板水平固定焊施焊步骤及焊条角度

④ 当采用断弧焊时，灭弧动作要快，不要拉长电弧，同时灭弧与接弧时间间隔要短，灭弧频率为每分钟 50～60 次。每次重新引燃电弧时，焊条中心要对准熔池前沿焊接方向的 2/3 处，每接弧一次，焊缝增长 2mm 左右。

⑤ 焊接时，电弧在管和板上要稍作停留，并在板侧的停留时间要长些。

⑥ 焊接过程中，要使熔池的形状和大小保持基本一致，使熔池中的铁水清晰明亮，熔孔始终深入每侧母材 0.5～1mm。同时应始终伴有电弧击穿根部所发出的"噗噗"声，以保证根部焊透。

⑦ 与定位焊缝接头：当运条到定位焊缝根部时，焊条要向管内压一下，听到"噗噗"声后，连弧快速运条到定位焊缝另一端，再次将焊条向下压一下，听到"噗噗"声后稍作停留，恢复原来的操作手法。

⑧ 收弧时，将焊条逐渐引向坡口斜前方，或将电弧往回拉一小段，再慢慢提高电弧，使熔池逐渐变小，填满弧坑后熄弧。

⑨ 更换焊条时接头。

热接：当弧坑尚保持红热状态，迅速更换焊条后，在熔孔下面 10mm 处引弧，然后将电弧拉到熔孔处，焊条向里推一下，听到"噗噗"声后，稍作停顿，恢复原来的手法焊接。

冷接：当熔池冷却后，必须将收弧处打磨出斜坡方向接头。更换焊条后在打磨处附近引弧，运条到打磨斜坡根部时，焊条向里推一下，听到"噗噗"声后，稍作停留，恢复原来手法焊接。

⑩ 后半圈的焊接方法与前半圈基本相同，但需在仰焊接头和平焊接头处多加注意。一般在上、下两接头处，均打磨出斜坡，引弧后在斜坡后端起焊，运条到斜坡根部时，焊条向上顶，听到"噗噗"声后，稍作停顿，再进行正常手法焊接。当焊缝即将封闭收口时，焊条向下压一下，听到"噗噗"声后，稍作停留，然后继续向前焊接 10mm 左右，见图 4-60，填满弧坑，收弧。打底焊道应尽量平整，并保证坡口边缘清晰，以便盖面。

（2）盖面焊

① 清除打底焊道熔渣，特别是死角。

② 盖面层焊接，可采用连弧手法或断弧手法施焊。

③ 连弧焊时，采用月牙形横拉短弧施焊。在仰焊部位前 10mm 左右焊趾处引弧后，并使熔池呈椭圆形，上、下轮廓线基本处于水平位置，焊条摆动到管与板侧时要稍作停留，而且在板侧停留的时间要长些，以避免咬边。焊条与孔板的夹角从仰焊部位的 45° 逐渐过渡到平焊部位的 60° 左右，焊接前进方向夹角随焊接位置不同而改变。焊缝收口时要填满弧坑，收弧。

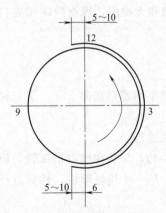

图 4-60 骑座式管-板水平固定焊的起焊点和终焊点位置

④ 断弧焊时，在仰焊部位前 10mm 左右的第一道焊缝上引弧，将铁水从管侧带到钢板上，向右推铁水，形成第一个浅的熔池，以后都是从管向板作斜圆圈运条，电弧在板侧上停留时间稍长些。当焊至上坡焊时，电弧从钢板向管侧作斜圆圈形运条。焊缝收口时，要和前半圈收尾焊道熔合好，并填满坑后收弧。

**五、记录**

填写记录卡，见表 4-41。

表 4-41　板-管 T 形接头、单边 V 形坡口，水平固定焊实训过程记录卡

| 项目 | | 记录 | 备注 |
|---|---|---|---|
| 母材 | 材质 | | |
| | 规格 | | |
| 装配 | 清理 | | |
| | 间隙 | | |
| | 同轴度 | | |
| | 定位焊 焊条直径/mm | | |
| | 焊接电流/A | | |
| | 垂直度 | | |
| 打底焊 | 焊条直径/mm | | |
| | 焊接电流/A | | |
| 盖面焊 | 焊条直径/mm | | |
| | 焊接电流/A | | |
| 用时/min | | | |

## 六、考核

项目考核建议采用"过程考核×40％＋结果考核×60％"的综合考核方式进行。

（1）过程考核

按表 4-42 所示要求进行过程考核。

表 4-42　板-管 T 形接头、单边 V 形坡口，水平固定焊过程考核表

| 序号 | 实训要求 | 配分 | 评分标准 | 检测结果 | 得分 |
|---|---|---|---|---|---|
| 1 | 安全文明生产 | 2 | 按要求穿戴防护用具。未按要求酌情扣分 | | |
| 2 | 工件清理 | 5 | 坡口面及板正反面 20mm 范围内无油污、铁锈，露出金属光泽。未清理或清理不彻底该项不得分 | | |
| 3 | 焊条、参数选用 | 4 | 焊条直径与选用参数配套 | | |
| 4 | 装配间隙 | 8 | 3mm 左右。间隙不符合要求该项不得分 | | |
| 5 | 同轴度 | 6 | ≤1mm。超差不得分 | | |
| 6 | 定位焊缝质量 | 5 | 长度 10～15mm，无缺陷。有缺陷不得分 | | |
| 7 | 工件固定/焊接位置 | 5 | 水平固定全位置焊。其他位置不得分 | | |
| 8 | 打底焊质量 | 10 | 焊透无缺陷。每处缺陷扣 2 分 | | |
| 9 | 焊缝接头 | 5 | 无脱节和过高，每处接头缺陷扣 2 分 | | |
| 10 | 打底焊缝清理 | 5 | 背面及正面、坡口面清理干净，死角位置无熔渣。未清理不得分；清理不彻底每处扣 2 分 | | |
| 11 | 第一道盖面层质量 | 10 | 无咬边、未熔合等缺陷。每处缺陷扣 2 分 | | |
| 12 | 第二道盖面层质量 | 10 | 无上咬边、未熔合等缺陷。每处缺陷扣 2 分 | | |
| 13 | 焊缝表面质量 | 10 | 道间熔合良好、无缺陷；焊脚尺寸符合要求。焊脚尺寸不符合要求每处扣 5 分；其他缺陷每处扣 2 分 | | |
| 14 | 焊条角度 | 10 | 能根据位置变化随时变换焊条角度。不及时变换焊条角度每次扣 2 分 | | |
| 15 | 焊后清理 | 5 | 清理飞溅物及熔渣。未清理该项不得分；清理不彻底每处扣 2 分 | | |
| 16 | 操作时间 | | 50min 内完成，不扣分。超时 1～5min，每分钟扣 2 分（从得分中扣除）；超时 6min 以上者需重新参加考核 | | |
| 过程考核得分 | | | | | |

（2）结果考核

使用钢板尺、低倍放大镜等对焊缝外观质量进行检测，按表 4-43 所示要求进行考核。

表 4-43 板-管 T 形接头、单边 V 形坡口，水平固定焊考核表

| 项目 | 序号 | 考核要求 | 分值 | 评分标准 | 检测结果 | 得分 |
|---|---|---|---|---|---|---|
| 焊缝外观质量 | 1 | 表面无裂纹 | 5 | 有裂纹不得分 | | |
| | 2 | 无烧穿 | 5 | 有烧穿不得分 | | |
| | 3 | 无焊瘤 | 8 | 每处焊瘤扣 0.5 分 | | |
| | 4 | 无气孔 | 5 | 每个气孔扣 0.5 分，直径＞1.5mm 不得分 | | |
| | 5 | 无咬边 | 8 | 深度＞0.5mm，累计长度 15mm 扣 1 分 | | |
| | 6 | 无夹渣 | 8 | 每处夹渣扣 0.5 分 | | |
| | 7 | 无未熔合 | 8 | 未熔合累计长 10mm，扣 1 分 | | |
| | 8 | 焊缝起头、接头、收尾无缺陷 | 9 | 起头、收尾过高、脱节每处各扣 1 分 | | |
| | 9 | 通球检验合格 | 8 | 通球检验不合格不得分 | | |
| 焊缝内部质量 | 10 | 焊缝内部无气孔、夹渣、未熔合、裂纹 | 10 | 煤油检查渗漏，每处扣 2 分 | | |
| 焊缝外形尺寸 | 11 | 焊脚尺寸 $K=(8\pm1)$mm | 8 | 每超差 1mm，累计 20mm，扣 1 分 | | |
| | 12 | 焊缝余高 0～3mm | 8 | 每超差 1mm，累计 20mm，扣 1 分 | | |
| 焊后变形错位 | 13 | 管板之间夹角 90°±3° | 5 | 超差不得分 | | |
| | 14 | 组装位置正确 | 5 | 位置尺寸不正确不得分 | | |
| 安全生产 | 15 | 违章从得分中扣分 | | | | |
| 总分 | | | 100 | 总得分 | | |

## 七、总结

板-管 T 形接头、单边 V 形坡口，水平固定焊每半圈都在从试件下部开始，经过仰焊位、立焊位到平焊位三种不同位置的焊接，要求焊缝根部必须焊透。因此，操作者必须在掌握平焊、立焊和仰焊的操作技术后才能进行该焊件的焊接。为了达到单面焊双面成形的质量要求，必须在管上开出一定尺寸的坡口，使焊接电弧能够深入到坡口的根部进行焊接。

# 实训十 插入式管板垂直固定焊

## 一、要求

插入式管板垂直固定焊任务图如图 4-61 所示。按项目任务图完成训练任务，使焊缝质量达到技术要求。

## 二、分析

由管子和平板组成的 T 形接头，将管子垂直固定在水平位置，称为管板垂直固定平焊，又称管板垂直固定俯位焊，在板材上开大于管子外径的通孔，将管子插入到通孔中进行焊接，称为插入式管板焊。通常在板材上开 45°～55°的坡口以保证焊透。

## 三、准备

### 1. 焊接设备

ZX7-315 或 ZX7-400 型弧焊逆变器。

### 2. 工件材料

管材：Q235，$\phi$108mm×6mm×100mm；板材：Q235，150mm×150mm×12mm。板

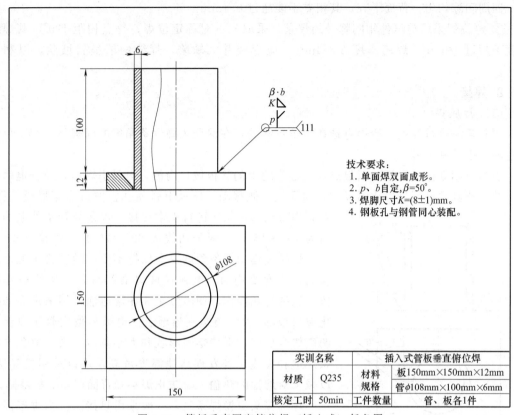

技术要求:
1. 单面焊双面成形。
2. $p$、$b$自定,$\beta=50°$。
3. 焊脚尺寸$K=(8\pm1)$mm。
4. 钢板孔与钢管同心装配。

| 实训名称 | | 插入式管板垂直俯位焊 | |
|---|---|---|---|
| 材质 | Q235 | 材料规格 | 板150mm×150mm×12mm |
| | | | 管$\phi$108mm×100mm×6mm |
| 核定工时 | 50min | 工件数量 | 管、板各1件 |

图 4-61 管板垂直固定俯位焊(插入式)任务图

材加工 $\phi$114mm 通孔,并开 45°~55°单边 V 形坡口。如图 4-62 所示。

### 3. 焊接材料

E4303 或 E5015 焊条,直径为 $\phi$2.5mm 和 $\phi$3.2mm。

### 四、实施

### 1. 装配与定位焊

(1) 焊接参数

插入式管板垂直固定平焊焊接参数如表 4-44 所示。

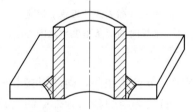

图 4-62 管板接头形式

表 4-44 插入式管板垂直固定平焊焊接参数

| 焊接层次 | 焊条直径/mm | 焊接电流/A |
|---|---|---|
| 装配定位焊 | 2.5 | 60~80 |
| 打底焊(1) | 2.5 | 65~75 |
| 填充焊(2) | 3.2 | 120~130 |
| 盖面焊(3、4) | 3.2 | 120~130 |

(2) 工件清理与装配

① 钝边为 0.5~1mm,无毛刺。

② 清理孔板试件坡口正反面两侧各 20mm 和管子端部 30mm 范围内的油污、锈蚀、水分及其他污物,直至露出金属光泽。

③ 将管子插入孔板内,调整孔板与管子的装配间隙为 3mm,保证管子与孔板相互垂

直，四周间隙均匀，背面平齐，其相差不能超过 0.4mm。

④ 定位焊采用与试件相同牌号的焊条，采取三点对称定位焊，每点相距 120°，其焊缝长度不超过 10mm，焊缝厚度 2～3mm，应焊透并无缺陷，焊缝两端呈斜坡状，以利于接头。

### 2. 焊接

（1）打底焊

用断弧法进行焊接，始焊点选在定位焊缝处，在保证正确焊条角度的前提下，焊工尽量向左转动手臂和手腕。

引弧时用划擦法引弧，引弧点在定位焊缝上的管板坡口内侧。电弧引燃后，拉长电弧稍加预热，待其两侧接近熔化温度时，向孔板一侧移动，压低电弧使孔板坡口击穿形成熔孔，然后用直线形运条法进行正常焊接。焊条与管子外壁的夹角为 10°～15°，与管子切线成 60°～70° 角，如图 4-63 所示。焊接过程中焊条角度要求保持不变，随着管子弧度的移动，速度要均匀，电弧在坡口根部与管子边缘应作停留，保持短弧操作，使电弧 1/3 在熔池前，用来击穿和熔化坡口根部，2/3 覆盖在熔池上。电弧稍偏向管子以保证两侧熔合良好，保持熔池形状和大小基本一致，避免产生未焊透和夹渣。若发现熔池温度过高，可以采用挑弧法，以减少对熔池的热输入，防止焊穿和背面产生焊瘤缺陷。

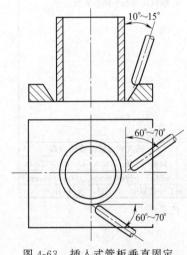

图 4-63　插入式管板垂直固定平焊时的焊条角度示意图

焊缝接头更换焊条时，一般采用热接法。当焊接停弧后，立即更换焊条，当熔池尚处在红热状态时，迅速在坡口前方 10～15mm 处引弧，然后快速把电弧的 2/3 拉至原熔池偏向管板坡口面位置上，1/3 的电弧加热管子端部，压低电弧。焊条在向坡口根部移动的同时，作斜锯齿形摆动，当听到"噗噗"两声之后，迅速断弧。再次开始断弧焊时，节奏稍快些，间断焊接 2～3 次后，焊缝热接法接头完毕，转入正常焊接。

打底焊时焊条与管外壁的夹角为 25°～30°，其目的是把较多的热量集中在较厚的孔板坡口面上，避免管壁过烧或孔板坡口面熔合不好。焊条与焊接方向的倾角为 70°～80°，起焊点是三个定位焊缝中的任一个，在定位焊缝起弧后，采用短弧施焊，注意控制焊接电弧、焊缝熔池金属与熔渣之间的相互位置，及时调节焊条角度，防止熔渣超前流动，造成夹渣及未熔合、未焊透的缺陷。当焊至封闭焊缝接头处时，要稍停片刻，并与始焊部位重叠 5～10mm，填满弧坑即可熄弧。

（2）填充焊

填充层焊接采用小锯齿形运条法，保证坡口两侧熔合良好，焊条与管壁夹角为 15° 左右，前进方向与管子的切线夹角为 80°～85°，注意焊道两侧的熔化状况，适时调节电弧不同的停顿时间，使管子与板受热均衡，并保持熔渣对熔池的覆盖保护，不超前或拖后，基本填平坡口，但不能熔化孔板坡口边缘，以免影响盖面层的焊接。

（3）盖面焊

盖面层焊接必须保证焊脚尺寸。采用两道焊，第一条焊道紧靠孔板面与填充层焊道的夹角处，熔化坡口边缘 1～2mm，保证焊道外边整齐。第二条焊道施焊时，重叠于第一条焊道

1/2～2/3，并根据焊道需要的宽度适当调整焊条摆动和焊接速度，焊条作小幅度的前后摆动，使焊道细一些，或用小斜圆圈形运条法，避免焊道间形成凹槽或凸起，防止管壁产生咬边。

## 五、记录

填写记录卡，见表4-45。

表4-45 插入式管板垂直固定焊实训记录卡

| 项 目 | | | 记 录 | 备 注 |
|---|---|---|---|---|
| 母材 | 材质 | | | |
| | 规格 | | | |
| 装配 | 清理 | | | |
| | 间隙 | | | |
| | 同轴度 | | | |
| | 定位焊 | 焊条直径/mm | | |
| | | 焊接电流/A | | |
| | 垂直度 | | | |
| 打底焊 | 焊条直径/mm | | | |
| | 焊接电流/A | | | |
| 填充焊 | 焊条直径/mm | | | |
| | 焊接电流/A | | | |
| | 填充层数 | | | |
| 盖面焊 | 焊条直径/mm | | | |
| | 焊接电流/A | | | |
| 用时/min | | | | |

## 六、考核

项目考核建议采用"过程考核×40％＋结果考核×60％"的综合考核方式进行。

（1）过程考核

按表4-46所示要求进行过程考核。

表4-46 插入式管板垂直固定焊过程考核表

| 序号 | 实训要求 | 配分 | 评 分 标 准 | 检测结果 | 得分 |
|---|---|---|---|---|---|
| 1 | 安全文明生产 | 2 | 按要求穿戴防护用具。不符合要求酌情扣分 | | |
| 2 | 工件清理 | 5 | 坡口面及正反面20mm范围内无油污、铁锈，露出金属光泽。未清理或清理不符合要求该项不得分 | | |
| 3 | 焊条、参数选用 | 3 | 焊条直径与选用参数配套 | | |
| 4 | 装配间隙 | 8 | 3mm。不符合要求该项不得分 | | |
| 5 | 同轴度 | 7 | ≤0.4mm。不符合要求该项不得分 | | |
| 6 | 定位焊缝质量 | 5 | 长度10～15mm，无缺陷。长度不符合要求扣5分，每处缺陷扣2分 | | |
| 7 | 工件固定/焊接位置 | 3 | 垂直固定俯位焊 | | |
| 8 | 打底焊质量 | 10 | 焊透无缺陷。每处缺陷扣2分 | | |
| 9 | 焊缝接头 | 7 | 无脱节和过高。每处缺陷扣2分 | | |
| 10 | 打底焊缝清理 | 5 | 背面及正面、坡口面清理干净，死角位置无熔渣。不按要求清理该项不得分；清理不彻底每处扣2分 | | |
| 11 | 第一道盖面层质量 | 10 | 无咬边、未熔合等缺陷。每处缺陷扣2分 | | |
| 12 | 第二道盖面层质量 | 10 | 无上咬边、未熔合等缺陷。每处缺陷扣2分 | | |
| 13 | 焊缝表面质量 | 10 | 道间熔合良好、无缺陷；焊脚尺寸符合要求。焊脚尺寸不符合要求每处扣5分；其他缺陷每处扣2分 | | |

续表

| 序号 | 实训要求 | 配分 | 评 分 标 准 | 检测结果 | 得分 |
|------|----------|------|-------------|----------|------|
| 14 | 焊条角度 | 10 | 能根据位置变化随时变换焊条角度。未及时变换焊条角度每次扣2分 | | |
| 15 | 焊后清理 | 5 | 清理飞溅物及熔渣。未清理该项不得分;清理不彻底每处扣2分 | | |
| 16 | 操作时间 | | 50min内完成,不扣分。超时1~5min,每分钟扣2分(从得分中扣除);超时6min以上者需重新参加考核 | | |
| | | | 过程考核得分 | | |

（2）结果考核

使用钢板尺、低倍放大镜等对焊缝外观质量进行检测，按表 4-47 所示要求进行考核。

表 4-47　插入式管板垂直固定焊考核表

| 项目 | 序号 | 考 核 要 求 | 分值 | 评 分 标 准 | 检测结果 | 得分 |
|------|------|-------------|------|-------------|----------|------|
| 焊缝外观质量 | 1 | 表面无裂纹 | 5 | 有裂纹不得分 | | |
| | 2 | 无烧穿 | 5 | 有烧穿不得分 | | |
| | 3 | 无焊瘤 | 8 | 每处焊瘤扣0.5分 | | |
| | 4 | 无气孔 | 5 | 每个气孔扣0.5分,直径>1.5mm不得分 | | |
| | 5 | 无咬边 | 8 | 深度>0.5mm,累计长度15mm扣1分 | | |
| | 6 | 无夹渣 | 8 | 每处夹渣扣0.5分 | | |
| | 7 | 无未熔合 | 8 | 未熔合累计长10mm,扣1分 | | |
| | 8 | 焊缝起头、接头、收尾无缺陷 | 9 | 起头、收尾过高、脱节每处各扣1分 | | |
| | 9 | 通球检验合格 | 8 | 通球检验不合格不得分 | | |
| 焊缝内部质量 | 10 | 焊缝内部无气孔、夹渣、未熔合、裂纹 | 10 | 煤油检查渗漏,每处扣2分 | | |
| 焊缝外形尺寸 | 11 | 焊脚尺寸 $K=(8\pm1)$mm | 8 | 每超差1mm,累计20mm,扣1分 | | |
| | 12 | 焊缝余高0~3mm | 8 | 每超差1mm,累计20mm,扣1分 | | |
| 焊后变形错位 | 13 | 管板之间夹角90°±3° | 5 | 超差不得分 | | |
| | 14 | 组装位置正确 | 5 | 位置尺寸不正确不得分 | | |
| 安全生产 | 15 | 违章从得分中扣分 | | | | |
| 总分 | | | 100 | 总得分 | | |

## 七、总结

插入式管板垂直俯位焊装配要求较为严格，注意控制四周间隙一致；打底焊时主要受到管板厚度不同的影响，注意控制电弧热量，防止烧穿，在背面产生焊瘤，填充焊、盖面焊多采用多道焊以防止熔池体积过大产生未熔合。

# 实训十一　插入式管板水平固定全位置焊

## 一、要求

插入式管板水平固定全位置焊任务图如图 4-64 所示。按项目任务图完成训练任务，使焊缝质量达到技术要求。

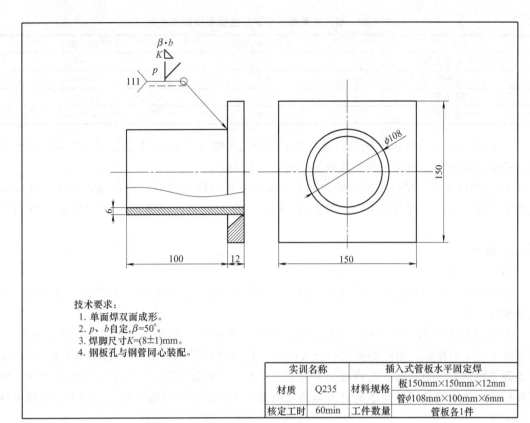

图 4-64  管板水平固定全位置焊（插入式）任务图

技术要求：
1. 单面焊双面成形。
2. $p$、$b$自定，$\beta=50°$。
3. 焊脚尺寸$K=(8\pm1)$mm。
4. 钢板孔与钢管同心装配。

| 实训名称 | | 插入式管板水平固定焊 | |
|---|---|---|---|
| 材质 | Q235 | 材料规格 | 板150mm×150mm×12mm |
| | | | 管$\phi$108mm×100mm×6mm |
| 核定工时 | 60min | 工件数量 | 管板各1件 |

## 二、分析

插入式管板水平固定焊条电弧焊是全位置焊接，要求焊件在水平固定不变的情况下完成环形焊缝的焊接。施焊时将管板分为左右两个半圈，采用多层多道焊。

## 三、准备

### 1. 焊接设备

ZX7-315 或 ZX7-400 型弧焊逆变器。

### 2. 工件材料

管材：Q235 钢，$\phi$108mm×100mm×6mm；板材：Q235，150mm×150mm×12mm。试件板材加工 $\phi$114mm 通孔，并开 45°～55°单边 V 形坡口。

### 3. 焊接材料

E4303 或 E5015 焊条，直径为 $\phi$2.5mm 和 $\phi$3.2mm。

## 四、实施

### 1. 装配与定位焊

（1）焊接参数

插入式管板水平固定全位置焊焊接参数如表 4-48 所示。

（2）工件装配与定位焊

① 钝边为 0.5～1mm，无毛刺。

② 清理孔板试件坡口正反面两侧各 20mm 和管子端部 30mm 范围内的油污、锈蚀、水分及其他污物，直至露出金属光泽。

表 4-48　插入式管板水平固定全位置焊焊接参数

| 焊接层次 | 焊条直径/mm | 焊接电流/A |
| --- | --- | --- |
| 装配定位焊 | 2.5 | 70～80 |
| 打底焊 | 2.5 | 70～80 |
| 填充焊 | 3.2 | 110～120 |
| 盖面焊 | 3.2 | 100～110 |

③ 将管子插入孔板内，调整孔板与管子的装配间隙为 3mm，保证管子与孔板应相互垂直，四周间隙均匀，背面平齐，其相差不能超过 0.4mm。

④ 定位焊采用与试件相同牌号的焊条，采取三点对称定位焊，每点相距 120°，其焊缝长度不超过 10mm，焊缝厚度 2～3mm，应焊透并无缺陷，焊缝两端呈斜坡状，以利于接头。

**2. 焊接**

（1）打底焊

打底焊时，一般情况下先焊接右半圈，因为焊工的右手握焊钳时，右侧便于在仰焊位置的观察与焊接。

① 右半圈的焊接。焊接时，在时钟的 7 点处以划擦法引燃电弧，然后将电弧移到 6～7 点进行 1～2s 的预热，再将焊条向右下方倾斜。其角度如图 4-65 所示，当熔滴下落 1～2 滴后将焊条端部轻轻顶在管子与底板的夹角上，待坡口根部熔化形成熔孔后，稍拉长焊条，用直线形运条法或挑弧法，沿逆时针方向快速施焊。此处焊层尽量薄一些，以利于与左侧焊道搭接平整。

时钟 6～5 点处位置的操作，用斜锯齿形运条，如图 4-66，以避免产生焊瘤。需不断地调整焊条与管子切线的夹角，如图 4-67 所示，焊条与孔板的夹角则应保持在 15°左右。运条时向斜下方摆动要快，到底板面时要稍作停留；向斜上方摆动时相对要慢些，到管壁处再稍作停顿，使电弧在管壁一侧的停留时间比在孔板一侧要长一些，其目的是增加管壁一侧的焊脚高度。在时钟 5～2 点位置处为控制熔池温度和形状，宜用间断熄弧或挑弧法施焊。间断熄弧焊的操作要领为：当熔敷金属将熔池填充得十分饱满，使熔池形状欲向下变长时，握焊钳的手腕迅速向上摆动，挑起焊条端部熄弧，待熔池中的液态金属将凝固时，焊条端部迅速靠近弧坑，引燃电弧，再将熔池填充得十分饱满。引弧、熄弧如此不断地进行。每熄弧一次的前进距离为 1.5～2mm。

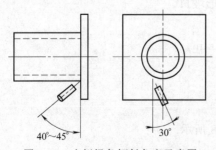

图 4-65　右侧焊条倾斜角度示意图

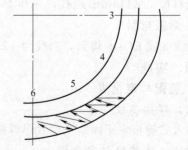

图 4-66　时钟 6～5 点位置运条示意图

在时钟 2～11 点位置处是上坡焊与平焊。焊接时为防止熔池金属因在管壁一侧聚集而造成低焊脚或咬边，应将焊条端部偏向底板一侧，按图 4-68 所示方法，作短弧斜锯齿形运条，并使电弧在底板侧停留时间长些。当施焊至 11 点处位置时，以间断熄弧或挑弧法填满弧坑后收弧。

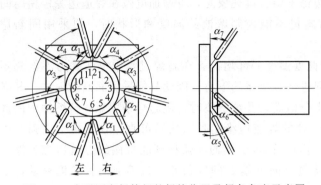

图 4-67 水平固定焊管板的焊接位置及焊条角度示意图

$\alpha_1 = 80° \sim 85°$；$\alpha_2 = 100° \sim 105°$；$\alpha_3 = 100° \sim 110°$；

$\alpha_4 = 120°$；$\alpha_5 = 30°$；$\alpha_6 = 45°$；$\alpha_7 = 35°$

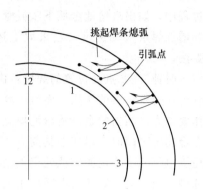

图 4-68 时钟 2～12 点处运条示意图

② 更换焊条的方法。焊缝起接更换焊条时可采用热接法，熄弧前回焊 10mm 左右，并拉长电弧至熄弧。迅速更换焊条，在熄弧处引燃电弧，适当预热后至接头处，压低电弧，当根部有击穿后形成熔孔，稍停片刻，转入正常焊接。

③ 左半圈的焊接施焊前，将管板右侧焊缝的始、末端焊渣除尽。如果时钟 6～7 点处焊道过高或有焊瘤、飞溅物时，必须进行整修或清除。搭接时的焊条角度及变化情况如图 4-69 所示。

（2）填充焊

管板填充层的焊接操作也分为左半圈和右半圈，一般也是先焊右半圈，后焊左半圈。焊条角度与打底层焊时相似，但是采用小月牙形或斜齿形运条方法，焊条摆动的幅度可稍宽些，并在焊道两侧稍停顿，以保证焊道两侧熔化良好。运条时保持熔池液面趋于水平，直至填平坡口，但还应注意不能熔化孔板坡口边缘，以免影响覆盖面层的焊接。

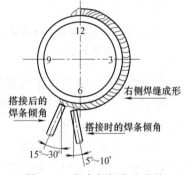

图 4-69 焊条倾斜角度及其变化情况示意图

由于管板焊缝两侧是不同直径而同心的圆形焊缝。孔板侧比管子侧的圆周长，所以在运条时，在保证熔池液面趋于水平的前提下，应加大孔板侧的向前移动间距，并相应地增加焊接停留时间。最后使管子一侧的焊缝超出孔板面 2～3mm，使焊缝形成一个斜面，以保证盖面层焊缝焊脚尺寸对称。

（3）盖面焊

管板盖面层焊接既要考虑焊脚尺寸和对称性，又要使焊缝表面焊波均匀，无表面缺陷，焊缝两侧不产生咬边。

盖面层焊接前，应仔细清理填充层焊道的焊渣，特别是死角。焊接时可采用连弧焊手法和断弧焊手法施焊。也是先焊右半圈，后焊左半圈。

① 右半圈的焊接。焊接时先进行时钟 7～5 点处仰焊和下爬坡位置的焊接。其操作方法和焊条角度与打底焊的操作相同。运条时在斜下方管壁侧的摆动要慢，以利于焊脚的增高；

向斜上方移动要相对快些，以防止产生焊瘤。当焊条摆动到熔池中间时应使其端部尽可能离熔池近一些，以利于短弧吹力拖住因重力作用而下坠的液体金属，防止焊瘤的产生。在施焊过程中，如出现熔池金属下坠或管子边缘不熔合等现象时，可增加电弧在焊道边缘停留时间和增加焊条摆动速度。当采取上述措施仍不能控制熔池的温度和形状时，须采用间断熄弧法。

时钟 5～2 点处位置的焊接：由于此处温度局部增高，在施焊过程中电弧吹力不但起不到上托熔敷金属的作用，而且还容易促进熔敷金属的下坠。因此只能采用间断熄弧法。其操作要领为：当熔敷金属将熔池填充得十分饱满，并欲下坠时，挑起焊条熄弧；待熔池中的液态金属将凝固时，迅速在其前方 15mm 处的焊道边缘引弧（切不可直接在弧坑上引弧，以免因电弧的不稳定而使该处产生密集气孔），再将引燃的电弧移到底板侧的焊道边缘上停留片刻；当熔池金属覆盖在凹坑上时，将电弧向下偏 5° 的倾角并通过熔池向管壁侧移动，使

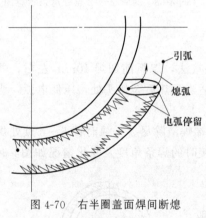

图 4-70　右半圈盖面焊间断熄弧法示意图

其在管壁侧再停留片刻。当熔池金属将前弧坑覆盖 2/3 以上时，迅速将电弧移到熔池中间熄弧。间断熄弧法，如图 4-70 所示。在一般情况下，熄弧时间为 1～2s，燃弧时间为 3～4s，相邻熔池重叠间距为 1～1.5mm。

时钟 2～11 点位置处的焊接：该处逐渐成为类似平角焊接的位置。由于熔敷金属在重力作用下，易向熔池低处（即管壁侧）聚集，而处于焊道上方的底板侧又易被电弧吹成凹坑（即咬边），难以达到所要求的焊脚高度。为此宜采用由左（管壁侧）向右（底板）运条的间断熄弧法，即焊条端部在距原熔池 10mm 处的管壁侧引弧，然后将其缓慢移至熔池下侧停留片刻，待形成新熔池后再通过熔池将电弧移到熔池斜上方，以短弧填满熔池，再将焊条端部迅速向左挑起熄弧。

焊至 12 点处时，将焊条端部迅速靠在管壁处，当焊至时钟 12～11 点处收弧，为左半圈焊道的末端接头打好基础。

② 左半圈的焊接。施焊前，将右半圈焊缝的始、末端焊渣除尽。如果 6～7 点处焊道过高或有焊瘤、飞溅物时，必须进行整修或清除。

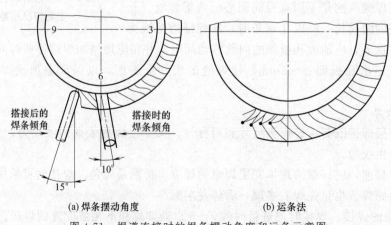

(a) 焊条摆动角度　　　　　　　　　(b) 运条法

图 4-71　焊道连接时的焊条摆动角度和运条示意图

焊道始端的连接：在仰焊部位 6 点钟前 10mm 左右的前一道焊缝上引弧，将引燃的电弧拉到右半圈焊缝始端（6 点）进行 1～2s 的预热，然后压低电弧。焊条倾角与焊接方向相反，如图 4-71（a）所示。6～7 点处以直线形运条，逐渐加大焊条的摆动幅度，摆动方法如图 4-71（b）所示。焊条摆动的速度和幅度由右半圈焊道搭接处（6～7 点的一小段焊道）所要求的焊接速度、焊道厚度来确定，以获得平整的搭接接头为目的。

③ 道末端的连接。当施焊于 12 点处时，做几次挑弧动作将熔池填满、与右半圈收尾焊道吻合好，即可收弧。

## 五、记录

填写记录卡，见表 4-49。

表 4-49　插入式管板水平固定全位置焊过程记录卡

| 项　目 | | 记　录 | 备注 |
|---|---|---|---|
| 母材 | 材质 | | |
| | 规格 | | |
| 装配 | 清理 | | |
| | 间隙 | | |
| | 同轴度 | | |
| | 定位焊　焊条直径/mm | | |
| | 定位焊　焊接电流/A | | |
| 打底焊 | 焊条直径/mm | | |
| | 焊接电流/A | | |
| 填充焊 | 焊条直径/mm | | |
| | 焊接电流/A | | |
| | 填充层数 | | |
| 盖面焊 | 焊条直径/mm | | |
| | 焊接电流/A | | |
| 用时/min | | | |

## 六、考核

项目考核建议采用“过程考核×40％＋结果考核×60％”的综合考核方式进行。

（1）过程考核

按表 4-50 所示要求进行过程考核。

表 4-50　插入式管板水平固定全位置焊过程考核表

| 序号 | 实训要求 | 配分 | 评分标准 | 检测结果 | 得分 |
|---|---|---|---|---|---|
| 1 | 安全文明生产 | 2 | 按要求穿戴劳动防护用具。不符合要求的酌情扣分 | | |
| 2 | 工件清理 | 5 | 清理坡口面及正反面 20mm 范围内油污锈,露出金属光泽。未清理或清理不符合要求的该项不得分 | | |
| 3 | 焊条、参数选用 | 3 | 焊条直径与选用参数配套 | | |
| 4 | 装配间隙 | 5 | 1.5mm。间隙不符合要求不得分 | | |
| 5 | 同轴度 | 3 | ≤0.4mm。超差不得分 | | |
| 6 | 定位焊缝质量 | 5 | 长度 10～15mm，无缺陷。长度不符合要求扣 5 分；缺陷每处扣 2 分 | | |
| 7 | 工件固定/焊接位置 | 2 | 水平固定焊位置。其他位置不得分 | | |
| 8 | 打底焊质量 | 10 | 焊透无缺陷。每处缺陷扣 2 分 | | |
| 9 | 焊缝接头 | 5 | 无脱节和过高。每处缺陷扣 2 分 | | |
| 10 | 焊条角度 | 10 | 及时调整焊条角度。不及时调整每次扣 2 分 | | |

续表

| 序号 | 实训要求 | 配分 | 评分标准 | 检测结果 | 得分 |
|---|---|---|---|---|---|
| 11 | 打底焊缝清理 | 5 | 背面及正面、坡口面清理干净,死角位置无熔渣。不按要求清理该项酌情扣分 | | |
| 12 | 第一层填充层质量 | 10 | 形状下凹,无缺陷。每处缺陷扣2分 | | |
| 13 | 层间清理 | 5 | 清理熔渣,尤其是死角。未清理或清理不彻底该项不得分 | | |
| 14 | 第二填充层质量 | 10 | 形状下凹或平,离坡口上边缘0.5～1mm。每处缺陷扣2分 | | |
| 15 | 层间清理 | 5 | 清理熔渣。未清理不得分;清理不彻底每处扣2分 | | |
| 16 | 盖面层质量 | 10 | 焊缝宽度、高度符合要求。超差每处扣2分;缺陷每处扣2分 | | |
| 17 | 焊后清理 | 5 | 清理飞溅物及熔渣。未清理不得分;清理不彻底每处扣2分 | | |
| 18 | 操作时间 | | 60min内完成,不扣分。超时1～5min,每分钟扣2分(从得分中扣除);超时6min以上者需重新参加考核 | | |
| | 得分 | | | | |

（2）结果考核

使用钢板尺、低倍放大镜等对焊缝外观质量进行检测,按表4-51所示要求进行考核。

**表 4-51　插入式管板水平固定全位置焊考核表**

| 项目 | 序号 | 考核要求 | 分值 | 评分标准 | 检测结果 | 得分 |
|---|---|---|---|---|---|---|
| 焊缝外观质量 | 1 | 表面无裂纹 | 5 | 有裂纹不得分 | | |
| | 2 | 无烧穿 | 5 | 有烧穿不得分 | | |
| | 3 | 无焊瘤 | 8 | 每处焊瘤扣0.5分 | | |
| | 4 | 无气孔 | 5 | 每个气孔扣0.5分,直径>1.5mm不得分 | | |
| | 5 | 无咬边 | 8 | 深度>0.5mm,累计长度15mm扣1分 | | |
| | 6 | 无夹渣 | 8 | 每处夹渣扣0.5分 | | |
| | 7 | 无未熔合 | 8 | 未熔合累计长10mm,扣1分 | | |
| | 8 | 焊缝起头、接头、收尾无缺陷 | 9 | 起头、收尾过高、脱节每处各扣1分 | | |
| | 9 | 通球检验合格 | 8 | 通球检验不合格不得分 | | |
| 焊缝内部质量 | 10 | 焊缝内部无气孔、夹渣、未熔合、裂纹 | 10 | 煤油检查渗漏,每处扣2分 | | |
| 焊缝外形尺寸 | 11 | 焊脚尺寸 $K=(8\pm1)$mm | 8 | 每超差1mm,累计20mm,扣1分 | | |
| | 12 | 焊缝余高0～3mm | 8 | 每超差1mm,累计20mm,扣1分 | | |
| 焊后变形错位 | 13 | 管板之间夹角90°±3° | 5 | 超差不得分 | | |
| | 14 | 组装位置正确 | 5 | 位置尺寸不正确不得分 | | |
| 安全生产 | 15 | 违章从得分中扣分 | | | | |
| 总分 | | | 100 | 总得分 | | |

## 七、总结

插入式管板水平固定全位置焊每半圈都在从试件下部开始,经过仰焊位、立焊位到平焊位三种不同位置的焊接,要求焊缝根部必须焊透。因此,操作者必须在掌握平焊、立焊和仰焊的操作技术后才能进行该焊件的焊接。为了达到单面焊双面成形的质量要求，必须在板上开出一定尺寸的坡口，使焊接电弧能够深入到坡口的根部进行焊接。焊接时主要受到管板厚度不同的影响，热量分布不均匀，焊接过程中及时调整焊条角度，控制熔池温度，避免产生缺陷。

## 实训十二　T形平角焊操作技能

### 一、要求

T形平角焊任务图如图 4-72 所示。按项目任务图完成训练任务，使焊缝质量达到技术要求。

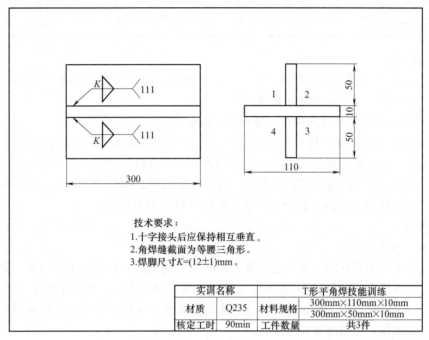

技术要求：
1.十字接头后应保持相互垂直。
2.角焊缝截面为等腰三角形。
3.焊脚尺寸K=(12±1)mm。

| 实训名称 | | T形平角焊技能训练 | |
| --- | --- | --- | --- |
| 材质 | Q235 | 材料规格 | 300mm×110mm×10mm |
| | | | 300mm×50mm×10mm |
| 核定工时 | 90min | 工件数量 | 共3件 |

图 4-72　T形平角焊任务图

### 二、分析

平角焊是在角接焊缝倾角 0°或 180°、焊缝转角 45°或 135°的角接焊位置的焊接（焊缝倾角是焊缝轴线与水平面之间的夹角；焊缝转角是通过焊缝轴线的垂直面与坡口的二等分平面之间的夹角）。

角接接头的焊脚尺寸决定焊接层数和焊道数量。一般当焊脚尺寸在 5mm 以下时，采用单层焊；焊脚尺寸在 6~10mm 之间时，采用多层焊；焊脚尺寸大于 10mm 时，采用多层多道焊。焊条直径视板厚不同在直径 3.2~5mm 之间选取。

### 三、准备

#### 1. 焊接设备

ZX7-315 或 ZX7-400 型弧焊逆变器。

#### 2. 工件材料

Q235 低碳钢，300mm×110mm×10mm 平板一块、300mm×50mm×10mm 立板两块，I形坡口。

#### 3. 焊接材料

E4303 焊条，直径为 3.2mm 或 4mm。

## 四、实施

（1）焊接参数

低碳钢平角焊焊接参数如表 4-52 所示。

表 4-52　低碳钢板平角焊的焊接参数

| 焊接层次 | 焊条直径/mm | 焊接电流/A |
| --- | --- | --- |
| 装配定位焊 | 3.2 | 100～150 |
| 第一层 | 3.2 | 100～150 |
| 第二层 | 4.0 | 140～200 |
| 第三层(1、2道) | 4.0 | 140～200 |

（2）试件装配

① 试件装配前，用角向磨光机、锉刀和钢丝刷等清除板面正反两面各 20mm 范围内的油污、水分和铁锈，直至露出金属光泽。

② 将清理好的试件，对齐找正、坡口不留间隙。

③ 定位焊采用与焊接试件相同牌号的焊条，定位焊的位置应在试件两端的对称处，将试件组焊成十字形接头，四条定位焊缝长度均为 10～15mm。每条焊缝的左右两端处理成斜坡并有适当的反变形。组装后应矫正焊件，保证立板与平板间的垂直度，并且清理干净坡口周围 30mm 内的铁锈、油污，按合适的高度固定在操作架上待焊。

## 五、焊接

（1）第一层焊接

焊接时，焊工面对焊缝，蹲姿或站姿，两脚与肩同宽，一般是右手拿焊钳，焊接时从左向右焊接（右焊法），拿焊钳的手在两腿之间（胸前）要有正确的操作姿势，协调稳固平衡身体，两脚与肩同宽，焊工与试件要有适当距离和角度，大臂带动小臂，以肩肘为支点运用好手腕的灵活动作，控制焊钳运弧焊接。

平角焊时，由于立板熔化金属有下淌趋势，容易产生咬边和焊缝分布不均，造成焊脚尺寸不对称。操作时要注意立板的熔化情况和液体金属的流动情况，适时调整焊条角度和焊条的运条方法。

焊接时，引弧的位置超前 10mm，电弧燃烧稳定后，再回到焊缝的起头处，如图 4-73 所示。由于电弧以对起头处有预热作用，可以减少起头处熔合不良的缺陷，也能够消除引弧的痕迹。

焊脚尺寸小于 5mm 时可采用单层焊。根据焊件厚度不同，选择直径 3.2mm 或 4.0mm 的焊条。由于电弧的热量向焊件三个方向传递，散热快，所以焊接电流要大一些。保持焊条角度与水平焊件成 45°的夹角，与焊接方向成 60°～80°角。若角度过小，会造成根部熔深不足；若角度过大，熔渣容易跑到熔池前面而产生夹渣。操作时，可以将焊条端头的药皮套筒边缘靠在焊缝上，并轻轻压住它。当焊条熔化时，套筒会逐渐沿着焊接方向移动，这样不仅操作方便，而且熔深大，焊缝外形美观。

焊脚尺寸为 5～8mm 时，可采用斜圆圈形运条法，运条规律如图 4-74 所示。即由图 4-74 所示的 $a—b$ 要慢速，以保证水平焊件的熔深；由 $b—c$ 时稍快，以防止熔化金属下淌，在 $c$ 点稍作停留，以保证垂直立板的熔深，避免产生咬边；由 $c—d$ 时稍慢，以保证根部焊透和水平焊件的熔深，防止产生夹渣；由 $d—e$ 时稍快，到 $e$ 点稍作停留，按以上规律反复运条，采用短弧操作，在焊缝收尾时注意填满弧坑，以防产生弧坑裂纹。

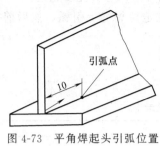
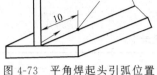

图 4-73　平角焊起头引弧位置

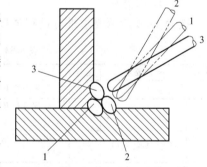

图 4-74　平角焊的斜圆圈形运条法

（2）第二层焊接

当焊脚尺寸为 8～10mm 时，宜采用两层两道焊法。第一层采用直径 3.2mm 焊条，焊接电流可稍大（100～120A），以获得较大的熔深。运条时采用直线形运条法，收弧时应填满弧坑或略高一些。以便在第二层焊接收尾时，不会因焊缝温度增高而产生弧坑过低的现象。

第二层施焊前应清理第一层的焊渣，若发现有夹渣时，用小直径焊条修补后方可焊第二层，这样才能保证层与层之间紧密熔合。第二层焊接时，采用斜圆圈形运条法，焊接电流不宜过大，否则会产生咬边现象。如果发现第一层焊道有咬边时，则第二层焊道覆盖上去时应在咬边处多停留片刻，以消除咬边缺陷。

（3）第三层焊接

当焊脚尺寸为 10～12mm 时，采用两层三道焊法，如图 4-75 所示。焊接第一条焊道时，可采用直径 3.2mm 的焊条，焊接电流可稍大些，采用直线形运条法，收弧时填满弧坑，焊后彻底清渣。焊条与水平板夹角仍为 45°。

焊接第二条焊道时，应覆盖第一条焊道的 2/3，焊条与水平焊件的夹角为 45°～55°，如图 4-75 中的 2，以使熔化金属与水平板焊件能够较好地熔合，焊条与焊接方向的夹角仍为 65°～80°，运条时采用斜圆圈形运条法，运条速度与多层焊接时基本相同，所不同的是在 c、e 两点位置（见图 4-74）不需停留。

焊接第三条焊道时，应对第二条焊道覆盖 1/3～1/2，焊条与水平板的夹角为 40°～45°，如图 4-75 中的 3 所示。如夹角太大易产生焊脚下偏现象，仍用直线形

图 4-75　多层多道焊各焊道的焊条角度

运条。若希望焊道薄一些时，可以采用直线往返运条法。如果第二条焊道覆盖第一条的太少时，第三条焊道可采用斜圆圈形运条法，运条时在立板上稍作停留，以防止产生咬边，并弥补由于第二条焊道覆盖过少而产生的焊脚下偏现象。最终整条焊缝应宽窄一致，平整圆滑，无咬边、夹渣和焊脚下偏等缺陷。

角焊缝的焊接应注意以下问题：

焊条角度、电弧长度和焊接速度，对角焊缝的成形会产生很大的影响，这是产生缺陷的基本原因。除上面所讲述的基本操作方法外，还要注意将焊条向右（下）侧压紧，以增加一个控制焊肉下滑的手段，控制熔化金属的下坠。此外，焊条端部距立板焊根部要有一定距离，这样可消除焊道中间高和焊脚尺寸大小不等的缺陷。

当两板板厚不等时，要相应地调整焊条角度，使电弧偏向厚板一侧，厚板所受热量增

加，厚、薄两板受热趋于均匀，以保证接头良好地熔合及焊脚尺寸和宽度相同。

对于角焊缝的引弧、停弧、接头和收弧的方法，可在定位焊缝上引弧，然后前行焊接。收弧时用回焊法或断弧焊的方法填满弧坑。

## 六、记录

填写记录卡，见表 4-53。

表 4-53　T 形俯位角焊缝实训记录卡

| 项　　目 | | 记　　录 | 备注 |
|---|---|---|---|
| 母材 | 材质 | | |
| | 规格 | | |
| 装配 | 清理 | | |
| | 同轴度 | | |
| | 定位焊　焊条直径/mm | | |
| | 定位焊　焊接电流/A | | |
| | 反变形量 | | |
| 第一道 | 焊条直径/mm | | |
| | 焊接电流/A | | |
| 第二道 | 焊条直径/mm | | |
| | 焊接电流/A | | |
| 第三道 | 焊条直径/mm | | |
| | 焊接电流/A | | |
| 用时/min | | | |

## 七、考核

项目考核建议采用"过程考核×40％＋结果考核×60％"的综合考核方式进行。

（1）过程考核

按表 4-54 所示要求进行过程考核。

表 4-54　T 形俯位角焊缝过程考核表

| 序号 | 实训要求 | 配分 | 评分标准 | 检测结果 | 得分 |
|---|---|---|---|---|---|
| 1 | 安全文明生产 | 5 | 按要求穿戴劳动防护用具。不符合要求酌情扣分 | | |
| 2 | 工件清理 | 5 | 待焊部位及正反面 20mm 范围内无油污、铁锈、露出金属光泽。未清理或清理不符合要求该项不得分 | | |
| 3 | 焊条、参数选用 | 7 | 根据焊层选择对应焊接材料；焊条直径与选用参数配套 | | |
| 4 | 装配间隙 | 5 | 对齐找正，装配不留间隙。不符合要求该项不得分 | | |
| 5 | 定位焊缝质量 | 5 | 长度 10~15mm，无缺陷。长度不符合要求扣 5 分；缺陷每处扣 2 分 | | |
| 6 | 工件固定/焊接位置 | 3 | 变换焊接位置，使每道焊缝处于俯位角焊缝焊接位置。其他位置焊接不得分 | | |
| 7 | 第一层焊接质量 | 15 | 焊缝成等腰三角形下凹状或平状，无缺陷。焊缝凸起状扣 5 分，有缺陷每处扣 2 分 | | |
| 8 | 层间清理 | 5 | 焊缝清理干净。未清理或清理不彻底不得分 | | |
| 9 | 第二层焊接质量 | 15 | 焊缝成等腰三角形下凹状或平状，无缺陷。焊缝凸起状扣 5 分，有缺陷每处扣 2 分 | | |
| 10 | 层间清理 | 5 | 焊缝清理干净。未清理或清理不彻底不得分 | | |
| 11 | 第三层焊接质量 | 20 | 两道焊缝熔合良好，焊缝成等腰三角形下凹状或平状，无缺陷。焊缝凸起状扣 2 分，有缺陷每处扣 2 分 | | |

续表

| 序号 | 实训要求 | 配分 | 评分标准 | 检测结果 | 得分 |
|------|----------|------|----------|----------|------|
| 12 | 焊后清理 | 5 | 清理飞溅物及熔渣。未清理不得分；清理不彻底每处扣2分 | | |
| 13 | 焊缝焊接顺序 | 5 | 按照任务图要求焊接顺序操作或自订合理焊接顺序。若焊接顺序不正确导致焊后变形,此项不得分 | | |
| | 100 | | | | |
| | | | 任务得分 | | |

（2）结果考核

使用钢板尺、低倍放大镜等对焊缝外观质量进行检测，按表4-55所示要求进行考核。

表 4-55 角焊缝外观评分标准

| 项目 | 考核要求 | 分值 | 评分标准 | 检测结果 | 得分 |
|------|----------|------|----------|----------|------|
| 焊脚尺寸 $K$/mm | $11 \leq K \leq 13$ | 15 | 每超差一处扣5分 | | |
| 焊缝宽度差 $c$/mm | $0 \leq c \leq 2$ | 15 | 每超差一处扣5分 | | |
| 焊缝凸度 $h$/mm | $0 \leq h \leq 3$ | 15 | 每超差一处扣5分 | | |
| 焊缝凸度差 $h$/mm | $0 \leq h \leq 2$ | 15 | 每超差一处扣5分 | | |
| 咬边/mm | 咬边深度 $\leq 0.5$mm 咬边长度 $\leq 15$mm | 15 | 超差扣5分 | | |
| 夹渣 | 无夹渣 | 15 | 出现一次夹渣扣5分 | | |
| 角变形 $\alpha$/(°) | $\alpha \leq 3°$ | 10 | $\alpha \leq 3°$,超差不得分 | | |
| 总评 | | 100 | 总分 | | |

## 八、总结

板材的平角焊，因为熔池在角接的平面上，熔池金属易下滑，焊接时比较容易操作，但因焊接熔池温度控制得不够，会产生熔池成形不好，如焊肉下坠，焊脚上脚小、下脚大，焊肉中间高等缺陷。因此，焊接时要用焊条角度、电弧长度和适当的焊接速度控制焊缝成形。一般焊条与两板成45°夹角，与焊接方向成60°~80°夹角。

# 实训十三 立角焊操作技能

## 一、要求

立角焊任务图如图4-76所示，按项目任务图完成训练任务，使焊缝质量达到技术要求。

## 二、分析

立角焊是在角接焊缝倾角90°（向上立焊）、转角45°或135°的角焊位置的焊接。立焊时，焊缝处于两板的夹角处，熔池成形容易控制，但是，在重力作用下熔池中的液体金属容易下淌，甚至会产生焊瘤以及在焊缝两侧形成咬边等缺陷。立角焊一般采用多层焊，具体焊缝的层数根据焊件的厚度来确定。

## 三、准备

### 1. 焊接设备

ZX7-315 或 ZX7-400 型弧焊逆变器。

### 2. 工件材料

Q235A 低碳钢，300mm×150mm×10mm、300mm×80mm×10mm 钢板各一块。

### 3. 焊接材料

E4303 焊条，直径为 $\phi$3.2mm 或 $\phi$4mm。

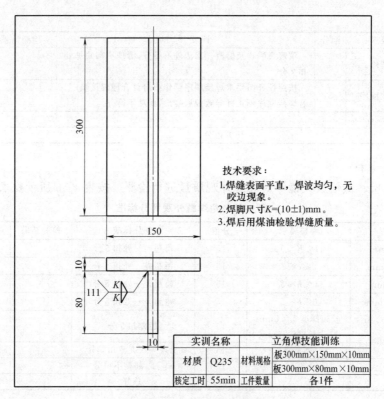

技术要求：
1. 焊缝表面平直，焊波均匀，无咬边现象。
2. 焊脚尺寸K=(10±1)mm。
3. 焊后用煤油检验焊缝质量。

| 实训名称 | 立角焊技能训练 | | |
|---|---|---|---|
| 材质 | Q235 | 材料规格 | 板300mm×150mm×10mm |
| | | | 板300mm×80mm×10mm |
| 核定工时 | 55min | 工件数量 | 各1件 |

图 4-76　立角焊任务图

### 四、实施

#### 1. 装配与定位焊

（1）焊接参数

立角焊时焊缝的层数根据焊件的厚度（或给定的焊脚尺寸）来确定。该焊件的板厚为10mm，确定焊脚尺寸为6mm，可采用二层二道焊。由于立角焊电弧热量向焊件三个方向传递，散热快，所以焊接电流可稍大一些，为的是保证焊缝两侧熔合良好。低碳钢立角焊的焊接参数见表4-56。

表 4-56　低碳钢板立角焊的焊接参数

| 焊接层次 | 焊条直径/mm | 焊接电流/A |
|---|---|---|
| 第一层 | 3.2 | 100～120 |
| 第二层 | 4.0 | 160～180 |

（2）装配定位焊

① 试件装配前，用角向磨光机、锉刀和钢丝刷等清除板面正反两面各20mm范围内的油污、水分和铁锈，直至露出金属光泽。

② 装配间隙。装配间隙为0～2mm。

③ 定位焊采用与焊接试件相同牌号的焊条，定位焊的位置应在试件两端对称处，将试件组焊成T形接头，定位焊缝长度为10mm左右。

④ 对焊后角变形有严格要求时，试件焊前需预留一定的变形量，如图4-77所示。

#### 2. 焊接

（1）第一层焊接

焊接时，为了使两焊件能够均匀受热、保证熔池和提高效率，焊条应处于两焊件的交线处，与两焊件的夹角左右相等，焊条与焊缝中心线保持在 75°~90°范围内，如图 4-78 所示。利用电弧吹力对熔池向上的推力作用托住熔池，使熔滴顺利过渡。

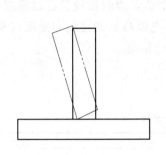

图 4-77　反变形法

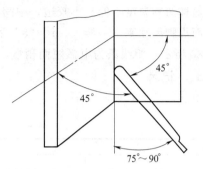

图 4-78　立角焊焊条角度

立角焊的关键是如何控制熔池金属，焊条要按熔池金属温度情况作有节奏的向上运条并左右摆动。在施焊过程中，当引弧后出现第一个熔池时把焊条摆向一边，稍加停留，然后快速摆向另一侧，摆动的速度根据焊条直径及焊接电流来决定。要使焊道形成一个完整的熔池。以后周而复始。中间带的快，两侧稍作停留，停留的目的是使焊道两侧熔合好，也是为了把上一层焊道咬肉的弧坑填满。要注意的是，如果前一个熔池尚未冷却到一定程度，就过急下压焊条，会造成熔滴之间熔合不良；如果电弧的位置不对，会使焊波脱节，影响焊波成形和焊接质量。

根据不同板厚和焊脚尺寸的要求选择适当的运条方法。对于焊脚尺寸较小的焊缝，焊接第一层焊道时可采用挑弧法，其要领是将电弧引燃后，拉长预热始焊端的定位焊缝，适时压弧开始焊接。当熔滴过渡到熔池后，立即将电弧向焊接方向（向上）挑起，弧长不超过 6mm 见图 4-79，但电弧不熄灭，使熔池金属凝固，等熔池颜色由亮变暗时，将电弧立刻拉回到熔池，当熔滴过渡到熔池后，再向上挑起电弧，如此不断地重复直至焊完第一层焊道。

（2）第二层焊接

当焊脚尺寸较大时，一般选用三角形和反月牙形运条法（见图 4-79）。立角焊因液体金属的自重，焊缝会出现中间高，两侧低的现象，因此可采用两侧慢，中间快的运条手法，使焊道两边缘的温度得到适当提高，防止中间温度过高，应控制焊缝金属下坠，焊接时一般第一层（打底层）采用三角形运条法，第二层采用反月牙形运条方法，根据熔池和两侧温度，

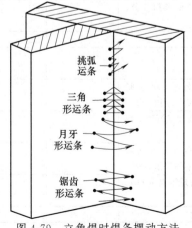

图 4-79　立角焊时焊条摆动方法

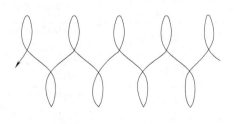

图 4-80　"8"字形运条法

需要适当控制电弧在两侧的停留时间，提高两侧温度，以达到焊道成形平整光滑无缺陷。

焊接时还可用"8"字形运条法，"8"字形运条弧电弧两侧要稍长些，而运至中间要短些，这样两侧温度不低、不咬边，中间温度不高、焊道平整，焊缝波纹又会出现双鱼鳞状，美观而焊脚尺寸基本一样大。用"8"字形运条法时，有电弧高低的变化和速度的变化，如图 4-80 所示。粗线条为电弧短而稍慢，细线条为电弧长而稍快。

## 五、记录

填写记录卡，见表 4-57。

**表 4-57　T 形立角焊缝实训记录卡**

| 项目 | 子 项 目 | | 数 据 记 录 | 备 注 |
|---|---|---|---|---|
| 母材 | 材质 | | | |
| | 规格 | | | |
| 装配 | | 清理 | | |
| | 定位焊 | 焊条直径/mm | | |
| | | 焊接电流/A | | |
| | | 反变形量 | | |
| 第一道 | 焊条直径/mm | | | |
| | 焊接电流/A | | | |
| 第二道 | 焊条直径/mm | | | |
| | 焊接电流/A | | | |

## 六、考核

项目考核建议采用"过程考核×40％＋结果考核×60％"的综合考核方式进行。

（1）过程考核

按表 4-58 所示要求进行过程考核。

**表 4-58　立角焊过程考核表**

| 序号 | 实训要求 | 配分 | 评分标准 | 检测结果 | 得分 |
|---|---|---|---|---|---|
| 1 | 安全文明生产 | 5 | 按要求穿戴劳动防护用具。不符合要求酌情扣分 | | |
| 2 | 工件清理 | 10 | 待焊部位及正反面 20mm 范围内无油污、铁锈，露出金属光泽。未清理或清理不符合要求该项不得分 | | |
| 3 | 焊条、参数选用 | 10 | 根据焊层选择对应焊接材料；焊条直径与选用参数配套 | | |
| 4 | 装配间隙 | 5 | 对齐找正，间隙 0～2mm。不符合要求该项不得分 | | |
| 5 | 定位焊缝质量 | 10 | 长度 10～15mm，无缺陷。长度不符合要求扣 5 分；缺陷每处扣 2 分 | | |
| 6 | 反变形 | 7 | 未做反变形该项不得分 | | |
| 7 | 工件固定/焊接位置 | 3 | 立角焊焊接位置。其他位置不得分 | | |
| 8 | 第一层焊接质量 | 20 | 焊缝成等腰三角形下凹状或平状，焊缝外观美观，鱼鳞纹均匀，无缺陷。焊缝凸起扣 5 分，有缺陷每处扣 2 分 | | |
| 9 | 层间清理 | 5 | 焊缝清理干净，尤其是焊趾处焊渣。未清理或清理不彻底不得分 | | |
| 10 | 第二层焊接质量 | 20 | 焊缝成等腰三角形下凹状或平状，焊缝外观美观，鱼鳞纹均匀，无缺陷。焊缝凸起扣 5 分，有缺陷每处扣 2 分 | | |
| 11 | 焊后清理 | 5 | 清理飞溅物及熔渣。未清理不得分；清理不彻底每处扣 2 分 | | |
| | | 100 | | | |
| | | | **任务得分** | | |

（2）结果考核

使用钢板尺、低倍放大镜等对焊缝外观质量进行检测，按表 4-59 所示要求进行考核。

表 4-59 立角焊评分标准

| 项目 | 考核要求 | 分值 | 评分标准 | 检测结果 | 得分 |
|------|---------|------|---------|---------|------|
| 焊角尺寸 $K$/mm | $11 \leq K \leq 13$ | 15 | 每超差一处扣5分 | | |
| 焊缝宽度差 $c$/mm | $0 \leq c \leq 2$ | 15 | 每超差一处扣5分 | | |
| 焊缝凸度 $h$/mm | $0 \leq h \leq 3$ | 15 | 每超差一处扣5分 | | |
| 焊缝凸度差 $h$/mm | $0 \leq h \leq 2$ | 15 | 每超差一处扣5分 | | |
| 咬边/mm | 咬边深度$\leq 0.5$mm<br>咬边长度$\leq 15$mm | 15 | 超差扣5分 | | |
| 夹渣 | 无夹渣 | 15 | 出现一次夹渣扣5分 | | |
| 角变形 $\alpha$/(°) | $\alpha \leq 3°$ | 10 | $\alpha \leq 3°$，超差不得分 | | |
| 总评 | | 100 | 总分 | | |

## 七、总结

立角焊时熔池散热比较快，所以焊接电流应该稍大一些，避免产生未熔合和夹渣。如果焊条角度不正确，电弧在焊缝两侧停留时间过短，电弧的长度在两侧压得太死而中间电弧又较长，在焊件上容易出现焊道中间高、不平整或不平滑过渡等现象，甚至产生咬边；如果熔池温度过高，熔池下轮廓就会凸起变圆，甚至产生焊瘤。此时，可加快焊条的摆动节奏，同时使焊条在焊缝两侧停留时间多一些，直到把熔池下部边缘调整成平直外形。

# 习　题

一、名词解释

1. E4315　2. 冶金处理　3. 焊缝成形系数　4. 外特性　5. 动特性

二、填空

1. 弧焊时，电弧的静特性曲线与电源外特性曲线的交点是_____。

2. 弧焊变压器是一种具有_____外特性的_____变压器。

3. 厚度削薄的单边 V 形坡口，适合于_____的对接。

4. 焊件表面的垂直面与坡口面之间的夹角叫_____。

5. 焊缝表面与母材的交界处叫_____。

6. 焊后残留在焊缝中的熔渣叫_____。

7. 焊接电弧的引燃方法有_____和_____。

8. 焊条电弧焊，一般结构选用_____性焊条，重要结构选用_____性焊条。

9. _____常用于要求全焊透而焊缝背面又无法焊接的焊件。

10. 钝边的作用是_____。

11. 在焊缝横截面中，从焊缝正面到焊缝背面的距离叫_____。

三、选择

1. 可以减少或防止焊接电弧磁偏吹的主要方法是（　　）。

A. 采用挡风板　　　　　　　　　　B. 在管子焊接时，将管口堵住

C. 选用偏心度小的焊条　　　　　　D. 适当改变焊件上的接地线位置

2. 若从经济上考虑，焊接时选用（　　）电源是最不合适的。

A. 弧焊发电机　　　B. 弧焊变压器　　　C. 弧焊整流器　　　D. 逆变焊机

3. 最容易出现磁偏吹现象的电源是（　　）。

A. 交流电源　　　B. 直流电源　　　C. 脉冲电源　　　D. 方波电源

4. 最常用的接头形式是（　　）。

A. T形接头　　　B. 搭接接头　　　C. 对接接头　　　D. 十字接头

5. E5015 焊条要求采用的电源是（　　）。

A. 交流电源　　B. 直流电源正接　　C. 直流电源反接　　D. 直流电源正接或反接

6. 焊条电弧焊焊接 16Mn 钢时，应选用的焊条是（　　）。

A. E4303　　　B. E4315　　　C. E5015　　　D. E5516

7. 电弧电压主要影响焊缝的（　　）。

A. 熔宽　　　B. 熔深　　　C. 余高　　　D. 焊缝厚度

8. 对于焊条电弧焊，应采用具有（　　）曲线的电源。

A. 陡降外特性　　B. 缓降外特性　　C. 水平外特性　　D. 缓升外特性

9. 焊条药皮的（　　）可以使熔化金属与外界空气隔离，防止空气侵入。

A. 稳弧剂　　　B. 造气剂　　　C. 脱氧剂　　　D. 合金剂

10. T形接头平角焊时，焊条电弧应偏向（　　）。

A. 厚板　　　B. 薄板　　　C. 立板　　　D. 小平板

11. 在凸形或凹形角焊缝中，焊缝计算厚度（　　）焊缝厚度。

A. 均大于　　　　　　　　　　B. 均小于

C. 前者大于，后者小于　　　　D. 前者小于，后者大于

12. 焊条药皮中的（　　）可以使焊条在交流电或直流电的情况下都能容易引弧，稳定燃烧以及熄灭后的再引弧。

A. 稳弧剂　　　B. 造气剂　　　C. 脱氧剂　　　D. 合金剂

13. （　　）电源是逆变弧焊整流器。

A. $BX_1$-400　　　B. $AX_7$-500　　　C. $ZX_7$-250　　　D. ZXG-400

14. 当采用交流弧焊电源时应选用（　　）焊条。

A. E4303　　　B. E4315　　　C. E5015　　　D. E6015

15. 低氢型焊条的烘干温度为（　　）℃。

A. 75～150　　　B. 200～300　　　C. 350～400　　　D. 500～600

16. （　　）位置焊接可选较大的焊接电流。

A. 平焊　　　B. 横焊　　　C. 立焊　　　D. 仰焊

17. 焊条电弧焊正常施焊时，电弧的静特性曲线在 U 形曲线的（　　）。

A. 陡降段　　　B. 缓降段　　　C. 水平段　　　D. 上升段

18. 立焊时，不利于熔滴过渡的作用力是（　　）。

A. 重力　　　B. 气体吹力　　　C. 电磁力　　　D. 表面张力

19. 开坡口的目的主要是为了（　　）。

A. 增加熔宽　　　B. 氧气切割　　　C. 保证焊透　　　D. 增大熔合比

20. 仰焊时不利于熔滴过渡的作用力是（　　）。

A. 重力　　　B. 表面张力　　　C. 电磁力　　　D. 气体吹力

四、判断

1. 采用 E5015 焊条焊接时，应采用直流正接法。 （　　）

2. 水平固定管子对接的焊接位置叫全位置焊。 （　　）

3. 使用交流电源时，由于极性的不断更换，所以焊接电弧的磁偏吹要比采用直流电源时严重得多。 （　　）

4. 当弧柱拉长时，电弧电压升高；当弧长缩短时，电弧电压降低。所以，弧柱越长，电弧电压越高。 （　　）

5. 弧焊整流器是一种将直流电转换成交流电的焊接电源。

6. 所有酸性焊条通常都采用交流电源焊接，焊厚板时用直流正接，焊薄板时用直流反接。 （　　）

7. 焊芯的化学成分应该和焊件材料的化学成分始终相一致。 （　　）

8. T 形接头的仰焊比对接坡口接头的仰焊容易操作，通常采用多层焊或多层多道焊。 （　　）

9. 焊条电弧焊工艺灵活，适用性强，它适用于各种材料、各种焊接位置以及不同厚度、结构形状的焊接。 （　　）

10. 酸性焊条中含有的氟化物比碱性焊条多。 （　　）

11. 焊条电弧焊横焊时，采用多层多道焊能比较容易地防止液态金属下坠。 （　　）

12. 逆变电源可以做成直流电源也可以做成交流电源。 （　　）

13. 厚度较大的焊件应选用直径较粗的焊条。 （　　）

14. 焊接时电流过小，焊速过高，热量不够或者焊条偏离坡口一侧易产生未熔合。 （　　）

15. 焊缝的装配间隙或坡口角度增大时，会使变形量减小。 （　　）

16. 采用短弧焊是产生未焊透的原因之一。 （　　）

五、简答

1. 焊条电弧焊直流正接和直流反接各有什么应用？请分别说明。

2. 简述焊条选用原则。

3. 焊条电弧焊的焊接工艺参数有哪些？对焊接过程和焊缝质量有什么影响。

4. 为什么碱性焊条一般采用直流弧焊电源？

5. 简述焊条使用前的烘干注意事项。

6. 简述焊条电弧 V 形坡口板对接焊操作步骤。

六、实践

1. 在 V 形坡口对接焊训练的基础上，进行 U 形坡口板对接焊训练，并比较和总结操作要点。

2. 尝试练习管对接斜 45°固定焊，并总结操作要点。

# 第五章

# CO₂气体保护焊

**知识目标：**

- 能够正确连接 $CO_2$ 气体保护焊设备，熟练掌握设备操作方法。
- 掌握 $CO_2$ 气体保护焊工艺。
- 能够正确的选择 $CO_2$ 气体保护焊参数，熟练掌握平敷焊、中厚板全位置焊、小径管水平固定焊、小径管垂直固定焊、骑座式管板垂直俯位焊等焊接操作技能。

**重点难点：**

- 各工艺参数如何影响焊缝成形及焊缝质量。
- 焊接参数的选择。
- 各焊接位置、每层焊道的焊接操作要领。

## 第一节　CO₂ 气体保护焊原理

### 一、CO₂ 气体保护焊的原理

$CO_2$ 气体保护焊焊接过程如图 5-1 所示，利用焊丝和母材之间的电弧来熔化焊丝和母材，形成熔池，冷却凝固后成为焊缝金属。通过喷嘴向焊接区喷出保护气体，使处于高温的待熔化焊丝、熔滴、熔池及其附近的母材免受周围空气中氧、氮、氢等气体的危害。焊丝是连续送进的，由送丝轮通过送丝机构，经由送丝软管不断地送进焊接区。ISO 标准的数字代号为 135，如果是药芯焊丝，数字代号为 136。

### 二、CO₂ 气体保护焊的分类

#### 1. 按焊丝直径分类

按使用的焊丝直径，可分为细丝 $CO_2$ 气体保护焊和粗丝 $CO_2$ 气体保护焊。当焊丝直径小于等于 1.2mm 时，称为细丝 $CO_2$ 气体保护焊，主要用短路过渡形式焊接薄板；当焊丝直径大于等于 1.6mm 时，称为粗丝 $CO_2$ 气体保护焊，一般采用较大的焊接电流和电压焊接中厚板，熔滴过渡采用颗粒过渡。由于细丝 $CO_2$ 气体保护焊工艺比较成熟，因此应用最广泛。

#### 2. 按操作方式分类

按操作方式，可分为自动焊和半自动焊。其主要区别在于：半自动焊送丝、送气等和自动焊一样，由相应的机械装置来完成，而焊枪移动则由手工操作焊枪，自动焊焊枪操作由焊接操作机完成。自动焊适用于长直焊缝和规则的曲线焊缝，半自动焊适用不规则或较短的焊缝，目前生产中使用最多的是半自动焊。

### 三、$CO_2$气体保护焊的特点

#### 1. $CO_2$气体保护焊的优点

（1）焊接效率高

焊接电流密度大，通常为$100\sim300A/mm^2$，热量集中，焊丝熔化效率高，电弧穿透力强，熔深大，焊接速度快，焊后焊渣少不需清理，生产率是焊条电弧焊的$2\sim4$倍。

（2）焊接成本低

$CO_2$气体和焊丝的价格比较便宜，且对焊前生产准备要求低，焊后清渣所需的工时也少，而且电能消耗少，通常只有焊条电弧焊的$37\%\sim42\%$。

（3）焊接变形小

由于$CO_2$气体对电弧具有冷却压缩作用，电弧能量密度大，使得焊件受热面积小，焊接变形小，特别适合于焊接薄板。

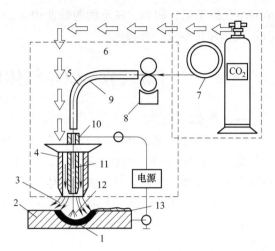

图 5-1　$CO_2$气体保护焊原理示意图

1—熔池；2—焊件；3—$CO_2$气体；4—气体喷嘴；
5—焊丝；6—焊接电源；7—焊丝盘；8—送丝机；
9—软管；10—焊枪；11—导电嘴；
12—电弧；13—焊缝

（4）焊缝含氢量低

$CO_2$气体高温分解的氧与氢结合能力强，因此可以获得含氢量较焊条电弧焊低的焊缝。

（5）易于实现自动化。

$CO_2$气体保护焊是一种明弧焊接方法，焊接时便于观察电弧和熔池的状态和行为，且由于其焊丝送进连续，因而有利于实现焊接过程的机械化和自动化。

#### 2. $CO_2$气体保护焊的缺点

与焊条电弧焊、埋弧焊相比，$CO_2$气体保护焊的主要缺点如下。

① 焊接飞溅大。焊接过程中飞溅较大，焊缝外观粗糙，对焊工劳动保护要求高。

② 抗风能力差。为了确保焊接区获得良好的气体保护，在室外操作需要有防风装置。

③ 抗氧化能力差。电弧气氛有很强的氧化性，不能焊接易氧化的金属材料。

④ 操作灵活性差。半自动焊枪比焊条电弧焊焊钳重，不轻便、操作灵活性较差。对于狭小空间的接头，焊枪不易接近。

⑤ 设备较复杂，对使用和维护要求较高。

### 四、$CO_2$气体保护焊的应用

$CO_2$气体保护焊可以广泛地用于多种材料的焊接，不仅可以焊接低碳钢、低合金和低合金高强钢，在某些情况下也可以焊接耐热钢及不锈钢，$CO_2$气体保护焊还可以用于耐磨零件的堆焊，如曲轴和锻模的堆焊，铸钢件及其他焊件缺陷的补焊以及异种材料的焊接，如球墨铸铁与钢的焊接等，在国内外焊接生产中得到广泛的应用。在焊接不锈钢时，由于焊缝有增碳现象，影响不锈钢抗晶间腐蚀性能，所以一般用于对抗晶间腐蚀要求不高的场合。$CO_2$半自动焊用于短焊缝及曲线焊缝的焊接，采用短路过渡时，可以进行全位置焊接，$CO_2$自动焊主要用于水平位置的焊接，在有特殊装备的情况下，可以进行立焊和横焊。

$CO_2$气体保护焊目前在造船工业、汽车制造与车辆制造工业、石油化工、冶金、机械、建筑等部门都能得到了广泛的应用，部分取代了焊条电弧焊和埋弧焊，已经发展成为一种常

用的熔化焊工艺。例如，在车辆制造业中，碳钢和低合金钢的结构件，有 80% 左右是采用 $CO_2$ 气体保护焊进行焊接的。

# 第二节　$CO_2$ 气体保护焊的焊接材料

## 一、气体

$CO_2$ 有固态、液态和气态三种状态。气态无色，略带有酸味，易溶于水，在 0℃ 和一个大气压（0.1MPa）下，它的密度为 1.98g/L，密度为空气的 1.5 倍，沸点为 $-78$℃。在不加压力下冷却时，气体将直接变成固体（称干冰），增加温度，固态 $CO_2$ 又直接变成气体。$CO_2$ 气体受压力后变成无色液体，其相对密度随温度而变化。当温度低于 $-11$℃ 时比水重，当温度高于 $-11$℃ 时则比水轻。在 0℃ 和一个大气压下，$1kg CO_2$ 液体可蒸发 509L $CO_2$ 气体。

用于焊接的 $CO_2$ 气体，其纯度要求 $>99.5\%$。容量为 40L 的标准钢瓶可灌入 25kg 的液态 $CO_2$，25kg 液态 $CO_2$ 约占钢瓶容积的 80%，其余 20% 左右的空间充满气化了的 $CO_2$，气瓶压力表上所指压力值，反映了这部分气化气体的饱和压力。该压力值与环境温度有关，在 0℃ 时饱和气压为 3.63MPa；20℃ 时饱和气压为 5.72MPa；30℃ 时饱和气压为 7.48MPa。该压力并不反映液态 $CO_2$ 的贮量，只有当瓶内液态 $CO_2$ 全部气化后，瓶内气体的压力才会随 $CO_2$ 气体的消耗而逐渐下降。这时压力表读数才反映瓶内气体的贮量。故正确估算瓶内 $CO_2$ 贮量是采用称钢瓶质量的办法。

灌入 25kg 液态 $CO_2$ 标准钢瓶，若焊接时流量为 20L/min，则可连续使用 10h 左右。

瓶装液态 $CO_2$ 可溶解约 0.05% 的水（质量分数），其余的水沉于瓶底，这些水分在焊接过程中随 $CO_2$ 一起挥发，以水蒸气混入 $CO_2$ 气体中，降低 $CO_2$ 气体纯度，影响焊接质量，因此，必须采取瓶装液态 $CO_2$ 供气时，提高输出 $CO_2$ 气体纯度，减少水分的措施是：

① 排出瓶内沉积水。将新灌气瓶倒立静置 $1 \sim 2$h，然后开启阀门，把沉积在瓶口处的水放出，可放水 $2 \sim 3$ 次，每次间隔 30min，放水结束后，将气瓶放正。

② 经倒置放水后的气瓶，使用前先打开阀门放掉瓶内上部纯度低的气体，放气时间 $2 \sim 3$min，然后再接输气管。

③ 在气路中设置高压干燥器和低压干燥器，进一步减少 $CO_2$ 气体中的水分，一般用硅胶或脱水硫酸铜作干燥剂，用过的干燥剂，经烘干后还可重复使用。

④ 当瓶中气压低于 0.98MPa 时，水蒸气含量增高，不应继续使用。

水蒸气的蒸发量与瓶中压力有关，压力越低，水蒸气含量越高，故当瓶压低于 0.98MPa 时，就需要重新灌气，不应继续使用，因为此时 $CO_2$ 气体中所含的水分比饱和气压下增加 3 倍左右，会降低焊缝的力学性能，焊缝也易产生气孔。

## 二、焊丝

$CO_2$ 气体保护焊丝既是填充金属又是电极，所以既要保证一定的化学成分和力学性能，又要保证具有良好的导电性能和工艺性能。

### 1. 对焊丝的要求

$CO_2$ 气体保护焊用的焊丝对化学成分有特殊要求，主要是：

（1）焊丝的含碳量要低

$CO_2$ 是一种氧化性气体，在电弧高温区分解为 CO 和 $O_2$，具有强烈的氧化作用，若用碳脱氧，将产生气孔和飞溅，因此，焊丝的含碳量要低，通常要求 C<0.11%。

（2）焊丝中 Si、Mn 元素含量要适当

焊丝中 Si、Mn 等脱氧元素含量，配比要适当，在 2.0～4.5 之间为宜，则 Mn、Si 的氧化物形成硅锰酸盐。它的密度小、黏度小，容易从熔池中浮出，不易产生夹渣。

（3）焊丝中还应加入抗氮元素

为了增强抗氮气孔的能力，焊丝中还应加入 Al、Ti 等合金元素，此外合金元素 Ti 还可以细化焊缝晶粒。

### 2. 焊丝的分类

CO₂ 气体保护焊焊丝分为实心焊丝和药芯焊丝两种。

（1）实心焊丝

H08Mn2SiA 焊丝是目前 CO₂ 气体保护焊中应用最为广泛的一种焊丝。它有较好的工艺性能，较高的力学性能以及抗裂缝能力，适宜于焊接低碳钢和 $\sigma_s \leqslant 500MPa$ 的低合金钢，船用高强度钢亦用该种实心焊丝。

CO₂ 气体保护焊所用的焊丝直径在 0.5～5mm。CO₂ 半自动焊常用的焊丝有 0.6mm、0.8mm、1.0mm、1.2mm 等几种，CO₂ 自动焊除上述细焊丝外多采用 1.6mm、2.0mm、2.5mm、3.0mm、4.0mm、5.0mm 的焊丝。CO₂ 气体保护焊丝通常以盘状供应。

焊丝表面最好镀铜，这不仅可以防止焊丝生锈，有利于焊丝的保管，同时还可以改善导电性能以及减少送丝阻力。

（2）药芯焊丝

药芯焊丝是将薄钢片卷成圆形钢管或异形钢管的同时，在其中填满一定成分的药粉，经拉制而成的一种焊丝。药粉的作用与焊条药皮的作用相似，区别在于焊条药皮涂敷在焊芯的外层，而药芯焊丝的粉末被薄钢包裹在芯里。药芯焊丝绕制成盘状供应，易于实现机械化自动化焊接。

药芯焊丝按不同的情况有不同的分类方法。按保护情况可分为气体保护（CO₂、Ar 混合气体）药芯焊丝和自保护药芯焊丝（药芯焊丝不需要外加保护气体）两种；按焊丝直径可分为细直径（2.0mm 以下）和粗直径（2.0mm 以上）；按焊丝断面可分为简单 O 形断面和复杂断面折叠形，如图 5-2 所示；按使用电源可分为交流电源和直流电源；按填充材料可分为造渣型焊丝（药芯成分以含造渣剂为主）和金属粉芯药芯焊丝（药芯成分以含渗合金剂及脱氧剂成分为主）。

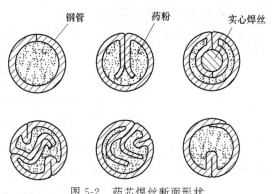

图 5-2　药芯焊丝断面形状

药芯焊丝在国际上被公认为是焊接材料中最先进、发展最快的高科技技术之一，并将成为 21 世纪焊接材料的主导产品。随着药芯焊丝的逐年增加，用量逐步扩大，应用范围也将日益广阔。

### 3. 焊丝的牌号与型号

（1）实心焊丝牌号的编制

① 牌号的第一个汉语拼音大写字母"H"（或汉字"焊"）表示焊接用实心焊丝。

②"H"后面的一位数字或两位数字表示含碳量，为万分之几。

③ 化学元素符号及其后面的数字表示该元素大致的百分含量数值。合金元素含量小于1%时，该合金元素符号后面的数字"1"省略。

④ 在结构钢焊丝牌号尾部标有"A"或"E"时（即"高"或"特"），"A"表示高级优质，说明该焊丝的硫磷含量比普通焊丝低（≤0.030%）；"E"表示特高级优质，其硫磷含量更低（≤0.025%）；尾部末注"A"或"E"字母的，说明是普通焊丝，硫磷含量<0.040%。

实心焊丝的牌号举例如下：

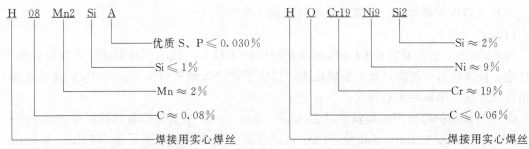

（2）实心焊丝型号的编制

GB/T 8110—2008《气体保护电弧焊用碳钢、低合金钢焊丝》规定，这类焊丝的型号按化学成分和采用熔化极气体保护电弧焊时熔敷金属的力学性能进行分类。

焊丝型号的表示方法是：以字母"ER"表示气体保护电弧焊用焊丝，ER后面用两位数字表示熔敷金属的最低抗拉强度，两位数字后用短画与后面的字母或数字隔开，该字母或数字表示焊丝化学成分的分类代号，如果还附加其他化学成分时，可直接用该元素符号表示，并以短划与前面的字母或数字分开。

实心焊丝的型号举例如下：

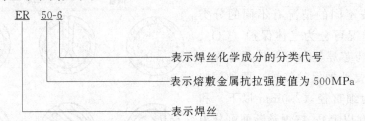

目前常用的 $CO_2$ 气体保护焊焊丝有 ER49-1 和 ER50-6 等。$CO_2$ 气体保护焊常用的焊丝牌号和型号对应关系及用途见表 5-1。

表 5-1 $CO_2$ 气体保护焊常用的焊丝牌号和型号及用途

| 焊丝牌号 | 焊丝型号 | 用　途 |
| --- | --- | --- |
| H08Mn2SiA | ER49-1 | 用于焊接低碳钢及某些低合金结构钢 |
| H11Mn2SiA | ER50-6 | 适用于焊接低碳钢及 500MPa 级的造船、桥梁等结构用钢 |

（3）药芯焊丝牌号的编制

① 牌号的第一个汉语拼音大写字母"Y"表示药芯焊丝。

② 第二个汉语拼音大写字母"J"表示结构钢。

③ "J"后面的第二位数字表示熔敷金属的抗拉强度等级。

④ "J"后面的第三位数字表示药芯类型和焊接电源种类（同焊条药皮类型及电源种类）。

⑤ 短画"-"后的数字表示焊接时的保护方法，见表 5-2。

**表 5-2　药芯焊丝焊接时的保护方法**

| 牌号 | 焊接时的保护方法 |
|---|---|
| YJ××-1 | 气保护 |
| YJ××-2 | 自保护 |
| YJ××-3 | 气保护和自保护两用 |
| YJ××-4 | 其他保护形式 |

⑥ 药芯焊丝有特殊性能和用途时，在牌号末尾加注起主要作用的元素或主要用途的字母（一般不超过两个字）。

药芯焊丝的牌号举例如下：

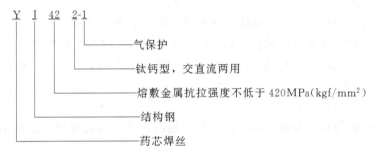

- 气保护
- 钛钙型，交直流两用
- 熔敷金属抗拉强度不低于 420MPa(kgf/mm²)
- 结构钢
- 药芯焊丝

### 4. 焊丝的选用

选用 CO₂ 气体保护焊焊丝时，必须根据焊件母材的化学成分、焊接接头的力学性能、焊接结构的拘束度、焊件焊后能否进行热处理以及焊缝金属的耐高温、耐低温、耐腐蚀等使用条件进行综合考虑，然后经过焊接工艺评定，符合焊接结构的技术要求后予以确定。

采用 CO₂ 气体保护焊焊接热轧钢、正火钢以及焊态下使用的低碳调质钢时，首先考虑的是焊缝金属力学性能与焊缝母材相接近或相等，焊缝金属的化学成分与焊缝母材化学成分是否相同则放在次要考虑。焊接拘束度大的焊接结构时，为防止产生焊接裂纹，可采用低匹配原则，即选用焊缝金属的强度稍低于焊件母材的强度。按等强度要求选用焊丝时，应充分考虑焊件的板厚、接头形式、坡口形状、焊缝的分布及焊接热输入等因素对焊缝金属力学性能的影响。

焊接中碳调质钢前选择焊丝时，在严格控制焊缝金属中 S、P 等杂质含量的同时，还应确保焊缝金属主要合金成分与母材合金成分相近，以保证焊后调质时，能获得焊缝金属的力学性能与母材一致。

焊接两种强度等级不同的母材时，应根据强度等级低的母材选择焊丝，焊缝的塑性不应低于较低塑性的母材，焊接参数的制定，应适合焊接性较差的母材。

碳钢和低合金钢药芯焊丝的选用。碱性药芯焊丝焊接的焊缝金属的塑性，韧性和抗裂性好，碱性熔渣相对流动性较好，便于焊接熔池、熔渣之间的气体逸出，减小焊缝生成气孔的倾向。碱性熔渣中的氟化物（CaF₂ 等）又可以阻止氢溶解到焊接熔池中，使焊缝中扩散氢含量很低，所以，碱性药芯焊丝对表面涂有防锈剂的钢板具有较强的抗气孔和抗凹坑能力，对涂有氧化铁型和硫化物型涂料底漆的钢板也有较好的焊接效果。碱性药芯焊丝的不足之处是：焊道成凸形，飞溅较大；焊接过程中，焊丝熔滴呈粗颗粒过渡；焊接熔渣的流动性太大，不容易实现全位置焊接；焊接过程中，容易造成未熔合等缺陷。所以，近年来碱性药芯焊丝正在逐步被钛型药芯焊丝取代。

**5. 焊丝的贮存保管**

（1）贮存

① 在仓库中贮存未打开包装的焊丝，库房的保管条件为：室温 10～25℃，最大相对湿度为 60%。

② 存放焊丝的库房应保持空气流通，没有有害气体或腐蚀性介质。

③ 焊丝应放在货架上或垫板上，存放焊丝的货架或垫板距离墙或地面的距离应不小于 250mm，防止焊丝受潮。

④ 进库的焊丝，每批都应有生产厂家的质量保证书和产品质量检验合格证书。焊丝的内包装上应有标签或其他方法标明焊丝的型号、国家标准号、生产批号、检验员号、焊丝的规格、净质量、制造厂名称及地址、生产日期等。

⑤ 焊丝在库房内应按类别、规格分别堆放，防止混用、误用。

⑥ 尽量减少焊丝在仓库内的存放期，按"先进先出"原则发放焊丝。

⑦ 发现包装破损或焊丝有锈迹时，要及时通报有关部门，经研究、确认之后再决定是否用于产品上的焊接。

（2）焊丝在使用中的保管

① 打开包装的焊丝，要防止油、污、锈、垢的污染，保持焊丝表面的洁净、干燥，并且在 2 天内用完。

② 焊丝当天没用完，需要在送丝机内过夜时，要用防雨、雪的塑料布等将送丝机（或焊丝盘）罩住，以减少与空气中的潮湿气体接触。

③ 焊丝盘内剩余的焊丝若在三天以上的时间不用时，应从焊机的送丝机内取下，放回原包装内，并将包装的封口密封，然后再放入有良好保管条件的焊丝仓库内。

④ 对受潮较严重的焊丝，焊前应烘干。

# 第三节　$CO_2$ 气体保护焊设备

## 一、$CO_2$ 气体保护焊设备的组成

半自动 $CO_2$ 气体保护焊设备由焊接电源、控制箱、送丝机构、焊枪及供气系统组成，见图 5-3。自动 $CO_2$ 气体保护焊设备还配有行走小车或悬臂梁等，而送丝机构及焊枪均安装在小车上或悬臂梁的机头上。大电流 $CO_2$ 气体保护焊设备还配有水冷系统。

**1. 焊接电源**

$CO_2$ 气体保护焊设备采用普通直流电源。细丝 $CO_2$ 气体保护焊时电弧具有很强的自调节作用，因此，通常选用平特性或缓降特性的电源，匹配等速送丝机构。弧长受到外部环境干扰时，电弧自身调节能力可使弧长迅速恢复到原来的长度，保证焊接工艺参数的稳定。而且这种匹配通过改变送丝速度可调节电流，改变电源外特性可调节电压，工艺参数的调节非常方便。粗丝 $CO_2$ 气体保护焊一般采用等速送丝机配下降特性的焊接电源，采用弧压反馈调节来保持弧长的稳定。

细丝 $CO_2$ 气体保护焊接一般采用短路过渡规范进行焊接，这种过渡要求焊接电源具有良好的动特性，首先，要保证合适的短路电流峰值及短路电流上升速度；其次，电源要具有较大的空载电压上升率。同时，短路电流上升速率应能调节，以适应不同直径及成分的焊

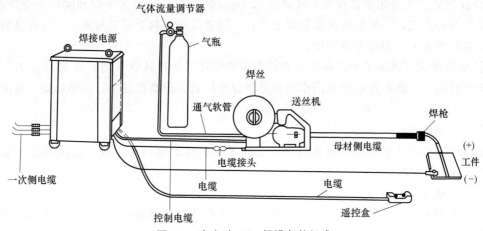

图 5-3　半自动 $CO_2$ 焊设备的组成

丝。目前，硅整流电源、晶闸管电源、IGBT 电源均能满足对空载电压上升速率的要求。但是，短路电流上升速率及短路电流峰值一般通过串联电抗器来实现。而新型的逆变式焊机可以采用电子电抗器来调节短路电流上升速率，节省硬件同时提高控制精度。

粗丝 $CO_2$ 气体保护焊接时，一般选用细颗粒过渡规范。仍采用直流反接，这种过渡对电源的动特性无特殊要求，焊接回路中可不加电感。但利用弧焊整流器作电源时，需要有一定的电感以便抑制输出电流的脉动，并减少飞溅。

**2. 送丝系统**

根据使用焊丝直径的不同，送丝系统可分为等速送丝式和变速送丝式，通常焊丝直径大于等于 3mm 时采用变速送丝方式，焊丝直径小于等于 2.4mm 时采用等速送丝式。对送丝系统的基本要求是：能稳定、均匀的送进焊丝，调速要方便、结构应牢固轻巧。

（1）送丝方式

半自动气体保护焊机有推丝式，拉丝式、推拉丝式三种基本送丝方式，见图 5-4。

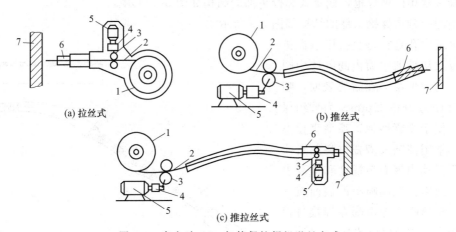

(a) 拉丝式　　(b) 推丝式　　(c) 推拉丝式

图 5-4　半自动 $CO_2$ 气体保护焊机送丝方式

1—焊丝盘；2—焊丝；3—送丝滚轮；4—减速器；5—送丝电动机；6—焊枪；7—焊件

① 推丝式。主要用于直径为 0.8～2.0mm 的焊丝，是应用最广泛的一种。其特点：焊枪结构简单轻便，操作与维修方便，但随着软管长度增加送丝阻力也会增大。故软管一般在 2～5m。

② 拉丝式。主要用于直径小于或等于 0.8mm 的细焊丝，因为细焊丝刚性小难以推丝。它又分为两种形式，一种是焊丝盘和焊枪分开，两者用送丝软管联系起来；另一种是将焊丝盘直接装在焊枪上，焊枪重量增加。

③ 推拉丝式。解决了上两种送丝方式存在的问题，送丝软管可加长到 15m 左右，采用推丝电动机送丝，而拉丝电动机的作用只是将焊丝拉直，但结构复杂，调整麻烦，实际应用不多。

（2）送丝机构

送丝机构由送丝电动机、减速装置、送丝滚轮和压紧机构等组成。送丝速度一般应在 2～16m/min 均匀调节。

（3）调速器

调速器用来调节送丝速度，一般采用改变送丝电动机电枢电压的方法，实现送丝速度的无级调节。

（4）送丝软管

送丝软管是导送焊丝的通道，要求软管内壁光滑、规整及内径大小要均匀合适，摩擦阻力小、具有良好的刚性和弹性。

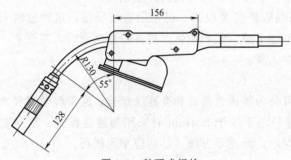

图 5-5　鹅颈式焊枪

### 3. 焊枪

焊枪的作用是传导电流、输送焊丝和保护气体。按送丝方式，焊枪可分为推丝式焊枪和拉丝式焊枪；按结构可分为鹅颈式焊枪和手枪式焊枪。

（1）鹅颈式焊枪

鹅颈式焊枪应用最广泛，适合于细焊丝，使用灵活方便，对某些难以达到的拐角处和某些受限区域焊接的可达性好，实验室常用此种焊枪，鹅颈式焊枪头部的结构如图 5-5 所示。

典型的鹅颈式焊枪头部的结构如图 5-6 所示。

喷嘴其内孔直径将直接影响保护效果，要求从喷嘴中喷出的气体为圆台形状，均匀地覆盖在熔池表面，喷嘴内孔直径为 16～22mm，为节约保护气体，便于观察熔池，喷嘴直径不宜太大，常用纯铜或陶瓷材料制造喷嘴，为降低其内表面粗糙度和提高表面硬度，通常在纯铜喷嘴的表面镀一层铬。由于喷嘴和导电嘴在焊接过程中消耗较大，需要时常更换。

为便于焊后清除黏附在喷嘴上的飞溅物和延长喷嘴使用寿命，焊接前，最好在喷嘴的内外表面涂上防飞溅喷剂或刷上硅油。

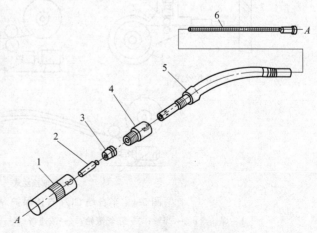

图 5-6　鹅颈式焊枪头部的结构

1—喷嘴；2—导电嘴；3—分流器；4—接头；

5—枪体；6—弹簧软管

导电嘴常用纯铜、铬青铜材料制造。为保证其导电性能良好，减小送丝阻力和保证对准中心，焊丝嘴的内孔直径必须按焊丝直径选取，孔径太小，送丝阻力大；孔径太大，则焊丝端部摆动大，会造成焊缝不直，同时气体保护效果也不好。通常导电嘴的孔径比焊丝直径大0.2mm左右。

（2）手枪式焊枪

手枪式焊枪如图 5-7 所示。这种焊枪形似手枪，适用于焊接除水平面以外的空间焊缝。焊接电流较小时，焊枪采用自然冷却；当焊接电流较大时，采用水冷式焊枪。

### 4. 气路系统

（1）气瓶

气瓶一般为容量为 40L 的标准钢瓶，外表涂铝白色并标有黑色"二氧化碳"字样。$CO_2$ 气瓶应小心轻放，竖立固定，避光保存，不得卧放使用，气瓶与热源的距离应大于 5m。

（2）减压阀

减压阀的作用是将气瓶内的气体压力降低至使用压力，调节使用压力大小并可以保持压力稳定。

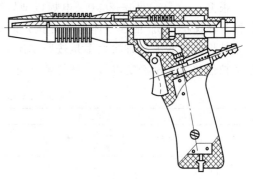

图 5-7　手枪式焊枪

（3）流量计

流量计用来调节 $CO_2$ 气体的流量，一般用的是转子流量计（浮子流量计）。气体流量过大时焊缝发黑，熔池被 $CO_2$ 气流吹起，空气卷入，焊缝质量变坏。当 $CO_2$ 气体流量小时，对熔池保护不良，容易产生气孔。气体流量的大小，是根据焊丝的粗细和熔池的大小而定，一般为 10～20L/min。

（4）预热器

安装预热器是为了防止二氧化碳中的水分在钢瓶出气口处或减压阀中结冰而堵塞气路。焊接过程中钢瓶内的液态二氧化碳不断气化，气化过程中要吸收大量的热量，而且瓶中高压 $CO_2$ 气体经减压阀降压而体积膨胀时，也要吸收大量的热，使气体温度降到零度以下，气体流量越大，温度下降越明显。因此，在减压阀之前必须安装加热器，以防止气体中的水分结冰。通常采用电热式加热器，其结构比较简单，预热器通常与减压阀、流量计组装在一起出售。

（5）干燥器

气路中安装干燥器是为了减少焊缝中的含氢量。一般市售的 $CO_2$ 气体中含有一定量的水分，因此需在气路中安装干燥器，以去除水分，减少焊缝中的含氢量。干燥器有两种：高压干燥器（往往和预热器做成一体）和低压干燥器。高压干燥器安装在减压阀前，低压干燥器安装在减压阀之后。一般情况下，只需安装高压干燥器。如果对焊缝质量的要求不高，也可不加干燥器。

（6）气阀

气阀是用来控制 $CO_2$ 气体的装置。$CO_2$ 气体的通气与断气，可以直接采用机械的气阀开关来控制。当要求准确控制时，可用电磁气阀由控制系统来完成。这种气阀结构简单，使用方便，能可靠及时实现提前通气、滞后断气的要求。

对于熔化极活化气体保护电弧焊还需要安装气体混合装置。若采用双层气体保护，则需要两套独立的供气系统。

### 5. 水路系统

水路系统通以冷却水，用于冷却焊炬及电缆。通常水路中设有水压开关，当水压太低或断水时，水压开关将断开控制系统电源，使焊机停止工作，保护焊炬不被损坏。

## 二、$CO_2$ 气体保护焊设备的型号

按操作方式，$CO_2$ 气体保护焊设备可分为半自动 $CO_2$ 气体保护焊焊机、自动 $CO_2$ 气体保护焊焊机以及其他各种专用焊机（如螺柱焊、点焊）等。

根据 GB/T 10249—2010《电焊机型号编制方法》规定，MIG/MAG 焊机（包括熔化极惰性气体保护焊机/活性气体保护焊机）的型号表示方法如表 5-3 所示，值得注意的是目前所用的焊机型号编制方法大多是按照 GB/T 10249—1988 标准命名的，区别在于 5、6、7 位用阿拉伯数字表示额定电流，其他各字位意思相同，无变化。

表 5-3　MIG/MAG 焊机型号代码

| 第一字母 | | 第二字母 | | 第三字母 | | 第四字母 | |
|---|---|---|---|---|---|---|---|
| 代表字母 | 大类名称 | 代表字母 | 小类名称 | 代表字母 | 附注特征 | 数字序号 | 系列序号 |
| N | MIG/MAG 焊机（包括熔化极惰性气体保护焊机/活性气体保护焊机） | Z<br>B<br>D<br>U<br>G | 自动焊<br>半自动焊<br>点焊<br>堆焊<br>切割 | 省略<br>M<br>C | 直流<br>脉冲<br>二氧化碳保护焊 | 省略<br>1<br>2<br>3<br>4<br>5<br>6<br>7 | 焊车式<br>全位置焊车式<br>横臂式<br>机床式<br>旋转焊头式<br>台式<br>焊接机器人<br>变位式 |

### 三、$CO_2$ 焊机的保养与维护

#### 1. $CO_2$ 焊机的保养

① 操作者必须掌握焊机的一般构造，电气原理以及使用方法。

② 必须建立焊机定期维修制度。

③ 经常检查电源和控制部分的接触器及继电器触点的工作情况，发现烧损或接触不良应及时修理或更换。

④ 经常检查送丝电动机和小车电动机的工作状态，发现炭刷磨损、接触不良或打火时要及时修理或更换。

⑤ 经常检查送丝滚轮的压紧情况和磨损程度。

⑥ 定期检查送丝软管的工作情况，及时清理管内污垢。

⑦ 检查导电嘴和焊丝的接触情况，发现导电嘴孔径严重磨损时应及时更换。

⑧ 检查导电嘴与导电杆之间的绝缘情况，防止喷嘴带电，并及时清除附着的飞溅金属。

⑨ 经常检查供气系统工作情况，防止漏气、焊枪分流环堵塞、预热器以及干燥器工作不正常等问题，保证 $CO_2$ 气流均匀畅通。

⑩ 工作完毕或因故离开，要关闭气路，切断一切电源。

⑪ 当焊机出现故障时，不要随便拨弄电器元件，应停机停电，检查修理。

#### 2. $CO_2$ 焊机常见故障及排除方法

$CO_2$ 设备故障的判断方法，一般采用直接观察法、表测法、示波器波形检测法和新元件代入等方法。故障的排除步骤一般为：从故障发生部位开始，逐级向前检查整个系统，或

相互有影响的系统或部位；还可以从易出现问题的、经常易损坏的部位着手检查，对于不易出现问题的、不易损坏的，且易修理的部位，再进一步检查。

$CO_2$ 气体保护焊机的常见故障及排除方法见表 5-4。

表 5-4　$CO_2$ 气体保护焊机的常见故障及其排除方法

| 故障特征 | 产　生　原　因 | 排　除　方　法 |
|---|---|---|
| 焊接过程中发生熄弧现象和焊接规范不稳 | ①焊接规范选得不合适<br>②送丝滚轮磨损<br>③送丝不均匀，导电嘴磨损严重<br>④焊丝弯曲太大<br>⑤焊件和焊丝不清洁，接触不良 | ①调整规范<br>②更换<br>③检修调整，更换导电嘴<br>④调直焊丝<br>⑤清理焊件和焊丝 |
| 焊丝送给不均匀 | ①送丝滚轮压力调整不当<br>②送丝滚轮 V 形槽口磨损<br>③减速箱故障<br>④送丝电动机电源插头插得不紧<br>⑤焊枪开关或控制线路接触不良<br>⑥送丝软管接头处或内层弹簧管松动或堵塞<br>⑦焊丝绕制不好，时松时紧或弯曲<br>⑧焊枪导电部分接触不良，导电嘴孔径不合适 | ①调整送丝轮压力<br>②更换新滚轮<br>③检修<br>④检修、插紧<br>⑤检修、拧紧<br>⑥清洗、修理<br>⑦更换一盘或重绕、调直焊丝<br>⑧更换 |
| 送丝电动机停止运行或电动机运转而焊丝停止送给 | ①电动机本身故障（如炭刷磨损）<br>②电动机电源变压器损坏<br>③熔丝烧断<br>④送丝轮打滑<br>⑤继电器的触点烧损或其线圈烧损<br>⑥焊丝与导电嘴相熔合在一起<br>⑦焊枪开关接触不良或控制线路断路<br>⑧控制按钮损坏<br>⑨焊丝卷卡在焊丝进口管处 | ①检修或更换<br>②更换<br>③换新<br>④调整送丝轮压紧力<br>⑤检修、更换<br>⑥更换导电嘴<br>⑦更换开关、检修控制线路<br>⑧更换<br>⑨将焊丝退出剪掉一段 |
| 电压失调 | ①三相多线开关损坏<br>②继电器触点或线包烧损<br>③线路接触不良或断线<br>④变压器烧损或抽头接触不良<br>⑤移相和触发电路故障<br>⑥大功率晶体管击穿<br>⑦自饱和磁放大器故障 | ①检修或更换<br>②检修或更换<br>③用万用表逐级检查<br>④检修<br>⑤检修更换新元件<br>⑥用万用表检查更换<br>⑦检修 |
| 焊接电压低 | ①网络电压低<br>②三相变压器单相断电或短路<br><br>③三相电源单相断路，如：硅元件单相击穿；单相熔断丝烧断 | ①调大挡<br>②分开元件与变压器的连接线，用万用表测量，找出损坏的线包更换<br>③用万用表测量各元件正反向电阻，找出坏元件更换；更换熔断丝 |
| 焊丝在送丝滚轮和软管进口处发生卷曲或打结 | ①送丝滚轮、软管接头和导丝接头不在一条直线上<br>②导电嘴与焊丝粘住<br>③导电嘴内孔太小<br>④送丝软管内径小或堵塞<br>⑤送丝滚轮压力太大，焊丝变形<br>⑥送丝滚轮离软管接头进口处太远 | ①调直<br>②更换导电嘴<br>③更换导电嘴<br>④清洗或更换软管<br>⑤调整压力<br>⑥缩短两者之间距离 |

续表

| 故障特征 | 产 生 原 因 | 排 除 方 法 |
|---|---|---|
| 气体保护不良 | ①气路阻塞或接头漏气<br>②气瓶内气体不足甚至没气<br>③电磁气阀或电磁气阀电源故障<br>④喷嘴内被飞溅物阻塞<br>⑤预热器断电造成减压阀冻结<br>⑥气体流量不足<br>⑦焊件上有油污<br>⑧工作场地空气对流过大 | ①检查气路,紧固接头<br>②更换新瓶<br>③检修<br>④清理喷嘴<br>⑤检修预热器,接通电路<br>⑥加大流量<br>⑦清理焊件表面<br>⑧设置挡风屏障 |
| 电流失调 | ①送丝电动机或其线路故障<br>②焊接回路故障<br>③晶闸管调速线路故障 | ①用万用表逐级检查<br>②用万用表逐级检查<br>③用万用表逐级检查 |
| 焊接电流小 | ①电缆接头松<br>②焊枪导电嘴间隙大<br>③焊接电缆与工件接触不良<br>④焊枪导电嘴与导电杆接触不良<br>⑤送丝电动机转速低 | ①拧紧<br>②更换合适导电嘴<br>③拧紧连接处<br>④拧紧螺母<br>⑤检查电动机及供电系统 |

# 第四节　$CO_2$ 气体保护焊工艺

## 一、焊前准备

焊前准备工作包括坡口设计、坡口加工、清理等。

### 1. 坡口设计

$CO_2$ 焊采用细滴过渡时,电弧穿透力较大,熔深较大,容易烧穿焊件,所以对装配质量要求较严格。坡口开得要小一些,钝边适当大些,对接间隙不能超过 2mm。如果用直径 1.6mm 的焊丝,钝边可留 4~6mm,坡口角度可减小到 45°左右。板厚在 12mm 以下时开 I 形坡口;大于 12mm 的板材可以开较小的坡口。但是,坡口角度过小易形成"梨"形熔深,在焊缝中心可能产生裂缝,尤其在焊接厚板时,由于拘束应力大,使这种倾向进一步增大,必须十分注意。

$CO_2$ 焊采用短路过渡时熔深浅,不能按细滴过渡方法设计坡口。通常允许较小的钝边,甚至可以不留钝边。又因为这时的熔池较小,熔化金属温度低、黏度大,搭桥性能良好,所以间隙大些也不会烧穿。例如对接接头,允许间隙为 3mm。要求较高时,装配间隙应小于 3mm。

### 2. 坡口加工方法与清理

（1）坡口加工方法

① 刨床加工。各种形式的直坡口都可采用边缘刨床或牛头刨床加工。

② 铣床加工。V 形坡口、Y 形坡口、X 形坡口和 I 形坡口的长度不大时,在高速铣床上加工是比较好的。

③ 数控气割或半自动气割。可割出 V、I、Y 和 X 形坡口。

④ 手工加工。在实际条件不具备时,可采用手工气割、角向磨光机或锉刀加工坡口。

⑤ 车床加工。管子端面的坡口及管板上的孔,通常在车床上加工。

（2）坡口清理

焊接坡口及其附近有污物，会造成电弧不稳，并易产生气孔、夹渣和未焊透等缺陷。为了保证焊接质量，要求在坡口正反面的周围 20mm 范围内清除水、锈、油、漆等污物。

清理坡口的方法有：①喷丸清理；②钢丝刷清理；③砂轮磨削；④用有机溶剂脱脂；⑤气体火焰加热。在使用气体火焰加热时，应注意充分地加热清除水分、氧化铁皮和油等，切忌稍微加热就将火焰移去，这样在母材冷却作用下会生成水珠，水珠进入坡口间隙内，将产生相反的效果，造成焊缝有较多的气孔。

## 二、焊接工艺参数

焊接参数是指焊接时，为保证焊接质量而选定的各个物理量的总称，CO₂气体保护焊的焊接参数主要包括焊接电流、电弧电压、焊丝直径、焊丝伸出长度、气体流量、电源极性、焊枪倾角及喷嘴高度等。选择合适的焊接工艺参数，对提高焊接质量和提高生产效率是十分重要的。

在实际工作中一般先根据工件厚度、坡口形式、施焊位置等选择焊丝直径，再确定焊接电流。

### 1. 焊丝直径

焊丝直径应根据工件厚度、施焊位置及生产率的要求来选择，当焊接薄板或中厚板的立、横、仰焊时，多采用直径 1.6mm 以下的焊丝；当焊接中厚板的平焊时，可采用直径 1.2mm 以上的焊丝，焊丝直径的选择可参阅表 5-5。

表 5-5　焊丝直径的选择

| 焊丝直径/mm | 焊件厚度/mm | 施焊位置 | 熔滴过渡形式 |
|---|---|---|---|
| 0.8 | 1～3 | 各种位置 | 短路过渡 |
| 1.0 | 1.5～6 | 各种位置 | 短路过渡 |
| 1.2 | 2～8 | 各种位置 | 短路过渡 |
| | 2～12 | 平焊、横角 | 细颗粒过渡 |
| 1.6 | 3～12 | 各种位置 | 短路过渡 |
| | 6～25 | 平焊、横角 | 细颗粒过渡 |
| 2.0 | >6 | 平焊、横角 | 细颗粒过渡 |

### 2. 焊接电流

焊接电流的大小应根据焊件厚度、焊丝直径、焊接位置及熔滴过渡形式来确定。焊接电流越大，焊缝厚度、焊缝宽度及余高都相应增加。通常直径 0.8～2.4mm 的焊丝，在短路过渡时，焊接电流在 60～200A 选择，颗粒过渡时焊接电流在 150～750A 选择。当焊接电流大于 250A 时，不论采用哪种直径的焊丝，当焊接过程稳定时，都难以实现短路过渡焊接，一般都把工艺参数调节为颗粒状过渡范围，用来焊接中厚度板。

焊丝直径与焊接电流的关系见表 5-6。

表 5-6　焊丝直径与焊接电流

| 焊丝直径/mm | 焊接电流/A | | 适应板厚/mm |
|---|---|---|---|
| | 颗粒过渡 | 短路过渡 | |
| 0.6 | — | 60～150 | 0.6～1.6 |
| 0.8 | 150～250 | 60～160 | 0.8～2.3 |
| 1.0 | 180～270 | 80～160 | 1.2～6 |

续表

| 焊丝直径/mm | 焊接电流/A | | 适应板厚/mm |
|---|---|---|---|
| | 颗粒过渡 | 短路过渡 | |
| 1.2 | 200～300 | 100～175 | 2.0～10 |
| 1.6 | 350～500 | 100～180 | 6.0 以上 |
| 2.4 | 500～750 | 150～200 | 6.0 以上 |

焊接电流的变化对熔深有决定性的影响，随着焊接电流的增大，熔深显著增加，熔宽略有增加。但应注意的是焊接电流过大时，容易引起烧穿和产生裂纹等缺陷，且焊件变形大，焊接过程中飞溅大；而焊接电流过小时，容易产生未焊透、未熔合和夹渣等缺陷以及焊缝成形不良。通常在保证焊透、成形良好的条件下，尽可能地采用大焊接电流，以提高生产效率。

**3. 电弧电压**

电弧电压是指由导电嘴到工件间的电压，是重要的工艺参数，直接影响到焊接过程的稳定性。对焊缝的成形、飞溅、焊接缺陷、短路频率及焊缝的力学性能都有很大的影响，对于短路过渡 $CO_2$ 气体保护焊来说，电弧电压是最重要的焊接参数，它直接决定了熔滴过渡的稳定性及飞溅大小，进而影响焊缝成形及焊接接头的质量。在短路过渡方式下，通常电弧电压为 17～24V，电弧电压小于 17V 时，金属液桥不易断开，易导致未熔化的焊丝直接短路，导致飞溅很大，甚至焊丝直接飞溅；电弧电压大于 24V 时，易产生大熔滴过渡，飞溅很大，电弧也不稳定。

电弧电压必须与焊接电流配合恰当，否则会影响到焊缝成形及焊接过程的稳定性。电弧电压随着焊接电流的增加而增大。在打底焊时采用短路过渡的方式。在立焊和仰焊时，电弧电压应略低于平焊位置，以保证短路过渡稳定。

$CO_2$ 气体保护焊焊接过程中，焊接电流与电弧电压之间的调节是很重要的。通常电弧电压与焊接电流有一定的匹配关系。按熔滴过渡特点不同，其匹配关系是：

短路过渡（在 250A 以下）时的匹配关系为

$$U=0.04I+16\pm2(V) \tag{5-1}$$

颗粒过渡（在 250A 以上）时的匹配关系为

$$U=0.04I+20\pm2(V) \tag{5-2}$$

粗丝情况下，焊接电流在 600A 以上时，电弧电压一般为 40V 左右。

细丝 $CO_2$ 气体保护焊的电弧电压与焊接电流的匹配关系见表 5-7。

表 5-7 短路过渡 $CO_2$ 气体保护焊时电弧电压与焊接电流的最佳匹配

| 焊接电流/A | 电弧电压/V | |
|---|---|---|
| | 平焊 | 立焊和仰焊 |
| 70～120 | 18～21.5 | 17～19 |
| 130～170 | 19.5～23 | 18～21 |
| 180～210 | 20～24 | 18～22 |
| 220～260 | 21～25 | 18～22 |

当焊接电流在 250A 以上时，即使采用较小电压，也难以获得稳定的短路过渡过程。所以往往加大弧长和提高电压，基本上不发生短路，而形成颗粒过渡。

注意：上述电弧电压的计算公式适用于焊接电缆为 3～5m 的情况。实际生产中于加长电缆将会产生压降，此时要对电压进行修正。

### 4. 焊接速度

焊接速度要与焊接电流适当配合才能得到良好的焊缝成形。在热输入不变的条件下，焊接速度过大，熔宽、熔深减小，甚至产生咬边、未熔合、未焊透等缺陷。焊接速度过慢，不但直接影响了生产率，还会产生大量熔敷金属堆积现象，易产生未熔合、焊瘤和未焊透，而且还可能导致烧穿、焊接变形过大等缺陷。

半自动 CO$_2$ 气体保护焊时，当焊接速度低于 $0.15\sim0.2m/min$ 的情况下，移动焊枪时焊工的手易抖动，同时熔池堆积金属过多，焊接过程不稳定。当焊接速度过大时，大于 $0.6\sim0.7m/min$，难以控制焊枪对准待焊区。所以半自动 CO$_2$ 气体保护焊的焊接速度一般为 $0.3\sim0.5m/min$。

### 5. 焊接回路电感

焊接回路电感主要用于调节电流的动特性，并调节短路频率和燃烧时间，以控制电弧热量和熔透深度，以获得合适的短路电流增长速度 $di/dt$，从而减少飞溅。

焊接回路电感值应根据焊丝直径和焊接位置来选择。在短路过程中，熔滴首先与熔池润湿并铺开，然后形成缩颈，由于细焊丝的熔滴尺寸小，所以可以在短时间完成，熔滴过渡的周期短，因此需要较大的 $di/dt$，应选择较小电感值；粗焊丝熔化慢，熔滴过渡的周期长，则要求较小的 $di/dt$，需选择较大电感值。另外，在平焊位置要求短路电流增长速度 $di/dt$ 比立焊和仰焊位置时低些，即应选择较大的电感值。

在实际生产中，由于焊接电缆比较长，常常将一部分电缆盘绕起来，这相当于在焊接回路中串入了一个附加电感，由于回路电感值的改变，使飞溅情况、母材熔深等都将发生变化。因此，焊接过程正常后，电缆盘绕的圈数就不宜变动（通常不宜盘绕，因为电焊机制造商选择电感时，不考虑盘绕因素）。

### 6. 焊丝干伸长

焊丝干伸长是焊丝伸出导电嘴的长度，电阻热对焊丝起预热作用。所以在焊接电流相同的情况下，如果焊丝干伸长较大，则焊丝预热作用大，熔化加快，焊丝熔化量增多。因此，焊丝送进速度一定时，如果焊丝干伸长大，则必须使用较小的焊接电流。

短路过渡 CO$_2$ 气体保护焊所用的焊丝很细，因此，焊丝干伸长对熔滴过渡、电弧的稳定性及焊缝成形均具有很大的影响。干伸长过大时，电阻热增大，焊丝容易因过热而熔断，导致严重飞溅及电弧不稳。此外，干伸长过大时，因预热作用强，焊丝熔化快，电弧电压高，从而导致焊接电流降低，电弧的熔透能力下降，易导致未焊透。而干伸长过小时，喷嘴离工件的距离很小，妨碍观察电弧，同时飞溅金属颗粒易堵塞喷嘴，甚至烧毁导电嘴，破坏焊接过程正常进行。生产经验表明，合适的焊丝干伸长应为焊丝直径的 $10\sim20$ 倍，短路过渡 CO$_2$ 气体保护焊时，干伸长一般应控制在 $5\sim15mm$。对于不同直径和不同材料的焊丝，允许使用的焊丝干伸长是不同的，见表 5-8。

表 5-8　焊丝干伸长的选择　　　　　　　　　　　　　　mm

| 焊丝直径 | H08Mn2SiA | H06Cr09Ni9Ti |
| --- | --- | --- |
| 0.8 | 6~12 | 5~9 |
| 1.0 | 7~13 | 6~11 |
| 1.2 | 8~15 | 7~12 |

细颗粒过渡 $CO_2$ 气体保护焊所用的焊丝较粗，焊丝干伸长对熔滴过渡、电弧的稳定性及焊缝成形的影响不像短路过渡那样大。但由于飞溅较大，喷嘴易于堵塞，因此，干伸长应比短路过渡时选得大一些，一般应控制在 $10 \sim 20mm$ 内。

### 7. 气体流量

气体流量是 $CO_2$ 气体保护焊的重要参数之一。保护不好时，将出现气孔，甚至使焊缝成形变坏，而无法进行焊接。

保护气体的流量一般根据电流的大小、焊接速度、干伸长等来选择。这些参数越大，气体流量也应适当加大，在200A以下焊接薄板时为 $10 \sim 15L/min$，在200A以上焊接厚板时为 $15 \sim 25L/min$。但是，气体流量不能太大，以免产生涡流，使空气卷入，破坏保护效果。

### 8. 喷嘴至工件的距离

短路过渡 $CO_2$ 气体保护焊时，喷嘴至工件的距离应尽量取得适当小一些，以保证良好的保护效果及稳定的过渡，但也不能过小。这是因为该距离过小时，焊枪阻挡焊工视线，同时飞溅颗粒易堵塞喷嘴。喷嘴至工件的距离一般根据焊接电流来选择，焊接电流越大，距离也随之增大，喷嘴至工件间的距离与电流的关系如表5-9所示。

表 5-9  喷嘴至工件的距离与焊接电流的关系

| 焊接电流/A | 喷嘴至工件间的距离/mm | 焊接电流/A | 喷嘴至工件间的距离/mm |
| --- | --- | --- | --- |
| $\leqslant 200$ | $10 \sim 15$ | $350 \sim 500$ | $20 \sim 25$ |
| $200 \sim 350$ | $15 \sim 20$ | | |

### 9. 焊枪倾角及焊接方向

焊枪的倾角也是不容忽视的因素。当焊枪倾角小于 $10°$ 时，对焊接过程及焊缝成形没有明显的影响，但倾角增大时熔宽增加，熔深减小，飞溅增加。

当焊枪与焊件成后倾角（焊缝与焊枪夹角大于 $90°$）时，由于电弧能量偏向于已焊区域，使得焊缝变窄，余高变大，熔深增加，焊缝成形不良；当焊枪与焊件成前倾角（待焊区域与焊枪夹角大于 $90°$）时，由于电弧能量对待焊区的预热作用，焊缝变宽，余高变小，熔深较浅，焊缝成形好。

对于习惯右手持枪的操作者，采用左向焊法（从右向左焊接），焊枪采用前倾角，这样不仅可以得到较好的焊缝成形，还能够清晰地观察和控制熔池。习惯左手持枪，则采用右焊法。

### 10. 电源极性

$CO_2$ 气体保护焊一般采用直流反接，焊件接电源负极，焊丝接电源正极。这时电弧稳定，焊接过程平稳，飞溅小，熔深大。而直流正接时，在相同的电流下，焊丝熔化速度约为反接时的1.6倍，熔深变浅，余高和飞溅都变大。因此，直流反接用于一般 $CO_2$ 气体保护焊，直流正接用于堆焊、铸铁补焊、大电流高速 $CO_2$ 气体保护焊。

总之，确定焊接工艺参数的程序是根据板厚、接头形式、焊接操作位置等条件，确定焊丝直径和焊接电流。同时考虑熔滴过渡形式，然后确定其他参数，如电弧电压、焊接速度、焊丝干伸长、气体流量和电感值等。最后还应通过焊接工艺评定，确定满足焊接过程稳定、飞溅小、成形美观，没有烧穿、咬边、气孔、裂纹等缺陷，充分焊透等要求，才为合格的焊接工艺参数。

### 三、基本操作技术

### 1. 持枪姿势和焊接姿势

（1）选择正确的持枪姿势和焊接姿势

由于焊枪上接有焊接电缆、控制电缆、气管、水管及送丝软管等，焊枪比焊条电弧焊焊钳重，因此焊接过程中焊工容易疲劳，而使操作者很难握紧焊枪，影响焊接质量。为了能长时间坚持生产，每个焊工都应根据焊接位置，选择正确的持枪姿势。应该尽量减轻焊枪（及送丝软管）的重量，并利用肩部、腿部等身体的可利用部位，减轻手臂的负荷，使手臂处于自然状态，并能够灵活带动焊枪移动。

正确的持枪姿势应满足以下条件：

① 操作时用肩部或大臂承担焊枪的重量，手腕能灵活带动焊枪平移或转动。

② 焊接过程中，为保证送丝连续均匀，送丝软管最小的曲率半径应大于 300mm。

③ 焊接过程中，既能保持焊枪倾角不变，又能清楚地观察熔池。

④ 送丝机置于合理的位置，保证焊枪在焊接过程中自由移动。

焊接过程中应该右手持枪，右肘依靠右侧腰部，左手拿面罩。焊接姿势有站立式、坐式和蹲式三种，如图 5-8 所示。

(a) 下蹲平焊　　(b) 坐姿平焊　　(c) 站立平焊　　(d) 站立立焊　　(e) 站立仰焊

图 5-8　焊接姿势

（2）控制合理的焊枪倾角和喷嘴高度

在焊接过程中，焊工必须控制合理的焊枪与焊件的倾角和喷嘴高度，以能长时稳定的焊接和清楚地观察熔池为宜。同时还要注意焊枪移动的速度要均匀，焊枪不能偏离坡口中心线等。通常情况下，焊工可根据焊接电流的大小、熔池温度情况等适当调整焊枪的角度和移动速度。

（3）保持焊接线能量相同

整个焊接过程中，必须保持焊接线能量相同，才能获得满意的焊缝。通常焊工可根据焊接电流的大小、熔池的形状、焊件熔合情况等，调整焊枪前移速度和横向摆动力争线能量相同，从而获得一致美观的焊缝。

### 2. 基本操作技能

与焊条电弧焊相同，CO₂ 气体保护焊的平整焊基本操作技术也由引弧、焊接、收尾、接头四步构成。由于焊丝的送进由送丝机自动完成，焊接过程中只需维持弧长不变，并根据熔池情况移动焊枪（若焊缝较宽时还需摆动）就行了，因此 CO₂ 气体保护焊操作比焊条电弧焊容易掌握。

（1）引弧

CO₂ 气体保护焊与焊条电弧焊引弧的方法稍有不同，不采用划擦式引弧，主要是碰撞引弧，引弧时不需抬起焊枪。具体操作步骤如下：

引弧前先按送丝机上的点动开关或焊枪上的控制开关，点动送出一段焊丝，焊丝伸出长度小于喷嘴与焊件间应保持的距离，一般为 10mm 左右，超长部分应剪去，如图 5-9 所示。若焊丝的端部凝结小球状时，必须预先剪去，否则会引弧困难。

随后将焊枪按实际焊接时的喷嘴高度与焊枪倾角放在引弧待焊处（如图 5-10 所示）。注意此时焊丝端部与焊件未接触，喷嘴高度由焊接电流决定。

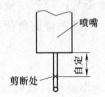

图 5-9　引弧前剪去超长的焊丝

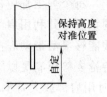

图 5-10　准备引弧

然后按焊枪开关，焊机自动送气，1～3s 后供电、送丝，当焊丝与工件接触短路时，自动引燃电弧。在短路时，焊丝对焊枪有反作用力，持枪的手会感觉向上顶起。因此，在引弧时，要握紧焊枪，稍用力下压焊枪，保证喷嘴与工件间的距离，同时，防止因焊枪抬起太高，电弧太长而熄灭。引弧过程如图 5-11 所示。

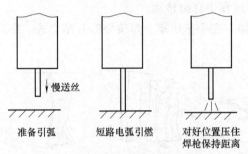

图 5-11　引弧过程

（2）焊接

引燃电弧后，通常都采用左焊法、前倾角（从右向左焊接，待焊区域与焊枪夹角大于 90°），焊接过程中，焊工的主要任务是保持焊枪合适的倾角和喷嘴高度，沿焊接方向尽可能地匀速向前移动，当坡口较宽时，为保证两侧熔合良好，焊枪还要作横向摆动。

在焊接过程中，焊工必须依据获得的现场信息，如熔池的颜色、大小、形状，电弧的稳定性、电弧声、飞溅的大小以及焊缝成形的好坏来控制焊接操作、选择和改变焊接参数。

① 左焊法与右焊法。半自动 $CO_2$ 气体保护焊接时，经常采用左焊法。其特点是容易观察焊接方向，熔池在电弧力作用下，熔化金属被吹向前方，使电弧不能直接作用到母材上，熔深较浅，焊缝变宽，余高变小，飞溅略大，但保护效果好。采用右焊法时，熔池金属被吹向后方，电弧能直接作用到母材上，熔深较大，焊道窄而高，飞溅略小。左焊法与右焊法的焊枪角度及焊道的断面形状见表 5-10。

表 5-10　左焊法与右焊法的焊枪角度及焊道的断面形状

| 应用 | 左焊法 | 右焊法 |
| --- | --- | --- |
| 焊枪角度 | 10°～15°　焊接方向 | 10°～15°　焊接方向 |
| 焊道断面形状 | | |

② 运丝。按照所需焊缝的宽度，运丝可分为直线移动焊丝、横向摆动和往复摆动运丝两种方法。

直线移动焊丝焊接法。所谓直线移动是指焊丝只沿准线作直线运动而不作摆动，形成的焊缝宽度较窄。

横向摆动和往复摆动运丝焊接法。$CO_2$ 气体保护焊半自动焊为保证焊缝的宽度及坡口两侧熔合，往往采用横向摆动运丝法，这种运丝方式是沿焊接方向，在焊道中心线（即准线）两侧作横向交叉摆动。常用摆动方式有锯齿形、月牙形、正三角形、斜圆圈形等，常见的摆动方式及应用见表 5-11。

表 5-11　焊枪的摆动形式及应用范围

| 摆　动　形　式 | 用　途 |
| --- | --- |
| ←———————————— | 薄板及中厚板打底焊道 |
| ＶＶＶＶＶＶＶＶＶＶＶＶＶＶＶ | 坡口小时及中厚板打底焊道 |
| ＶＶＶＶＶＶＶＶＶＶ | 焊厚板第二层以后的横向摆动 |
| ＠＠＠＠ | 填角焊或多层焊时的第一层 |
| 𝓮𝓮𝓮𝓮 | 坡口大时 |
| ⑧　⑥⑦　④⑤　②③　① | 焊薄板根部有间隙，坡口有钢板垫板 |

为了减少热输入，减小热影响区面积，减小变形，通常不希望采用大的横向摆动来获得宽焊缝，提倡采用多层多道焊来焊接厚板。当坡口小时，如焊接打底焊缝时，可采用锯齿形的横向摆动，如图 5-12 所示。当坡口大时，可采用弯月形的横向摆动，如图 5-13 所示。

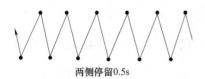

两侧停留0.5s

图 5-12　锯齿形横向摆动

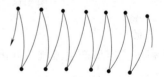

左右两侧停留0.5s左右

图 5-13　弯月形的横向摆动

摆动焊接时，横向摆动运丝角度和起始端的运丝要领与直线无摆动焊接一样。在横向摆动运丝时要注意：左右摆动幅度要一致，否则会出现熔深不良的现象，如图 5-14 所示。摆动到中间时速度应稍快，而到两侧时要稍作停顿，摆动的幅度不能过大，否则部分熔池不能得到良好的保护作用，$CO_2$ 气体保护焊摆动的幅度要比手工电弧焊小些一般摆动幅度限制在喷嘴内径的 1.5 倍范围内。

为了降低熔池温度，避免铁水漫流，有时焊丝可以作小幅度前后摆动。进行这种摆动时，要注意摆幅均匀，并要让向前移动焊丝的速度均匀。

③ 始焊端。起始端在一般情况下焊道要高些而熔深浅些，因为焊件正处于较低的温度，这样会影响焊缝的强度。为了克服这个缺点，可采取一种特别的移动法，即在引弧之后，先将电弧稍微拉长一些，对焊缝端部预热 2～3s，以此达到对焊道端部适当预热的目的，然后再压缩电弧进行起始端的焊接。这样可以获得有一定熔深和成形比较整齐的焊道，如图5-15

（a）、（b）所示。

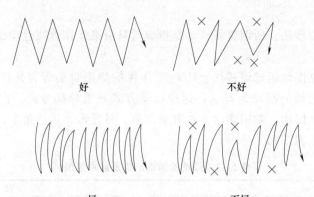

图 5-14 摆动不均匀对熔深的影响示意图

（图中 "×" 表示熔深不良）

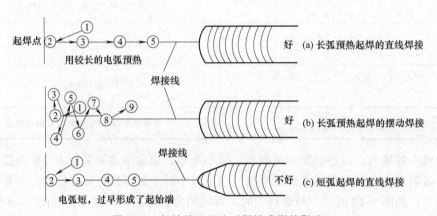

图 5-15 起始端运丝法对焊缝成形的影响

（3）收弧

若收弧不当容易产生弧坑，并出现收弧裂纹（火口裂纹）、气孔等缺陷。操作时可以采取以下措施：

① 若焊机有弧坑控制电路，则焊枪在收弧处停止前进，松开焊枪开关，保持焊枪到工件的距离不变，弧坑控制电路自动接通，此时焊接电流与电弧电压变小，待弧坑填满后，电弧熄灭。电弧熄灭时，也不要马上抬起焊枪，因为控制电路仍保持延时 1～3s 送气，保证熔池凝固时得到很好的保护，等送气结束时，再移开焊枪。

② 若所用焊机没有弧坑控制电路，或因焊接电流小没有使用弧坑控制电路时，在收弧处焊枪停止前进，并在熔池未凝固时，反复断弧、引弧几次，直到弧坑填满为止。操作时动作要快，若熔池已凝固才引弧，则可能产生未熔合及气孔等缺陷。

不论采用哪种方法收弧，操作时都需特别注意，不能抬高喷嘴，即使弧坑已填满，电弧已熄灭，也要让焊枪在弧坑处停留几秒后才能移开，因为灭弧后，仍会延迟送气一段时间，以保证熔池凝固时能得到可靠的保护。若收弧时提起焊枪，则容易因保护不良引起缺陷。

（4）接头

$CO_2$ 气体保护焊不可避免地要有接头，为保证接头质量，生产中常有两种方法：

方法一：首先将待焊接头处用磨光机打磨成斜面，然后在斜面顶部引弧，引燃电弧后，将电弧移至斜面底部，转一圈返回引弧处后再继续向左焊接，引燃电弧后向斜面底部移动时，要注意观察熔孔，若未形成熔孔则接头处背面焊不透。若熔孔太小，则接头处背面产生缩颈；若熔孔太大，则背面焊缝太宽或焊漏。如图 5-16 所示。

方法二：不需要摆动运条的焊道进行接头时，一般在收弧处的前方 10～20mm 处引弧，然后将电弧快速移到接头处，待熔化金属与原焊缝相连后，再将电弧引向前方，进行正常焊接，如图 5-17（a）所示。对需要摆动运条的焊道进行接头时，在收弧处的前方 10～20mm 处引弧，然后以直线方式将电弧带到接头处，待熔化金属与原焊缝相连后，从接头中心开始摆动，在向前移动的同时逐渐加大摆幅，转入正常焊接，如图 5-17（b）所示。

方法一简单，容易掌握，但是所需工时比较长，适合于初学者。方法二需要焊工有一定的操作经验，能准确观察并判断熔池的情况，但是可以节省工时。

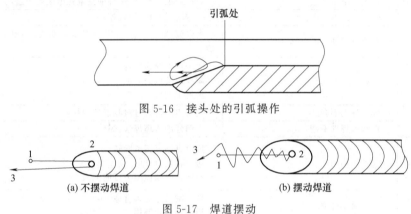

图 5-16　接头处的引弧操作

(a) 不摆动焊道　　　　　　　(b) 摆动焊道

图 5-17　焊道摆动

### 四、CO₂ 气体保护焊的常见焊接缺陷防止措施

CO₂ 气体保护焊时，产生缺陷的原因很多，归纳起来主要有设备、材料、工艺、操作四个方面，见表 5-12。分析缺陷产生的原因，有针对性地采取措施防止缺陷产生，可提高生产效率。

表 5-12　CO₂ 气体保护焊的焊接缺陷、产生原因及防止措施

| 缺陷 | 产 生 原 因 | 防 止 措 施 |
|---|---|---|
| 气孔 | CO₂ 气体流量不足 | 调整气体流量到 15～25L/min，气瓶中的气压应>1MPa |
| | 空气混入 CO₂ 中 | 检查气管有无泄漏，气管接头是否牢固 |
| | 保护气体被风吹走 | 风速大于 2m/s 时应采取防风措施 |
| | 喷嘴被飞溅颗粒堵塞 | 去除飞溅（利用飞溅防堵剂或机械清除） |
| | 气体纯度不符合要求 | 使用合格的 CO₂ 气体 |
| | 焊接接头处较脏 | 接头处不要黏附油、锈、水、脏物和油漆 |
| | 喷嘴与母材距离过大 | 通常为 10～25mm，根据电流和喷嘴直径进行调整 |
| | 焊丝弯曲 | 使电弧在喷嘴中心燃烧，应将焊丝校直 |
| | 卷入空气 | 在坡口内焊接时，由于焊枪倾斜，气体向一个方向流动，空气容易从相反方向卷入；环焊缝时气体向一个方向流动，容易卷入空气；焊枪应对准环缝的圆心 |
| | 减压阀冻结 | 在减压阀前接预热器 |
| | 输气管路堵塞 | 注意检查输气管路有无堵塞和弯折 |
| 电弧不稳 | 导电嘴内孔尺寸不合适 | 应使用与焊丝直径相应的导电嘴 |
| | 导电嘴磨损 | 导电嘴内孔可能变大，导电不良 |

续表

| 缺陷 | 产 生 原 因 | 防 止 措 施 |
|---|---|---|
| 电弧不稳 | 焊丝送进不稳 | 焊丝太乱,焊丝盘旋转不平稳,送丝轮尺寸不合适,加压滚轮压紧力太小,导向管曲率可能太小,送丝不良 |
| | 网路电压波动 | 一次电压变化不要过大 |
| | 导电嘴与母材间距过大 | 该距离应为焊丝直径的10~15倍 |
| | 焊接电流过低 | 使用与焊丝直径相适应的电流 |
| | 接地不牢 | 应可靠连接(由于母材生锈、有油漆及油污使得接触不好) |
| | 焊丝种类不合适 | 按所需的熔滴过渡状态选用焊丝 |
| 焊丝与导电嘴粘连 | 导电嘴与母材间距太小 | 该距离由焊丝直径决定 |
| | 起弧方法不正确 | 不得在焊丝与母材接触时引弧(应在焊丝与母材保持一定距离时引弧) |
| | 导电嘴不合适 | 按焊丝直径选择尺寸适合的导电嘴 |
| | 焊丝端头有熔球时起弧不好 | 剪断焊丝端头的熔球或采用带有去球功能的焊机 |
| 飞溅多 | 焊接规范不合适 | 焊接规范是否合适,特别是电弧电压是否过高 |
| | 输入电压不平衡 | 一侧有无断相(熔丝等) |
| | 直流电感抽头不合适 | 大电流(200A以上)用线圈多的抽头,小电流用线圈少的抽头 |
| | 磁偏吹 | 改变一下地线位置<br>减少焊接区的空隙<br>设置工艺板 |
| | 焊丝种类不合适 | 按所需的熔滴过渡状态选用焊丝 |
| | 焊丝和焊件不洁 | 焊前仔细清理焊丝、焊件 |
| 电弧周期性的变动 | 送丝不均匀 | 焊丝盘是否圆滑旋转<br>送丝轮是否打滑<br>导向管的摩擦阻力可能太大 |
| | 导电嘴不合适 | 导电嘴尺寸是否合适<br>导电嘴是否磨损 |
| | 一次输入电压变动大 | 电源变压器容量够不够<br>附近有无过大负载(电阻点焊机等) |
| 咬边 | 焊速过快 | 减慢焊速 |
| | 电弧电压偏高 | 根据焊接电流调整电弧电压 |
| | 焊枪操作不合理 | 焊接方向是否合适<br>焊枪角度是否正确<br>焊枪指向位置是否正确<br>改进焊枪摆动方法 |
| 焊瘤 | 焊速过慢 | 适当提高焊速 |
| | 电弧电压过低 | 根据焊接电流调整电弧电压 |
| | 焊枪操作不合理 | 调整焊枪角度、焊枪指向位置<br>改进焊枪摆动方法 |
| 未焊透 | 焊接规范不合适 | 是否电流太小、电压太高、焊速太低,焊丝干伸长是否太大 |
| | 焊枪操作不合理 | 焊枪角度正确否(倾角是否过大)<br>焊枪指向位置正确否 |
| | 接头形状不良 | 坡口角度和根部间隙可能太小<br>接头形状应适合于所用的焊接方法 |
| 烧穿 | 焊接规范不合适 | 调整焊接参数<br>坡口角度是否太大 |
| | 坡口不良 | 钝边是否太小,根部间隙是否太大<br>坡口是否均匀 |
| 夹渣 | 焊接规范不合适 | 正确选择焊接规范(适当增加电流、焊速)<br>摆动宽度是否太大<br>焊丝干伸长是否太大 |

续表

| 缺陷 | 产 生 原 因 | 防 止 措 施 |
|---|---|---|
| 裂纹 | 焊丝或焊件表面有油、锈、漆等 | 焊前仔细清理 |
| | 焊缝中 C、S 含量高，Mn 含量低 | 检查焊件和焊丝的化学成分，调换焊接材料，调整熔合比、加强工艺措施 |
| | 多层焊第一道焊缝过薄 | 增加焊道厚度 |
| | 熔深过大 | 调整焊接工艺参数，控制熔深 |
| 蛇形焊道 | 焊丝干伸长过大 | 保持合适的焊丝干伸长 |
| | 焊丝校正机构调整不良 | 调整好焊丝校正机构 |
| | 导电嘴磨损严重 | 及时更换导电嘴 |

# 第五节　CO₂ 气体保护焊实训项目

## 实训一　V 形坡口板对接平焊单面焊双面成形技术

### 一、要求

按照图 5-18 要求，学习 CO₂ 气体保护焊板对接平焊的基本操作技能，完成规定的焊接任务，达到工件图样技术要求。

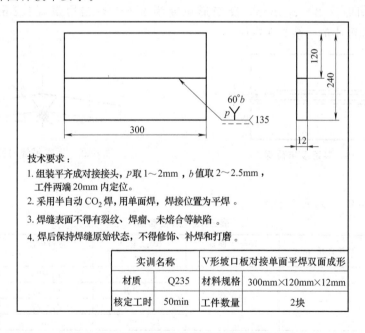

技术要求：
1. 组装平齐成对接接头，p 取 1～2mm，b 值取 2～2.5mm，工件两端 20mm 内定位。
2. 采用半自动 CO₂ 焊，用单面焊，焊接位置为平焊。
3. 焊缝表面不得有裂纹、焊瘤、未熔合等缺陷。
4. 焊后保持焊缝原始状态，不得修饰、补焊和打磨。

| 实训名称 | | V 形坡口板对接单面平焊双面成形 | |
|---|---|---|---|
| 材质 | Q235 | 材料规格 | 300mm×120mm×12mm |
| 核定工时 | 50min | 工件数量 | 2块 |

图 5-18　CO₂ 气体保护焊板对接平焊任务图

### 二、分析

板对接平焊单面焊双面成形是其他位置焊接的基础。由于焊接时熔池呈悬空状态，液态金属在重力影响下极易产生下坠现象，在焊接过程中必须根据装配间隙及熔池温度变化情况，及时调整焊枪角度、摆动幅度和焊接速度，以控制熔孔尺寸，保证工件背面形成均匀一致的焊缝。

### 三、准备

#### 1. 工件材料

焊件为 300mm×120mm×12mm 的 Q235 钢板，检查钢板平直度，并修复平整，为保证焊接质量在焊接区 20mm 内打磨除锈，露出金属光泽，避免产生气孔、裂纹等缺陷。

#### 2. 焊接材料

根据母材型号，按照等强度原则选用规格 ER49-1，直径为 1.2mm 的焊丝，使用前检查焊丝是否损坏，并除去污物杂锈，保证其表面光滑。

#### 3. 焊接设备

选用 NBC-350 型焊机，配备送丝机构、焊枪、气体流量表、$CO_2$ 气瓶。检查设备状态，电缆线接头是否接触良好，焊钳电缆是否松动，避免因接触不良造成电阻增大而发热、烧毁焊接设备。检查接地线是否断开，避免因设备漏电造成人身安全隐患。检查设备气路、电路是否接通。清理喷嘴内壁飞溅物，使其干净光滑，以免保护气体受阻。

#### 4. 辅助器具

焊工操作作业区附近应准备好焊帽、手锤、敲渣锤、钢直尺、活动扳手、角磨机、焊接检验尺等辅助工具和量具。

### 四、实施

#### 1. 装配

要求装配间隙为 2～2.5mm，反变形角度为 3°～5°，错边量≤1.2mm，如图 5-19、图 5-20 所示，间隙小的一端放在右侧。

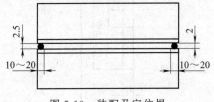

图 5-19　装配及定位焊

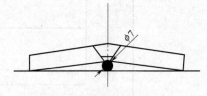

图 5-20　对接平焊的反变形

#### 2. 焊接

（1）焊接参数（见表 5-13）

表 5-13　焊接参数

| 焊接层次位置 | 焊丝直径/mm | 焊丝干伸长/mm | 焊接电流/A | 电弧电压/V | 气体流量/(L/min) |
| --- | --- | --- | --- | --- | --- |
| 定位焊 | | | 90～100 | 18～20 | 10～15 |
| 打底焊 | | | 90～100 | 18～20 | 10～15 |
| 填充焊 | 1.2 | 12～18 | 220～240 | 24～26 | 15～20 |
| 盖面焊 | | | 230～250 | 25 | 15～20 |

（2）定位焊

通常定位焊缝都比较短，焊接过程中很难全部重熔，因此会成为正式焊缝的一部分保留在焊缝中，所以定位焊缝的质量好坏，位置、长度和高度等是否合格，将直接影响正式焊缝的质量及焊件的变形。根据经验，生产中发生的一些重大质量事故，如结构变形大，出现未焊透及裂纹等缺陷，往往是定位焊不合格造成的，因此对定位焊必须引起足够的重视。

焊接定位焊缝时必须注意以下几点：

① 必须按照与正式焊缝施焊相同的焊接工艺条件焊接定位焊缝。例如，采用与正式焊缝施焊相同的焊丝牌号和规格，若焊接工艺规定焊前需预热，焊后需缓冷，则焊定位焊缝前也要预热，焊后也要缓冷。

② 定位焊必须保证熔合良好，余高不能太高，起头和收尾处应圆滑，不能太陡，防止焊缝接头时两端焊不透。

③ 定位焊缝的长度、余高、间距等尺寸见表5-14。

表 5-14 定位焊缝的参考尺寸         mm

| 焊件厚度 | 定位焊缝余高 | 定位焊缝长度 | 定位焊缝间距 |
|---|---|---|---|
| ≤4 | <4 | 5~10 | 50~100 |
| 4~12 | 3~6 | 10~20 | 100~200 |
| >12 | >6 | 15~30 | 200~300 |

④ 定位焊缝不能焊在焊缝交叉处或焊缝方向发生急剧变化的区域，一般至少应离开这些地方50mm。

⑤ 为防止焊接过程中工件开裂，应尽量避免强制装配，必要时可减小定位焊缝的间距并增加定位焊缝的长度。

⑥ 定位焊后必须尽快焊接，避免中途停顿或存放时间过长，定位焊电流可比正常焊接时大10%~15%。

（3）打底焊

平焊缝从横剖面看，熔池上大下小，主要靠熔池背面表面张力的向上分力维持平衡，支撑熔化的金属不下滴。因此，焊工必须根据装配间隙及焊接过程中试板的升温情况的变化，调整焊枪角度、摆动幅度和焊接速度，尽可能地维持熔孔直径不变，保证获得平直均匀的背面焊道。

焊接时，操作者只能看到熔池的上表面情况，对于焊缝能否焊透，是否将要发生烧穿等现象，一般要依靠焊工的经验来判断，通过仔细观察熔池出现的情况来改变焊枪的操作方式。

焊缝正常熔透时，熔池呈白色椭圆状，熔池前端比焊件表面有少许下沉，出现咬边的倾向，常称为弧形切痕，见图 5-21（a）、（b）。当弧形切痕达到0.1~0.2mm时，熔透焊道正常；当切痕深度达到0.3mm时，开始出现烧穿征兆。随着切痕的加深，椭圆形熔池也变得细长，直至烧穿，见图 5-21（c）、（d）。焊接时，弧形切痕的深度尺寸很难测量，只能根据实际经验来判断。一旦发现烧穿征兆，应加大横向摆动幅度或增大前后的摆动来调整对熔池的加热。

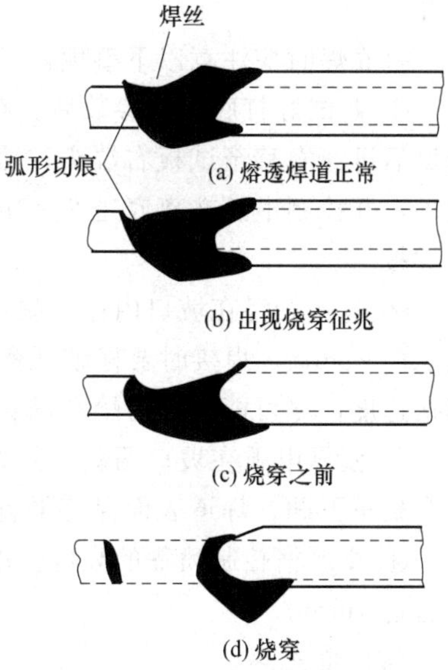

图 5-21 烧穿过程示意图

因此，必须认真、仔细地观察焊接过程中的情况，并不断地总结经验，才能熟练掌握单面焊双面成形操作技术。

打底焊的特点是焊接电流较小，电弧电压较低。在这种情况下，由于弧长小于熔滴自由成形时的熔滴直径，频繁地引起短路，熔滴为短路过渡，焊接过程中可观察到周期性的短路，电弧引燃后，在电弧热的作用下，熔池和焊丝都熔化，焊丝端头形成熔滴，并不断地长大，弧长变短，电弧电压降低，最后熔滴与熔池发生短路，电弧熄灭，电压急剧下降，短路电流逐渐增大，在电磁收缩力的作用下，短路熔滴形成缩颈并不断变细，当短路电流达到一定值后，细颈断开，电弧又重新引燃，如此不断重复。这就是短路过渡的全过程。保证短路过渡的关键是电弧电压必须与焊接电流配合好，对于直径为 1.0mm、1.2mm、1.6mm 的焊丝，短路过渡时的电弧电压在 20V 左右。采用多元控制系统的焊机进行焊接时，要特别注意电弧电压的匹配。

采用一元化控制的焊机进行焊接时，如果选用小电流，控制系统会自动选择合适的低电压，只需根据焊缝成形稍加修正，就能保证短路过渡。

采用短路过渡方式进行焊接时，若焊接参数合适，主要是焊接电流与电弧电压配合好，则焊接过程中电弧稳定，可观察到周期性的短路，可听到均匀的、周期性的啪啪声，熔池平稳，飞溅较小，焊缝成形好。如果电弧电压太高，熔滴短路过渡频率降低，电弧功率增大，容易烧穿，甚至熄弧。如果电弧电压太低，可能在溶滴很小时就引起短路，焊丝未熔化部分插入熔池后产生固体短路，在短路电流作用下，这段焊丝突然爆断，使气体突然膨胀，从而冲击熔池，产生严重的飞溅，破坏焊接过程。

坡口间隙对单面焊双面成形有重大的影响。坡口间隙小时，应设法增大穿透能力，焊丝应近乎垂直地对准熔池的前部；坡口间隙大时，焊丝应指向熔池中心，并适当进行摆动。当坡口间隙为 0.2~1.4mm 时，采用直线式焊接或焊枪作小幅度摆动；当坡口间隙为 1.2~2.0mm 时，采用月牙形的小幅度摆动焊接，焊枪摆动时，在焊缝的中心移动要快，而在两侧要稍加停留，一般为 0.5~1s，坡口间隙更大时，摆动方式应在横向摆动的基础上增加前后摆动，采用倒退式月牙形摆动，这种摆动方式可以避免电弧直接对准坡口间隙，防止烧穿。

打底焊时应注意以下事项：

① 调试好打底焊的参数后，在试板右端预焊点左侧约 20mm 处坡口两侧引弧，待电弧引燃后迅速右移至试板右端头，然后向左开始焊接打底焊道，焊枪沿坡口两侧作小幅度横向摆动，并控制电弧在离底边 2~3mm 处燃烧，当坡口底部熔孔直径达到 3~4mm 时转入正常焊接。

② 电弧始终在坡口内作小幅度横向摆动，并在坡口两侧稍微停留，使熔孔直径比间隙大 0.5~1mm，焊接时要仔细观察熔孔，并根据间隙和熔孔直径的变化调整横向摆动幅度和焊接速度，尽可能地维持熔孔的直径不变，以保证获得宽窄和高低均匀的背面焊缝。

③ 依靠电弧在坡口两侧的停留时间，保证坡口两侧熔合良好，使打底焊道两侧与坡口结合处稍下凹，焊道表面保持平整。

④ 要严格控制喷嘴的高度，电弧必须在离坡口底部 2~3mm 处燃烧，保证打底层厚度不超过 4mm。

（4）填充焊

填充焊和盖面焊焊接电流和电弧电压都较大，但焊接电流小于引起喷射过渡的临界电流，由于电弧功率较大，焊丝熔化较快，填充效率高。实际上经常使用的是半短路过渡或小颗粒过渡，熔滴较细，过渡频率较高，飞溅小，电弧较平稳，操作过程中应根据坡口两侧的熔合情况掌握焊枪的摆动幅度和焊接速度，防止咬边和未熔合。

填充层也采用左焊法，按要求的工艺参数将设备参数重新调整。焊接前先将打底焊后的飞溅物清理干净，再次涂上防飞溅黏剂。焊接依然从工件右端开始，由于待焊部位加宽，焊枪横向摆动的幅度比打底焊更大，在坡口两侧稍作停留，同时应控制坡口两侧的熔合情况，避免熔化坡口两侧的棱边，使焊道平整且有一定的下凹。焊填充层时要特别注意，除保证焊道表面的平整并稍下凹外，还要掌握焊道厚度，焊接时不允许熔化上坡口边沿，填充焊道的高度应低于母材 1.5~2mm，为盖面层焊接做好准备。

（5）盖面焊

盖面焊操作方法与填充层焊基本相同。焊接前先将填充层焊的飞溅物清理干净，再次涂上防飞溅黏剂。焊接时，焊枪的摆动幅度比填充层焊时更大一些，摆动幅度要一致，焊接速度要均匀，随时观察坡口两侧的熔化情况，熔池边缘必须超过坡口上表面棱边 0.5~1.5mm，并避免咬边。尽量保持喷嘴的高度一致，以便获得均匀美观的表面焊缝。当焊道结束时，待熔池完全凝固后将焊枪抬起，收弧时要特别注意，一定要填满弧坑并使弧坑尽量要小，防止产生弧坑裂纹。

### 3. 现场清理

实训完成后，首先关闭二氧化碳气瓶阀门，然后关闭焊接电源。将焊好的工件用钢丝刷反复拉刷，清理焊道，除去焊缝氧化层。注意不得破坏工件原始表面，不得水冷却。清扫场地，摆放工件，整理焊接电缆，确认无安全隐患，并做好焊接参数及设备使用记录。

### 五、记录

填写记录卡，见表 5-15。

**表 5-15 CO₂ 气体保护焊板对接平焊过程记录卡**

| 项 目 | | 记 录 | 备 注 |
|---|---|---|---|
| 母材 | 材质 | | |
| | 规格 | | |
| 焊接材料 | 型号（牌号） | | |
| | 规格 | | |
| 装配及定位焊 | 焊前清理 | | |
| | 装配间隙 | | |
| | 错边量 | | |
| | 焊接电流/A | | |
| | 反变形量 | | |
| 打底焊 | 焊接电压/V | | |
| | 焊接电流/A | | |
| | 保护气体流量/(L/min) | | |
| 填充焊 | 焊接电压/V | | |
| | 焊接电流/A | | |
| | 保护气体流量/(L/min) | | |
| 盖面焊 | 焊接电压/V | | |
| | 焊接电流/A | | |
| | 保护气体流量/(L/min) | | |
| 焊缝外观 | 余高/mm | | |
| | 宽度/mm | | |
| | 长度/mm | | |
| | 用时/min | | |

### 六、考核

实训项目考核建议采用"过程考核×40％＋结果考核×60％"的综合考核方式进行。

（1）过程考核

按表 5-16 所示要求进行过程考核。

表 5-16　$CO_2$ 气体保护焊板对接平焊过程考核卡

| 序号 | 实训要求 | 配分 | 评分标准 | 检测结果 | 得分 |
|---|---|---|---|---|---|
| 1 | 安全文明生产 | 5 | 劳保手套、工服、劳保鞋穿戴整齐,正确使用焊帽 | | |
| 2 | 工件清理 | 5 | 坡口面及正反面 20mm 范围内无油污、铁锈,露出金属光泽 | | |
| 3 | 参数选用 | 5 | 选用参数与焊丝直径匹配 | | |
| 4 | 装配间隙 | 5 | 2~2.5mm,始焊端小末焊端大 | | |
| 5 | 错边量 | 5 | ≤1.2mm | | |
| 6 | 定位焊缝质量 | 5 | 长度 10~20mm,无缺陷 | | |
| 7 | 反变形量 | 5 | 3°~5° | | |
| 8 | 焊接位置 | 5 | 平焊位置 | | |
| 9 | 打底焊质量 | 15 | 焊透无缺陷 | | |
| 10 | 焊缝接头 | 10 | 无脱节,接头处余高为 1~3mm | | |
| 11 | 打底焊缝清理 | 15 | 背面及正面、坡口面清理干净,死角位置无熔渣 | | |
| 12 | 填充层质量 | 10 | 形状下凹,无缺陷,离坡口上边缘 1.5~2mm | | |
| 13 | 层间清理 | 10 | 层间熔渣清理干净 | | |
| 14 | 操作时间 | | 50min 内完成,不扣分。超时 1~5min,每分钟扣 2 分(从得分中扣除);超时 6min 以上者需重新参加考核 | | |
| 过程考核得分 | | | | | |

（2）结果考核

使用钢板尺、低倍放大镜等对焊缝外观质量进行检测，按表 5-17 所示要求进行考核。

表 5-17　$CO_2$ 气体保护焊板对接平焊考评表

| 序号 | 考核类别 | 考核项目 | 配分 | 评分标准 | 检测结果 | 得分 |
|---|---|---|---|---|---|---|
| 1 | 焊缝外观 | 焊瘤、气孔、烧穿 | 20 | 出现任何一项缺陷,该项不得分 | | |
| | | 咬边 | 5 | ①咬边深度≤0.5mm 时,每 5mm 扣 1 分,累计长度超过焊缝有效长度的 15%时扣 5 分<br>②咬边深度>0.5mm 时,扣 5 分 | | |
| | | 未焊透 | 5 | ①未焊透深度≤1.5mm 时,每 5mm 扣 1 分,累计长度超过焊缝有效长度的 10%时,扣 5 分<br>②未焊透深度>1.5mm 时,扣 5 分 | | |
| | | 背面凹坑 | 5 | ①背面凹坑深度≤2mm 时,总长度超过焊缝有效长度的 10%时,扣 5 分<br>②背面凹坑深度>2mm 时,扣 5 分 | | |
| | | 焊缝余高 | 5 | 焊缝余高 0~3mm,超标一处扣 2 分,扣满 5 分为止 | | |
| | | 焊缝宽度 | 5 | 焊缝宽度比坡口每侧增宽 0.5~2.5mm,超标一处扣 2 分,扣满 5 分为止 | | |
| | | 焊缝宽度差 | 5 | 宽度差<3mm,超标一处扣 2 分,扣满 5 分为止 | | |
| | | 错边 | 5 | 错边≤1.2mm,超标扣 5 分 | | |
| | | 角变形 | 5 | 焊后角变形≤3°,超标扣 5 分 | | |
| 2 | 内部质量 | X 射线探伤质量 | 30 | 按照 GB/T 3323—2005,Ⅰ级片不扣分,Ⅱ级片扣 10 分,Ⅲ级片扣 20 分,Ⅲ级片以下不得分 | | |
| 3 | 其他 | 安全 | 5 | 服从管理、安全操作,不遵守者酌情扣分 | | |
| | | 文明生产 | 5 | 设备复位、工具摆放整齐、清理工件、打扫场地、关闭电源,每有一处不符合要求扣 1 分 | | |
| 合计 | | | 100 | | | |

### 七、总结

焊缝处在水平位置，熔滴受重力的作用过渡到熔池，焊缝成形较容易，但是打底焊时熔孔不容易观察和控制，如果所选择的焊接参数不合适或操作不当、熔池温度和形状控制不好，容易在根部出现未焊透，或者出现焊瘤。因此操作过程中应使用合适的运弧方法，并注意焊接速度、焊接电流等焊接参数的匹配。打底焊时，焊枪摆动应在间隙处较快通过，防止焊丝从间隙处传出，在坡口两侧稍作停留（填充焊时，同样如此），使钝边和坡口完全熔化，保持熔孔大小始终一致。

## 实训二　V形坡口板对接立焊技术

### 一、要求

按照图 5-22 要求，学习 CO₂ 气体保护焊板对接立焊的基本操作技能，完成规定的焊接任务，达到任务图技术要求。

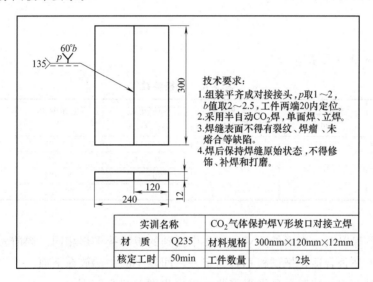

技术要求：
1.组装平齐成对接接头，$p$取1～2，$b$值取2～2.5，工件两端20内定位。
2.采用半自动CO₂焊，单面焊、立焊。
3.焊缝表面不得有裂纹、焊瘤、未熔合等缺陷。
4.焊后保持焊缝原始状态，不得修饰、补焊和打磨。

| 实训名称 | | CO₂气体保护焊V形坡口对接立焊 | |
| --- | --- | --- | --- |
| 材　质 | Q235 | 材料规格 | 300mm×120mm×12mm |
| 核定工时 | 50min | 工件数量 | 2块 |

图 5-22　CO₂ 气体保护焊板对接立焊任务图

### 二、分析

立焊位置的焊接分为向下立焊和向上立焊，向下立焊主要用于小于 6mm 厚的薄板，向上立焊则用于厚度大于 6mm 的工件。立焊时的关键是保证铁水不流淌，熔池与坡口两侧熔合良好。

立焊比平焊难掌握，主要是因为：虽然熔池的下部有焊道依托，但熔池底部是个斜面，熔融金属在重力作用下比较容易下淌，因此，很难保证焊道表面平整。为防止熔融金属下淌，必须要求采用比平焊稍小的焊接电流，焊枪的摆动频率稍快，锯齿形间距较小的方式进行焊接，使熔池小而薄。

立焊盖面焊道时，要防止焊道两侧咬边，中间下坠。

### 三、准备

#### 1. 工件材料

焊件为 300mm×120mm×12mm 的 Q235 钢板，检查钢板平直度，并修复平整，为保证焊接质量在焊接区 20mm 内打磨除锈，露出金属光泽，避免产生气孔、裂纹等缺陷。

## 2. 焊接材料

根据母材型号，按照等强度原则选用规格 ER49-1，直径为 1.2mm 的焊丝，使用前检查焊丝是否损坏，除去污物杂锈保证其表面光滑。

$CO_2$ 气体纯度要求达到 99.5%，检查气瓶压力及气路状况。

## 3. 焊接设备

选用 NBC-350 型焊机，配备送丝机构、焊枪、气体流量表、$CO_2$ 气瓶。检查设备状态，电缆线接头是否接触良好，焊钳电缆是否松动，避免因接触不良造成电阻增大而发热，烧毁焊接设备。检查接地线是否断开，避免因设备漏电造成人身安全隐患。检查设备气路、电路是否接通。清理喷嘴内壁飞溅物，使其干净光滑，以免保护气体受阻。

## 4. 辅助器具

焊工操作作业区附近应准备好焊帽、手锤、敲渣锤、钢丝刷、钢直尺、活动扳手、角磨机、检验尺等辅助工具和量具。

## 四、实施

### 1. 装配

（1）焊接参数（见表 5-18）

表 5-18　焊接参数

| 焊接层次位置 | 焊丝直径/mm | 焊丝伸出长度/mm | 焊接电流/A | 电弧电压/V | 气体流量/(L/min) |
|---|---|---|---|---|---|
| 定位焊 | 1.2 | 15～20 | 90～110 | 18～20 | 12～15 |
| 打底焊 | | | 90～110 | 18～20 | |
| 填充焊 | | | 130～150 | 20～22 | |
| 盖面焊 | | | 130～150 | 20～22 | |

（2）装配

装配与定位焊以及反变形的要求与上文中提到的板对接平焊相同。焊前先检查试板的装配间隙及反变形是否合适，把试板垂直固定好，间隙小的一端放在下面。

向上立焊时，焊枪位置及角度很重要，焊枪角度如图 5-23 所示。

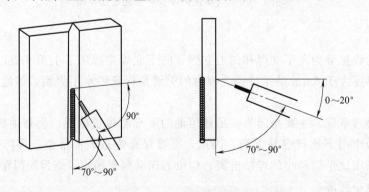

图 5-23　平对接立焊焊枪角度

### 2. 焊接

（1）打底焊

调整好打底焊焊接参数后，在试板下端定位焊缝上引弧，使电弧沿焊缝中心作锯齿形横向摆动，当电弧超过定位焊缝并形成熔孔时，转入正常焊接。

通常向上立焊时，焊枪都要作一定的横向摆动。直线焊接时，焊道容易凸出，焊缝外观成形不良，并且容易咬边，多层焊时，后面的填充焊道容易焊不透。因此，向上立焊时，一般不采用直线式焊接。向上立焊时的摆动方式如图 5-24 所示。当要求较小的焊缝宽度时，一般采用如图 5-24（a）所示的小幅度摆动，此时热量比较集中，焊道容易凸起，因此在焊接时，摆动频率和焊接速度要适当加快，严格控制熔池温度和大小，保证熔池与坡口两侧充分熔合。如果需要焊脚尺寸较大时，应采用图 5-24（b）所示的月牙形摆动方式，在坡口中心移动速度要快，而在坡口两侧稍加停留，以防止咬边。要注意焊枪摆动要采用上凸的月牙形，不要采用如图 5-24（c）所示的下凹月牙形。因为下凹月牙形的摆动方式容易引起铁水下淌和咬边，焊缝表面下坠，成形不好。

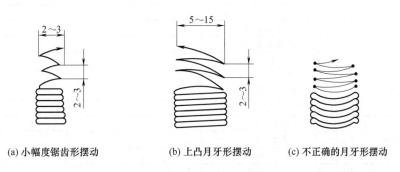

(a) 小幅度锯齿形摆动　　　(b) 上凸月牙形摆动　　　(c) 不正确的月牙形摆动

图 5-24　向上立焊时的摆动方式

打底焊要采用小直径的焊丝、较小的焊接电流和小摆幅进行焊接，注意控制熔池的温度和形状，仔细观察熔池和熔孔的变化，保证熔池不要太大。

若焊接过程中断了弧，则应按基本操作手法中讲的接头要点，先将需接头处打磨成斜面，打磨时要特别注意不能磨掉坡口的下边缘，以免局部间隙太宽。

焊到试板最上方收弧时，待电弧熄灭，熔池完全凝固以后，才能移开焊枪，以防收弧区因保护不良而产生气孔。

（2）填充焊

调试好填充焊焊接参数后，自下而上焊填充焊缝。

填充焊前先清除打底焊道和坡口表面的飞溅和焊渣，并用磨光机将局部凸起的焊道磨平。焊接时焊枪的摆动幅度要比打底焊时大，电弧在坡口两侧稍加停留，保证各焊道之间及焊道与坡口两侧很好地熔合。填充焊道比工件上表面低 1.5～2mm，不允许烧坏坡口的棱边。

（3）盖面焊

调整好盖面焊焊接参数后，按下列顺序焊盖面焊道：

首先清理填充焊道及坡口上的飞溅、焊渣，打磨掉焊道上局部凸起过高部分的焊肉。然后在试板下端引弧，自下向上焊接，摆动幅度要比填充焊时大。当熔池两侧超过坡口边缘 0.5～1.5mm 时，匀速锯齿形上升。焊到顶端收弧，待电弧熄灭、熔池凝固后，才能移开焊枪，以免局部产生气孔。

**五、记录**

填写记录卡，见表 5-19。

表 5-19 $CO_2$ 气体保护焊板对接立焊过程记录卡

| 项　　目 | | 记　　录 | 备　　注 |
|---|---|---|---|
| 母材 | 材质 | | |
| | 规格 | | |
| 焊接材料 | 型号(牌号) | | |
| | 规格 | | |
| 装配及<br>定位焊 | 焊前清理 | | |
| | 装配间隙 | | |
| | 错边量 | | |
| | 焊接电流/A | | |
| | 反变形量 | | |
| 打底焊 | 焊接电压/V | | |
| | 焊接电流/A | | |
| | 保护气体流量/(L/min) | | |
| 填充焊 | 焊接电压/V | | |
| | 焊接电流/A | | |
| | 保护气体流量/(L/min) | | |
| 盖面焊 | 焊接电压/V | | |
| | 焊接电流/A | | |
| | 保护气体流量/(L/min) | | |
| 焊缝外观 | 余高/mm | | |
| | 宽度/mm | | |
| | 长度/mm | | |
| 用时/min | | | |

## 六、考核

项目考核建议采用"过程考核×40%＋结果考核×60%"的综合考核方式进行。

（1）过程考核

按表 5-20 所示要求进行过程考核。

表 5-20 $CO_2$ 气体保护焊板对接立焊过程考核卡

| 序号 | 实训要求 | 配分 | 评分标准 | 检测结果 | 得分 |
|---|---|---|---|---|---|
| 1 | 安全文明生产 | 5 | 劳保手套、工服、劳保鞋穿戴整齐,正确使用焊帽 | | |
| 2 | 工件清理 | 5 | 坡口面及正反面 20mm 范围内无油污、铁锈,露出金属光泽 | | |
| 3 | 参数选用 | 5 | 选用参数与焊丝直径匹配 | | |
| 4 | 装配间隙 | 5 | 2～2.5mm,始焊端小末焊端大 | | |
| 5 | 错边量 | 5 | ≤1.2mm | | |
| 6 | 定位焊缝质量 | 5 | 长度 10～20mm,无缺陷 | | |
| 7 | 反变形量 | 5 | 3°～5° | | |
| 8 | 焊接位置 | 5 | 立焊位置 | | |
| 9 | 打底焊质量 | 15 | 焊透、无缺陷 | | |
| 10 | 焊缝接头 | 10 | 无脱节,接头处余高为 1～3mm | | |
| 11 | 打底焊缝清理 | 10 | 背面及正面、坡口面清理干净,死角位置无熔渣 | | |
| 12 | 填充层质量 | 15 | 形状下凹,无缺陷,离坡口上边缘 1.5～2mm | | |
| 13 | 层间清理 | 10 | 层间熔渣清理干净 | | |
| 14 | 操作时间 | | 50min 内完成,不扣分。超时 1～5min,每分钟扣 2 分(从得分中扣除);超时 6min 以上者需重新参加考核 | | |
| 过程考核得分 | | | | | |

（2）结果考核

使用钢板尺、低倍放大镜等对焊缝外观质量进行检测，按表5-21所示要求进行考核。

表 5-21　CO₂气体保护焊板对接立焊考评表

| 序号 | 考核类别 | 考核项目 | 配分 | 评分标准 | 检测结果 | 得分 |
|---|---|---|---|---|---|---|
| 1 | 焊缝外观 | 焊瘤、气孔、烧穿 | 20 | 出现任何一项缺陷，该项不得分 | | |
| | | 咬边 | 5 | ①咬边深度≤0.5mm 时，每 5mm 扣 1 分，累计长度超过焊缝有效长度的 15％时扣 5 分 ②咬边深度＞0.5mm 时，扣 5 分 | | |
| | | 未焊透 | 5 | ①未焊透深度≤1.5mm 时，每 5mm 扣 1 分，累计长度超过焊缝有效长度的 10％时，扣 5 分 ②未焊透深度＞1.5mm 时，扣 5 分 | | |
| | | 背面凹坑 | 5 | ①背面凹坑深度≤2mm 时，总长度超过焊缝有效长度的 10％时，扣 5 分 ②背面凹坑深度＞2mm 时，扣 5 分 | | |
| | | 焊缝余高 | 5 | 焊缝余高 0～3mm，超标一处扣 2 分，扣满 5 分为止 | | |
| | | 焊缝宽度 | 5 | 焊缝宽度比坡口每侧增宽 0.5～2.5mm，超标一处扣 2 分，扣满 5 分为止 | | |
| | | 焊缝宽度差 | 5 | 宽度差＜3mm，超标一处扣 2 分，扣满 5 分为止 | | |
| | | 错边 | 5 | 错边≤1.2mm，超标扣 5 分 | | |
| | | 角变形 | 5 | 焊后角变形≤3°，超标扣 5 分 | | |
| 2 | 内部质量 | X 射线探伤质量 | 30 | 按照 GB/T 3323—2005，Ⅰ级片不扣分，Ⅱ级片扣 10 分，Ⅲ级片扣 20 分，Ⅲ级片以下不得分 | | |
| 3 | 其他 | 安全 | 5 | 服从管理、安全操作，不遵守者酌情扣分 | | |
| | | 文明生产 | 5 | 设备复位、工具摆放整齐、清理工件、打扫场地、关闭电源，每有一处不符合要求扣 1 分 | | |
| 4 | 定额 | 操作时间 60min | | 每超 1min 从总分中扣 2 分 | | |
| | 合计 | | 100 | | | |

## 七、总结

立焊是在垂直方向上进行焊接的一种操作方法，由于受液态金属的重力作用，焊丝熔化所形成的熔滴及熔池中的金属易下淌，而使焊缝成形不良，且易产生气孔等缺陷。焊接时，要注意运弧方法，控制熔池温度平衡和形状，并选用较小的焊丝直径和焊接电流，采用短弧焊接。

# 实训三　板对接横焊技术

## 一、要求

按照图5-25要求，学习 CO₂ 气体保护焊板对接横焊的基本操作技能，完成规定的焊接任务，达到工件图样技术要求。

## 二、分析

横焊时，熔池金属在重力作用下有自动下垂的倾向，在焊道的上方容易产生咬边，焊道的下方易产生焊瘤。因此，在焊接时，要注意焊枪的角度及限制每道焊缝的熔敷金属量。

焊接电流可比立焊时大些，横焊时的最大问题是熔敷金属受重力的作用下淌，容易产生咬边、焊瘤和未焊透等缺陷，因此，横焊时采取的措施也和立焊差不多，采用直径较小的焊

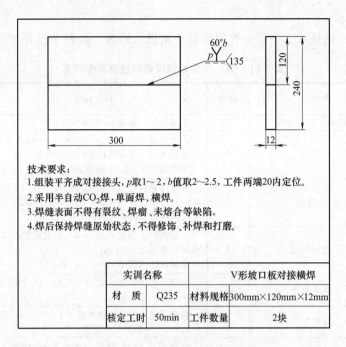

技术要求：
1. 组装平齐成对接接头，$p$取1～2，$b$值取2～2.5，工件两端20内定位。
2. 采用半自动$CO_2$焊，单面焊、横焊。
3. 焊缝表面不得有裂纹、焊瘤、未熔合等缺陷。
4. 焊后保持焊缝原始状态，不得修饰、补焊和打磨。

| 实训名称 | | V形坡口板对接横焊 | |
|---|---|---|---|
| 材　　质 | Q235 | 材料规格 | 300mm×120mm×12mm |
| 核定工时 | 50min | 工件数量 | 2块 |

图 5-25　$CO_2$ 气体保护焊板对接横焊任务图

丝，以适当的电流、短路过渡法和适当的运丝角度来保证焊接过程的稳定和获得成形良好的焊道。

### 三、准备

#### 1. 工件材料

焊件为 300mm×120mm×12mm 的 Q235 钢板，检查钢板平直度，并修复平整，为保证焊接质量在焊接区 20mm 内打磨除锈，露出金属光泽，避免产生气孔、裂纹等缺陷。

#### 2. 焊接材料

根据母材型号，按照等强度原则选用规格 ER49-1，直径为 1.2mm 的焊丝，使用前检查焊丝是否损坏，除去污物杂锈保证其表面光滑。

$CO_2$ 气体纯度要求达到 99.5%，检查气瓶压力及气路状况。

#### 3. 焊接设备

选用 NBC-350 型焊机，配备送丝机构、焊枪、气体流量表、$CO_2$ 气瓶。检查设备状态，电缆线接头是否接触良好，焊钳电缆是否松动，避免因接触不良造成电阻增大而发热，烧毁焊接设备。检查接地线是否断开，避免因设备漏电造成人身安全隐患。检查设备气路、电路是否接通。清理喷嘴内壁飞溅物，使其干净光滑，以免保护气体受阻。

#### 4. 辅助器具

焊工操作作业区附近应准备好焊帽、手锤、敲渣锤、锉刀、钢丝刷、钢直尺、划针、活动扳手、角磨机、钢丝钳、检验尺等辅助工具和量具。

### 四、实施

#### 1. 装配

装配间隙及定位和反变形要求如图 5-26、图 5-27 所示，焊前控制好试板装配间隙和反变形，将试板垂直固定好，间隙小的一端放在右侧。

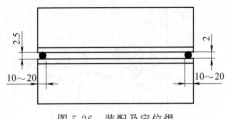

图 5-26　装配及定位焊

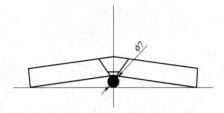

图 5-27　对接平焊的反变形

## 2. 焊接

焊接参数见表 5-22。

表 5-22　CO₂ 气体保护焊板对接横焊焊接参数

| 焊接层次位置 | 焊丝直径 /mm | 焊丝伸出长度 /mm | 焊接电流 /A | 电弧电压 /V | 气体流量 /(L/min) |
|---|---|---|---|---|---|
| 定位焊 | 1.2 | 15～20 | 110～120 | 20～22 | 15～20 |
| 打底焊 |  |  | 110～120 | 20～22 |  |
| 填充焊 |  |  | 140～150 | 20～22 |  |
| 盖面焊 |  |  | 140～150 | 22～24 |  |

（1）打底焊

调试好打底焊参数，按图 5-28 要求保持焊枪角度，从右向左焊接。在试板右端定位焊缝上引燃电弧，以小幅度锯齿形摆动，自右向左焊接，当预焊点左侧形成熔孔后，保持熔孔边缘超过坡口下棱边 0.5～1mm 较合适，焊接过程中要仔细观察熔池的熔孔，根据间隙调整焊接速度及焊枪摆幅，尽可能地维持熔孔直径不变，焊至左端收弧。

如果打底焊过程中电弧中断，应先将接头处打磨成斜坡状，在打磨了的焊道最高处引弧，并开始小幅度锯齿形摆动，当接头区前端形成熔孔后，继续焊完打底焊道。焊完打底焊道后先除净飞溅及打底焊道表面的熔渣，然后用角向磨光机将局部凸起的焊道磨平。

（2）填充焊

采用左向焊法，三层六道，按 1～6 顺序焊接，焊道分布如图 5-28 所示。

注意横焊的运丝法和焊丝角度。CO₂ 横焊时，一般采用直线移动运丝法，为了防止熔池温度过高、铁水下淌，焊丝应作小幅度的前后往复摆动。焊丝与焊道中心线间的夹角为 75°～85°，即焊丝略微向上，以便电弧吹力作为辅助力托住熔池金属，焊丝与焊道的夹角在 70°～90°，即左向焊法。在进行多层焊道横焊时，有时也模拟手弧焊的方式采取斜圆圈形或锯齿形摆动法，但摆幅比手弧焊要小些。

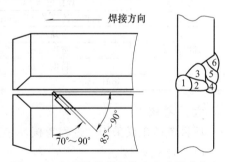

图 5-28　板对接横焊焊接方向及焊道分布

填充焊，焊填充焊道 2 时，焊枪成 0°～10° 俯角，电弧以打底焊道的下缘为中心做横向摆动或直线形运动，保证下坡口熔合良好。

焊填充焊道 3 时，焊枪成 0°～10° 仰角，电弧以打底焊道上缘为中心，在焊道 2 和坡口上表面间进行小幅度摆动或直线形移动，保证熔合良好。

填充焊时焊枪的角度及焊道排布如图 5-29 所示。

（3）盖面焊

横焊盖面焊，调试好盖面焊参数后，按图 5-30 要求焊接盖面焊道。

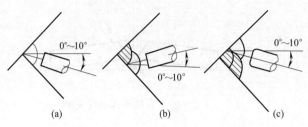

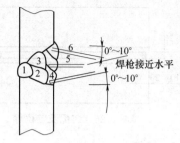

图 5-29 多层焊时焊枪的角度及焊道排布      图 5-30 焊接盖面焊道时的焊枪角度

## 五、记录

填写记录卡，见表 5-23。

表 5-23 $CO_2$ 气体保护焊板对接横焊过程记录卡

| 项 目 | | 记 录 | 备 注 |
|---|---|---|---|
| 母材 | 材质 | | |
| | 规格 | | |
| 焊接材料 | 型号(牌号) | | |
| | 规格 | | |
| 装配及定位焊 | 焊前清理 | | |
| | 装配间隙 | | |
| | 错边量 | | |
| | 焊接电流/A | | |
| | 反变形量 | | |
| 打底焊 | 焊接电压/V | | |
| | 焊接电流/A | | |
| | 保护气体流量/(L/min) | | |
| 填充焊 | 焊接电压/V | | |
| | 焊接电流/A | | |
| | 保护气体流量/(L/min) | | |
| 盖面焊 | 焊接电压/V | | |
| | 焊接电流/A | | |
| | 保护气体流量/(L/min) | | |
| 焊缝外观 | 余高/mm | | |
| | 宽度/mm | | |
| | 长度/mm | | |
| 用时/min | | | |

## 六、考核

项目考核建议采用"过程考核×40%＋结果考核×60%"的综合考核方式进行。

（1）过程考核

按表 5-24 所示要求进行过程考核。

表 5-24 $CO_2$ 气体保护焊板对接横焊过程考核卡

| 序号 | 实训要求 | 配分 | 评分标准 | 检测结果 | 得分 |
|---|---|---|---|---|---|
| 1 | 安全文明生产 | 5 | 劳保手套、工服、劳保鞋穿戴整齐,正确使用焊帽 | | |
| 2 | 工件清理 | 5 | 坡口面及正反面 20mm 范围内无油污、铁锈,露出金属光泽 | | |

续表

| 序号 | 实训要求 | 配分 | 评分标准 | 检测结果 | 得分 |
|---|---|---|---|---|---|
| 3 | 参数选用 | 5 | 选用参数与焊丝直径匹配 | | |
| 4 | 装配间隙 | 5 | 2～2.5mm,始焊端小末焊端大 | | |
| 5 | 错边量 | 5 | ≤1.2mm | | |
| 6 | 定位焊缝质量 | 5 | 长度10～20mm,无缺陷 | | |
| 7 | 反变形量 | 5 | 3°～5° | | |
| 8 | 焊接位置 | 5 | 横焊位置 | | |
| 9 | 打底焊质量 | 10 | 焊透、无缺陷 | | |
| 10 | 焊缝接头 | 10 | 无脱节,接头处余高为1～3mm | | |
| 11 | 打底焊缝清理 | 10 | 背面及正面、坡口面清理干净,死角位置无熔渣 | | |
| 12 | 填充焊焊枪角度 | 5 | 按图5-29,一次不合格扣2分,扣完为止 | | |
| 13 | 填充层质量 | 10 | 形状下凹,无缺陷,离坡口上边缘1.5～2mm | | |
| 14 | 层间清理 | 10 | 层间熔渣清理干净 | | |
| 15 | 盖面焊焊枪角度 | 5 | 按图5-30,一次不合格扣2分,扣完为止 | | |
| 16 | 操作时间 | | 50min内完成,不扣分。超时1～5min,每分钟扣2分(从得分中扣除);超时6min以上者需重新参加考核 | | |
| | 过程考核得分 | | | | |

（2）结果考核

使用钢板尺、低倍放大镜等对焊缝外观质量进行检测,按表5-25所示要求进行考核。

表5-25 CO₂气体保护焊板对接立焊考评表

| 序号 | 考核类别 | 考核项目 | 配分 | 评分标准 | 检测结果 | 得分 |
|---|---|---|---|---|---|---|
| 1 | 焊缝外观 | 焊瘤、气孔、烧穿 | 20 | 出现任何一项缺陷,该项不得分 | | |
| | | 咬边 | 5 | ①咬边深度≤0.5mm时,每5mm扣1分,累计长度超过焊缝有效长度的15%时扣5分 ②咬边深度>0.5mm时,扣5分 | | |
| | | 未焊透 | 5 | ①未焊透深度≤1.5mm时,每5mm扣1分,累计长度超过焊缝有效长度的10%时,扣5分 ②未焊透深度>1.5mm时,扣5分 | | |
| | | 背面凹坑 | 5 | ①背面凹坑深度≤2mm时,总长度超过焊缝有效长度的10%时,扣5分 ②背面凹坑深度>2mm时,扣5分 | | |
| | | 焊缝余高 | 5 | 焊缝余高0～3mm,超标一处扣2分,扣满5分为止 | | |
| | | 焊缝宽度 | 5 | 焊缝宽度比坡口每侧增宽0.5～2.5mm,超标一处扣2分,扣满5分为止 | | |
| | | 焊缝宽度差 | 5 | 宽度差<3mm,超标一处扣2分,扣满5分为止 | | |
| | | 错边 | 5 | 错边≤1.2mm,超标扣5分 | | |
| | | 角变形 | 5 | 焊后角变形≤3°,超标扣5分 | | |
| 2 | 内部质量 | X射线探伤质量 | 30 | 按照GB/T 3323—2005,Ⅰ级片不扣分,Ⅱ级片扣10分,Ⅲ级片扣20分,Ⅲ级片以下不得分 | | |
| 3 | 其他 | 安全 | 5 | 服从管理、安全操作,不遵守者酌情扣分 | | |
| | | 文明生产 | 5 | 设备复位、工具摆放整齐、清理工件、打扫场地、关闭电源,每有一处不符合要求扣1分 | | |
| | 合计 | | 100 | | | |

### 七、总结

横焊是在垂直面上焊接水平焊缝的一种操作方法，熔池有下面的板托着，可以像平焊那样操作，但是熔池金属受重力作用易下滑，使焊缝表面不对称，下部焊道下坠。鉴于此，焊接时应采用多层多道的焊接方法，短弧焊接，并选用较小直径焊丝和较小焊接电流以及适当的运条方法，使熔池尽量小，保证焊道表面尽可能对称。

## 实训四　$CO_2$ 焊板对接仰焊技术

### 一、要求

按照图 5-31 要求，学习 $CO_2$ 气体保护焊板对接仰焊的基本操作技能，完成规定的焊接任务，达到工件图样技术要求。

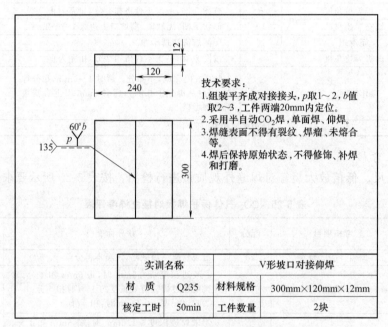

技术要求：
1. 组装平齐成对接接头，$p$ 取 1～2，$b$ 值取 2～3，工件两端 20mm 内定位。
2. 采用半自动 $CO_2$ 焊，单面焊、仰焊。
3. 焊缝表面不得有裂纹、焊瘤、未熔合等。
4. 焊后保持原始状态，不得修饰、补焊和打磨。

| 实训名称 | | V形坡口对接仰焊 | |
|---|---|---|---|
| 材　质 | Q235 | 材料规格 | 300mm×120mm×12mm |
| 核定工时 | 50min | 工件数量 | 2块 |

图 5-31　$CO_2$ 气体保护焊板对接仰焊任务图

### 二、分析

仰焊时，操作者处于一种不自然的位置，很难稳定操作；同时由于焊枪及电缆较重，给操作者增加了操作的难度；仰焊时的熔池处于悬空状态，在重力作用下，很容易造成铁水下落，主要靠电弧的吹力和熔池的表面张力来维持平衡，如果操作不当，容易产生烧穿、咬边及焊道下垂等缺陷。

### 三、准备

#### 1. 工件材料

焊件为 300mm×120mm×12mm 的 Q235 钢板，检查钢板平直度，并修复平整，为保证焊接质量在焊接区 20mm 内打磨除锈，露出金属光泽，避免产生气孔、裂纹等缺陷。

#### 2. 焊接材料

根据母材型号，按照等强度原则选用规格 ER49-1，直径为 1.2mm 的焊丝，使用前检查焊丝是否损坏，除去污物杂锈保证其表面光滑。

$CO_2$ 气体纯度要求达到 99.5%，检查气瓶压力及气路状况。

### 3. 焊接设备

选用 NBC-350 型焊机，配备送丝机构、焊枪、气体流量表、$CO_2$ 气瓶。检查设备状态，电缆线接头是否接触良好，焊钳电缆是否松动，避免因接触不良造成电阻增大而发热、烧毁焊接设备。检查接地线是否断开，避免因设备漏电造成人身安全隐患。检查设备气路、电路是否接通。清理喷嘴内壁飞溅物，使其干净光滑，以免保护气体受阻。

### 4. 辅助器具

焊工操作作业区附近应准备好焊帽、手锤、敲渣锤、钢丝刷、钢直尺、钢角尺、划针、活动扳手、角磨机、钢丝钳、焊接检验尺等辅助工具和量具。

### 四、实施

#### 1. 装配

与平板对接装配方法相同。装配间隙为 2～2.5mm，间隙小的一端为始焊端。

#### 2. 焊接

推荐的焊接参数见表 5-26。

表 5-26　CO₂ 焊板对接仰焊焊接参数表

| 工件厚度 /mm | 焊接层次位置 | 焊丝直径 /mm | 焊丝伸出长度 /mm | 焊接电流 /A | 电弧电压 /V | 气体流量 /(L/min) |
|---|---|---|---|---|---|---|
| ≤2 | 单层焊 | 0.8 | 15～20 | 60～70 | 18～19 | 10～15 |
| 2～6 | 打底焊 | 0.8 或 1.2 | | 90～110 | 18～20 | |
| | 盖面焊 | 1.2 | | 120～130 | 20～22 | |
| >6 | 打底焊 | 1.2 | | 90～110 | 18～20 | |
| | 填充焊 | 1.2 | | 130～150 | 20～22 | |
| | 盖面焊 | 1.2 | | 120～135 | 20～22 | |

焊接层数为 3 层。

（1）打底焊

打底焊为单道仰焊。

使用细焊丝、小电流、低电压进行短路过渡焊接。调试好焊接参数，在定位焊缝的始焊端引燃电弧，作小幅横向摆动，在向前运行至坡口根部形成熔孔后，转入正常焊接。焊枪姿态及角度参见图 5-32。

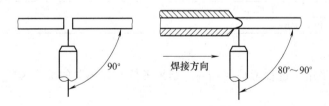

图 5-32　单道仰焊时的焊枪角度

打底焊时应注意如下事项：

① 增加电弧在坡口内侧两端的停靠时间，并减少熔孔尺寸。

② 接电弧在摆动时，其摆幅以熔化坡口钝边每侧 0.5mm 为宜。通常采用中间摆动速度快，两侧稍加停顿的锯齿形摆动方法。

（2）填充焊

在焊接前，先清理焊缝表面的氧化物及飞溅颗粒，并用角向磨光机打磨焊接头凸起的地方。填充焊时焊枪与焊接方向的夹角为 $65°\sim75°$，焊枪横向摆动方法与打底焊时相同，但摆幅应稍大于打底焊，在坡口两侧停留时间也应稍长。填充焊完以后，焊缝表面应以距工件表面 $1\sim2mm$ 为宜。

（3）盖面焊

焊接前先清理填充层及坡口边缘，盖面层焊接时焊枪角度及摆动方式与填充焊时相同，但摆幅应更宽些，在坡口边缘棱角处电弧要适当停留，保证趾端平滑，并要注意焊缝中间平整，但电弧不得深入坡口边缘太多，电弧横向摆动要均匀平稳，以免产生咬边。在盖面焊完以后，应清理焊缝表面，但不得打磨表面。

## 五、记录

填写过程记录卡，见表 5-27。

表 5-27　$CO_2$ 气体保护焊板对接仰焊过程记录卡

| 项　　目 | | 记　　录 | 备　　注 |
|---|---|---|---|
| 母材 | 材质 | | |
| | 规格 | | |
| 焊接材料 | 型号（牌号） | | |
| | 规格 | | |
| 装配及定位焊 | 焊前清理 | | |
| | 装配间隙 | | |
| | 错边量 | | |
| | 焊接电流/A | | |
| | 反变形量 | | |
| 打底焊 | 焊接电压/V | | |
| | 焊接电流/A | | |
| | 保护气体流量/(L/min) | | |
| 填充焊 | 焊接电压/V | | |
| | 焊接电流/A | | |
| | 保护气体流量/(L/min) | | |
| 盖面焊 | 焊接电压/V | | |
| | 焊接电流/A | | |
| | 保护气体流量/(L/min) | | |
| 焊缝外观 | 余高/mm | | |
| | 宽度/mm | | |
| | 长度/mm | | |
| 用时/min | | | |

## 六、考核

项目考核建议采用"过程考核×40％＋结果考核×60％"的综合考核方式进行。

（1）过程考核

如填写不完整则过程考核成绩扣 10 分。按表 5-28 所示要求进行过程考核。

表 5-28　$CO_2$ 气体保护焊板对接仰焊过程考核卡

| 序号 | 实训要求 | 配分 | 评分标准 | 检测结果 | 得分 |
|---|---|---|---|---|---|
| 1 | 安全文明生产 | 5 | 劳保手套、工服、劳保鞋穿戴整齐,正确使用焊帽 | | |
| 2 | 工件清理 | 5 | 坡口面及正反面 20mm 范围内无油污、铁锈,露出金属光泽 | | |
| 3 | 参数选用 | 5 | 选用参数与焊丝直径匹配 | | |

| 序号 | 实训要求 | 配分 | 评分标准 | 检测结果 | 得分 |
|---|---|---|---|---|---|
| 4 | 装配间隙 | 5 | 2～2.5mm,始焊端小末焊端大 | | |
| 5 | 错边量 | 5 | ≤1.2mm | | |
| 6 | 定位焊缝质量 | 5 | 长度10～20mm,无缺陷 | | |
| 7 | 反变形量 | 5 | 3°～5° | | |
| 8 | 焊接位置 | 5 | 立焊位置 | | |
| 9 | 打底焊质量 | 15 | 焊透、无缺陷 | | |
| 10 | 焊缝接头 | 10 | 无脱节,接头处余高为1～3mm | | |
| 11 | 打底焊缝清理 | 10 | 背面及正面、坡口面清理干净,死角位置无熔渣 | | |
| 12 | 填充层质量 | 15 | 形状下凹,无缺陷,离坡口上边缘1～2mm | | |
| 13 | 层间清理 | 10 | 层间熔渣清理干净 | | |
| 14 | 操作时间 | | 50min内完成,不扣分。超时1～5min,每分钟扣2分(从得分中扣除);超时6min以上者需重新参加考核 | | |
| | 过程考核得分 | | | | |

（2）结果考核

使用钢板尺、低倍放大镜等对焊缝外观质量进行检测,按表5-29所示要求进行考核。

表 5-29　$CO_2$ 气体保护焊板对接仰焊考评表

| 序号 | 考核类别 | 考核项目 | 配分 | 评分标准 | 检测结果 | 得分 |
|---|---|---|---|---|---|---|
| 1 | 焊缝外观 | 焊瘤、气孔、烧穿 | 20 | 出现任何一项缺陷,该项不得分 | | |
| | | 咬边 | 5 | ①咬边深度≤0.5mm时,每5mm扣1分,累计长度超过焊缝有效长度的15%时扣5分 ②咬边深度>0.5mm时,扣5分 | | |
| | | 未焊透 | 5 | ①未焊透深度≤1.5mm时,每5mm扣1分,累计长度超过焊缝有效长度的10%时,扣5分 ②未焊透深度>1.5mm时,扣5分 | | |
| | | 背面凹坑 | 5 | ①背面凹坑深度≤2mm时,总长度超过焊缝有效长度的10%时,扣5分 ②背面凹坑深度>2mm时,扣5分 | | |
| | | 焊缝余高 | 5 | 焊缝余高0～3mm,超标一处扣2分,扣满5分为止 | | |
| | | 焊缝宽度 | 5 | 焊缝宽度比坡口每侧增宽0.5～2.5mm,超标一处扣2分,扣满5分为止 | | |
| | | 焊缝宽度差 | 5 | 宽度差<3mm,超标一处扣2分,扣满5分为止 | | |
| | | 错边 | 5 | 错边≤1.2mm,超标扣5分 | | |
| | | 角变形 | 5 | 焊后角变形≤3°,超标扣5分 | | |
| 2 | 内部质量 | X射线探伤质量 | 30 | 按照GB/T 3323—2005,Ⅰ级片不扣分,Ⅱ级片扣10分,Ⅲ级片扣20分,Ⅲ级片以下不得分 | | |
| 3 | 其他 | 安全 | 5 | 服从管理、安全操作,不遵守者酌情扣分 | | |
| | | 文明生产 | 5 | 设备复位、工具摆放整齐、清理工件、打扫场地、关闭电源,每有一处不符合要求扣1分 | | |
| | 合计 | | 100 | | | |

### 七、总结

仰焊时，由于熔池倒挂在焊缝下部，增加了焊接难度，若焊接操作不当，就会产生背面凹陷、正面焊道中间高，两侧产生夹角咬边等缺陷。因此，焊接时，可采用直线式或小幅摆动法。熔池的保持要靠电弧吹力和铁水表面张力的作用，所以焊枪角度和焊接速度的调整很重要。可采用右焊法，但不能将焊枪后倾过大，否则会造成凸形焊道及咬边。焊速也不宜过慢，否则会导致焊道表面凹凸不平，焊接时要根据熔池的具体状态，及时调整焊接速度和摆动方式。摆动要领与立焊时相类似，即中间稍快，而在两侧稍作停留。这样可有效地防止咬边、熔合不良、焊道下垂等缺陷的产生。要选用合适的焊枪角度、运弧方法及焊接速度，控制好焊缝成形。

## 实训五　$CO_2$ 焊管水平固定对接

### 一、要求

本实训项目分为两个子项目，小径管水平固定对接和大径管水平固定对接。按照图5-33要求，学习 $CO_2$ 气体保护焊水平固定管-管对接焊的基本操作技能，完成规定的焊接任务，达到任务图技术要求。

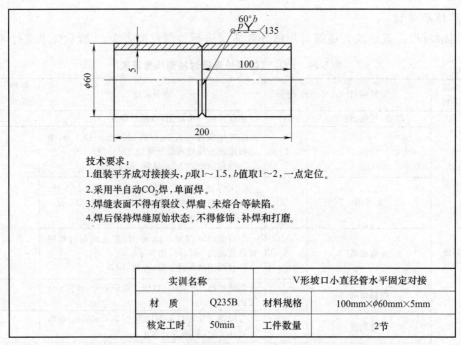

技术要求：
1. 组装平齐成对接接头，$p$ 取 1～1.5，$b$ 值取 1～2，一点定位。
2. 采用半自动 $CO_2$ 焊，单面焊。
3. 焊缝表面不得有裂纹、焊瘤、未熔合等缺陷。
4. 焊后保持焊缝原始状态，不得修饰、补焊和打磨。

| 实训名称 | | V形坡口小直径管水平固定对接 | |
|---|---|---|---|
| 材　　质 | Q235B | 材料规格 | 100mm×$\phi$60mm×5mm |
| 核定工时 | 50min | 工件数量 | 2节 |

图 5-33　$CO_2$ 气体保护焊管-管水平固定对接焊任务图

### 二、分析

在管对接水平固定焊时，焊接方向沿焊道不断变化，经历了平焊、立焊和仰焊三种焊接位置，这就要求在焊接时不断地改变焊枪的角度和焊枪的摆动幅度来控制熔孔的尺寸，实现单面焊双面成形。同时，为避免焊穿，要求注意焊接参数的选择。

### 三、准备

#### 1. 工件材料

焊件为 Q235B 低碳钢管，尺寸为 100mm×$\phi$60mm×5mm，开 V 形坡口，钝边 1～

1.5mm，为保证焊接质量在焊接区 20mm 内打磨除锈，露出金属光泽，避免产生气孔、裂纹等缺陷。

### 2. 焊接材料

根据母材型号，按照等强度原则选用规格 ER49-1，直径为 1.2mm 的焊丝，使用前检查焊丝是否损坏，除去污物杂锈保证其表面光滑。

$CO_2$ 气体纯度要求达到 99.5%，检查气瓶压力及气路状况。

### 3. 焊接设备

选用 NBC-350 型焊机，配备送丝机构、焊枪、气体流量表、$CO_2$ 气瓶。检查设备状态，电缆线接头是否接触良好，焊钳电缆是否松动，避免因接触不良造成电阻增大而发热，烧毁焊接设备。检查接地线是否断开，避免因设备漏电造成人身安全隐患。检查设备气路、电路是否接通。清理喷嘴内壁飞溅物，使其干净光滑，以免保护气体受阻。

### 4. 辅助器具

焊工操作作业区附近应准备好焊帽、手锤、敲渣锤、锉刀、钢丝刷、砂纸、钢直尺、钢角尺、划针、活动扳手、角磨机、钢丝钳、锯弓、钢锯条、焊接检验尺等辅助工具和量具。

### 四、实施

推荐焊接参数见表 5-30。

表 5-30　焊接参数

| 焊接类型 | 焊接层次位置 | 焊丝直径 /mm | 焊丝伸出长度 /mm | 焊接电流 /A | 电弧电压 /V | 气体流量 /(L/min) |
|---|---|---|---|---|---|---|
| 小径管 | 定位焊 | 1.0 或 1.2 | | 90～100 | 18～20 | |
| | 打底焊 | 1.0 或 1.2 | | 90～100 | 18～20 | |
| | 盖面焊 | 1.0 或 1.2 | | 90～100 | 18～20 | |
| 大径管 | 定位焊 | 1.2 | 15～20 | 100～110 | 18～20 | 10～15 |
| | 打底焊 | | | 110～130 | 18～20 | |
| | 填充焊 | 1.2 | | 130～150 | 20～22 | |
| | 盖面焊 | | | 130～140 | 20～22 | |

### 1. 水平固定小径管焊接

焊接过程中，管子轴线固定在水平位置，不许转动，必须同时掌握了平焊、立焊、仰焊三种位置单面焊双面成形操作技能才能焊出合格的焊缝，故又简称为小径管全位置焊。焊接参数见表 5-30。

为保证在不同的空间位置时，都能保证铁水不流失，焊道厚度均匀、焊透良好、不烧穿、成形美观，要求采用细焊丝、小电流的短路过渡形式。一般管壁较薄时，焊丝直径不超过 1.0mm，管壁较厚时也多采用 1.2mm 焊丝。

全位置焊接，即焊枪绕管子圆周旋转的焊接法，多用于自动焊接。也就是焊枪由专用回转机构带动，绕管子圆周移动。此时可由专用控制系统控制不同焊接位置的不同焊接参数，从而获得整圈焊缝的均一性。

在半自动焊中，一般不采用焊枪转一周的焊接法，而是根据管子壁厚的不同采取方便的焊接方法。例如，3mm 以下的薄壁管，可以采用向下焊的方法。

管壁较薄的可以不开坡口，不留根部间隙。管壁较厚，如中板以上，则要开坡口，并要留 1～2mm 的根部间隙，采取向上多层焊方法，一般是从 6 点处向 12 点焊接，需要摆动时，其要领可参照立焊。采用单层单道焊时，焊接过程中，小径管全位置焊接焊枪的角度变化如

图 5-34 所示。

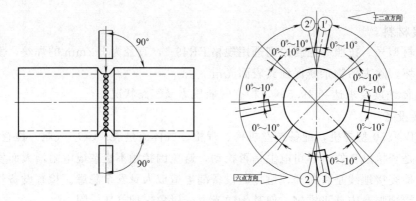

图 5-34　焊枪角度

焊接前首先调整好卡具的高度，保证焊工单腿脆地时能从时钟 6 点焊到 12 点处，然后固定小管子，保证小管子的轴线水平，时钟 0 点在最上方。焊接过程中不准改变小管子的相对位置。

① 装配与定位焊缝。定位焊缝为两处，分别为时钟 10 点、2 点方向处，装配时管子轴线必须对正，以免焊后中心线偏斜，装配间隙为 1～2mm。

② 打底焊缝。打底焊缝分前后两半周完成。前半周顺时针焊接，即 6～9～12 点时钟位置，后半周逆时针焊接，即 6～3～12 点时钟位置，如图 5-34 所示，这样做的目的是使得立焊位置始终处于向上立焊，而仰焊位置由于处于起始端，热量累积还不是很多，不易焊穿，焊前半周时，由 6 点位置处引弧，开始焊接，焊接时保证背面成形，不断调整焊枪角度，使焊枪始终与焊缝法线成 0°～10°夹角，严格控制熔池及熔孔的大小，注意不要烧穿。如果在焊接过程中需要改变身体位置而断弧，断弧时不必填满弧坑，断弧后焊枪不能立即拿开，等送气结束、熔池凝固后方可移开焊枪。接头时，为了保证接头质量，可将接头处打磨成斜坡形。前半周焊缝焊至 12 点位置处停止。后半周焊接时与前半周类似，注意处理好始焊端与封闭焊缝的接头。

盖面焊时，焊枪的角度与打底焊相同，焊枪稍加横向摆动，注意焊道之间及焊道与母材之间熔合良好，焊缝表面平整，无凸出现象。

**2. 水平固定大径管焊接**

1) 装配与定位焊缝。焊接前调整好试板高度，将管子水平固定在试板架上，保证焊工单腿脆地时能方便地从时钟 6 点焊到 12 点处。

定位焊缝为两处，分别为时钟 10 点、2 点方向处，装配时管子轴线必须对正，以免焊后中心线偏斜，装配间隙为始焊端 3mm，终焊端 4mm。

2) 打底焊。调整好打底焊的焊接参数后，焊接方法和过程与前述小径管焊接过程相同。

3) 填充焊。调整好填充焊接参数后，按打底步骤焊完填充焊道。焊接过程中，要求焊枪摆动的幅度稍大，在坡口两侧适当停留，保证熔合良好，焊道表面稍下凹，不能熔化了管子外表面坡口的棱边。

4) 盖面焊。按填充焊道的参数和顺序焊完盖面焊道，需注意以下两点：

① 焊枪摆动的幅度应比焊填充焊道时大，保证熔池边缘超出坡口上棱 0.5～2.5mm。

② 焊接速度要均匀，保证焊道外形美观，余高合适。

### 五、记录

填写过程记录卡，见表 5-31。

表 5-31　CO₂气体保护焊小直径管水平固定对接过程记录卡

| 项　目 | | 记　录 | 备　注 |
|---|---|---|---|
| 母材 | 材质 | | |
| | 规格 | | |
| 焊接材料 | 型号(牌号) | | |
| | 规格 | | |
| 装配及定位焊 | 焊前清理 | | |
| | 装配间隙 | | |
| | 错边量 | | |
| | 焊接电流/A | | |
| | 定位焊缝位置 | | |
| 打底焊 | 焊接电压/V | | |
| | 焊接电流/A | | |
| | 保护气体流量/(L/min) | | |
| 盖面焊 | 焊接电压/V | | |
| | 焊接电流/A | | |
| | 保护气体流量/(L/min) | | |
| 焊缝外观 | 余高/mm | | |
| | 宽度/mm | | |
| | 长度/mm | | |
| 用时/min | | | |

### 六、考核

实训项目考核建议采用"过程考核×40%+结果考核×60%"的综合考核方式进行。

（1）过程考核

按表 5-32 所示要求进行过程考核。

表 5-32　CO₂气体保护焊小直径管水平固定对接过程考核卡

| 序号 | 实训要求 | 配分 | 评分标准 | 检测结果 | 得分 |
|---|---|---|---|---|---|
| 1 | 安全文明生产 | 5 | 劳保手套、工服、劳保鞋穿戴整齐，正确使用焊帽 | | |
| 2 | 工件清理 | 5 | 清理坡口面及正反面 20mm 范围内油污锈，露出金属光泽 | | |
| 3 | 参数选用 | 5 | 选用参数与焊丝直径匹配 | | |
| 4 | 装配间隙 | 5 | 2~2.5mm，始焊端小，末焊端大 | | |
| 5 | 错边量 | 5 | ≤1.2mm | | |
| 6 | 定位焊缝质量 | 5 | 长度 10~20mm，无缺陷 | | |
| 7 | 反变形量 | 5 | 3°~5° | | |
| 8 | 焊接位置 | 5 | 全位置 | | |
| 9 | 打底焊质量 | 10 | 焊透、无缺陷 | | |
| 10 | 焊缝接头 | 10 | 无脱节，接头处余高为 1~3mm | | |
| 11 | 打底焊缝清理 | 10 | 背面及正面、坡口面清理干净，死角位置无熔渣 | | |
| 12 | 打底层质量 | 15 | 形状下凹，无缺陷，离坡口上边缘 0.5~1.5mm | | |
| 13 | 层间清理 | 5 | 层间熔渣清理干净 | | |
| 14 | 焊枪角度 | 10 | 按图 5-34，一次不合格扣 2 分，扣完为止 | | |
| 15 | 操作时间 | | 50min 内完成，不扣分。超时 1~5min，每分钟扣 2 分(从得分中扣除)；超时 6min 以上者需重新参加考核 | | |
| 过程考核得分 | | | | | |

（2）结果考核

使用钢板尺、低倍放大镜等对焊缝外观质量进行检测，按表 5-33 要求进行考核。

表 5-33 　$CO_2$ 气体保护焊小直径管水平固定对接考评表

| 序号 | 考核类别 | 考核项目 | 配分 | 评分标准 | 检测结果 | 得分 |
|---|---|---|---|---|---|---|
| 1 | 焊缝外观 | 焊瘤、气孔、烧穿 | 20 | 出现任何一项缺陷，该项不得分 | | |
| | | 咬边 | 5 | ①咬边深度≤0.5mm 时，每 5mm 扣 1 分，累计长度超过焊缝有效长度的 15％时扣 5 分②咬边深度＞0.5mm 时，扣 5 分 | | |
| | | 通球试验 | 15 | 用直径等于 0.85 倍管内径的钢球进行通球试验，通球不合格，该项不得分 | | |
| | | 焊缝余高 | 5 | 焊缝余高 0～3mm，超标一处扣 2 分，扣满 5 分为止 | | |
| | | 焊缝宽度 | 5 | 焊缝宽度比坡口每侧增宽 0.5～2.5mm，超标一处扣 2 分，扣满 5 分为止 | | |
| | | 焊缝宽度差 | 5 | 宽度差＜3mm，超标一处扣 2 分，扣满 5 分为止 | | |
| | | 错边 | 5 | 错边≤1.2mm，超标扣 5 分 | | |
| | | 角变形 | 5 | 焊后角变形≤3°，超标扣 5 分 | | |
| 2 | 断口试验 | 未焊透 | 5 | ①未焊透深度≤1.5mm 时，每 5mm 扣 1 分，累计长度超过焊缝有效长度的 10％时，扣 5 分②未焊透深度＞1.5mm 时，扣 5 分 | | |
| | | 气孔 | 5 | 单个气孔径向≤1.5mm，沿周向或轴向≤2mm 时，扣 2 分，超过该范围扣 5 分 | | |
| | | 夹渣 | 5 | 单个夹渣沿径向≤25％$\delta$，沿周向或轴向≤25％$\delta$ 时，扣 2 分，超过该范围扣 5 分 | | |
| | | 背面凹坑 | 10 | ①背面凹坑深度＞25％$\delta$ 或＞1mm，扣 10 分②背面凹坑深度≤25％$\delta$ 且≤1mm，扣 10 分 | | |
| 3 | 其他 | 安全 | 5 | 服从管理、安全操作，不遵守者酌情扣分 | | |
| | | 文明生产 | 5 | 设备复位、工具摆放整齐、清理工件、打扫场地、关闭电源，每有一处不符合要求扣 1 分 | | |
| | 合计 | | 100 | | | |

## 七、实训总结

水平固定管子对接焊是全位置单面焊，沿管周向焊接位置不断变化，经历了仰焊、立焊和平焊。因此，在焊接过程中，要选择合适的焊接参数，不断地改变焊枪的角度和焊枪的摆动幅度来控制熔孔的尺寸，实现单面焊双面成形。

# 实训六　小直径管垂直固定对接

## 一、要求

按照图 5-35 要求，学习 $CO_2$ 气体保护焊小直径管垂直固定对接的基本操作技能，完成规定的焊接任务，达到任务图技术要求。

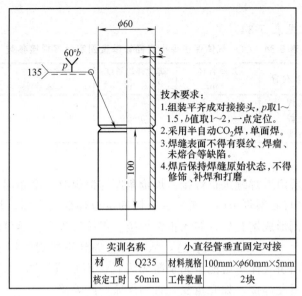

技术要求：
1. 组装平齐成对接接头，p取1～1.5，b值取1～2，一点定位。
2. 采用半自动CO₂焊，单面焊。
3. 焊缝表面不得有裂纹、焊瘤、未熔合等缺陷。
4. 焊后保持焊缝原始状态，不得修饰、补焊和打磨。

| 实训名称 | 小直径管垂直固定对接 | |
|---|---|---|
| 材　质 | Q235 | 材料规格 100mm×φ60mm×5mm |
| 核定工时 | 50min | 工件数量　2块 |

图 5-35　CO₂ 气体保护焊小直径管垂直固定对接任务图

## 二、分析

垂直固定的管子，中心线处于竖直位置，焊缝在横焊位置。垂直固定管子焊接与平板对接横焊类似，只是在焊接时要不断转动手腕来保证焊枪的角度。同时，为避免焊穿，要求注意焊接参数的选择。

## 三、准备

### 1. 工件材料

焊件为 Q235 低碳钢管，尺寸为 100mm×φ60mm×5mm，开 V 形坡口，钝边 1～1.5mm，为保证焊接质量在焊接区 20mm 内打磨除锈，露出金属光泽，避免产生气孔、裂纹等缺陷。

### 2. 焊接材料

根据母材型号，按照等强度原则选用规格 ER49-1，直径为 1.2mm 的焊丝，使用前检查焊丝是否损坏，除去污物杂锈保证其表面光滑。

CO₂ 气体纯度要求达到 99.5%，检查气瓶压力及气路状况。

### 3. 焊接设备

选用 NBC-350 型焊机，配备送丝机构、焊枪、气体流量表、CO₂ 气瓶。检查设备状态，电缆线接头是否接触良好，焊钳电缆是否松动，避免因接触不良造成电阻增大而发热，烧毁焊接设备。检查接地线是否断开，避免因设备漏电造成人身安全隐患。检查设备气路、电路是否接通。清理喷嘴内壁飞溅物，使其干净光滑，以免保护气体受阻。

### 4. 辅助器具

焊工操作作业区附近应准备好焊帽、手锤、敲渣锤、锉刀、钢丝刷、钢直尺、钢角尺、活动扳手、角磨机、焊接检验尺等辅助工具和量具。

## 四、实施

### 1. 装配

装配方法与小径管水平固定对接焊实训项目相同。

## 2. 焊接

（1）焊接参数（见表 5-34）

表 5-34　$CO_2$ 气体保护焊小直径管垂直固定对接焊接参数

| 焊接类型 | 焊接层次位置 | 焊丝直径 /mm | 焊丝伸出长度 /mm | 焊接电流 /A | 电弧电压 /V | 气体流量 /(L/min) |
|---|---|---|---|---|---|---|
| 小径管 | 定位焊 | 1.2 | 15～20 | 110～130 | 20～22 | 10～15 |
| | 打底焊 | | | | | |
| | 盖面焊 | | | | | |

（2）焊接

采用左焊法，两层两道焊缝进行焊接。焊枪角度与横焊时角度相同。

1）打底焊。焊接打底层焊道时，首先在右侧的定位焊缝处引弧，焊枪小幅度地做横向摆动，当定位焊缝左侧形成熔孔后，转入正常焊接。焊接过程中，尽可能地保持熔孔直径不变，熔孔直径比间隙大 0.5～1mm 较合适，从右向左焊到不好观察熔池处时断弧，断弧后不能移开焊枪，需利用余气保护熔池至完全凝固为止，不必填弧坑，将弧坑处磨成斜面后，从引弧处开始再从右至左焊接，如此重复，直到焊完一圈焊缝。

焊接过程中需注意以下几点：

① 尽可能地保持熔孔直径一致，以保证背面焊缝的宽、高均匀。

② 焊枪沿上、下两侧坡口作锯齿形横向摆动，并在坡口面上适当停留，保证焊缝两侧熔合好。

③ 焊接速度不能太慢，防止烧穿、背面焊缝太高或正面焊缝下坠。

2）盖面焊。盖面焊时，焊枪沿上下坡口做锯齿形摆动，并在坡口两侧适当停留，保证焊缝两侧熔合良好，注意采用合理的焊接速度，防止烧穿及焊缝下坠。

## 五、记录

填写过程记录卡，见表 5-35。

表 5-35　$CO_2$ 气体保护焊小直径管垂直固定对接过程记录卡

| 项 目 | | 记 录 | 备 注 |
|---|---|---|---|
| 母材 | 材质 | | |
| | 规格 | | |
| 焊接材料 | 型号（牌号） | | |
| | 规格 | | |
| 装配及 定位焊 | 焊前清理 | | |
| | 装配间隙 | | |
| | 错边量 | | |
| | 焊接电流/A | | |
| | 定位焊缝位置 | | |
| 打底焊 | 焊接电压/V | | |
| | 焊接电流/A | | |
| | 保护气体流量/(L/min) | | |
| 盖面焊 | 焊接电压/V | | |
| | 焊接电流/A | | |
| | 保护气体流量/(L/min) | | |
| 焊缝外观 | 余高/mm | | |
| | 宽度/mm | | |
| | 长度/mm | | |
| 用时/min | | | |

### 六、考核

实训项目考核建议采用"过程考核×40%＋结果考核×60%"的综合考核方式进行。

（1）过程考核

按表 5-36 所示要求进行过程考核。

表 5-36　CO₂ 气体保护焊小直径管垂直固定对接过程考核卡

| 序号 | 实训要求 | 配分 | 评分标准 | 检测结果 | 得分 |
|---|---|---|---|---|---|
| 1 | 安全文明生产 | 5 | 劳保手套、工服、劳保鞋穿戴整齐,正确使用焊帽 | | |
| 2 | 工件清理 | 5 | 坡口面及正反面 20mm 范围内无油污、铁锈,露出金属光泽 | | |
| 3 | 参数选用 | 5 | 选用参数与焊丝直径匹配 | | |
| 4 | 装配间隙 | 5 | 1～2mm,始焊端小,末焊端大 | | |
| 5 | 错边量 | 5 | ≤1.2mm | | |
| 6 | 定位焊缝质量 | 5 | 长度 10～20mm,无缺陷 | | |
| 7 | 反变形量 | 5 | 3°～5° | | |
| 8 | 焊接位置 | 5 | 横焊位置 | | |
| 9 | 打底焊质量 | 10 | 焊透、无缺陷 | | |
| 10 | 焊缝接头 | 10 | 无脱节,接头处余高为 1～3mm | | |
| 11 | 打底焊缝清理 | 10 | 背面及正面、坡口面清理干净,死角位置无熔渣 | | |
| 12 | 打底层质量 | 15 | 形状下凹,无缺陷,离坡口上边缘 0.5～1.5mm | | |
| 13 | 层间清理 | 5 | 层间熔渣清理干净 | | |
| 14 | 焊枪角度 | 10 | 一次不合格扣 2 分,扣完为止 | | |
| 15 | 操作时间 | | 50min 内完成,不扣分。超时 1～5min,每分钟扣 2 分(从得分中扣除);超时 6min 以上者需重新参加考核 | | |
| | 过程考核得分 | | | | |

（2）结果考核

使用钢板尺、低倍放大镜等对焊缝外观质量进行检测,按表 5-37 所示要求进行考核。

表 5-37　CO₂ 气体保护焊小直径管垂直固定对接考评表

| 序号 | 考核类别 | 考核项目 | 配分 | 评分标准 | 检测结果 | 得分 |
|---|---|---|---|---|---|---|
| 1 | 焊缝外观 | 焊瘤、气孔、烧穿 | 20 | 出现任何一项缺陷,该项不得分 | | |
| | | 咬边 | 5 | ①咬边深度≤0.5mm 时,每 5mm 扣 1 分,累计长度超过焊缝有效长度的 15%时扣 5 分 ②咬边深度>0.5mm 时,扣 5 分 | | |
| | | 通球试验 | 15 | 用直径等于 0.85 倍管内径的钢球进行通球试验,通球不合格,该项不得分 | | |
| | | 焊缝余高 | 5 | 焊缝余高 0～3mm,超标一处扣 2 分,扣满 5 分为止 | | |
| | | 焊缝宽度 | 5 | 焊缝宽度比坡口每侧增宽 0.5～2.5mm,超标一处扣 2 分,扣满 5 分为止 | | |
| | | 焊缝宽度差 | 5 | 宽度差<3mm,超标一处扣 2 分,扣满 5 分为止 | | |
| | | 错边 | 5 | 错边≤1.2mm,超标扣 5 分 | | |
| | | 角变形 | 5 | 焊后角变形<3°,超标扣 5 分 | | |

续表

| 序号 | 考核类别 | 考核项目 | 配分 | 评分标准 | 检测结果 | 得分 |
|---|---|---|---|---|---|---|
| 2 | 断口试验 | 未焊透 | 5 | ①未焊透深度≤1.5mm 时，每 5mm 扣 1 分，累计长度超过焊缝有效长度的 10%时，扣 5 分<br>②未焊透深度>1.5mm 时，扣 5 分 | | |
| | | 气孔 | 5 | 单个气孔径向≤1.5mm，沿周向或轴向≤2mm时，扣 2 分，超过该范围扣 5 分 | | |
| | | 夹渣 | 5 | 单个夹渣沿径向≤25%$\delta$，沿周向或轴向≤25%$\delta$ 时，扣 2 分，超过该范围扣 5 分 | | |
| | | 背面凹坑 | 10 | ①背面凹坑深度>25%$\delta$ 或>1mm，扣 10 分<br>②背面凹坑深度≤25%$\delta$ 且<1mm，扣 10 分 | | |
| 3 | 其他 | 安全 | 5 | 服从管理、安全操作，不遵守者酌情扣分 | | |
| | | 文明生产 | 5 | 设备复位、工具摆放整齐、清理工件、打扫场地、关闭电源，每有一处不符合要求扣 1 分 | | |
| 4 | 定额 | 操作时间 60min | | 每超 1min 从总分中扣 2 分 | | |
| | 合计 | | 100 | | | |

### 七、总结

垂直固定管对接时，其焊缝位置与板对接横焊时相同，焊接方向沿管周向不断变化，且液态金属易于由坡口上侧向坡口下侧堆积。因此，焊接时，要不停地转换焊枪角度和移动身体位置来适应焊缝周向的变化，防止焊缝上侧边缘咬边，下侧边缘出现未熔合。

## 实训七　骑座式管板垂直俯位焊

### 一、要求

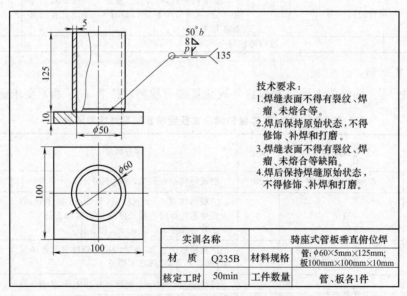

图 5-36　$CO_2$ 气体保护焊骑座式管板垂直俯位焊任务图

按照图 5-36 要求，学习 $CO_2$ 气体保护焊骑座式管板垂直俯位焊的基本操作技能，完成规定的焊接任务，达到工件图样技术要求。

### 二、分析

骑座式管板垂直固定俯位焊的操作有一定的难度，一是焊枪的角度，电弧对中位置需要随着管板角接头的弧度变化而变化；二是管子与孔板的厚度有差异，造成散热状况不同，熔化情况不同。焊接时，除了要保证焊透和双面成形外，还要保证焊脚尺寸。因此，在焊接打底层和盖面层时，电弧热量应偏向板，即电弧应指向板，避免出现咬边和焊偏，造成焊缝成形不良。

在工程中，骑座式管板垂直俯位焊是锅炉、换热器及接管对焊法兰等产品的主要焊缝接头形式。

### 三、准备

#### 1. 工件材料

焊件为 Q235 低碳钢管和钢板，尺寸分别为 $125mm \times \phi 60mm \times 5mm$、$100mm \times 100mm \times 10mm$，其中管子开 V 形坡口，钝边 $1 \sim 1.5mm$，为保证焊接质量在焊接区 20mm 内打磨除锈，露出金属光泽，避免产生气孔、裂纹等缺陷。

#### 2. 焊接材料

根据母材型号，按照等强度原则选用规格 ER49-1，直径为 1.2mm 的焊丝，使用前检查焊丝是否损坏，除去污物杂锈保证其表面光滑。

$CO_2$ 气体纯度要求达到 99.5%，检查气瓶压力及气路状况。

#### 3. 焊接设备

选用 NBC-350 型焊机，配备送丝机构、焊枪、气体流量表、$CO_2$ 气瓶。检查设备状态，电缆线接头是否接触良好，焊钳电缆是否松动，避免因接触不良造成电阻增大而发热，烧毁焊接设备。检查接地线是否断开，避免因设备漏电造成人身安全隐患。检查设备气路、电路是否接通。清理喷嘴内壁飞溅物，使其干净光滑，以免保护气体受阻。

### 四、实施

#### 1. 装配

管子和平板间要预留一定的装配间隙，定位焊要焊一点或二点。焊接时先在间隙的下部板上引弧，然后迅速地向斜上方拉起，将电弧引至管端，将管端的钝边处局部熔化。在此过程中会产生 $3 \sim 4$ 滴熔滴，然后立即灭弧，一个定位焊点即完成。

#### 2. 焊接

焊接参数的推荐值见表 5-38。

表 5-38　$CO_2$ 气体保护焊骑座式管板垂直俯位焊焊接参数

| 焊接层次位置 | 焊丝直径 /mm | 焊丝伸出长度 /mm | 焊接电流 /A | 电弧电压 /V | 气体流量 /(L/min) |
|---|---|---|---|---|---|
| 定位焊 | 1.2 | $12 \sim 18$ | $90 \sim 100$ | $19 \sim 21$ | $10 \sim 15$ |
| 打底焊 | | | $70 \sim 90$ | $17 \sim 19$ | |
| 盖面焊 1 | | | $90 \sim 100$ | $19 \sim 21$ | |
| 盖面焊 2 | | | $110 \sim 130$ | $20 \sim 22$ | |

① 打底焊。打底焊的作用主要是保证根部焊透、底板与立管坡口熔合良好，背面成形没有缺欠。

首先在右侧的定位焊缝上引弧，稍加预热后开始由右向左移动焊枪。当电弧移到定位焊缝的前端时，开始压低电弧，听到"噗噗"声即表示已经熔穿。由于金属的熔化，即可看到一个明亮的熔池。

形成熔孔后，保持短弧并做小幅度的锯齿形摆动，电弧在坡口两侧稍加停留。打底焊时，焊接电弧的大部分覆盖在熔池上，另外一小部分保持在熔孔处。必须保持熔孔大小一致，如果控制不好电弧，容易产生烧穿或熔合不好等缺陷。打底焊时的焊枪角度如图 5-37 所示。

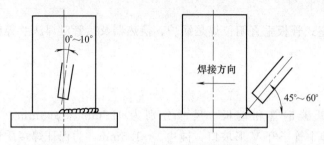

图 5-37　打底焊时焊枪的角度

　　焊接过程中由于焊接位置不断地发生变化，因此要求操作者手臂和手腕要相互配合，保证合适的焊枪角度，正确控制熔池的形状和大小。随着焊缝弧度的变化，手腕应不断转动，并保证电弧始终在焊条的前方，同时要注意保持熔池形状和大小基本一致，以免产生未焊透、内凹和焊瘤等缺陷。

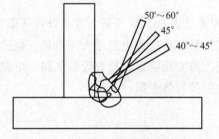

图 5-38　盖面焊时的焊枪角度

　　② 盖面焊。盖面焊焊接前同样要将填充层焊缝的熔渣清理干净，处理好局部缺欠。盖面焊盖面层必须保证管子不咬边和焊脚对称。盖面层一般采用两道焊缝，后道焊缝覆盖前一道焊缝的 1/3～2/3，避免在两焊缝间形成沟槽和焊缝上凸，盖面焊时的焊枪角度如图 5-38 所示。

　　焊接下面的盖面焊缝时，电弧要对准填充层焊缝的下沿，焊枪与底板的角度为 50°～60°，并指向根部 2～3mm 处，这时得到不等脚焊缝，并且底板熔合良好；焊接上面的盖面焊缝时，应以大电流施焊，焊枪指向第一层焊道的凹陷处，该焊缝应覆盖下面焊缝的一半以上，保证与立管熔合良好。

## 五、记录

填写过程记录卡，见表 5-39。

表 5-39　$CO_2$ 气体保护焊骑座式管板垂直俯位焊过程记录卡

| 项　　目 | | 记　　录 | 备　　注 |
|---|---|---|---|
| 母材 | 材质 | | |
| | 规格 | | |
| 焊接材料 | 型号（牌号） | | |
| | 规格 | | |
| 装配及定位焊 | 焊前清理 | | |
| | 装配间隙 | | |
| | 错边量 | | |
| | 焊接电流/A | | |
| | 反变形量 | | |
| 打底焊 | 焊接电压/V | | |
| | 焊接电流/A | | |
| | 保护气体流量/(L/min) | | |

续表

| 项　目 | | 记　录 | 备　注 |
|---|---|---|---|
| 盖面焊 1 | 焊接电压/V | | |
| | 焊接电流/A | | |
| | 保护气体流量/(L/min) | | |
| 盖面焊 2 | 焊接电压/V | | |
| | 焊接电流/A | | |
| | 保护气体流量/(L/min) | | |
| 焊缝外观 | 余高/mm | | |
| | 宽度/mm | | |
| | 长度/mm | | |
| 用时/min | | | |

### 六、考核

实训项目考核建议采用"过程考核×40％＋结果考核×60％"的综合考核方式进行。

（1）过程考核

按表 5-40 所示要求进行过程考核。

表 5-40　$CO_2$ 气体保护焊骑座式管板垂直俯位焊过程考核卡

| 序号 | 实训要求 | 配分 | 评分标准 | 检测结果 | 得分 |
|---|---|---|---|---|---|
| 1 | 安全文明生产 | 5 | 劳保手套、工服、劳保鞋穿戴整齐,正确使用焊帽 | | |
| 2 | 工件清理 | 5 | 坡口面及正反面 20mm 范围内无油污、铁锈,露出金属光泽 | | |
| 3 | 参数选用 | 5 | 选用参数与焊丝直径匹配 | | |
| 4 | 装配间隙 | 5 | 2～2.5mm,始焊端小,末焊端大 | | |
| 5 | 错边量 | 5 | ≤1.2mm | | |
| 6 | 定位焊缝质量 | 5 | 长度 10～20mm,无缺陷 | | |
| 7 | 反变形量 | 5 | 3°～5° | | |
| 8 | 焊接位置 | 5 | 横焊位置 | | |
| 9 | 打底焊质量 | 10 | 焊透、无缺陷 | | |
| 10 | 焊缝接头 | 10 | 无脱节,接头处余高为 1～3mm | | |
| 11 | 打底焊缝清理 | 10 | 背面及正面、坡口面清理干净,死角位置无熔渣 | | |
| 12 | 打底层质量 | 15 | 形状下凹,无缺陷,离坡口上边缘 0.5～1.5mm | | |
| 13 | 层间清理 | 5 | 层间熔渣清理干净 | | |
| 14 | 焊枪角度 | 10 | 按图 5-38,一次不合格扣 2 分,扣完为止 | | |
| 15 | 操作时间 | | 50min 内完成,不扣分。超时 1～5min,每分钟扣 2 分(从得分中扣除);超时 6min 以上者需重新参加考核 | | |
| 过程考核得分 | | | | | |

（2）结果考核

使用钢板尺、低倍放大镜等对焊缝外观质量进行检测,按表 5-41 所示要求进行考核。

表 5-41　$CO_2$ 气体保护焊骑座式管板垂直俯位焊考评表

| 序号 | 考核类别 | 考核项目 | 配分 | 评分标准 | 检测结果 | 得分 |
|---|---|---|---|---|---|---|
| 1 | 焊缝外观 | 焊瘤、气孔、烧穿 | 20 | 出现任何一项缺陷,该项不得分 | | |
| | | 咬边 | 10 | ①咬边深度≤0.5mm 时,每 5mm 扣 1 分,累计长度超过焊缝有效长度的 15％时扣 5 分<br>②咬边深度＞0.5mm 时,扣 5 分 | | |

| 序号 | 考核类别 | 考核项目 | 配分 | 评分标准 | 检测结果 | 得分 |
|---|---|---|---|---|---|---|
| 1 | 焊缝外观 | 通球试验 | 10 | 用直径等于 0.85 倍管内径的钢球进行通球试验,通球不合格,该项不得分 | | |
| | | 焊缝凹凸度差 | 10 | ①凹凸度差>1.5mm 时,扣 10 分<br>②凹凸度差≤1.5mm 时,不扣分 | | |
| | | 管板夹角 | 5 | 管板之间的夹角为 90°±2°,超标扣 5 分 | | |
| | | 焊脚尺寸 | 5 | $K=\delta+(3\sim6mm)$,每超标 1 处扣 5 分 | | |
| 2 | 宏观金相检验 | 未焊透 | 10 | ①未焊透深度≤15％时,每 5mm 扣 1 分,累计长度超过焊缝有效长度的 10％时,扣 5 分<br>②未焊透深度>15％时,扣 5 分 | | |
| | | 条状缺陷 | 10 | 最大尺寸≤1.5mm,且数量不多于 1 个时不扣分,超过该范围扣 10 分 | | |
| | | 点状缺陷 | 10 | 点数≤6 个时,每个扣 1 分,超过该范围扣 10 分 | | |
| 3 | 其他 | 安全 | 5 | 服从管理、安全操作,不遵守者酌情扣分 | | |
| | | 文明生产 | 5 | 设备复位、工具摆放整齐、清理工件、打扫场地、关闭电源,每有一处不符合要求扣 1 分 | | |
| 4 | 定额 | 操作时间 50min | | 每超 1min 从总分中扣 2 分 | | |
| | 合计 | | 100 | | | |

## 七、总结

骑座式管板垂直固定俯位焊的操作有一定的难度,一是焊枪的角度,电弧对中位置需要随着管板角接头的弧度变化而变化;二是管子与孔板的厚度有差异,造成散热状况不同,熔化情况不同。焊接时,除了要保证焊透和双面成形外,还要保证焊脚尺寸。因此,在焊接打底层和盖面层时,电弧热量应偏向板,即电弧应指向板,避免出现咬边和焊偏,造成焊缝成形不良。

## 习　题

一、名词解释

1. $CO_2$ 气体保护焊　　　2. 药芯焊丝　　　　3. ER50-6

4. 熔滴过渡　　　　　　　5. 短路过渡

二、填空

1. 容量为 40L 的标准钢瓶可灌入_____ kg 的液态 $CO_2$。

2. $CO_2$ 气体保护焊丝分为_____和_____两种。

3. $CO_2$ 气体保护焊送丝系统根据使用焊丝直径的不同选择,通常焊丝直径大于等于 3mm 时采用_____方式,焊丝直径小于等于 2.4mm 时采用_____方式。

4. 半自动气体保护焊机有_____,_____,推拉丝式三种基本送丝方式。

5. $CO_2$ 气体保护焊送丝机构由_____、_____、_____和_____等组成。

6. $CO_2$ 气体保护焊的焊接参数主要包括_____、_____、_____、_____、电源极性、焊枪倾角及喷嘴高度等。

7. $CO_2$ 气体保护焊的焊接参数的选择顺序为一般先根据_____、_____、

_____等选择焊丝直径，再确定焊接电流。

8. CO₂ 气体保护焊焊丝直径 0.8～2.4mm，在_____时，焊接电流在 60～200A 内选择，_____时焊接电流在 150～750A 内选择。

9. CO₂ 气体保护焊，在短路过渡方式下，通常电弧电压为_____。

10. 生产经验表明，合适的焊丝伸出长度应为焊丝直径的_____倍，短路过渡 CO₂ 气体保护焊时，干伸长度一般应控制在_____内。

三、选择

1. 焊接过程中，对焊工危害较大的电压是（　　　）。

A. 空载电压　　　　B. 电弧电压　　　　　C. 短路电压　　　　D. 网路电压

2. CO₂ 气体保护焊用焊丝镀铜以后，既可防止生锈又可改善焊丝（　　　）。

A. 导电性能　　　　B. 导磁性能　　　　　C. 导热性能　　　　D. 热膨胀性

3. 焊丝牌号 H08MnA 中的"A"表示（　　　）。

A. 焊条用钢　　　B. 普通碳素钢焊丝　C. 高级优质钢焊丝　D. 特殊钢焊丝

4. 粗丝二氧化碳气体保护焊的焊丝直径为（　　　）。

A. 小于 1.2mm　　B. 1.2mm　　　　　C. ≥1.6mm　　　　D. 1.2～1.5mm

5. 细丝二氧化碳保护焊时，熔滴应该采用（　　　）过渡形式。

A. 短路　　　　　B. 颗粒状　　　　　C. 喷射　　　　　D. 滴状

6. （　　　）CO₂ 气体保护焊属于气-渣联合保护。

A. 药芯焊丝　　　B. 金属焊丝　　　　C. 细焊丝　　　　D. 粗焊丝

7. 细丝 CO₂ 气体保护焊时，由于电流密度大，所以其（　　　）曲线为上升区。

A. 动特性　　　　B. 静特性　　　　　C. 外特性　　　　D. 平特性

8. CO₂ 气体保护焊时，用得最多的脱氧剂是（　　　）。

A. Si、Mn　　　　B. C、Si　　　　　C. Fe、Mn　　　　D. C、Fe

9. CO₂ 气体保护焊时，所用二氧化碳气体的纯度不得低于（　　　）。

A. 80%　　　　　B. 99%　　　　　　C. 99.5%　　　　D. 95%

10. CO₂ 气体保护焊常用焊丝牌号是（　　　）。

A. H08A　　　　　B. H08MnA　　　　C. H08Mn2SiA　　D. H08Mn2A

11. 用 CO₂ 气体保护焊焊接 10mm 厚的板材立焊时，宜选用的焊丝直径是（　　　）。

A. 0.8mm　　　　B. 1.0～1.6mm　　　C. 0.6～1.6mm　　D. 1.8mm

12. 细丝 CO₂ 气体保护焊的焊丝伸出长度为（　　　）mm。

A. <8　　　　　　B. 8～15　　　　　C. 15～25　　　　D. >25

13. 二氧化碳气体保护焊时应（　　　）。

A. 先通气后引弧　　　　　　　　B. 先引弧后通气

C. 先停气后熄弧　　　　　　　　D. 先停电后停送丝

14. 二氧化碳气体保护焊属于（　　　）。

A. 熔焊　　　　　B. 压焊　　　　　　C. 钎焊　　　　　D. 激光焊

15. CO₂ 气体保护焊的送丝系统中直径为 0.8mm 细焊丝适用于（　　　）的送丝方式。

A. 推丝式　　　　B. 拉丝式　　　　　C. 推拉丝式

四、判断

1. 当 CO₂ 气体保护焊焊丝直径小于等于 2.0mm 时，称为细丝 CO₂ 气体保护焊，主要

用短路过渡形式焊接薄板。　　　　　　　　　　　　　　　　　　　　（　　）

2. $CO_2$ 气体保护焊只能焊接低碳钢、低合金和低合金高强钢。　　　（　　）

3. $CO_2$ 自动焊主要用于水平位置的焊接，不能进行立焊和横焊。　　（　　）

4. 灌入 25kg 液态 $CO_2$ 标准钢瓶，若焊接时流量为 20L/min，则可连续使用 10h 左右。

　　　　　　　　　　　　　　　　　　　　　　　　　　　　　　　（　　）

5. H08Mn2SiA 焊丝是目前 $CO_2$ 气体保护焊中应用最为广泛的一种焊丝。（　　）

6. 细丝 $CO_2$ 气体保护焊接一般采用颗粒过渡规范进行焊接。　　　　（　　）

7. $CO_2$ 气体保护焊要求在坡口正反面的周围 10mm 范围内清除水、锈、油、漆等污物。

　　　　　　　　　　　　　　　　　　　　　　　　　　　　　　　（　　）

8. 半自动 $CO_2$ 气体保护焊的焊接速度一般为 3～5m/min。　　　　　（　　）

9. 保护气体的流量一般根据电流的大小、焊接速度、干伸长度等来选择。一般来说气体流量越大越好。　　　　　　　　　　　　　　　　　　　　　　　（　　）

10. 采用直流反接时，焊件接电源负极，焊丝接电源正极。　　　　　（　　）

11. $CO_2$ 气体保护焊时，应先引弧再通气，才能保持电弧的稳定燃烧。（　　）

12. 气孔的危害性没有裂纹大，所以在焊缝中允许存在一定数量的气孔。（　　）

13. 二氧化碳气瓶内盛装的是液态二氧化碳。　　　　　　　　　　　　（　　）

14. 在弧坑中不仅容易产生气孔，夹渣和微小裂纹，而且会使该处焊缝的强度严重削弱。

　　　　　　　　　　　　　　　　　　　　　　　　　　　　　　　（　　）

15. 管子水平固定位置焊接时，有仰焊、立焊、平焊位置，所以焊枪的角度随着焊接位置的变化而变换。　　　　　　　　　　　　　　　　　　　　　　　（　　）

五、简答

1. 简述 $CO_2$ 气体保护焊的焊接过程。

2. 简述 $CO_2$ 气体保护焊的优缺点。

3. 简述 $CO_2$ 气体保护焊焊丝的选用原则。

4. 简述半自动 $CO_2$ 气体保护焊设备的组成。

5. 采取瓶装液态 $CO_2$ 供气时，如何减少 $CO_2$ 气体中的水蒸气？

6. 简述 $CO_2$ 气体保护焊产生气孔的原因。

六、实践

1. 当焊接过程中发生熄弧现象和焊接规范不稳时，运用所学知识分析并解决该问题。

2. 试制定 300mm×120mm×12mm 的 Q235 钢板的立焊工艺，并进行实际操作。

# 第六章

# 钨极氩弧焊

**知识目标：**

• 能够正确连接钨极氩弧焊设备，熟练掌握设备操作方法。

• 掌握钨极氩弧焊工艺。

• 能够正确地选择钨极氩弧焊参数，熟练掌握平敷焊、中厚板全位置焊、小径管水平固定焊、小径管垂直固定焊等焊接操作技能。

**重点难点：**

• 各工艺参数对焊缝成形及质量的影响。

• 焊接参数的选择。

• 各焊接位置、每层焊道的焊接操作要领。

## 第一节　钨极氩弧焊原理和特点

### 一、钨极氩弧焊的原理及分类

#### 1. 钨极氩弧焊原理

钨极氩弧焊是在惰性气体（氩气）的保护下，利用钨极和焊件之间产生的焊接电弧熔化母材及焊丝的一种非熔化极的焊接方法。如图 6-1 所示。从喷嘴中喷出的氩气在焊接区造成一个厚而密的气体保护层，隔绝空气，在氩气层流的包围中，电弧在钨极和工件之间燃烧，利用电弧产生的热量熔化焊件，从而获得牢固的焊接接头。英文缩写为 TIG（Tungsten Inert Gas Welding）或 GTAW（Gas Tungsten Arc Welding）。

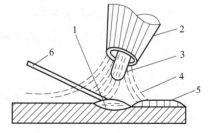

图 6-1　钨极氩弧焊示意图

1—熔池；2—喷嘴；3—钨极；

4—氩气；5—焊缝；6—焊丝

#### 2. 钨极氩弧焊的分类

（1）按操作方式分

可分为手工钨极氩弧焊和自动钨极氩弧焊两种。手工钨极氩弧焊焊接时，焊枪的运动和焊丝的填加都是靠焊工手工操作完成的。自动钨极氩弧焊，焊枪的运动和焊丝的填加是由专用的焊接操作机来完成。生产中，手工钨极氩弧焊应用较多，本章重点介绍手工钨极氩弧焊的设备，工艺及焊接操作技能。

（2）按电流种类分

可分为直流钨极氩弧焊、交流钨极氩弧焊和脉冲钨极氩弧焊三种。直流钨极氩弧焊分为直流正接和直流反接两种情况，直流正接主要用于低合金高强钢、不锈钢、耐热钢、铜、钛及其合金的焊接；直流反接时，钨极易过热烧损，许用电流小，除铝、镁及其合金外，一般较少使用。交流钨极氩弧焊按交流电波形可分为正弦波交流钨极氩弧焊、矩形波交流钨极氩弧焊，主要用于焊接铝、镁及其合金；脉冲钨极氩弧焊可调参数多，可实现对焊缝热输入量的精确控制，用于热敏感性大的金属材料、薄板以及全位置焊接等。

## 二、钨极氩弧焊的特点

### 1. 优点

（1）焊接过程稳定

由于氩气是单原子分子，稳定性好，在高温下不分解、不吸热、热导率很小。因此，电弧的热量损失少，电弧一旦引燃，就能够稳定燃烧；另一方面，钨极本身不熔化，便于维持弧长，有助于电弧的稳定燃烧。

（2）焊接质量好

氩气是一种惰性气体，它既不溶于液态金属，又不与金属反应；而且氩气的密度大于空气，有利于形成良好的气流隔离层，可以有效地阻止氧、氮等侵入焊缝金属。

（3）焊接变形与应力小

因为电弧受氩气流冷却和压缩作用，电弧的热量集中且温度高，故热影响区很窄。焊接薄件具有优越性。

（4）焊缝区无熔渣

焊工可清楚地看到熔池和焊缝成形过程，有助于提高焊缝质量。

（5）易于实现自动化

由于 TIG 焊是明弧焊，没有熔滴过渡，便于观察与操作，尤其是适用于全位置焊接，并容易实现机械化自动化。目前，环缝自动 TIG 焊机、管-管对接自动 TIG 焊机等自动焊已在生产中广泛使用。

### 2. 钨极氩弧焊的缺点

（1）对工件清理要求较高

氩气无脱氧或去氢作用，为了避免气孔、裂纹等缺陷，焊前必须严格去除工件上的油污、铁锈等。

（2）生产效率低

由于钨极的载流能力有限，尤其是直流反接时钨极的许用电流更低，致使钨极氩弧焊的熔透能力较低，因而生产效率低下。

（3）生产成本高

由于氩气成本较高，与 $CO_2$ 焊，焊条电弧焊，埋弧焊等相比，生产成本较高。目前，主要用于打底焊和有色金属的焊接。

（4）劳动条件差

氩弧焊产生的紫外线是焊条电弧焊的 5～30 倍；生成的臭氧对焊工危害较大。放射性的钍钨极对焊工也有一定的危害。所以推广使用铈钨电极，对焊工的危害较小。

### 三、TIG 焊的电流种类和极性

#### 1. 直流 TIG 焊

（1）直流正接

直流正接即焊件为阳极，钨极为阴极，电流密度大，电弧稳定性好，是钨极氩弧焊中应用最广的一种形式。钨极为阴极，发射电子，消耗能量，故阴极产热小，只占电弧热量的 1/3，70% 的热量产生在阳极，可获得深而窄的熔池，生产率高，工件的应力和变形小。与直流反接比，同样的焊接电流下可采用直径较小的钨极。例如，当焊接电流为 125A 时，正接时采用 $\phi1.6mm$ 的钨极，而反接时则需 $\phi6.0mm$ 的钨极。

（2）直流反接

直流反接时，与直流正接相反。工件作为阴极发射电子，电子流向钨极（阳极），钨极产热高易烧损，大大缩短了钨极的使用寿命，所形成的焊缝熔深小，宽而平，焊接效率较低。需要指出的是，由于金属氧化物的逸出功比纯金属的逸出功低，即发射电子能力相对较强。在焊接铝、镁及其合金时，表面存在高熔点氧化膜（如 $Al_2O_3$，熔点为 2050℃），阴极自动寻找这种氧化膜作为阴极斑点发射电子，同时受正离子流轰击，在两者的共同作用下氧化膜破碎，露出纯金属，减少缺陷产生，这种自动去除氧化膜的作用，称之为"阴极破碎"（或"阴极雾化"）或"阴极清理"作用。尽管如此，仍很少采用直流反接来焊接铝、镁及其合金，在生产中较少采用。

#### 2. 交流 TIG 焊

交流钨极氩弧焊是焊接铝、镁及其合金的常用方法，在负半波（工件为阴极）时，阴极具有去除氧化膜的清理作用，使焊缝表面光亮保证焊缝质量；而在正半波（钨极为阴极）时，钨极得以冷却，同时可发射足够的电子，利于稳定电弧。交流 TIG 焊存在两个问题：一是会产生直流分量。直流分量一方面使阴极清理作用减弱，另一方面又使电源变压器能耗增加，甚至有发热过大乃至烧坏设备的危险。因此必须采取适当措施消除直流分量。

#### 3. 脉冲 TIG 焊

（1）直流脉冲 TIG 焊

采用脉冲焊接电源供电，电弧电流波形为脉冲形式，由基值电流和脉冲电流组成。基值电流起维持电弧稳定燃烧作用，主要影响熔池金属的冷却和结晶；脉冲电流直接决定着熔深的大小。由于其可调参数多（基值电流、基值电流时间、脉冲电流、脉冲电流时间、脉宽比、频率等），焊接过程可实现热输入量的精确控制。常用于薄板、热敏感性大的材料焊接和全位置焊。

（2）交流脉冲 TIG 焊

交流脉冲钨极氩弧焊是在直流脉冲钨极氩弧焊基础上发展起来的。这种方法不但在负极性半波时具有良好的阴极清理作用，而且电弧稳定性较好。通过对脉冲参数的控制，可有效地调节热输入，有利于焊缝背面成形的改善，此法特别适合于铝、镁等有色金属及其合金。生产实践表明，交流脉冲钨极氩弧焊对改善铝合金接头强度、提高塑性和改善热裂纹倾向等，都具有显著作用，从而可进一步提高焊接接头的质量。

不同的电流种类及极性具有不同的工艺特点，适用于不同材料的焊接。因此应首先根据工件的材料选择电流的种类及极性，如表 6-1 所示。

### 四、钨极氩弧焊的应用

氩气的保护效果好，不溶于液态金属，也不与金属发生任何反应，因此，钨极氩弧焊可用于焊接易氧化的有色金属及其合金、不锈钢、高温合金、钛及其合金以及难熔的活性金属（如钼、铌、锆）等，也经常用于黑色金属重要构件的焊接及一些构件根部熔透焊道的焊接。

表 6-1　不同电流类型及极性接法的特点及应用范围

| 种类 | | 直流 | | | 交流 | |
| --- | --- | --- | --- | --- | --- | --- |
| | | 正极性 | 反极性 | 脉冲（正极性） | 正弦波 | 方波 |
| 消除氧化膜作用 | | 无 | 强 | 无 | 有 | 有 |
| 电弧热的分布 | 工件端 | 70% | 30% | 70% | 50% | 取决于极性宽度比 |
| | 电极端 | 30% | 70% | 30% | 50% | |
| 引弧方式 | | 非接触式或接触式 | 非接触式 | 非接触式或接触式 | 非接触式 | 非接触式 |
| 稳弧装置 | | 不需要 | 不需要 | 不需要 | 需要 | 不需要 |
| 消除直流分量装置 | | 不需要 | 不需要 | 不需要 | 需要 | 不需要 |
| 钨极载流能力 | | 大 | 小 | 大 | 中等 | 中等 |
| 熔深 | | 深而窄 | 浅而宽 | 深而窄 | 中等 | 中等 |
| 适用范围 | | 用于除铝、镁及其合金以外的所有金属及合金 | 仅用于焊接长度小于 3mm 的铝、镁及其合金 | 用于除铝、镁及其合金以外的所有金属及合金的焊接 | 常用于焊接铝、镁及其合金；也可焊接其他金属及合金，但效果不如直流正接 | |

钨极氩弧焊特别适于焊接 3mm 以下的薄板，不足 1mm 厚的薄件也可以获得满意的焊接质量。对焊接质量要求较高的场合，例如厚壁高压管道、阀门法兰盘等的焊接，常选用钨极氩弧焊，目前已广泛用于航空、航天、原子能、石油、化工、机械制造、仪表、电子等工业部门中。

# 第二节　钨极氩弧焊设备

## 一、设备组成

手工 TIG 焊设备由焊接电源、焊枪、控制系统、供气和冷却系统等组成，如图 6-2 所示。焊接电流小于 200A 时，采用空气冷却焊枪，不需要冷却系统。自动钨极氩弧焊设备，是在此基础上，增加等速送丝装置及行走小车（或工件旋转）等机构，这部分原理和一般自动焊基本相同，现以使用最多的手工钨极氩弧焊设备为主进行介绍。

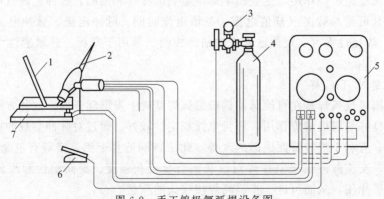

图 6-2　手工钨极氩弧焊设备图

1—填充金属；2—焊枪；3—流量计；4—氩气瓶；5—焊机；6—开关；7—焊件

## 1. 焊接电源

手工钨极氩弧焊可以采用直流、交流或交直流两用电源及脉冲焊接电源，采用陡降特性或恒流特性。直流电源有磁放大器式弧焊整流器、可控硅弧焊整流器、晶体管电源、逆变电源等几种。交流电源应有高频、高压引弧装置或高压脉冲引弧装置，还应有稳弧装置及消除直流分量装置。

由于手工钨极氩弧焊电弧的静特性与焊条电弧焊的相似，故普通焊条电弧焊电源经过安装引弧、稳弧装置和消除直流分量后，就可以作为钨极氩弧焊电源。手工钨极氩弧焊的焊接电源空载电压调节范围见表 6-2。

表 6-2 手工钨极氩弧焊电源空载电压范围      V

| 电流种类 | | 空载电压 | |
|---|---|---|---|
| | | 最小 | 最大 |
| 手工 | 交流 | 70 | 100 |
| | 直流 | 65 | 100 |

焊接电流调节范围见表 6-3。

表 6-3 焊接电流调节范围      A

| 额定焊接电流 | | | | | | | | |
|---|---|---|---|---|---|---|---|---|
| 电流 | 40 | | 100 | | 160 | | 250 | |
| 电源种类 | 直流 | 交流 | 直流 | 交流 | 直流 | 交流 | 直流 | 交流 |
| 电流调节范围 | 2～40 | — | 5～100 | 15～100 | 16～160 | 30～160 | 25～250 | 40～250 |

### 2. 引弧器

钨极氩弧焊通常采用非接触引弧方式引燃电弧，必须依靠引弧器来实现。常用的引弧器有高频振荡器和高压脉冲发生器两种形式。当电弧引燃后，焊接电源自动切入，引弧器立即关断。

（1）高频振荡引弧器

高频振荡器可输出 2000～3000V、150～260kHz 的高频高电压，其功率很小。由于输出电压很高，能在电弧空间产生强电场，一方面加强了阴极发射电子的能力，另一方面，电子和离子在电弧空间被强电场加速，碰撞时氩气容易电离，使引弧容易。

（2）高压脉冲发生器

高压脉冲发生器可输出 2000～3000V 的高压脉冲用于引弧或者稳弧。利用高压脉冲代替高频振荡引弧和稳弧，可以避免高频对人体的危害和对电子器件及仪器的干扰，而且简单易行、成本不高、效果好。同时，可用作焊接过程中的稳弧装置。当采用交流电源时，焊接电流过零电位改变极性时，在负半波开始瞬间，用一个外加脉冲电压使电弧易重复引燃，从而达到稳弧的目的。但须注意，只有使所产生的高压脉冲与电源电压和焊接电流之间保持严格的相位关系，才能收到好的效果。

### 3. 电流衰减装置

电流衰减装置的主要作用是在焊接停止时，使焊接电流逐渐减小，而不是立即停电。这样一方面可将火口填满，防止产生弧坑；另一方面，可使火口处的熔池金属在凝固过程中的冷却速度降低，避免产生火口裂纹。

针对不同的焊接电源，有不同的电流衰减方式。直流弧焊发电机可通过控制励磁线圈中的电流进行衰减；也可立即切断电源，利用发电机旋转的惯性进行衰减。磁放大器式弧焊整流器可通过控制绕组中的电流衰减，实现焊接电流的衰减。晶体管、晶闸管及逆变式直流弧焊电源，可通过控制给定信号实现焊接电流的衰减。

目前，钨极氩弧焊机一般都内装电流衰减电路，停止焊接时，电流自动衰减，收弧操作简单。

### 4. 控制系统

通常对 TIG 焊程序控制系统的要求如下：

① 起弧前，要提前送气 1.5～4s，以排除气管内和焊接区的空气；灭弧后应滞后 5～15s 停气，以保护尚未冷却的钨极与熔池。焊枪须待停气后才离开终焊处，以保证焊缝末端的质量。

② 自动控制引弧器、稳弧器的启动和停止。

③ 焊接开始时，为了防止大电流对焊件熔池的冲击，可以使电流从较小的引弧电流逐渐上升到焊接电流。焊接即将结束时，焊接电流应能自动地衰减，直至电弧熄灭，以消除和防止产生弧坑及弧坑裂纹。

④ 手工或自动接通和切断焊接电源。

手工钨极氩弧焊的焊接控制程序如图 6-3 所示。如果是自动焊，还应完成自动送丝和小车行走（或工件旋转）等动作，以使氩弧焊过程正常进行。

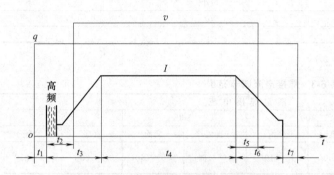

图 6-3　手工钨极氩弧焊控制程序框图

$q$—保护气体流量；$v$—焊接速度；$I$—焊接电流；$t$—焊接循环时间；
$t_1$—提前送气时间；$t_2$—引弧时焊枪停留时间；$t_3$—电流递增时间；
$t_4$—焊接时间；$t_5$—熄弧时焊枪运动时间；
$t_6$—电流衰减时间；$t_7$—延迟停气时间

### 5. 焊枪

焊枪的主要作用是夹持钨极、传导焊接电流、向焊接区输出保护气体。它主要由枪体、喷嘴、电极夹持装置、电缆、氩气输入管、冷却水管（小规范时可以不用）、按钮开关等组成，如图 6-4 所示。

（1）焊枪的作用和要求

① 喷出的保护气体具有良好的流动状态和一定的挺度，以获得可靠的保护。

② 能可靠地夹持电极，并具有良好的导电性。

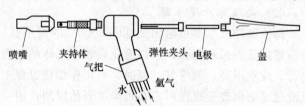

图 6-4　钨极氩弧焊焊枪结构图

③ 枪体能被充分冷却，以保证持久地工作。

④ 重量轻、结构紧凑，可达到性好，装拆维修方便。

（2）焊枪的分类

焊枪分为气冷式和水冷式两种：气冷式焊枪结构简单，使用轻巧，适于焊接薄、小件，通常额定电流不超过 150A，目前国内常用的典型焊枪是 PQ1-150；水冷式焊枪带有水冷系统，结构较复杂、较重，焊接较厚工件时当电流在 200A 以上时，必须采用水冷式焊枪。

（3）焊枪的标志

焊枪标志由型式及主要参数组成。TIG 焊焊枪按冷却方式分为气冷和水冷两种型式，前者标志为 QQ，后者标志为 QS。QQ 型式的焊枪适用焊接电流范围为 10～150A；QS 型式相应的范围为 150～500A。在型式和横杠后面的数字标志焊枪参数，第一个参数是喷嘴中心线与手柄轴线之间的夹角，第二个参数是额定焊接电流。在角度和电流值之间用斜杠分开。如果后面还有横杠和字母，则表示是用某种材料制成的焊枪。例如，标志 QQ-85°/100A-C，则表示气冷焊枪，喷嘴中心线与手柄夹角为 85°、额定焊接电流为 100A，焊枪的本体是由硅胶压膜成形的。

（4）喷嘴

喷嘴的形状尺寸对气流的保护性能影响很大。常见的喷嘴形状如图 6-5 所示。其中圆柱形的喷嘴有利于产生"层流"，保护效果较好，用得较多；收敛形喷嘴保护效果次之，但电弧可见度好，便于操作，应用也较广泛；而扩散形喷嘴由于易形成紊流或减薄层流层，所以很少使用。

喷嘴内表面应保持清洁，若喷孔沾有其他物质，将会干扰保护气柱或在气柱中产生紊流，从而影响保护效果。

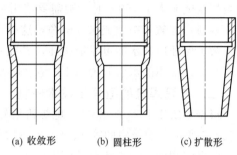

(a) 收敛形　　(b) 圆柱形　　(c) 扩散形

图 6-5　常用喷嘴的形状

焊枪结构中，电极夹头及喷嘴为易损件。对不同直径的电极，要选配不同规格的电极夹头及喷嘴。电极夹头要有弹性，通常用青铜制成。喷嘴材料有陶瓷、纯铜和石英三种。高温陶瓷喷嘴既绝缘又耐热，应用广泛，但焊接电流一般不超过 300A；纯铜喷嘴使用电流可达 500A，需用绝缘套将其与导电部分隔离；石英喷嘴透明，焊接可见度好，但价格较贵。

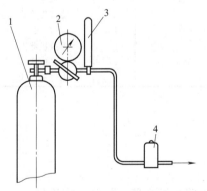

图 6-6　TIG 焊气路系统

1—氩气瓶；2—减压阀；

3—流量计；4—电磁气阀

### 6. 供气系统

氩弧焊供气系统由气瓶、减压器、电磁气阀、气体流量计等组成，如图 6-6 所示，其作用是使钢瓶内的氩气按一定的流量，从焊枪的喷嘴送入焊接区。

（1）气瓶

氩气瓶外表涂灰色，并漆以绿色"氩气"字样。满瓶压力为 15.2MPa，容积为 40L，在常压下的容积为 6000L。氩气使用时不需预热和干燥。

（2）减压器

气体减压阀将高压气瓶中的气体压力降至焊接所要求的压力，减压阀和流量计常组合一体。

（3）气体流量计

气体流量计用来调节和标示气体流量大小，常用的是玻璃转子流量计。除了使用单独的减压器和流量计外，也常常使用二者组合一体式的减压流量计，如：JL-15、JL-30 型减压流量计，技术参数如表 6-4 所示。

表 6-4　减压流量计参数

| 型号 | 流量范围/(L/min) | 耐压/MPa | 出口直径/mm |
|---|---|---|---|
| JL-15 | 0～15 | 15 | 3.6 |
| JL-30 | 0～30 | （最低进口压力≥2.5倍工作压力） | |

（4）电磁气阀

电磁气阀是一般的通用元件，是以电信号控制气体通断的装置。它由焊机内的延时继电器控制，可起到提前供气和滞后停气的作用。电磁气阀有交、直流两种，通常采用 AC36V、AC110V 交流电磁气阀，或 DC24V、DC36V 直流电磁气阀。

### 7. 冷却系统

水冷系统主要用来冷却焊接电缆、焊枪和钨棒。当焊接电流小于 150A 时不需要水冷，但当焊接电流大于 150A 时，则需要使用水冷式焊枪。对于手工水冷式焊枪，通常将焊接电缆装入通水的软管中做成水冷电缆，这样可大大提高电流密度、减轻电缆重量，使焊枪更轻便。为了保证冷却水能可靠地接通，并在一定的压力下才能启动焊接设备，常在水路中串接水压开关，常用的水压开关为 LF 型水压开关。

## 二、氩弧焊机的型号及技术特征

根据 GB/T 10249—2010《电焊机型号编制方法》规定，钨极氩弧焊机的型号表示方法如表 6-5 所示，型号中的第 1、2、3 字位用汉语拼音字母表示；第 4 字位用阿拉伯数字表示。值得注意的是，被代替的国家标准 GB/T 10249—1988 中规定，5、6、7 位阿拉伯数字表示额定电流（其他各字位意思相同），生产中在用的大部分设备型号是按照旧标准编制。

表 6-5　钨极氩弧焊机型号代码

| 第一字母 | | 第二字母 | | 第三字母 | | 第四字母 | |
|---|---|---|---|---|---|---|---|
| 代表字母 | 大类名称 | 代表字母 | 小类名称 | 代表字母 | 附注特征 | 数字序号 | 系列序号 |
| W | 钨极氩弧焊机 | Z | 自动焊 | 省略 | 直流 | 省略 | 焊车式 |
| | | | | | | 1 | 全位置焊车式 |
| | | | | | | 2 | 横臂式 |
| | | S | 手工焊 | J | 交流 | 3 | 机床式 |
| | | | | | | 4 | 旋转焊头式 |
| | | | | | | 5 | 台式 |
| | | D | 点焊 | E | 交直流 | 6 | 焊接机器人 |
| | | | | | | 7 | 变位式 |
| | | Q | 其他 | M | 脉冲 | 8 | 真空充气式 |

### 三、焊机的焊前与焊后检查

#### 1. 焊前检查

焊机焊前的检查工作大体可分以下三个方面：

（1）检查水路

在检查有水、水管无破损情况下，开启水阀，检查水路是否畅通，并确定好流量。

（2）检查气路

① 检查氩气钢瓶颜色是否符合规定（国家标准规定氩气钢瓶为灰色），钢瓶上是否有质量合格标签，钢瓶内是否有氩气。

② 按规定装好减压表，开启氩气瓶阀门，检查减压表及流量计工作是否正常，并按工艺要求调整流量计，以达到所需流量。

③ 检查气管有无破损，接头处是否漏气。

（3）检查电路

① 检查电源　检查控制箱及焊接电源接地（或接零）情况。

② 合闸送电　要注意站在刀开关一侧，戴手套穿绝缘鞋用单手合闸送电。

③ 启动控制箱电源开关 空载检查各部分工作状态，如发现异常情况，应通知电工及时检修；如无异常情况，即可进行下一步工作。

### 2. 负载检查

在正式操作前，应对设备进行一次负载检查。主要通过短时焊接，进一步检查水路、气路、电路系统工作是否正常；进一步发现在空载时无法暴露的问题。

### 3. 焊后检查

依次关闭水阀、气路、电源。关闭气路时，先关闭氩气瓶高压气阀，再松开减压表螺钉。要注意检查气瓶内氩气不得全部用尽，至少保留 0.1~0.3MPa 气压，并关紧阀门，使气瓶保持正压。

### 四、氩弧焊机使用维护及故障处理

#### 1. 氩弧焊设备的保养

① 定期检查焊机的接线是否可靠。

② 焊机应置于通风良好、干燥整洁的地方。

③ 经常检查焊机的绝缘情况以及焊枪上的电缆、气管、水管等，发现问题及时更换。

④ 使用前，必须检查水、气管的连接是否良好，以保证焊接时的正常供水、供气。

⑤ 焊机外壳必须接地，未接地或地线不合格时不准使用。

⑥ 应定期检查焊枪的钨极夹头夹紧情况和喷嘴的绝缘性能是否良好。

⑦ 氩气瓶不能与焊接场地靠得太近，同时必须固定，以防倾倒。

⑧ 工作完毕或临时离开工作场地，必须切断焊机电源，关闭水源及气瓶阀门。

#### 2. 氩弧焊机常见故障及产生原因（见表 6-6）

表 6-6　氩弧焊机常见故障及产生原因

| 常见故障 | 产生原因 |
| --- | --- |
| 电源接通，指示灯不亮 | 开关损坏 |
| | 熔丝断 |
| | 控制变压器损坏 |
| | 指示灯坏 |
| 控制线路有电，焊机不能启动 | 焊枪开关接触不良 |
| | 继电器有故障 |
| | 控制变压器坏 |
| 有高频放电，但不引弧 | 焊接电源接触器故障 |
| | 控制线路故障 |
| | 焊件接触不良 |
| 电弧引燃后，焊接过程中电弧不稳定 | 稳弧器故障 |
| | 有直流分量 |
| | 焊接电源故障 |
| | 地线接触不良 |
| 按压气流按钮，无氩气输出 | 按钮接触不良 |
| | 电磁气阀损坏 |

# 第三节　钨极氩弧焊的焊接材料

### 一、氩气

氩气，无色无味，是一种惰性稀有气体，比空气重 1/4，沸点为 −186℃，是分馏液态空气制取氧时的副产品。它由单原子组成，不会产生化合物，高温下也不分解，不溶于金属，不与任何元素发生反应，是一种理想的保护气体。

氩气的纯度对焊接质量影响非常大，一旦氩气中的杂质含量超过规定范围，在焊接过程中保护效果变差，极易产生气孔、夹渣等缺陷，同时也会增加钨极烧损的概率。根据 GB/T 4842—2006《氩》标准的规定，焊接用氩气体，一般要求纯度（体积分数）为 99.9%～99.999%。

在焊接不同的金属材料时，对氩气纯度的要求也不同，见表 6-7。焊接活泼金属时，为防止金属在焊接过程中氧化、氮化，降低焊接接头质量，应选用高纯度氩。

**表 6-7　不同材料对氩气纯度的要求**

| 被焊材料 | 氩气纯度/% |
|---|---|
| 铬镍不锈钢、铜、钛及其合金 | ≥99.7 |
| 铝、镁及其合金 | ≥99.9 |
| 高合金钢 | ≥99.95 |
| 钛钼铌锆及其合金 | ≥99.98 |

### 二、焊丝

目前我国尚无专用钨极氩弧焊丝标准，一般选用熔化极气体保护焊用焊丝或焊接用钢丝。根据 GB/T 8110—2008《气体保护电弧焊用碳钢、低合金钢焊丝》的规定，常见的直条焊丝直径有 $\phi$1.2mm、$\phi$1.6mm、$\phi$2.0mm、$\phi$2.4mm、$\phi$2.5mm、$\phi$3.0mm、$\phi$3.2mm、$\phi$4.0mm、$\phi$4.8mm。

#### 1. 焊丝的选用原则

① 焊接低碳钢及低合金高强度钢时，一般按照"等强度原则"选择焊接用钢丝。

② 焊接铜、铝、不锈钢时一般按照"等成分原则"选择熔化极气体保护焊焊丝。

③ 焊接异种钢时，如果两种钢的组织不同，则选用焊丝时应考虑抗裂性及碳的扩散问题；如果两种钢的组织相同，而机械性能不同，则最好选用成分介于两者之间的焊丝。

④ 对耐热钢和耐候钢，主要是考虑焊缝金属与母材化学成分基本相同或相近，以满足钢材的耐热性和耐腐蚀性能的要求。

#### 2. 焊丝的分类及编号

氩弧焊焊丝主要分钢用焊丝和有色金属焊丝两大类。

（1）碳钢和低合金钢焊丝

焊丝的型号和牌号编制方法参见第五章。

常用钢种的推荐焊丝牌号，见表 6-8。

**表 6-8　常用钢种的推荐焊丝牌号**

| 类别 | 材质 | | 焊丝牌号 |
|---|---|---|---|
| | 牌号 | | |
| 碳钢 | Q235、Q235-F、Q235g | | H08Mn2Si |
| | 10、20g、15g、22g、22 | | H05Mn2SiAlTiZr |
| 低合金钢 | 16Mn、16Mng | | H10Mn2 |
| | 25Mn、16MnR | | H08Mn2Si |
| | 15MnV、16MnVCu | | H08MnMoA |
| | 15MnVN、19Mn5、20MnMo | | H08Mn2SiA |
| 不锈钢 | 0Cr18Ni9、1Cr18Ni9 | | H0Cr18Ni9 |
| | 1Cr18Ni9Ti | | H0Cr18Ni9Ti |
| | 00Cr17Ni13Mo2 | | H0Cr18Ni12Mo2Ti |

（2）常用有色金属焊丝

① 铜及铜合金焊丝。根据 GB/T 9460—2008《铜及铜合金焊丝》的规定，以字母 HS 表示焊丝，HS 后以化学元素符号表示焊丝的主要组成元素，在短画"-"后面的数字表示同类焊丝的不同品种，如 HSCuZn-1、HSCuZn-2 等。

② 铝及铝合金焊丝。根据 GB/T 10858—2008《铝及铝合金焊丝》的规定，以字母 S 表示焊丝，S 后面的化学元素符号表示焊丝的主要组成元素。其尾部数字表示同类焊丝的不同品种（顺序号），并与前面的元素符号用短画"-"分开，如 SA1Mg-1、SA1Mg-2 等。

### 三、钨极

钨极的作用是传导电流、引燃电弧并维持电弧稳定燃烧。

#### 1. 对钨极材料的要求

（1）耐高温

焊接过程中要求钨极不易被烧损。如果电极在焊接过程中发生烧损，则对焊接过程的稳定性和焊缝成形有明显的影响；若损耗的钨进入熔池会造成焊缝夹钨，将严重影响焊缝质量。

（2）电流容量要大

如果焊接电流超过许用电流，会使钨极端部熔化，形成熔球，造成电弧不稳定，甚至钨极端部局部熔化而落入熔池。

（3）引弧及稳弧性能良好

引弧及稳弧性能主要取决于电极材料的逸出功，逸出功低，则引弧和稳弧性能就好，反之就差。我国广泛应用于生产的钨极，主要有纯钨极、钍钨极和铈钨极三种。不同的电极材料要求的空载电压不同，如表 6-9。

表 6-9　不同电极材料对焊接电源空载电压的要求

| 电极名称 | 电极型号 | 焊接时所需空载电压/V | | |
|---|---|---|---|---|
| | | 低碳钢 | 不锈钢 | 铜 |
| 纯钨极 | W1 | 95 | 95 | 95 |
| 钍钨极 | WTH-10 | 70~75 | 55~70 | 40~65 |
| 钍钨极 | WTH-15 | 40 | 35 | 30 |
| 铈钨极 | WCe20 | 45 | 40 | 35 |

#### 2. 常用的钨极

（1）纯钨极

纯钨极含钨 99.85% 以上，熔点和沸点都很高，电子发射能力差，要求的空载电压较高，使用交流焊接时，电流承载能力较低，抗污染能力差，所以应用较少。一般用于对焊接质量要求不高的场合，常用的纯钨极型号有 W1、W2。

（2）钍钨极

钍钨极是在纯钨极中加入质量分数为 0.3%~2.0% 的氧化钍的电极，常用的钍钨极型号有 WTh-7、WTh-10、WTh-15。钍钨极电子发射能力高，引弧电压低，许用电流范围大，电弧稳定性好。其缺点是含有微量的放射性元素钍，在应用上受到了一定的限制。

（3）铈钨极

铈钨极是在纯钨中加入 0.5%~2% 的氧化铈及杂质 <0.1% 的电极，常用的铈钨极型号有 WCe-20。铈钨极的放射性极低，电子逸出功比钍钨极低 30% 左右，引弧更容易，电弧的稳定性更好，尤其在小电流焊接时更明显。另外，烧损率比钍钨极下降 5%~50%，使用寿

命长；压降低，电流密度大。因此，它是目前钨极氩弧焊中应用最广泛的一种电极。

（4）锆钨极

在纯钨中加入 0.15%～0.4% 的氧化锆，常用的锆钨极型号有 WZr。它的性能在纯钨极和钍钨极之间。用于交流焊接时，具有纯钨极理想的稳定特性和钍钨极的载流量及引弧特性等综合性能。

### 3. 钨极直径选择

钨极的规格有 0.5mm、1.0mm、1.6mm、2.0mm、2.4mm、3.2mm、4.0mm、5.0mm、6.3mm、8.0mm、10.0mm 等几种，供货长度通常为 76～610mm。

钨极直径一般依据焊接电流和母材板厚来选择，选择依据如表 6-10 所示。

表 6-10 不同钨极直径允许的最大电流

| 电流种类 | 钨极直径/mm | 钨极种类 | 最大允许电流/A |
| --- | --- | --- | --- |
| 交流 | 1.0 | 纯钨极、钍钨极 | 50/60 |
| | 2.0 | | 100/140 |
| | 2.4 | | 130/180 |
| | 3.2 | | 150/230 |
| 直流正接 | 1.0 | | 75/90 |
| | 1.6 | | 150/190 |
| | 2.4 | | 250/340 |
| | 3.2 | | 350/750 |
| 直流反接 | 1.0 | 铈钨极 | 15 |
| | 2.0 | | 30 |
| | 2.4 | | 35 |
| | 3.2 | | 50 |
| | 4.0 | | 75 |

# 第四节 钨极氩弧焊焊接工艺

## 一、接头及坡口形式

接头的形式及坡口尺寸一般根据焊接材料、板厚和结构的情况来决定。TIG 焊常采用的接头形式有对接、搭接、角接、端接和 T 形接头五种形式。常见的对接接头及坡口形式如图 6-7 所示。薄板可采用 I 形对接接头或卷边焊接的形式，I 形对接接头要求装配间隙为零，不加填充金属一次焊透。板厚 6～25mm，建议采用 V 形坡口。板厚大于 12mm 时，则可采用 X 形坡口双面焊接。

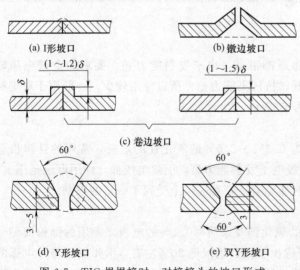

(a) I形坡口　　(b) 镦边坡口

(c) 卷边坡口

(d) Y形坡口　　(e) 双Y形坡口

图 6-7 TIG 焊焊接时，对接接头的坡口形式

## 二、焊前清理

钨极氩弧焊无去氢、脱氧作用，所以对于工件和填充金属表面的污染比较敏感，为了保证焊接质量，在焊接前应严格清除填充焊丝及焊件坡口

和坡口两侧表面至少 20mm 范围内的油污、水分、灰尘、氧化膜等。清理的方法分为化学清理和机械清理及化学机械清理三种。通常，严格的清理工艺主要是用于铝、镁、钛等金属及其合金，而黑色金属对污染的敏感程度较小。

**1. 机械清理**

主要有机械加工、磨削及抛光等方法。对不锈钢或高温合金焊件，常用砂布打磨或抛光法；对铝及其合金，由于材质较软，常用细钢丝刷、电动钢丝轮（用直径小于 0.15mm 的不锈钢丝或直径小于 0.1mm 的钢丝刷）或用刮刀将焊件接头两侧一定范围的氧化膜除掉。但这些方法生产效率低，所以在成批生产时常用化学清理。

**2. 化学清理**

该方法依靠化学反应去除工件及焊丝表面的氧化膜及油污。特别适合于铝合金、钛合金、镁合金母材及焊丝的焊前处理。

一般来说，去除油污、灰尘可以用有机溶剂擦洗，常用的有机溶剂有汽油、丙酮、三氯乙烯、四氯化碳等。

化学清除氧化膜，清洗溶液因材料而异。如铝及其合金先用质量分数为 10% 的 NaOH 溶液反应，在用清水冲洗，然后用体积分数为 30% 的 $HNO_3$ 溶液进行化学处理，再用清水冲洗后吹干，如表 6-11 所示。

表 6-11  铝及其合金的化学清理

| 工序 | 碱洗 | | | | 光化 | | | | |
|------|------|------|--------|------|------|------|--------|------|--------|
| 材料 | NaOH /% | 温度 /℃ | 时间/min | 冲洗 | $HNO_3$ /% | 温度 /℃ | 时间/min | 冲洗 | 干燥 /℃ |
| 纯铝 | 15 4~5 | 室温 6~70 | 10~15 1~2 | 冷净水 | 30 | 室温 | 2 | 冷净水 | 60~110 |
| 铝合金 | 8 | 5~60 | 5 | 冷净水 | 30 | 室温 | 2 | 冷净水 | 60~110 |

通常在清理后立即焊接，或者妥善放置与保管焊件和焊丝，一般应在 24h 内焊接完，否则必须重新处理。

**三、TIG 焊的工艺参数**

钨极氩弧焊的工艺参数主要包括钨极直径、焊接电流、电弧电压、氩气流量、焊接速度、喷嘴直径、喷嘴至工件的距离、钨极伸出长度和工艺因素等。

**1. 钨极直径和端部形状**

（1）钨极直径

钨极的直径是重要的钨极氩弧焊接参数之一，根据焊件厚度和焊接电流的种类、极性及大小来选择，见表 6-12、表 6-13。从表 6-13 可以看出：同一直径的钨极，在不同的焊接电源和极性条件下，允许使用的焊接电流范围不同。相同直径的钨极，直流正接时许用电流最大；直流反接时许用电流最小；交流时许用电流介于二者之间。

表 6-12  钨极直径的选择      mm

| 焊件厚度 | 1.0~1.2 | 2 | 3 | 4 | 6 |
|----------|---------|-----|---------|---------|---------|
| 钨极直径 | 1.6、2.4 | 2.4 | 2.4、3.2 | 3.2、4.0 | 4.0、5.0 |

焊工在操作过程中，可以根据焊后钨极端头的形状来判断所选用的钨极直径粗细是否合适。焊后钨极端部光滑，逐渐变细，表示在该电流下钨极直径选择合理；若焊后钨极端部突出，表示在该电流下选用的钨极直径过细；若焊后钨极端部呈倾斜形，表示在该电流下选用的钨极直径太粗。

表 6-13　不同电源极性、不同直径钨极的电流许用值

| 电源极性 | 钨极直径 | | | | |
|---|---|---|---|---|---|
| | 1mm | 1.5mm | 2.4mm | 3.2mm | 4mm |
| 直流正接/A | 15~80 | 70~150 | 150~250 | 250~300 | 400~500 |
| 直流反接/A | — | 10~20 | 15~30 | 25~40 | 40~55 |
| 交流/A | 20~60 | 60~120 | 100~150 | 160~250 | 200~320 |

（2）钨极端部形状

钨极的端部形状对焊接过程稳定性及焊缝成形具有重要影响，通常根据电流的种类、极

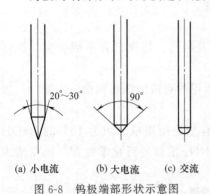

(a) 小电流　(b) 大电流　(c) 交流

图 6-8　钨极端部形状示意图

性和大小来选择。当焊接电流种类和大小变化时，为了保持电弧稳定，应将钨极端部磨成不同形状，如图 6-8 所示。一般来说，采用小电流焊接时，选用小直径的钨极，端部应磨成圆锥形，尖角约为 30°，这时电弧容易引燃，燃烧稳定；采用大电流焊接时，选用大直径的钨极，端部应磨成锥台形，夹角约为 90°，这时加热集中，焊缝外形均匀美观。采用交流电焊接时，端部应磨成圆弧形。表 6-14 给出了钨极各种端部形状所适用的范围及其对电弧稳定性及焊缝成形的影响。

磨削钍、铈钨极时，应采用密封式或抽风式砂轮磨削。磨削完毕，操作人员应洗净手脸。

表 6-14　钨极的不同端部形状的适用范围及其对电弧稳定性及焊缝成形的影响

| 钨极端部形状 | 适用范围 | 电弧燃烧稳定性 | 焊缝成形 |
|---|---|---|---|
| 锥台形 | 直流正接、大电流、脉冲钨极氩弧焊 | 好 | 良好 |
| 圆锥形 | 直流正接、小电流 | 好 | 焊道不均匀 |
| 球面形 | 交流 | 一般 | 焊缝不易平直 |
| 平面形 | 一般不用 | 不好 | 一般 |

### 2. 焊接电流

通常根据焊件的材质、厚度和接头的空间位置来选择焊接电流。焊接电流过大或过小都会使焊缝成形不良或产生焊接缺陷。

当焊接电流增加时，熔深增大，而焊缝宽度与余高稍有增加；当焊接电流太大时，一定直径的钨极上电流密度相应很大，使钨极端部温度升高达到或超过钨极的熔点，此时，可看到钨极端部出现熔化现象，端部很亮；当焊接电流继续增大时，熔化了的钨极在端部形成了一个小尖状突起，逐渐变大形成熔滴，电弧随熔滴尖端漂移，很不稳定，这不仅破坏了氩气保护区，使熔池被氧化，焊缝成形不好，而且熔化的钨落入熔池后将产生夹钨缺陷。另外，太大的焊接电流还容易产生焊穿和咬边缺陷。

当焊接电流很小时，由于一定直径的钨极上电流密度低，钨极端部的温度不够，电弧会在钨极端部不规则地飘移，电弧很不稳定，破坏了保护区，熔池被氧化。

### 3. 电弧电压

电弧电压主要影响焊缝宽度，它由电弧长度决定。随着弧长的增加，电弧电压增加，焊缝熔宽和加热面积都略有增加。电弧太长时，容易引起未焊透及咬边等缺陷，保护效果也不好；电弧太短时很难看清熔池，送丝时容易碰到钨极和熔池引起短路，使钨极受污染，加大钨极烧损，焊缝出现夹钨缺陷。因此，在保证不短接的情况下，应尽量采用较短的电弧进行

焊接。不加填充焊丝焊接时，弧长一般控制在 1～3mm，加填充焊丝焊接时，弧长 3～6mm。

### 4. 电源种类和极性

氩弧焊采用的电源种类和极性选择与所焊金属及其合金种类有关。有些金属只能用直流正极性或反极性焊接，有些则交直流都可以使用，因而需根据不同材料选择电源和极性，见表 6-15。

表 6-15 焊接电源种类和极性的选择

| 电源种类与极性 | 被焊金属材料 |
| --- | --- |
| 直流正极性 | 低合金高强钢、不锈钢、耐热钢、铜、钛及其合金 |
| 直流反极性 | 适用各种金属熔化极氩弧焊,而钨极氩弧焊极少用 |
| 交流电源 | 铝、镁及其合金 |

### 5. 喷嘴直径

钨极直径确定后，可按式（6-1）计算值选择数值接近的喷嘴直径。

$$D = (2.5 \sim 3.5)d_w \qquad (6-1)$$

式中　$D$——喷嘴直径，mm；

　　　$d_w$——钨极直径，mm。

喷嘴的直径（指内径）越大，保护区范围越大，则要求保护气的流量也越大。喷嘴孔径及氩气流量通常根据电流的种类、极性及大小来选择，如表 6-16 所示。喷嘴直径过大时，还会使焊缝位置受到限制，给操作带来不便。

表 6-16 喷嘴直径及氩气流量的选择

| 焊接电流/A | 直流正接 | | 直流反接 | |
| --- | --- | --- | --- | --- |
| | 喷嘴孔径/mm | 氩气流量/（L/min） | 喷嘴孔径/mm | 氩气流量/（L/min） |
| 10～100 | 4～9.5 | 4～5 | 8～9.5 | 6～8 |
| 101～150 | 4～10 | 4～9 | 9.5～11 | 7～10 |
| 151～200 | 6～13 | 6～8 | 11～13 | 7～10 |
| 201～300 | 8～13 | 8～9 | 13～16 | 8～15 |
| 301～500 | 13～16 | 9～12 | 16～19 | 8～15 |

### 6. 氩气流量

主要根据钨极直径及喷嘴直径来选择氩气流量。对于一定孔径的喷嘴，选用氩气流量要适当。如果流量过大，则气体流速增大，会引起气流紊乱，对焊接区的保护作用不利，同时带走电弧区的热量也多，电弧燃烧不稳定，焊缝产生气孔，有氧化现象。流量过小时气体的刚度差，容易受到外界气流的干扰，气体保护效果降低。通常氩气流量在 3～20L/min。

随着焊接速度和弧长的增加，气体流量也应增加。否则，保护性能会变坏；钨极伸出长度增加时，气体流量也应增加。在实际焊接中，氩气流量主要取决于喷嘴直径。当喷嘴直径为 8～16mm 时，氩气流量为 6～15L/min。也可按下式计算氩气流量

$$Q = (0.8 \sim 1.2)D$$

式中　$Q$——氩气流量，L/min；

　　　$D$——喷嘴直径，mm。

在实际工作中，通常根据试焊来选择流量。当流量合适时，熔池平稳，表面明亮没有渣，焊缝外形美观，表面没有氧化痕迹；若流量不合适时，则熔池表面上有渣，焊缝表面发黑或有氧化皮。另外，不同的焊接接头形式使氩气流的保护作用也不同。当对接接头和 T

形接头焊接时，具有良好的保护效果，如图 6-9（a）所示。在焊接这类焊件时，不必采取其他工艺措施；而在进行 T 形接头焊接时，保护效果最差的如图 6-9（b）所示。在焊接这类接头时，除增加氩气流量外，还应加挡板，如图 6-10 所示。

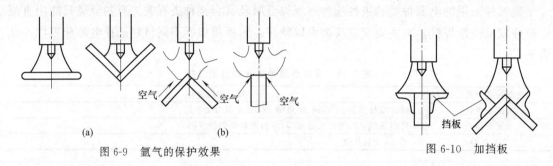

图 6-9　氩气的保护效果　　　　　　　　　　　　　图 6-10　加挡板

氩气保护效果，可通过测定氩气有效保护区的直径来判断。测定的方法是工件上在引燃电弧后，焊枪保持不动，让电弧燃烧 5～6min 后断开电源。这时，工件上留下银白色的圆圈，其内圈是熔池，外圈则是氩气有效保护区域，称为去氧化区，这一圈的直径越大，说明保护效果越好，在生产中，实际评定氩气保护区域是否良好，可通过直接观察焊缝表面色泽和是否有气孔来认定，见表 6-17。

表 6-17　不锈钢和铝合金氩弧焊时的保护效果认定

| 焊接材料 | 最好 | 良好 | 较好 | 最坏 |
|---|---|---|---|---|
| 不锈钢 | 银白色、金黄色 | 蓝色 | 红灰色 | 黑色 |
| 铝合金 | 银白色 | — | — | 黑灰色 |
| 钛合金 | 亮银白色 | 橙黄色 | 蓝紫色 | 青灰色、白色氧化钛粉末 |

### 7. 焊接速度

通常根据板厚来选择焊接速度，且应与焊接电流、预热温度及保护气流量相匹配。焊接速度的大小直接影响氩气保护的效果，焊接速度过快时，氩气气流会弯曲，偏向一侧，另一侧容易受空气的侵入，使焊缝中产生气孔、未焊透、咬边等缺陷；而焊接速度太慢时，会出现熔宽过大、烧穿等缺陷。

焊接速度的选择一般应遵循以下原则：

① 焊接铝等热导率高的金属时，焊接速度应较快，以减少变形。

② 焊接有热裂倾向的合金材料不能采用高速焊接。

③ 焊接熔池的尺寸直接受焊接速度的影响。在非平焊时受位置的限制，熔池较小，应适当提高焊接速度。

由于氩气是无色气流，其保护效果无法用肉眼直接观察到，焊工只能根据操作中的实践经验来掌握，通常控制在 200～300mm/min。

### 8. 钨极伸出长度

通常将露在喷嘴外面的钨极长度叫做钨极的伸出长度。伸出长度过大时，钨极易过热，氩气易受气流的影响而发生摆动使保护效果变差；而伸出长度太小时，喷嘴易过热，且操作者无法观察熔池情况。因此钨极伸出长度必须保持一适当的值。正常的伸出长度为 3～4mm。在角焊缝时，钨极伸出长度为 7～8mm 较好。

### 9. 喷嘴至工件的距离

喷嘴至工件间的距离影响电弧长度和保护效果。喷嘴至焊件距离增大，电弧长度增加，熔宽增大，熔深减小；距离过大时，保护气层受空气流动的影响产生摆动，当焊枪沿焊接方向移动时，保护气流抵抗阻力的能力会降低，空气会沿焊件表面侵入熔池，焊缝易产生未焊透和氧化现象。因此，在保证电极不短路的情况下，要尽量采用短弧焊接，保护效果好，热量集中，电弧稳定，焊道均匀，焊接变形小。但距离过小时，影响操作人员的视线，容易导致钨极与熔池的接触，使焊缝夹钨并降低钨极寿命。喷嘴离工件的距离要与钨极伸出长度相匹配，一般应控制在 8～14mm 之间。

实际焊接时，确定各焊接参数的顺序是：根据被焊材料的性质，先选定焊接电流的种类、极性和大小，然后选定钨极的种类和直径，再选定焊枪喷嘴直径和保护气体流量，最后确定焊接速度。在施焊的过程中根据情况适当地调整钨极伸出长度和焊枪与焊件相对的位置。

表 6-18～表 6-20 列出了不同材料、不同板厚、不同坡口形式的焊接接头常用的焊接工艺，可供选取工艺参数时作参考。

**表 6-18 普通钢对接接头手工 TIG 焊焊接工艺**

| 板厚/mm | 电流/A（直流正接） | 焊丝直径/mm | 焊速/(mm/min) | 氩气流量/(L/min) |
|---|---|---|---|---|
| 0.9 | 100 | 1.6 | 300～370 | 4～5 |
| 1.2 | 100～125 | 1.6 | 300～450 | 4～5 |
| 1.5 | 100～140 | 1.6 | 300～450 | 4～5 |
| 2.3 | 140～170 | 2.4 | 300～450 | 4～5 |
| 3.2 | 150～200 | 3.2 | 250～300 | 4～5 |

**表 6-19 不锈钢对接接头手工 TIG 焊焊接工艺**

| 板厚/mm | 坡口形式/mm | 焊接位置 | 焊道层数 | 焊接电流/A | 焊接速度/(mm/min) | 钨极直径/mm | 焊丝直径/mm | 氩气流量/(L/min) |
|---|---|---|---|---|---|---|---|---|
| 1 | I<br>b=0 | 平<br>立 | 1<br>1 | 50～80<br>50～80 | 100～120<br>80～100 | 1.6 | 1 | 4～6 |
| 2.4 | I<br>b=0～1 | 平<br>立 | 1 | 80～120<br>80～120 | 100～120<br>80～100 | 1.6 | 1～2 | 6～10 |
| 3.2 | I<br>b=0～2 | 平<br>立 | 2 | 105～150 | 100～120<br>80～120 | 2.4 | 2～3.2 | 6～10 |
| 4 | I<br>b=0～2 | 平<br>立 | 2 | 150～200 | 100～150<br>80～120 | 2.4 | 3.2～4 | 6～10 |
| 6 | Y<br>b=0～2<br>p=0～2 | 平<br>立 | 3<br>2 | 150～200 | 100～150<br>80～120 | 2.4 | 3.2～4 | 6～10 |
| | Y<br>b=0～2<br>p=0～2 | 平<br>立 | 2 | 180～230<br>150～200 | 100～150 | 2.4 | 3.2～4 | 6～10 |
| | Y<br>b=0<br>p=0～2 | 平<br>立 | 3 | 140～160<br>150～200 | 120～160<br>120～150 | 2.4 | 3.2～4 | 6～10 |

**表 6-20 铝合金对接接头手工 TIG 焊焊接工艺**

| 板厚/mm | 坡口形式/mm | 焊接位置 | 焊道层数 | 电流/A | 焊速/(mm/min) | 钨极直径/mm | 焊丝直径/mm | 氩气流量/(L/min) | 喷嘴内径/mm |
|---|---|---|---|---|---|---|---|---|---|
| 1 | b=0～8 | 平<br>立、横 | 1<br>1 | 65～80<br>50～70 | 300～450<br>200～300 | 1.6 或 2.4 | 1.6 或 2.4 | 5～8 | 8～9.5 |

续表

| 板厚/mm | 坡口形式/mm | 焊接位置 | 焊道层数 | 电流/A | 焊速/(mm/min) | 钨极直径/mm | 焊丝直径/mm | 氩气流量/(L/min) | 喷嘴内经/mm |
|---|---|---|---|---|---|---|---|---|---|
| 2 | b=0~1 | 平 | 1 | 110~140 | 280~380 | 2.4 | 2.4 | 5~8 | 8~9.5 |
| | | 立、横、仰 | 1 | 90~120 | 200~340 | | | 5~10 | |
| 3 | b=0~2 | 平 | 1 | 150~180 | 280~380 | 2.4或3.2 | 3.2 | 7~10 | 9.5~11 |
| | | 立、横、仰 | 1 | 130~160 | 200~320 | | | 2~11 | |
| 4 | b=0~2 | 平 | 1 | 200~230 | 150~250 | 3.2或4.0 | 3.2或4.0 | 7~11 | 11~13 |
| | | 立、横 | 1 | 180~210 | 100~200 | | | | |
| | b=0~2 | 平 | 1<br>2(背) | 180~210 | 200~300 | 3.2或<br>4.0 | 3.2或<br>4.0 | 7~11 | 11~13 |
| | | 立、横、仰 | 1<br>2(背) | 160~210 | 150~250 | | | | |
| 5 | b=0~2<br>p=0~2<br>α=60°~110° | 平 | 1 | 270~300 | 150~200 | 5.0 | 5.0 | 8~11 | 13~16 |
| | b=0~2<br>p=0~2<br>α=60°~110° | 平 | 1<br>2 | 230~270 | 200~300 | 4.0或<br>5.0 | 4.0或<br>5.0 | 8~11 | 13~16 |
| | | 立、横、仰 | 1<br>2 | 200~240 | 100~200 | | | | |
| 6 | b=0~2<br>p=0~3<br>α=60° | 平、横 | 1<br>2(背) | 180~230 | 100~200 | 4.0或<br>5.0 | 4.0或<br>5.0 | 8~11 | 13~16 |
| | | 仰 | 1<br>2(背) | | | | | | |
| | b=0~2<br>p=0~2<br>α=60°~110° | 平 | 1<br>2 | 280~340 | 120~180 | 5.0 | 5.0 | 10~15 | 16 |
| | | 立、横、仰 | 1<br>2 | 250~280 | 100~150 | | | | |
| 9 | b=0~2<br>p=0~3<br>α=60°~90° | 平 | 1<br>2(背) | 340~380 | 170~220 | 6.4 | 5.0或<br>6.0 | 10~15 | 16 |
| | b=0~2<br>p=0~3<br>α=70°~90° | 立、横 | 1<br>2<br>3(背) | 320~360 | 170~270 | 6.4 | 5.0或<br>6.0 | 10~15 | 16 |
| | b=0~2<br>p=0~3<br>α=60°~90° | 平 | 1<br>2<br>3(背) | 350~400 | 150~200 | 6.4 | 6 | 10~15 | 16 |
| 12 | b=0~2<br>p=0~3<br>α=70°~90° | 立 | 1<br>2<br>3<br>4(背) | 340~380 | 170~270 | 6.4 | 6 | 10~15 | 16 |
| | b=0~1<br>p=0~2<br>α=70°~90° | 横 | 1<br>2<br>3<br>4(背) | 340~380 | 170~270 | 6.4 | 6 | 10~15 | 16 |

| 板厚/mm | 坡口形式/mm | 焊接位置 | 焊道层数 | 电流/A | 焊速/(mm/min) | 钨极直径/mm | 焊丝直径/mm | 氩气流量/(L/min) | 喷嘴内径/mm |
|---|---|---|---|---|---|---|---|---|---|
| 12 | $b=0\sim2$<br>$p=0\sim3$<br>$\alpha=70°\sim90°$ | 平 | 1、2<br>3(背)<br>4(背) | 340～380 | 150～250 | 6.4 | 5 | 10～15 | 16 |
| | | 立、横、仰 | 1、2<br>3(背)<br>4(背) | 300～350<br>240～290 | 70～150 | 5 | | | |

### 四、手工钨极氩弧焊基本操作技术

焊工穿戴好工作服，戴好头盔式面罩，选用的护目镜片颜色应略浅一些，一般以8号或9号为宜。首先将焊机的水、电、气路都接通，然后将钨极夹持在焊枪内，即可按预先选定的焊接参数进行练习。

#### 1. 引弧

手工钨极氩弧焊的引弧方法有接触短路引弧和非接触引弧二种。

（1）接触短路法

接触短路法采用钨极末端与焊件表面近似垂直（70°～85°）轻微接触后，迅速提起引弧，在钨极与焊件之间即产生电弧，其方法与焊条电弧焊时用焊条引弧相似。这种方法在短路时会产生较大的短路电流，从而使钨极端头烧损、形状变坏，在焊接过程中使电弧分散，甚至飘移，影响焊接过程的稳定，而且在引弧过程中钨极端部的钨会沾污焊缝金属，使焊缝中产生夹钨缺陷。解决的办法是在引弧点附近放一块纯铜板或石墨板，先在这种板上引弧，待电弧引燃并稳定燃烧后，再将电弧移到焊件上燃烧。接触短路引弧法的优点是所用氩弧焊机构造简单。

（2）非接触引弧

TIG焊一般采取非接触引弧，即利用引弧器产生高频或高压脉冲，击穿电极与工件之间的气隙来引燃电弧。焊工开始引弧时，将焊枪移近焊件，待钨极端头与焊件的距离2～3mm时，按动焊枪上的电源开关，高频高压装置立即产生作用，高电压加在钨极与焊件之间，会将空气击穿，电弧就开始引燃。引弧后高频或高压脉冲自动切断。非接触引弧法的优点是引弧操作简单，引弧过程中钨极与焊件不接触，所以避免了接触短路引弧法容易在焊缝中产生夹钨和钨极烧损较快等缺点，并且能保证钨极末端的几何形状，容易保证焊接质量。

目前，手工钨极氩弧焊机均配备有引弧器，所以读者在操作训练时，应以这种引弧法为主练习。

#### 2. 焊接方向

焊接时，焊枪由右向左移动，焊接电弧指向母材待焊部位，焊丝位于电弧运动的前方，称之为左焊法（又称前进法、前倾法）；焊接时，焊枪由左向右移动，焊接电弧指向已焊部分，焊丝位于电弧运动的后方，称之为右焊法（又称后退法），见图6-11。

采用左焊法进行焊接时，由于电弧指向未焊金属，电弧能量对待焊区的预热作用，使焊缝变宽，余高变小，熔深较浅，焊缝成形好，有利于焊接薄件，同时便于观察和控制熔池情况。

采用右焊法焊接时，电弧指向熔池金属，电弧能量偏向于已焊区域，使得焊缝变窄，余

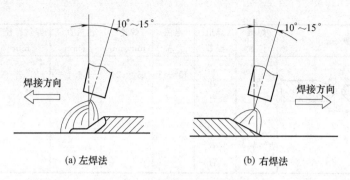

(a) 左焊法                (b) 右焊法

图 6-11 左焊法与右焊法

高变大，熔深增加，焊缝成形不良，同时降低了熔池冷却速度，有利于改善焊缝的组织成分，熔池存在时间较长，减小了气孔和夹渣的可能性，适合于焊接较厚的工件。

左焊法与右焊法的比较如表 6-21 所示。

表 6-21 左焊法与右焊法的比较

| 比较项目 | 左焊法 | 右焊法 |
|---|---|---|
| 焊缝形状 | 余高低、熔深浅，焊道较平且均匀 | 余高大、熔深大，焊道较窄且很难均匀 |
| 熔透情况 | 不容易焊透 | 容易焊透 |
| 电弧稳定性(小电流时) | 不稳定 | 较稳定 |
| 操作难易程度 | 便于观察熔池，容易操作 | 不易观察熔池，操作较困难 |
| 飞溅 | 较多 | 较少 |
| 适用范围 | 熔点低、较薄工件 | 熔点高、较厚工件 |

### 3. 焊枪操作

（1）焊枪握持与角度

电弧引燃后，要稍停留几秒钟，使母材上形成熔池后，再添加填充焊丝，以保证熔敷金属和母材很快地熔合。焊接方向采用左焊法。

焊接时，焊枪的把持方式如图 6-12 所示。电弧引燃后，应使焊枪的轴线与焊件表面的夹角保持 70°～85°，直到形成所要求的熔池，若对焊缝宽度有要求还应作横向摆动。添加填充焊丝时，焊丝置于熔池前面或侧面，并与焊件表面呈 15°～20°夹角，并缓慢地向焊接熔池给送。如图 6-13 所示。焊接方向一般由右向左，环缝由下向上。

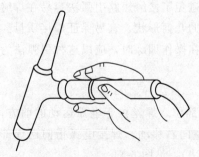

图 6-12 焊枪的把持方式          图 6-13 焊枪、焊丝和焊件间的夹角

（2）焊枪运动方式

手工钨极氩弧焊的焊枪一般只做直线移动，同时焊枪移动速度不能太快，否则影响氩气的保护效果。

① 直线移动。直线移动有三种方式：直线匀速移动、直线断续移动和直线往复移动。

直线匀速移动是指焊枪沿焊缝做直线、平稳和匀速移动，适合高温合金、不锈钢、耐热钢等薄板的焊接，其特点是电弧稳定、焊接过程稳定、氩气保护效果好、避免焊缝重复加热、保护效果好、焊接质量稳定。

直线断续移动是指焊枪在焊接过程中为了保证焊透在熔池处停留一定时间，当熔透后，加入焊丝后再移动，即沿焊缝方向移动过程是一个走走停停的过程。其主要应用于中厚材料（3～6mm）的焊接。

② 直线往复移动。直线往复移动是指焊枪沿焊缝作往复直线移动，这种移动方式主要用于小电流焊接铝及铝合金薄板材料，其特点是控制热量和焊缝成形良好，这样可以防止烧穿。

③ 横向摆动。有时根据焊缝的特殊要求和接头形式的不同，要求焊枪作小幅度的横向摆动，按摆动的方法不同，可归纳为三种摆动形式，圆弧之字形运动、圆弧之字形侧移运动和 r 形运动，如图 6-14 所示。

(a) 圆弧之字形运动　　　(b) 圆弧之字形侧移运动　　　(c) r形运动

图 6-14　手工钨极氩弧焊焊枪横向摆动示意图

圆弧之字形摆动时焊枪横向划半圆，呈类似圆弧之字形往前移动，如图 6-14（a）所示。这种方法适用于大的 T 形接头、厚板的搭接接头以及中厚板的开 V 形及 X 形坡口的对接焊或特殊要求加宽的焊缝。这种接头形式的特点是：焊缝中心温度增高，两边的热量由于向母材金属扩散，温度较低。故操作时焊枪在焊缝两侧停留时间稍长些，在通过焊缝中心时运动速度可适当加快，来保证溶池温度正常，从而获得熔透均匀、成形良好的焊缝。

圆弧之字形侧移摆动是焊枪在焊接过程中不仅划圆弧，而且呈斜的之字形往前移动的摆动形式，如图 6-14（b）所示。这种方法适用于不平齐的角接焊和端接焊，接头形式的特点是一接头突出于另一接头之上，突出部分恰可作加入的焊丝之用。操作时使焊枪偏向突出的部分，焊枪做圆弧之字形侧移运动，使电弧在突出部分停留时间增加，以熔化突出部分，不加或少加填充焊丝。

r 形摆动是焊枪的横向摆动呈类似 r 形的运动，如图 6-14（c）所示。这种方法适用于厚度相差很多的平面对接接头，如 2mm 与 0.8mm 的材料对接焊。操作时焊枪不仅作 r 形运动，而且焊接时电弧稍偏向厚板，使电弧在厚板一边停留时间稍长，受热多些，薄件停留时间短，来控制厚薄两工件的熔化温度，防止薄件烧穿、厚件未焊透的现象。

**4. 填丝**

填充焊丝的加入对焊缝质量的影响很大。若送丝过快，焊缝易堆高，氧化膜难以排除；若送丝过慢，焊缝易出现咬边或下凹。所以送丝动作要熟练。常用的送丝方法有两种方法：指续法和手动法。

（1）指续法

如图 6-15 所示，将焊丝夹在大拇指与食指、中指中间，靠中指和无名指起撑托作用，当大拇指将焊丝向前移动时，食指往后移动，然后大拇指迅速擦焊丝的表面往后移动到食指的地方，大拇指再将焊丝向前移动，如此反复将焊丝不断地送入熔池中。这种方法适用于较

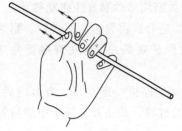

图 6-15 连续填丝操作技术

长的焊接接头。

（2）**手动法**

焊丝夹在大拇指与食指、中指的中间，手指不动，只起夹持焊丝作用，靠手或小臂沿焊缝前后移动和手腕的上下反复动作，将焊丝加入熔池中。

手动法按焊丝加入熔池方式分为四种，见图 6-16。

① 压入法。图 6-16（a），拿焊丝的手稍向下用点力，使焊丝末端紧靠在熔池边沿，适合于焊 500mm 以上的长焊缝。该方法操作简单，但是因为手拿焊丝较长，焊丝端头不稳定易摆动，造成送丝困难。

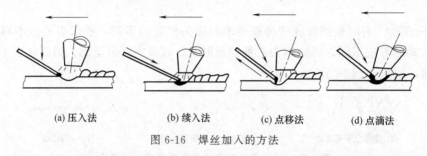

(a) 压入法　　(b) 续入法　　(c) 点移法　　(d) 点滴法

图 6-16　焊丝加入的方法

② 续入法。图 6-16（b），将焊丝末端伸入熔池中，手往前移动，根据熔池形态，把焊丝连续或断续加入熔池中。此法适于用较细焊丝及焊加强焊缝和对接间隙大的焊件，但一般操作不当，将使焊缝成形不良，故对于质量要求高的焊缝尽量少采用。

③ 点移法。图 6-16（c），以手腕上下反复动作和手往后慢慢移动，将焊丝逐步加入熔池中。采用该方法时由于焊丝的上下反复运动，当焊丝抬起时在电弧作用下，可充分地将熔池表面的氧化膜去除，从而防止产生夹渣，同时由于焊丝填加在熔池的前部边缘，有利于减少气孔。因此应用比较广泛。

④ 点滴法。图 6-16（d）是最常用的一种方法，焊丝靠手的上下反复点入动作，将熔滴滴入熔池中。该方法与点移法的优点相同，所以比较常用。

为了防止焊丝端头氧化，焊丝端头应始终处在氩气流保护范围内。送丝时，不能在保护区内搅动，防止空气侵入。

**5. 收弧**

熄弧时如操作不当，会产生弧坑，从而造成火口裂纹、烧穿、气孔等缺陷。

焊接结束时，首先将焊丝抽离电弧区，但不要脱离保护区，以免焊丝端部氧化，然后将焊枪移到熔池的前边缘上方后抬高，拉断电弧，注意焊枪不要抬得过高，使熔池失去保护。操作时可采用如下方法熄弧：

① 调节好焊机上的衰减电流值，在熄弧时松开焊枪上的开关，使焊接电流衰减，逐步加快焊接速度和填丝速度然后熄弧。

② 减小焊枪与焊件的夹角，拉长电弧使电弧热量主要集中在焊丝上，加快焊接速度并加大填丝量，弧坑填满后熄弧。在没有电流衰减装置时，收弧时不要突然拉断电弧，可重复收弧动作，填满弧坑后再熄灭电弧。

为使氩气有效地保护焊接区，熄弧时应继续送气 5～10s。所以焊接完毕不要立刻抬起焊枪，待到钨极与焊缝稍冷却后，再抬起焊枪，以避免炽热的钨极及焊缝表面受到氧化。

焊接结束后,应检查钨极端头表面的颜色,若表面呈褐色、黄绿色或蓝色,表明端头氧化严重,形成了钨的氧化物,应当磨去之后再用。

### 五、钨极氩弧焊时焊接缺陷产生的原因及其防止措施

钨极氩弧焊时焊接缺陷产生的原因及其防止措施如表 6-22 所示。

表 6-22 钨极氩弧焊时焊接缺陷产生的原因及其防止措施

| 缺陷或问题 | 产生原因 | 防止措施 |
|---|---|---|
| 气孔 | ①母材上有油、锈等污物<br>②气体保护效果差<br>③气路不洁净<br>④操作不当<br>⑤焊件及焊丝清理不彻底<br>⑥氩气保护层流被破坏 | ①焊前用化学或机械方法清理干净工件<br>②勿使喷嘴过高;勿使焊速过大;采用合格的惰性气体<br>③更新送气管路<br>④提高操作技能<br>⑤焊前认真清理焊丝及焊件表面<br>⑥采取防风措施等保证氩气的保护效果 |
| 焊缝成形不良 | ①焊接参数选择不当<br>②焊枪操作运走不均匀<br>③送丝方法不当<br>④熔池温度控制不好 | ①选择正确的焊接参数<br>②提高焊枪与焊丝的配合操作技能<br>③提高焊枪与焊丝的配合操作技能<br>④焊接过程中密切关注熔池温度 |
| 烧穿 | ①焊接电流太大<br>②熔池温度过高<br>③根部间隙过大<br>④送丝不及时<br>⑤焊接速度太慢 | ①正确选择焊接规范参数<br>②提高技能,焊接中密切关注熔池温度<br>③焊接前仔细修配对接间隙<br>④协调焊丝给进与焊枪的运动速度<br>⑤提高焊接速度 |
| 未焊透 | ①坡口、间隙太小<br><br>②焊前清理不彻底<br>③钝边过大<br>④焊接电流过小<br>⑤电弧过长或电弧偏离对接缝 | ①3~10mm 焊件应留 0.5~2mm 间隙,单面坡口大于 90°<br>②焊前彻底清理焊件及焊丝表面<br>③按工艺要求修整钝边<br>④正确选择规范参数<br>⑤采取措施防止偏弧,焊接过程中保持合适的电弧长度 |
| 咬边 | ①焊枪角度不对<br>②氩气流量过大<br>③电流过大<br>④焊接速度太快<br>⑤电弧太长<br>⑥送丝速度过慢<br>⑦钨极端部过尖 | ①采用合适的焊枪角度<br>②减小氩气流量<br>③正确选择焊接工艺参数<br>④正确掌握熔池温度,焊速不宜过快<br>⑤压低电弧<br>⑥合理填加焊丝<br>⑦更换或重新打磨钨极端部形状 |
| 裂纹 | ①弧坑未填满<br>②焊丝选择不当<br>③定位焊时点距太大,焊点分布不当<br>④未焊透引起裂纹<br>⑤冷却速度过快<br>⑥焊缝过烧,造成不锈钢中铬镍比下降<br>⑦材料易产生冷裂纹<br>⑧结构刚性大 | ①收尾时采用合理的方法并填满弧坑<br>②选择合适的焊丝牌号<br>③选择合理的定位焊点数量和分布位置<br>④采取措施保证根部焊透<br>⑤选择合适的焊接速度<br>⑥缩短高温停留时间,防止过烧<br>⑦焊前预热,焊后保温<br>⑧合理安排焊接顺序或采用焊接夹具辅助进行焊接 |

续表

| 缺陷或问题 | 产生原因 | 防止措施 |
|---|---|---|
| 夹钨 | ①焊接电流密度过大,超过钨极的承载能力<br>②操作不稳,钨极与熔池接触<br>③钨极直接在工件上引弧<br>④钨极与熔化的焊丝接触<br>⑤钨极端头伸出过长<br>⑥氩气保护不良,使钨极熔化烧损 | ①选择合适的焊接电流或更换钨极<br>②提高操作技能<br>③尽量采用高频或脉冲引弧,接触引弧时要在引弧板上进行<br>④提高操作技术,认真施焊<br>⑤选择合适的钨极伸出长度<br>⑥加大氩气流量等来保证氩气的保护功能 |
| 电弧不稳 | ①母材被污染<br>②电极被污染<br>③钨极太粗<br>④钨极尖端形状不合理<br>⑤电弧太长 | ①焊前仔细清理母材电极<br>②磨去被污染的部分<br>③选用适宜的较细钨极<br>④重新将钨极接头磨好<br>⑤适当压低喷嘴,缩短电弧 |
| 电极烧损严重 | ①采用了反极性接法<br>②气体保护不良<br>③钨极直径与所用电流值不匹配 | ①采用较粗的钨极或改为正极性接法<br>②加强保护,加大氩气流量;压低喷嘴;减小焊速;清理喷嘴<br>③采用较粗的钨极或较小的电流 |

# 第五节　钨极氩弧焊操作技能

## 实训一　手工 TIG 焊平敷焊

### 一、要求

按照图 6-17 要求,通过实训,掌握钨极氩弧焊设备操作和平敷焊的基本操作技能,在规定时间内,完成项目操作,达到考核要求。

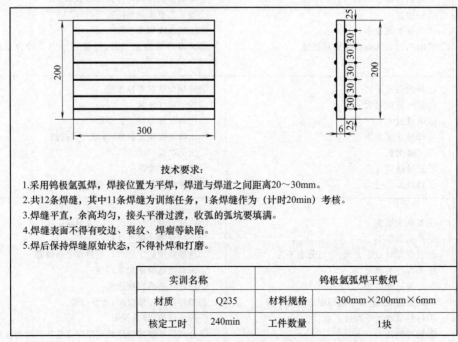

技术要求:
1.采用钨极氩弧焊,焊接位置为平焊,焊道与焊道之间距离20～30mm。
2.共12条焊缝,其中11条焊缝为训练任务,1条焊缝作为(计时20min)考核。
3.焊缝平直,余高均匀,接头平滑过渡,收弧的弧坑要填满。
4.焊缝表面不得有咬边、裂纹、焊瘤等缺陷。
5.焊后保持焊缝原始状态,不得补焊和打磨。

| 实训名称 | | 钨极氩弧焊平敷焊 | |
|---|---|---|---|
| 材质 | Q235 | 材料规格 | 300mm×200mm×6mm |
| 核定工时 | 240min | 工件数量 | 1块 |

图 6-17　钨极氩弧焊平敷焊任务图

## 二、分析

实训项目实施流程为：工件清理、磨削钨极、选择参数→划线→引弧→运丝、运枪→接头→收尾。项目的关键点有三个方面：一是选择匹配合理的焊接参数；二是引弧方式为非接触式引弧；三是焊接过程中操作者需左、右手同时协调操作焊枪、填加焊丝。

学习者可先练习引弧和焊枪运动（不填丝），在熟练的基础上再填加焊丝练习平敷焊作。

## 三、准备

### 1. 工件材料

Q235 低碳钢板，尺寸为 300mm×200mm×6mm。清理工件表面铁锈、污垢等，露出金属光泽。用石笔和钢板尺在工件上每隔 30mm 画一条线。

### 2. 焊接材料

焊丝为 H08Mn2SiA，$\phi2.5mm$。电极选用铈钨极，$\phi2.4mm$，端部尖角 30°。氩气，纯度≥99.9%。

### 3. 焊接设备

选用 WSE-315 型交直流两用手工钨极氩弧焊机，配备焊枪、LZB 型转子流量计、氩气瓶。

### 4. 辅助器具

头盔式面罩、手锤、钢丝刷、砂纸、划针、活动扳手、角磨机、钢丝钳、钢直尺、钢角尺、焊接检验尺等。

## 四、实施

### 1. 焊接

（1）焊接参数（见表 6-23，供参考）。

表 6-23  手工钨极氩弧焊焊接碳素钢和低合金钢的焊接参数

| 电源极性 | 电弧电压/V | 焊接电流/A | 氩气流量/(L/min) | 喷嘴至焊件距离/mm | 钨极伸出长度/mm | 焊接速度/(mm/min) |
|---|---|---|---|---|---|---|
| 直流正接 | 10～13 | 90～120 | 8～12 | <12 | 3～4 | 150～210 |

（2）基本技能

按第四节操作技术要求，反复练习非接触引弧、熄弧、焊枪的三种运动轨迹和手动法填丝操作技法，特别要注意填丝与焊枪的协调操作，避免焊丝与钨极粘接，污染钨极或钨极接触熔池等现象。

（3）注意事项

为了保证手工钨极氩弧焊的质量，在焊接过程中要始终注意以下几个问题：

第一，保持正确的持枪姿势，随时调整焊枪角度及喷嘴高度，既有可靠的保护效果，又便于观察熔池。

第二，注意焊后钨极形状和颜色的变化。在焊接过程中如果钨极没有变形，焊后钨极端部为银白色，则说明保护效果好；如果焊后钨极发蓝，说明保护效果差；如果钨极端部发黑或有瘤状物，则说明钨极已被污染，大多是在焊接过程中发生了短路，或沾了很多飞溅，使钨极端头变成了合金，必须将这段钨极磨掉，否则容易产生夹钨。

第三，送丝要均匀，焊丝不能在保护区搅动，防止卷入空气。

（4）平敷焊操作

焊接方向采用左焊法。起焊时，首先拉长电弧（4～7mm），使始焊端得到充分预热。

电弧在起焊处稍停片刻后，确保母材上形成熔池后，再送给焊丝。送给焊丝时，应在氩气保护区域内稍作停留缓慢送入电弧区，避免快速送入焊丝时卷入空气，影响焊缝质量。焊丝送入熔池的落点应在熔池的前沿处，被熔化后将焊丝移出熔池（但不能离开氩气保护区），然后再将焊丝重复送入熔池，直至整条焊道完成。

在焊接过程中，焊枪与焊件表面成 $70°\sim80°$ 的夹角，填充焊丝与焊件表面的夹角以 $10°\sim15°$ 为宜。要注意观察熔池的大小、焊接速度、焊丝填充量，要根据熔化的具体情况配合好，并应尽量减少接头；要计划好焊丝的长短，尽量少在焊接中途换焊丝，以减少停弧次数。

焊接接头是两段焊缝交接的地方，对接头的质量控制是非常重要的。由于温度的差别和填充金属量的变化，接头处易出现超高、缺肉、未焊透、夹渣、气孔等缺陷。所以，焊接时应尽量避免停弧，减少冷接头次数。由于在焊接过程中，需要更换钨极、焊丝等，因此，接头是不可避免的。应尽可能设法控制接头质量。一般在接头处要有斜坡，不留死角，重新引弧时要用电弧把原熔池的焊缝金属重新熔化，形成新的熔池后再加焊丝，并与前焊道重叠 $4\sim5mm$，在重叠处要少加焊丝，使接头处能圆滑过渡，同时要保证熔池的根部焊透。

（5）测量与分析

初步练习技能掌握以后，焊工可在钨极直径和焊丝直径相同的情况下，采用不同的焊接电流、电弧电压和焊接速度进行平敷焊练习。清除焊缝表面飞溅物、氧化层，用焊接检验尺测量焊缝外表几何尺寸余高、焊缝宽度等。再将工件横向切开（采用手工切割、气割或金属切削切割），打磨后观察焊缝断面形状、缺陷，用焊接检验尺测量焊缝厚度、磨抛、腐蚀后观察金相组织。将以上数据进行整理归纳，分析出钨极氩弧焊时焊接参数对焊缝形状尺寸影响的实测数据，以便在之后的钨极氩弧焊操作训练时灵活选取焊接参数。

**2. 现场清理**

项目完成后，首先关闭氩气瓶阀门，然后关闭焊接电源，将焊枪伴同输气、输水管、控制多芯电缆等盘好挂起。将焊好的工件用钢丝刷反复拉刷，清理焊道，除去焊缝氧化层。注意不得破坏工件原始表面，不得用水冷却。清扫场地，摆放工件，确认无安全隐患，并做好焊接参数及设备使用记录。

## 五、记录

填写过程记录卡，见表 6-24。

表 6-24　钨极氩弧焊平敷焊过程记录卡

| 项目 | | 记录 | 备注 |
| --- | --- | --- | --- |
| 母材 | 材质 | | |
| | 规格 | | |
| 焊丝 | 型号（牌号） | | |
| | 规格 | | |
| 钨极 | 型号（牌号） | | |
| | 规格 | | |
| 焊接参数 | 电源种类和极性 | | |
| | 焊接电压/V | | |
| | 焊接电流/A | | |
| | 保护气体流量/（L/min） | | |
| 焊缝外观 /mm | 余高 | | |
| | 宽度 | | |
| | 长度 | | |
| 用时/min | | | |

### 六、考核

项目考核建议采用"过程考核×40％＋结果考核×60％"的综合考核方式进行。

（1）过程考核

按表 6-25 所示要求进行过程考核。

表 6-25  钨极氩弧焊平敷焊过程考核卡

| 序号 | 实训要求 | 配分 | 评分标准 | 检测结果 | 得分 |
|---|---|---|---|---|---|
| 1 | 安全文明生产 | 5 | 劳保手套、工服、劳保鞋穿戴整齐,正确使用焊帽 | | |
| 2 | 设备连接 | 3 | 按要求正确连接设备 | | |
| 3 | 参数调整 | 5 | 选用参数与焊丝直径匹配 | | |
| 4 | 工件清理 | 2 | 按要求清理 | | |
| 5 | 操作姿势 | 3 | 平敷焊操作姿势 | | |
| 6 | 焊接位置及焊接方向 | 2 | 平焊位、左焊法 | | |
| 7 | 引弧操作 | 10 | 引弧点、引弧范围 | | |
| 8 | 运丝操作 | 10 | 合理选择运丝方法 | | |
| 9 | 焊接位置及焊接方向 | 5 | 平焊位、左焊法 | | |
| 10 | 起头质量 | 10 | 无过窄(比焊缝其他位置窄 2mm 以上)、凸起、未熔合等缺陷 | | |
| 11 | 接头质量 | 10 | 无过高(比焊缝其他位置高 2mm 以上)、脱节缺陷 | | |
| 12 | 收尾质量 | 10 | 无弧坑 | | |
| 13 | 电弧擦伤 | 5 | 焊缝以外位置无电弧擦伤 | | |
| 14 | 焊缝整体质量 | 20 | 平直,均匀 | | |
| 15 | 操作时间 | | 20min 内完成,不扣分。超时 1～5min,每分钟扣 2 分(从得分中扣除);超时 6min 以上者需重新参加考核 | | |
| | | | 得分 | | |

（2）结果考核

使用钢板尺、低倍放大镜等对焊缝外观质量进行检测,按表 6-26 所示要求进行考核。

表 6-26  钨极氩弧焊平敷焊考评表

| 序号 | 考核项目 | 分值 | 评分标准 | 检测结果 | 得分 |
|---|---|---|---|---|---|
| 1 | 安全文明生产 | 10 | 服从管理、安全操作 | | |
| 2 | 焊缝长度 280～300mm | 10 | 每短 5mm 扣 2 分 | | |
| 3 | 焊缝宽度 $c=(10\pm2)$mm | 10 | 1 处不合格扣 2 分 | | |
| 4 | 焊缝余高 $h=(3\pm1)$mm | 20 | 1 处不合格扣 2 分 | | |
| 5 | 焊缝成形 | 20 | 波纹细腻、均匀、光滑,1 处不合格扣 2 分 | | |
| 6 | 直线度 | 10 | 与焊缝位置线重合,偏差超过 3mm,每处扣 3 分 | | |
| 7 | 气孔 | 10 | 每个扣 2 分 | | |
| 8 | 飞溅 | 10 | 飞溅物清理干净 | | |
| | 结果考核得分 | | | | |

### 七、总结

选择合理的焊接工艺参数是获得合格焊缝的前提,熟练、正确的操作手法是高质量焊缝的保障手段。焊接电流决定熔深;电流一定时,钨极端部形状对熔深亦有很大影响;电弧电压取决于弧长,决定熔宽大小;气体流量决定着保护效果和电弧稳定性。必须清楚地认识到,各参数之间存在着必然的联系,必须合理匹配,不能孤立的改变其中一项参数。操作过程中，焊枪、焊丝的运动方式及与工件的夹角至关重要，焊丝端部进出电弧区应在氩气保护区停留，且应缓慢进入，避免空气带入电弧区，影响焊缝质量。收弧时应养成良好的习惯，即：松开开关后，待电弧熄灭、气流声消失，再移开焊枪。

## 实训二　板对接平焊技术

### 一、要求

按照图 6-18 要求，学习钨极氩弧焊 V 形坡口对接单面焊双面成形的基本操作技能，熟悉并掌握钨极氩弧焊的基本操作，使焊缝达到任务图技术要求。

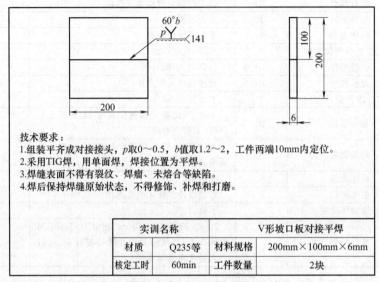

技术要求：
1. 组装平齐成对接接头，$p$取0～0.5，$b$值取1.2～2，工件两端10mm内定位。
2. 采用TIG焊，用单面焊，焊接位置为平焊。
3. 焊缝表面不得有裂纹、焊瘤、未熔合等缺陷。
4. 焊后保持焊缝原始状态，不得修饰、补焊和打磨。

| 实训名称 | | V形坡口板对接平焊 | |
|---|---|---|---|
| 材质 | Q235等 | 材料规格 | 200mm×100mm×6mm |
| 核定工时 | 60min | 工件数量 | 2块 |

图 6-18　钨极氩弧焊板对接平焊任务图

### 二、分析

相对其他位置焊接来说，平板对接是比较容易掌握的，它是掌握各种位置焊接技术的基础，是焊工取证实际考试的必考项目。因此，在练习过程中应体会并掌握操作要领，熟练地掌握单面焊双面成形的操作技能。

钨极氩弧焊 V 形坡口对接平焊时，焊缝置于水平悬空位置。采用左向焊法时，可以清晰地观察到坡口根部的熔化状态，操作方便。但液态金属受重力影响，坡口根部易烧穿，焊缝背面余高易过大，严重时会产生下坠，甚至产生焊瘤。因此，必须严格控制熔池温度，电弧熔化坡口根部的速度应和填充焊丝的速度配合良好。

### 三、准备

#### 1. 工件材料

可根据实际情况选择 Q235 低碳钢、1Cr18Ni9Ti 不锈钢以及 1050 铝合金板材，尺寸为 200mm×100mm×6mm，开 V 形坡口，检查钢板平直度，必要时修复平整，为保证焊接质量在焊接区 20mm 内打磨除锈，露出金属光泽。

#### 2. 焊接材料

工件材料为 Q235 低碳钢时选择 H08Mn2SiA 焊丝，直径为 2.5mm。

工件材料为 1Cr18Ni9Ti 不锈钢时选择 H1Cr18Ni9Ti 焊丝，直径为 2.5mm，焊前用棉丝蘸丙酮液擦拭焊丝，并清除其表面的油污。

工件材料为 1050 铝合金时选择 SAL-1 焊丝，直径为 2.5mm，焊前用棉丝蘸丙酮液擦拭焊丝，并清除其表面的油污，随后用化学方法去除氧化膜，一般是用浓度为 5%～10% 的 NaOH 溶液，在温度为 70℃下浸泡 30～60s，然后水洗，再用浓度为 15% 左右的 $HNO_3$ 在常温下浸泡 2min，然后用温水洗净，并使其干燥。

铈钨极，直径为 2.4mm，钨极端部磨成约 30°的尖角。

### 3. 焊接设备

WSE-315 型交直流两用手工钨极氩弧焊机，配备焊枪、LZB 型转子流量计、氩气瓶。

### 4. 辅助器具

焊工操作作业区附近应准备好头盔式面罩、手锤、敲渣锤、锉刀、钢丝刷、砂纸、钢直尺、钢角尺、划针、活动扳手、角磨机、钢丝钳、钢锯条、焊接检验尺等辅助工具和量具。

### 5. 焊前清理

工件材料为 Q235 低碳钢和 1Cr18Ni9Ti 不锈钢时，焊前只需按前章所述清除坡口两侧各 20mm 范围内的铁锈和油污即可。

工件材料为 1050 铝合金时，焊前用丙酮或四氯化碳等有机溶剂除去油污，两侧坡口的清理范围不应小于 50mm。清除油污后，坡口及其附近的表面可用锉削、钢丝刷等机械方法清理直至露出金属光泽。

## 四、实施

### 1. 装配

工件装配尺寸见表 6-27。

表 6-27　工件装配尺寸

| 坡口角度/(°) | 装配间隙/mm | 钝边/mm | 反变形/(°) | 错边量/mm | 定位焊长度/mm |
|---|---|---|---|---|---|
| 60 | 起焊端 1.2<br>终焊端 2 | 0～0.5 | 3 | ≤0.6 | 10～15 |

### 2. 焊接

（1）焊接参数（表 6-28，供参考）

表 6-28　手工 TIG 焊对接平焊工艺参数

| 工件材料 | 焊接层次 | 焊接电流/A | 电弧电压/V | 氩气流量/(L/min) | 钨极直径/mm | 钨极伸出长度/mm | 喷嘴直径/mm | 喷嘴至工件距离/mm |
|---|---|---|---|---|---|---|---|---|
| Q235 | 定位焊 | 90～100 | 12～16 | 7～9 | 2.4 | 3～4 | 10 | ≤12 |
| | 打底焊 | 90～100 | | | | | | |
| | 填充焊 | 100～110 | | | | | | |
| | 盖面焊 | 110～120 | | | | | | |
| 1Cr18Ni9Ti | 定位焊 | 110～130 | 12～16 | 7～9 | 2.4 | 3～4 | 10 | ≤12 |
| | 打底焊 | 140～160 | | | | | | |
| | 填充焊 | 150～180 | | | | | | |
| | 盖面焊 | 150～180 | | | | | | |
| 1050 | 定位焊 | 90～100 | 12～16 | 7～9 | 2.4 | 3～4 | 10 | ≤12 |
| | 打底焊 | 100～120 | | | | | | |
| | 填充焊 | 110～130 | | | | | | |
| | 盖面焊 | 110～130 | | | | | | |

（2）定位焊

定位焊缝是焊缝的一部分，应采用与正式焊接相同的焊接工艺和填丝方法，定位焊缝的长度和间距应根据焊件厚度和刚度而定。一般每个定位焊缝的长度为 $10\sim20mm$，焊缝余高不超过 $2mm$，定位焊缝间距一般为 $20\sim40mm$，定位焊缝距离两边缘为 $5\sim10mm$。实际生产中，当从焊件两端定位焊缝的宽度和余高不应大于正式焊缝的宽度和余高。当从焊件两端开始定位焊时，开始两点应在距离边缘 $5mm$ 处，第三点在整个接缝中心处，第四、第五点在边缘和中心点之间，以此类推。

如果定位焊缝上发现裂纹、气孔等缺陷，应将该段定位焊缝打磨掉重焊，不许用重熔的办法修补。

一般在坡口背面进行定位焊，若必须在坡口正面进行定位焊时，定位焊缝的质量应达到正式焊缝的要求。定位焊顺序：先焊焊件中间再焊两端，然后在中间再增加定位焊点。

定位焊可以不加填充焊丝，直接利用基本金属的熔化来达到焊缝定位连接的目的。也可以采用添加填充焊丝进行定位焊，但此时必须待焊件边缘熔化形成熔池后，再加入填充焊丝。定位焊时采用短弧焊。定位焊缝宽度不应大于正式焊缝宽度的 $75\%$。定位焊结束时，焊枪应在原处停留一段时间，以免焊点氧化。

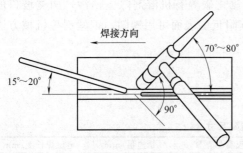

图 6-19　平焊时焊枪、焊丝与焊件的相对位置

**（3）打底焊**

打底焊时，应减小焊枪角度，焊枪与焊丝、焊件的相对位置如图 6-19 所示。使电弧热量集中在焊丝上，采取较小的焊接电流，加快焊接速度和送丝速度，避免焊缝下凹和烧穿。

打底焊在工件右端的定位焊缝上进行引弧，弧长 $4\sim7mm$，使被焊部位预热 $4\sim5s$，当定位焊缝左端形成熔池并出现熔孔时，开始减小弧长并送丝。此时送丝要均匀，焊枪移动要平稳，速度要一致。

焊接不锈钢和低碳钢时，要随时观察溶池的变化，根据出现的不同情况，相应调整工艺参数。当熔池面积增大，颜色发亮，出现下凹时，说明熔池温度过高，此时应加快焊接速度；当熔池减小，颜色变暗时，说明熔池温度过低，应增大焊枪与焊件的夹角，减慢焊接速度，从而保证背面焊缝成形良好。

而焊接铝合金时，由于其熔点低且导热性好，为防止焊瘤，一般在起弧预热后，应用焊丝试探坡口根部，当该处已变软欲熔化时，即可填丝焊接，焊接时采用多进少退往复式运动，每次前进 $2/3$ 个熔池长度，后退 $1/3$ 个熔池长度，使得每个熔池重叠 $1/3$。焊枪前进时压低电弧，弧长为 $2\sim3mm$ 以加热坡口根部为主，焊枪后退时提高电弧，弧长为 $6\sim7mm$，此时填加焊丝，使熔滴落入坡口根部与前一熔池相接触。往复式运动能防止熔池过热，焊丝间断的熔化，坡口根部断续的形成熔池，既能防止焊漏，又能双面成形。

当焊至工件末端时，应减小焊枪与焊件的夹角，使热量集中在焊丝上，加大焊丝的熔化量以填满弧坑。待弧坑填满后，停弧，利用延时保护气体，继续保护高温下的熔池金属不被氧化，直至熔池金属凝固。

打底焊过程中，每当焊到与定位焊缝相接的地方，应适当提高焊枪，拉长电弧，加快焊速，并使钨极垂直焊件，对坡口根部及定位焊缝进行加热，保证与定位焊缝接头处熔合良好。

（4）填充焊

打底焊完成以后，按表 6-28 中填充层的工艺参数调好设备，进行填充焊接，其方法与打底焊基本相同。焊接时焊丝随焊枪可作横向摆动，并在坡口两侧稍作停留，保证坡口两侧熔合良好，随时注意熔池金属的熔合情况，使焊缝表面平整且下凹。填充焊焊缝高度应低于母材 0.5～1.5mm，以便盖面时控制焊缝的宽度。

填充焊丝时要注意以下几点：

① 必须等坡口两侧熔化后才填丝，以免造成熔合不良。

② 焊丝应与工件成 15°夹角，快速从熔池前沿点进，随后撤回，如此反复动作。

③ 填丝要均匀，快慢适当。过快，焊缝余高大；过慢则焊缝下凹和咬边。焊丝端头应始终处在氩气保护区内。

④ 间隙较大时，焊丝应随电弧作横向同步摆动，无论采用哪种填丝方式，送丝速度都要与焊接速度相适应。

⑤ 填充焊丝时，不能把焊丝直接放在电弧下面，以免造成钨极与焊丝相碰，发生短路，造成焊缝污染或夹钨。同时也不能把焊丝抬得过高。撤回焊丝时，不要让焊丝端头离开氩气保护区，以免焊丝端头被氧化，在下次送进时进入熔池，造成氧化物夹渣或产生气孔。

（5）盖面焊

按表 6-28 中盖面层的工艺参数调好设备，进行盖面层的焊接，其方法与填充焊基本相同，但要进一步加大焊枪摆动幅度，保证熔池两侧超过坡口棱边 0.5～1.5mm，根据焊缝的余高决定填丝速度和焊接速度。焊接时，焊接速度尽量保持均匀，最后填满弧坑。

## 五、记录

填写过程记录卡，见表 6-29。

表 6-29 钨极氩弧焊板对接平焊过程记录卡

| 记录项目 | | 记 录 | 备注 |
|---|---|---|---|
| 母材 | 材质 | | |
| | 规格 | | |
| 钨极 | 型号（牌号） | | |
| | 规格 | | |
| 焊丝 | 型号（牌号） | | |
| | 规格 | | |
| 装配及定位焊 | 焊前清理 | | |
| | 装配间隙 | | |
| | 错边量 | | |
| | 焊接电流/A | | |
| | 反变形量 | | |
| 打底焊 | 焊接电压/V | | |
| | 焊接电流/A | | |
| | 保护气体流量/(L/min) | | |
| 填充焊 | 焊接电压/V | | |
| | 焊接电流/A | | |
| | 保护气体流量/(L/min) | | |
| 盖面焊 | 焊接电压/V | | |
| | 焊接电流/A | | |
| | 保护气体流量/(L/min) | | |

续表

| 记录项目 | | 数据记录 | 备注 |
|---|---|---|---|
| 焊缝外观<br>/mm | 余高 | | |
| | 宽度 | | |
| | 长度 | | |
| 用时/min | | | |

### 六、考核

实训项目考核建议采用"过程考核×40%＋结果考核×60%"的综合考核方式进行。

（1）过程考核

按表 6-30 所示要求进行过程考核。

表 6-30　钨极氩弧焊板对接平焊过程考核卡

| 序号 | 实训要求 | 配分 | 评分标准 | 检测结果 | 得分 |
|---|---|---|---|---|---|
| 1 | 安全文明生产 | 5 | 劳保手套、工服、劳保鞋穿戴整齐,正确使用焊帽 | | |
| 2 | 工件清理 | 5 | 坡口面及正反面 20mm 范围内无油污、铁锈,露出金属光泽 | | |
| 3 | 参数选用 | 5 | 选用参数与焊丝直径匹配 | | |
| 4 | 装配间隙 | 5 | 1～1.2mm,始焊端小末焊端大 | | |
| 5 | 错边量 | 5 | ≤0.6mm | | |
| 6 | 定位焊缝质量 | 5 | 长度 10～15mm,无缺陷 | | |
| 7 | 反变形量 | 5 | 3°～5° | | |
| 8 | 焊接位置 | 5 | 平焊位置 | | |
| 9 | 打底焊质量 | 15 | 焊透无缺陷 | | |
| 10 | 焊缝接头 | 10 | 无脱节,接头处余高为 1～3mm | | |
| 11 | 打底焊缝清理 | 10 | 背面及正面、坡口面清理干净,死角位置无熔渣 | | |
| 12 | 填充层质量 | 15 | 形状下凹,无缺陷,离坡口上边缘 0.5～1.5mm | | |
| 13 | 层间清理 | 10 | 层间熔渣清理干净 | | |
| 14 | 操作时间 | | 60min 内完成,不扣分。超时 1～5min,每分钟扣 2 分(从得分中扣除);超时 6min 以上者需重新参加考核 | | |
| | | 过程考核得分 | | | |

（2）结果考核

使用焊接检验尺、钢板尺、低倍放大镜等对焊缝外观质量进行检测,按表 6-31 所示要求进行考核。

表 6-31　钨极氩弧焊板对接平焊考评表

| 序号 | 考核类别 | 考核项目 | 配分 | 评分标准 | 检测结果 | 得分 |
|---|---|---|---|---|---|---|
| 1 | 焊缝外观 | 焊瘤、气孔、烧穿 | 20 | 出现任何一项缺陷,该项不得分 | | |
| | | 咬边 | 5 | ①咬边深度≤0.5mm 时,每 5mm 扣 1 分,累计长度超过焊缝有效长度的 15% 时扣 5 分<br>②咬边深度＞0.5mm 时,扣 5 分 | | |
| | | 未焊透 | 5 | ①未焊透深度≤1.5mm 时,每 5mm 扣 1 分,累计长度超过焊缝有效长度的 10% 时,扣 5 分<br>②未焊透深度＞1.5mm 时,扣 5 分 | | |

续表

| 序号 | 考核类别 | 考核项目 | 配分 | 评分标准 | 检测结果 | 得分 |
|---|---|---|---|---|---|---|
| 1 | 焊缝外观 | 背面凹坑 | 5 | ①背面凹坑深度≤2mm 时,总长度超过焊缝有效长度的 10%时,扣 5 分 ②背面凹坑深度>2mm 时,扣 5 分 | | |
| | | 焊缝余高 | 5 | 焊缝余高 0~1.5mm,超标一处扣 2 分,扣满 5 分为止 | | |
| | | 焊缝宽度 | 5 | 焊缝宽度比坡口每侧增宽 0.5~2.5mm,超标一处扣 2 分,扣满 5 分为止 | | |
| | | 焊缝宽度差 | 5 | 宽度差<3mm,超标一处扣 2 分,扣满 5 分为止 | | |
| | | 错边 | 5 | 错边≤1.2mm,超标扣 5 分 | | |
| | | 角变形 | 5 | 焊后角变形≤3°,超标扣 5 分 | | |
| 2 | 内部质量 | X 射线探伤质量 | 30 | Ⅰ级片不扣分,Ⅱ级片扣 10 分,Ⅲ级片扣 20 分,Ⅲ级片以下不得分 | | |
| 3 | 其他 | 安全 | 5 | 服从管理、安全操作,不遵守者酌情扣分 | | |
| | | 文明生产 | 5 | 设备复位、工具摆放整齐、清理工件、打扫场地、关闭电源,每有一处不符合要求扣 1 分 | | |
| 合计 | | | 100 | | | |

### 七、总结

打底焊时,若熔池面积增大,颜色发亮,出现明显下凹时,说明温度过高,应加快焊接速度,减小焊枪角度,减小热输入量,以防止烧穿;若熔池面积减小,颜色发暗,说明熔池温度过低,应增大焊枪与焊件的夹角,减慢焊接速度,防止出现未焊透。填充焊时应注意坡口两侧稍作停留,防止出现坡口未熔合。盖面焊时熔宽应加大,弧长控制要稳定,焊丝的填加要均匀,保证焊缝成形良好。

## 实训三 板对接立焊技术

### 一、要求

按照图 6-20 要求,学习钨极氩弧焊板对接立焊的基本操作技能,使焊缝达到工件图样技术要求。

### 二、分析

立焊操作难度较大,主要是熔池金属下坠,焊缝成形不好,易出现焊瘤和咬边,一般选用偏小的焊接电流,焊枪作上凸月牙形摆动,并随时调整焊枪角度来控制熔池的凝固,避免铁水下流,通过焊枪的移动与填丝的匹配,获得良好的焊缝成形。

### 三、准备

#### 1. 工件材料

Q235 低碳钢板,规格为 200mm×100mm×6mm,开 V 形坡口,检查钢板平直度,并修复平整,焊接区 20mm 内打磨除锈,露出金属光泽。

#### 2. 焊接材料

H08Mn2SiA,直径为 2.5mm 的焊丝。

电极选用铈钨极,直径为 2.4mm,钨极端部磨成约 30°的尖角。

#### 3. 焊接设备

WSE-315 型交直流两用手工钨极氩弧焊机,配备焊枪、LZB 型转子流量计、氩气瓶。

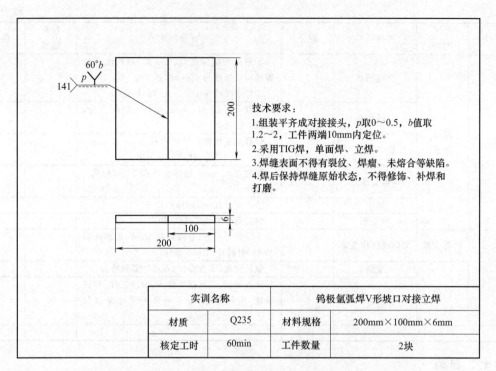

技术要求：
1. 组装平齐成对接接头，$p$取$0\sim0.5$，$b$值取$1.2\sim2$，工件两端10mm内定位。
2. 采用TIG焊，单面焊、立焊。
3. 焊缝表面不得有裂纹、焊瘤、未熔合等缺陷。
4. 焊后保持焊缝原始状态，不得修饰、补焊和打磨。

| 实训名称 | | 钨极氩弧焊V形坡口对接立焊 | |
|---|---|---|---|
| 材质 | Q235 | 材料规格 | 200mm×100mm×6mm |
| 核定工时 | 60min | 工件数量 | 2块 |

图 6-20　钨极氩弧焊板对接立焊任务图

#### 4. 辅助器具

头盔式面罩、手锤、敲渣锤、锉刀、钢丝刷、砂纸、钢直尺、钢角尺、划针、活动扳手、角磨机、钢丝钳、钢锯条、焊接检验尺等辅助工具和量具。

### 四、焊接

#### 1. 装配

为保证焊接质量，确保焊透且不烧穿，必须留有合适的对接间隙和钝边。工件装配尺寸见表6-32。

表 6-32　工件装配尺寸

| 坡口角度/(°) | 装配间隙/mm | 钝边/mm | 反变形/(°) | 错边量/mm | 定位焊长度/mm |
|---|---|---|---|---|---|
| 60 | 起焊端1.2<br>终焊端2 | 0～0.5 | 3 | ≤0.6 | 10～15 |

#### 2. 焊接

（1）焊接参数

手工钨极氩弧焊焊接碳素钢和低合金钢的焊接参数如表6-33所示。

表 6-33　手工 TIG 板对接立焊工艺参数

| 焊接层次 | 焊接电流/A | 电弧电压/V | 氩气流量/(L/min) | 钨极直径/mm | 焊丝直径/mm | 钨极伸出长度/mm | 喷嘴直径/mm | 喷嘴至工件距离/mm |
|---|---|---|---|---|---|---|---|---|
| 定位焊 | 80～90 | 12～16 | 7～9 | 2.4 | 2.5 | 3～4 | 10 | ≤12 |
| 打底焊 | 80～90 | | | | | | | |
| 填充焊 | 90～100 | | | | | | | |
| 盖面焊 | 90～100 | | | | | | | |

（2）定位焊

定位焊缝应采用与正式焊接相同的焊接工艺和填丝方法，定位焊缝的长度为 10～15mm，焊缝余高不超过 2mm，定位焊缝间距一般为 20～40mm，定位焊缝距离两边缘为5～10mm。

（3）打底焊

在工件最下端的定位焊缝上引燃电弧，开始打底焊，先不加焊丝，待定位焊缝开始熔化，形成熔池和熔孔后，开始少量填入焊丝，向上焊接，待背面成形后，焊枪作上凸的月牙形摆动，施焊时大臂带动小臂，腕关节不做摆动。焊枪以肘为原点作上凸的月牙形摆动，在坡口两侧各停留 0.5～1s，由下向上移动进行焊接。在坡口两侧停留的目的是使电弧热量通过坡口传到焊件上，以减少焊缝中间熔池的温度，同时利用送进熔池的焊丝来降低熔池的温度，防止因焊缝中间温度过高，液体金属因自重而下坠。钨极与焊缝、焊枪，焊丝与焊件之间的夹角如图 6-21 所示。

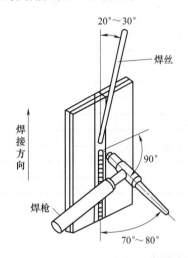

图 6-21　立焊焊枪角度与填充位置

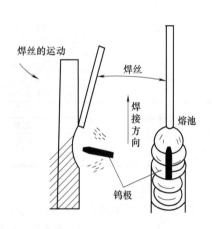

图 6-22　立焊最佳填丝位置

焊接时要注意焊枪向上移动的速度要合适，特别要控制好熔池的形状，保证熔池的外沿接近椭圆形，不能凸出来，否则焊道外凸，成形不好。尽可能让已经焊好的焊道托住熔池，使熔池表面接近一个水平面匀速上升，这样，焊缝外观较平整。立焊最佳填丝位置如图6-22所示。

（4）填充焊

填充焊时，焊枪摆动幅度比打底焊时要宽，保证两侧熔合好。钨极、焊枪、焊丝与工件的角度与打底焊相同。

填充层焊完后焊缝应比坡口低约 0.5mm，使焊缝呈凹平面，以便盖面层焊接时能看清坡口，保证焊缝的平直度。

（5）盖面焊

盖面焊，除焊枪摆动幅度较大外，其余与打底焊相同。

## 五、记录

填写过程记录卡，见表 6-34。

## 六、考核

项目考核建议采用"过程考核×40％＋结果考核×60％"的综合考核方式进行。

表 6-34　钨极氩弧焊板对接立焊过程记录卡

| 记录项目 | | 记　录 | 备注 |
|---|---|---|---|
| 母材 | 材质 | | |
| | 规格 | | |
| 钨极 | 型号（牌号） | | |
| | 规格 | | |
| 焊丝 | 型号（牌号） | | |
| | 规格 | | |
| 装配及<br>定位焊 | 焊前清理 | | |
| | 装配间隙 | | |
| | 错边量 | | |
| | 焊接电流/A | | |
| | 反变形量 | | |
| 打底焊 | 焊接电压/V | | |
| | 焊接电流/A | | |
| | 保护气体流量/(L/min) | | |
| 填充焊 | 焊接电压/V | | |
| | 焊接电流/A | | |
| | 保护气体流量/(L/min) | | |
| 盖面焊 | 焊接电压/V | | |
| | 焊接电流/A | | |
| | 保护气体流量/(L/min) | | |
| 焊缝外观<br>/mm | 余高 | | |
| | 宽度 | | |
| | 长度 | | |
| 用时/min | | | |

（1）过程考核

按表 6-35 所示要求进行过程考核。

表 6-35　钨极氩弧焊板对接立焊过程考核卡

| 序号 | 实训要求 | 配分 | 评分标准 | 检测结果 | 得分 |
|---|---|---|---|---|---|
| 1 | 安全文明生产 | 5 | 劳保手套、工服、劳保鞋穿戴整齐,正确使用焊帽 | | |
| 2 | 工件清理 | 5 | 坡口面及正反面 20mm 范围内无油污、铁锈,露出金属光泽 | | |
| 3 | 参数选用 | 5 | 选用参数与焊丝直径匹配 | | |
| 4 | 装配间隙 | 5 | 1.2～2mm,始焊端小末焊端大 | | |
| 5 | 错边量 | 5 | ≤0.6mm | | |
| 6 | 定位焊缝质量 | 5 | 长度 10～15mm,无缺陷 | | |
| 7 | 反变形量 | 5 | 3°～5° | | |
| 8 | 焊接位置 | 5 | 立焊位置 | | |
| 9 | 打底焊质量 | 15 | 焊透、无缺陷 | | |
| 10 | 焊缝接头 | 10 | 无脱节,接头处余高为 1～3mm | | |
| 11 | 打底焊缝清理 | 10 | 背面及正面、坡口面清理干净,死角位置无熔渣 | | |
| 12 | 填充层质量 | 15 | 形状下凹,无缺陷,离坡口上边缘 0.5～1.5mm | | |
| 13 | 层间清理 | 10 | 层间熔渣清理干净 | | |
| 14 | 操作时间 | | 60min 内完成,不扣分。超时 1～5min,每分钟扣 2 分(从得分中扣除);超时 6min 以上者需重新参加考核 | | |
| 过程考核得分 | | | | | |

（2）结果考核

使用焊接检验尺、钢板尺、低倍放大镜等对焊缝外观质量进行检测，按表 6-36 所示要求进行考核。

表 6-36 钨极氩弧焊板对接立焊考评表

| 序号 | 考核类别 | 考核项目 | 配分 | 评分标准 | 检测结果 | 得分 |
|------|----------|----------|------|----------|----------|------|
| 1 | 焊缝外观 | 焊瘤、气孔、烧穿 | 20 | 出现任何一项缺陷，该项不得分 | | |
| | | 咬边 | 5 | ①咬边深度≤0.5mm 时，每 5mm 扣 1 分，累计长度超过焊缝有效长度的 15% 时扣 5 分<br>②咬边深度>0.5mm 时，扣 5 分 | | |
| | | 未焊透 | 5 | ①未焊透深度≤1.5mm 时，每 5mm 扣 1 分，累计长度超过焊缝有效长度的 10% 时，扣 5 分<br>②未焊透深度>1.5mm 时，扣 5 分 | | |
| | | 背面凹坑 | 5 | ①背面凹坑深度≤2mm 时，总长度超过焊缝有效长度的 10% 时，扣 5 分<br>②背面凹坑深度>2mm 时，扣 5 分 | | |
| | | 焊缝余高 | 5 | 焊缝余高 0~1.5mm，超标一处扣 2 分，扣满 5 分为止 | | |
| | | 焊缝宽度 | 5 | 焊缝宽度比坡口每侧增宽 0.5~2.5mm，超标一处扣 2 分，扣满 5 分为止 | | |
| | | 焊缝宽度差 | 5 | 宽度差<3mm，超标一处扣 2 分，扣满 5 分为止 | | |
| | | 错边 | 5 | 错边≤1.2mm，超标扣 5 分 | | |
| | | 角变形 | 5 | 焊后角变形≤3°，超标扣 5 分 | | |
| 2 | 内部质量 | X 射线探伤质量 | 30 | Ⅰ级片不扣分，Ⅱ级片扣 10 分，Ⅲ级片扣 20 分，Ⅲ级片以下不得分 | | |
| 3 | 其他 | 安全 | 5 | 服从管理、安全操作，不遵守者酌情扣分 | | |
| | | 文明生产 | 5 | 设备复位、工具摆放整齐、清理工件、打扫场地、关闭电源，每有一处不符合要求扣 1 分 | | |
| | 合计 | | 100 | | | |

## 七、总结

立焊比平焊难度要大，主要是焊枪角度和电弧长短在垂直位置上不易控制。立焊时以小规范为佳，电弧不宜拉得过长，焊枪下垂角度不能太小，否则会引起咬边、焊缝中间堆得过高等缺陷。焊丝送进方向以操作者顺手为原则，其端部不能离开保护区。

# 实训四　板对接横焊技术

## 一、要求

按照图 6-23 要求，学习钨极氩弧焊板对接横焊的基本操作技能，使焊缝达到工件图样技术要求。

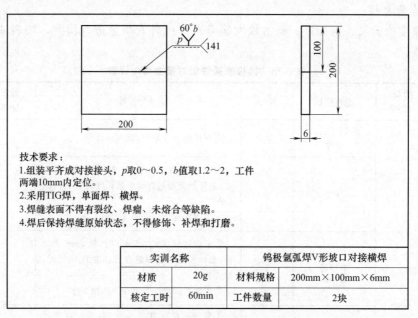

技术要求：
1.组装平齐成对接接头，p取0～0.5，b值取1.2～2，工件
两端10mm内定位。
2.采用TIG焊，单面焊、横焊。
3.焊缝表面不得有裂纹、焊瘤、未熔合等缺陷。
4.焊后保持焊缝原始状态，不得修饰、补焊和打磨。

| 实训名称 | | 钨极氩弧焊V形坡口对接横焊 |
|---|---|---|
| 材质 | 20g | 材料规格 | 200mm×100mm×6mm |
| 核定工时 | 60min | 工件数量 | 2块 |

图 6-23　钨极氩弧焊板对接横焊任务图

## 二、分析

横焊时，熔池金属在重力作用下有自动下垂的倾向，在焊道的上方容易产生咬边，焊道的下方易产生焊瘤。因此，在焊接时，要注意焊枪的角度及限制每道焊缝的熔敷金属量。

## 三、准备

### 1. 工件材料

20g，规格为200mm×100mm×6mm，开V形坡口，焊接区20mm内打磨除锈，露出金属光泽。

### 2. 焊接材料

H08Mn2SiA，直径为2.5mm的焊丝。

电极选用铈钨极，直径为2.4mm，钨极端部磨成约30°的尖角。

### 3. 焊接设备

WSE-315型交直流两用手工钨极氩弧焊机，配备焊枪、LZB型转子流量计、氩气瓶。

### 4. 辅助器具

手锤、敲渣锤、锉刀、钢丝刷、砂纸、钢直尺、钢角尺、划针、活动扳手、角磨机、钢丝钳、钢锯条、焊接检验尺等辅助工具和量具。

## 四、实施

### 1. 装配

工件装配尺寸如表6-37。

表 6-37　工件装配尺寸

| 坡口角度/(°) | 装配间隙/mm | 钝边/mm | 反变形/(°) | 错边量/mm | 定位焊长度/mm |
|---|---|---|---|---|---|
| 60 | 起焊端1.2<br>终焊端2 | 0～0.5 | 3 | ≤0.6 | 10～15 |

## 2. 焊接

### (1) 焊接参数

手工钨极氩弧焊焊接碳素钢和低合金钢的焊接参数如表 6-38 所示。

表 6-38　手工 TIG 板对接立焊工艺参数

| 焊接层次 | 焊接电流/A | 电弧电压/V | 氩气流量/(L/min) | 钨极直径/mm | 焊丝直径/mm | 钨极伸出长度/mm | 喷嘴直径/mm | 喷嘴至工件距离/mm |
|---|---|---|---|---|---|---|---|---|
| 定位焊 | 90~100 | 12~16 | 7~9 | 2.4 | 2.5 | 3~4 | 10 | ≤12 |
| 打底焊 | 90~100 | | | | | | | |
| 填充焊 | 100~110 | | | | | | | |
| 盖面焊 | 100~110 | | | | | | | |

### (2) 定位焊

定位焊缝应采用与正式焊接相同的焊接工艺和填丝方法，定位焊缝的长度为 10~15mm，焊缝余高不超过 2mm，定位焊缝间距一般为 20~40mm，定位焊缝距离两边缘为 5~10mm。定位焊缝要求与正式焊缝相同，定位焊焊接方法与前述平板对接相同。

### (3) 正式焊缝

采用三层四道焊缝完成，左焊法完成焊接，小间隙放在右侧，如图 6-24 所示。

① 打底焊。定位焊完成以后，首先要进行打底焊，打底焊要保证根部焊透，坡口两侧熔合良好。施焊时以肘为支点，腕关节不做摆动，用大臂带动小臂，由右向左移动施焊，要严格控制钨极、喷嘴与焊缝的位置，焊枪与焊缝成 100°夹角，即焊枪应略向上，焊枪与焊件的角度为 75°~85°，焊丝与焊件的角度为 15°~20°，如图 6-25 所示。

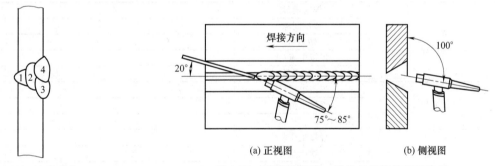

图 6-24　焊道分布　　　　图 6-25　横焊时焊枪、焊丝与焊件的相对位置

在工件右侧起弧后，先不填丝，焊枪在起始端定位焊缝处稍停留，待形成熔池和熔孔后，填入少量焊丝，焊丝沿着坡口上沿送入熔池，稍作停顿，轻轻地加一点力把焊丝推向熔池里，然后向后拨一下，将液体金属带向后面，这样能更好地控制打底焊缝的高度和背面成形，利用填加焊丝来控制熔池的温度。施焊时，焊枪做小角度锯齿形摆动，在坡口两侧稍停留，熔池的热量要集中在坡口的下部，以防止上部坡口过热，母材熔化过多，产生上部咬边缺陷。

正确的横焊加丝位置，如图 6-26 所示。

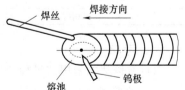

图 6-26　正确的横焊填丝位置

② 填充焊。填充焊时，除焊枪摆动幅度稍大外，焊接顺序、焊枪角度、填丝位置都与打底焊相同。填充层焊完以后的焊缝，应比坡口低 0.5mm，以使盖面时能看清坡口，保证焊缝的直平度，获得优

质、美观的焊缝。

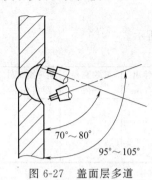

70°～80°
95°～105°

图 6-27　盖面层多道
焊时的焊枪角度

③ 盖面焊。盖面焊时，焊接顺序、焊枪角度、填丝位置都与打底焊相同，焊接速度要适当快些，送丝频率要适当增加，但要适当地减少送丝量。

盖面焊有两道焊道，先焊下面的焊道，后焊上面的焊道。焊枪角度如图 6-27 所示。焊下面的焊道时，电弧以填充焊焊道的下沿为中心摆动，使熔池的上沿在填充焊焊道的 $1/2\sim2/3$ 处，熔池的下沿超过坡口下棱边 0.5～1.5mm；焊上面的焊道时，电弧以填充焊焊道上沿为中心摆动，使熔池的上沿超过坡口上棱边 0.5～1.5mm，熔池的下沿与下面的盖面焊焊道均匀过渡，保证盖面焊焊道表面平整。

## 五、记录

填写过程记录卡，见表 6-39。

表 6-39　钨极氩弧焊板对接横焊过程记录卡

| 记录项目 | | 记　　录 | 备注 |
|---|---|---|---|
| 母材 | 材质 | | |
| | 规格 | | |
| 钨极 | 型号(牌号) | | |
| | 规格 | | |
| 焊丝 | 型号(牌号) | | |
| | 规格 | | |
| 装配及定位焊 | 焊前清理 | | |
| | 装配间隙 | | |
| | 错边量 | | |
| | 焊接电流/A | | |
| | 反变形量 | | |
| 打底焊 | 焊接电压/V | | |
| | 焊接电流/A | | |
| | 保护气体流量/(L/min) | | |
| 填充焊 | 焊接电压/V | | |
| | 焊接电流/A | | |
| | 保护气体流量/(L/min) | | |
| 盖面焊 | 焊接电压/V | | |
| | 焊接电流/A | | |
| | 保护气体流量/(L/min) | | |
| 焊缝外观/mm | 余高 | | |
| | 宽度 | | |
| | 长度 | | |
| 用时/min | | | |

## 六、考核

项目考核建议采用"过程考核×40％＋结果考核×60％"的综合考核方式进行。

（1）过程考核

按表 6-40 所示要求进行过程考核。

（2）结果考核

使用焊接检验尺、钢板尺、低倍放大镜等对焊缝外观质量进行检测，按表 6-41 所示要求进行考核。

### 表 6-40 钨极氩弧焊板对接横焊过程考核卡

| 序号 | 实训要求 | 配分 | 评分标准 | 检测结果 | 得分 |
|---|---|---|---|---|---|
| 1 | 安全文明生产 | 5 | 劳保手套、工服、劳保鞋穿戴整齐,正确使用焊帽 | | |
| 2 | 工件清理 | 5 | 坡口面及正反面20mm范围内无油污、铁锈,露出金属光泽 | | |
| 3 | 参数选用 | 5 | 选用参数与焊丝直径匹配 | | |
| 4 | 装配间隙 | 5 | 2~2.5mm,始焊端小末焊端大 | | |
| 5 | 错边量 | 5 | ≤1.2mm | | |
| 6 | 定位焊缝质量 | 5 | 长度10~20mm,无缺陷 | | |
| 7 | 反变形量 | 5 | 3°~5° | | |
| 8 | 焊接位置 | 5 | 横焊位置 | | |
| 9 | 打底焊质量 | 10 | 焊透、无缺陷 | | |
| 10 | 焊缝接头 | 10 | 无脱节,接头处余高为1~3mm | | |
| 11 | 打底焊缝清理 | 10 | 背面及正面、坡口面清理干净,死角位置无熔渣 | | |
| 12 | 填充层质量 | 15 | 形状下凹,无缺陷,离坡口上边缘0.5~1.5mm | | |
| 13 | 层间清理 | 10 | 层间熔渣清理干净 | | |
| 14 | 盖面焊焊枪角度 | 5 | 按图6-27,一次不合格扣2分,扣完为止 | | |
| 15 | 操作时间 | | 60min内完成,不扣分。超时1~5min,每分钟扣2分(从得分中扣除);超时6min以上者需重新参加考核 | | |
| | 过程考核得分 | | | | |

### 表 6-41 钨极氩弧焊板对接立焊考评表

| 序号 | 考核类别 | 考核项目 | 配分 | 评分标准 | 检测结果 | 得分 |
|---|---|---|---|---|---|---|
| 1 | 焊缝外观 | 焊瘤、气孔、烧穿 | 20 | 出现任何一项缺陷,该项不得分 | | |
| | | 咬边 | 5 | ①咬边深度≤0.5mm时,每5mm扣1分,累计长度超过焊缝有效长度的15%时扣5分<br>②咬边深度>0.5mm时,扣5分 | | |
| | | 未焊透 | 5 | ①未焊透深度≤1.5mm时,每5mm扣1分,累计长度超过焊缝有效长度的10%时,扣5分<br>②未焊透深度>1.5mm时,扣5分 | | |
| | | 背面凹坑 | 5 | ①背面凹坑深度≤2mm时,总长度超过焊缝有效长度的10%时,扣5分<br>②背面凹坑深度>2mm时,扣5分 | | |
| | | 焊缝余高 | 5 | 焊缝余高0~1.5mm,超标一处扣2分,扣满5分为止 | | |
| | | 焊缝宽度 | 5 | 焊缝宽度比坡口每侧增宽0.5~2.5mm,超标一处扣2分,扣满5分为止 | | |
| | | 焊缝宽度差 | 5 | 宽度差<3mm,超标一处扣2分,扣满5分为止 | | |
| | | 错边 | 5 | 错边≤1.2mm,超标扣5分 | | |
| | | 角变形 | 5 | 焊后角变形≤3°,超标扣5分 | | |
| 2 | 内部质量 | X射线探伤质量 | 30 | Ⅰ级片不扣分,Ⅱ级片扣10分,Ⅲ级片扣20分,Ⅲ级片以下不得分 | | |

续表

| 序号 | 考核类别 | 考核项目 | 配分 | 评分标准 | 检测结果 | 得分 |
|------|----------|----------|------|----------|----------|------|
| 3 | 其他 | 安全 | 5 | 服从管理、安全操作,不遵守者酌情扣分 | | |
| | | 文明生产 | 5 | 设备复位、工具摆放整齐、清理工件、打扫场地、关闭电源,每有一处不符合要求扣1分 | | |
| 合计 | | | 100 | | | |

### 七、总结

横焊时,要注意掌握好焊枪的水平角度和垂直角度,焊丝也要控制好水平和垂直角度。要避免上部咬边、下部焊道凸出下坠,电弧热量要偏向坡口下部,防止上部坡口过热,母材熔化过多,出现未熔合现象。

## 实训五 板对接仰焊技术

### 一、要求

按照图 6-28 要求,学习钨极氩弧焊板对接仰焊的基本操作技能,使焊缝达到工件图样技术要求。

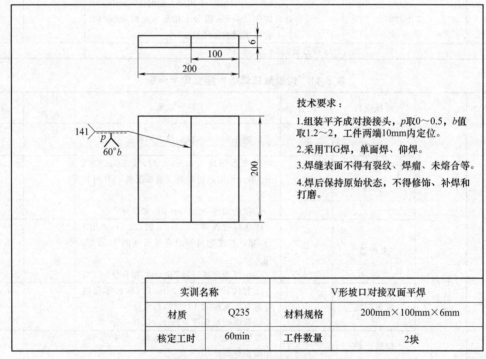

技术要求:
1.组装平齐成对接接头,$p$ 取 0~0.5,$b$ 值取 1.2~2,工件两端 10mm 内定位。
2.采用 TIG 焊,单面焊、仰焊。
3.焊缝表面不得有裂纹、焊瘤、未熔合等。
4.焊后保持原始状态,不得修饰、补焊和打磨。

| 实训名称 | | V形坡口对接双面平焊 | |
|----------|------|----------|----------|
| 材质 | Q235 | 材料规格 | 200mm×100mm×6mm |
| 核定工时 | 60min | 工件数量 | 2块 |

图 6-28 钨极氩弧焊板对接仰焊任务图

### 二、分析

仰焊时,操作者处于一种不自然的位置,很难稳定操作;同时由于焊枪及电缆较重,给操作者增加了操作的难度;仰焊时的熔池处于悬空状态,在重力作用下,很容易造成铁水下落,主要靠电弧的吹力和熔池的表面张力来维持平衡,如果操作不当,容易产生烧穿、咬边及焊道下垂等缺陷。

### 三、准备

#### 1. 工件材料

Q235，规格为 200mm×100mm×6mm，开 V 形坡口，清理焊接区 20mm 范围内铁锈、污物等，露出金属光泽。

#### 2. 焊接材料

H08Mn2SiA，$\phi$2.5mm 的焊丝。铈钨极，直径为 2.4mm，钨极端部磨成约 30° 的尖角。

#### 3. 焊接设备

WSE-315 型交直流两用手工钨极氩弧焊机，配备焊枪、LZB 型转子流量计、氩气瓶。

#### 4. 辅助器具

手锤、敲渣锤、锉刀、钢丝刷、砂纸、钢直尺、钢角尺、划针、活动扳手、角磨机、钢丝钳、钢锯条、焊接检验尺等辅助工具和量具。

### 四、实施

#### 1. 装配

工件装配尺寸见表 6-42。

表 6-42　工件装配尺寸

| 坡口角度/(°) | 装配间隙/mm | 钝边/mm | 反变形/(°) | 错边量/mm | 定位焊长度/mm |
|---|---|---|---|---|---|
| 60 | 起焊端1.2<br>终焊端2 | 0～0.5 | 3 | ≤0.6 | 10～15 |

#### 2. 焊接

（1）焊接工艺参数

手工钨极氩弧焊焊接碳素钢和低合金钢的焊接参数如表 6-43 所示。

表 6-43　手工 TIG 板对接仰焊工艺参数

| 焊接层次 | 焊接电流/A | 电弧电压/V | 氩气流量/(L/min) | 钨极直径/mm | 焊丝直径/mm | 钨极伸出长度/mm | 喷嘴直径/mm | 喷嘴至工件距离/mm |
|---|---|---|---|---|---|---|---|---|
| 定位焊 | 80～90 | 12～16 | 8～10 | 2.4 | 2.5 | 3～4 | 10 | ≤12 |
| 打底焊 | 80～90 | | | | | | | |
| 填充焊 | 90～100 | | | | | | | |
| 盖面焊 | 90～100 | | | | | | | |

（2）定位焊

为保证焊接质量，装配定位焊很重要，为了保证焊透而不烧穿，必须留有合适的对接间隙和合理的钝边。定位焊缝应采用与正式焊接相同的焊接工艺和填丝方法，定位焊缝的长度为 10～15mm，焊缝余高不超过 2mm，定位焊缝间距一般为 20～40mm，定位焊缝距离两边缘为 5～10mm。定位焊缝要求与正式焊缝相同，定位焊焊接方法与前述平板对接相同。

（3）正式焊接

① 打底焊。打底焊时，焊枪沿焊缝方向与工件成 90° 左右夹角，沿焊缝垂直方向与工件呈 75°～85° 夹角，焊丝与工件呈 20° 左右夹角，仰焊焊枪角度见图 6-29。

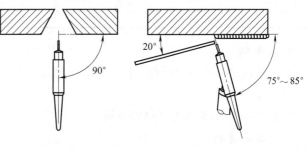

(a) 侧视图　　　　(b) 正视图

图 6-29　仰焊时焊枪、焊丝与焊件的相对位置

施焊时，在工件右端定位焊缝上引弧，先不填丝，长弧焊在引弧处预热 2～3s，形成熔池和熔孔后开始填丝，保持手腕与小臂在一条直线上，以肘为原点（圆心）转动，推动焊枪向左移动进行焊接。焊接时要压低电弧，以减小熔孔直径，防止熔融金属下坠，为保证焊缝宽度，要小幅度锯齿形摆动，在坡口两侧各停留 0.5～1s。

② 填充焊。填充焊时钨极、焊枪、焊丝角度、焊接步骤与打底焊相同，但焊枪摆动幅度稍大，要保证坡口两侧熔合好，焊道表面平整，焊缝应比坡口上表面约低 0.5mm，呈凹平形，不准熔化棱边，以便盖面层时看清坡口，保证焊缝的平直度。

③ 盖面焊。盖面焊时钨极、焊枪、焊丝角度、焊接步骤与打底焊相同，但焊枪锯齿形横向摆动幅度比填充层要宽，使熔池两侧超过坡口棱边 0.5～1.5mm。焊缝两侧应熔合好，成形好，无缺陷。

## 五、记录

填写过程记录卡，见表 6-44。

表 6-44　钨极氩弧焊板对接仰焊过程记录卡

| 记录项目 | | 记　　录 | 备　注 |
|---|---|---|---|
| 母材 | 材质 | | |
| | 规格 | | |
| 钨极 | 型号（牌号） | | |
| | 规格 | | |
| 焊丝 | 型号（牌号） | | |
| | 规格 | | |
| 装配及定位焊 | 焊前清理 | | |
| | 装配间隙 | | |
| | 错边量 | | |
| | 焊接电流/A | | |
| | 反变形量 | | |
| 打底焊 | 焊接电压/V | | |
| | 焊接电流/A | | |
| | 保护气体流量/(L/min) | | |
| 填充焊 | 焊接电压/V | | |
| | 焊接电流/A | | |
| | 保护气体流量/(L/min) | | |
| 盖面焊 | 焊接电压/V | | |
| | 焊接电流/A | | |
| | 保护气体流量/(L/min) | | |
| 焊缝外观/mm | 余高 | | |
| | 宽度 | | |
| | 长度 | | |
| 用时/min | | | |

## 六、考核

项目考核建议采用"过程考核×40％＋结果考核×60％"的综合考核方式进行。

（1）过程考核

按表 6-45 所示要求进行过程考核。

（2）结果考核

使用焊接检验尺、钢板尺、低倍放大镜等对焊缝外观质量进行检测，按表 6-46 所示要求进行考核。

表 6-45 钨极氩弧焊板对接仰焊过程考核卡

| 序号 | 实训要求 | 配分 | 评分标准 | 检测结果 | 得分 |
|---|---|---|---|---|---|
| 1 | 安全文明生产 | 5 | 劳保手套、工服、劳保鞋穿戴整齐,正确使用焊帽 | | |
| 2 | 工件清理 | 5 | 坡口面及正反面20mm范围内无油污、铁锈,露出金属光泽 | | |
| 3 | 参数选用 | 5 | 选用参数与焊丝直径匹配 | | |
| 4 | 装配间隙 | 5 | 2～2.5mm,始焊端小末焊端大 | | |
| 5 | 错边量 | 5 | ≤1.2mm | | |
| 6 | 定位焊缝质量 | 5 | 长度10～20mm,无缺陷 | | |
| 7 | 反变形量 | 5 | 3°～5° | | |
| 8 | 焊接位置 | 5 | 仰焊位置 | | |
| 9 | 打底焊质量 | 15 | 焊透,无缺陷 | | |
| 10 | 焊缝接头 | 10 | 无脱节,接头处余高为1～3mm | | |
| 11 | 打底焊缝清理 | 10 | 背面及正面、坡口面清理干净,死角位置无熔渣 | | |
| 12 | 填充层质量 | 15 | 形状下凹,无缺陷,离坡口上边缘1～2mm | | |
| 13 | 层间清理 | 10 | 层间熔渣清理干净 | | |
| 14 | 操作时间 | | 60min内完成,不扣分。超时1～5min,每分钟扣2分(从得分中扣除);超时6min以上者需重新参加考核 | | |
| | 过程考核得分 | | | | |

表 6-46 钨极氩弧焊板对接仰焊考评表

| 序号 | 考核类别 | 考核项目 | 配分 | 评分标准 | 检测结果 | 得分 |
|---|---|---|---|---|---|---|
| 1 | 焊缝外观 | 焊瘤、气孔、烧穿 | 20 | 出现任何一项缺陷,该项不得分 | | |
| | | 咬边 | 5 | ①咬边深度≤0.5mm时,每5mm扣1分,累计长度超过焊缝有效长度的15%时扣5分 ②咬边深度>0.5mm时,扣5分 | | |
| | | 未焊透 | 5 | ①未焊透深度≤1.5mm时,每5mm扣1分,累计长度超过焊缝有效长度的10%时,扣5分 ②未焊透深度>1.5mm时,扣5分 | | |
| | | 背面凹坑 | 5 | ①背面凹坑深度≤2mm时,总长度超过焊缝有效长度的10%时,扣5分 ②背面凹坑深度>2mm时,扣5分 | | |
| | | 焊缝余高 | 5 | 焊缝余高0～1.5mm,超标一处扣2分,扣满5分为止 | | |
| | | 焊缝宽度 | 5 | 焊缝宽度比坡口每侧增宽0.5～2.5mm,超标一处扣2分,扣满5分为止 | | |
| | | 焊缝宽度差 | 5 | 宽度差<3mm,超标一处扣2分,扣满5分为止 | | |
| | | 错边 | 5 | 错边≤1.2mm,超标扣5分 | | |
| | | 角变形 | 5 | 焊后角变形≤3°,超标扣5分 | | |
| 2 | 内部质量 | X射线探伤质量 | 30 | Ⅰ级片不扣分,Ⅱ级片扣10分,Ⅲ级片扣20分,Ⅲ级片以下不得分 | | |

| 序号 | 考核类别 | 考核项目 | 配分 | 评分标准 | 检测结果 | 得分 |
|------|----------|----------|------|----------|----------|------|
| 3 | 其他 | 安全 | 5 | 服从管理、安全操作,不遵守者酌情扣分 | | |
| | | 文明生产 | 5 | 设备复位、工具摆放整齐、清理工件、打扫场地、关闭电源,每有一处不符合要求扣1分 | | |
| 合计 | | | 100 | | | |

### 七、总结

仰焊是平板对接最难焊的位置,主要是由于重力作用,熔池和焊丝熔化后的下坠比立焊严重,因此,必须控制好焊接线能量和冷却速度,采用较小的焊接电流,较大的焊接速度,加大氩气流量,使熔池尽可能小,冷却速度尽可能快,保证焊缝外形美观。

## 实训六　小直径管水平固定对接

### 一、要求

按照图 6-30 要求,学习钨极氩弧焊小直径管水平固定对接基本操作技能,使焊缝达到工件图样技术要求。

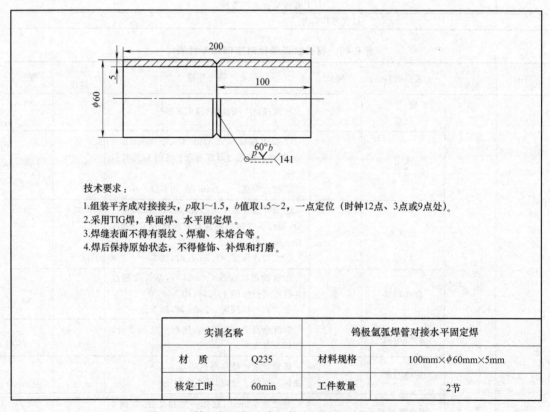

技术要求:
1.组装平齐成对接接头,$p$取1~1.5,$b$值取1.5~2,一点定位(时钟12点、3点或9点处)。
2.采用TIG焊,单面焊、水平固定焊。
3.焊缝表面不得有裂纹、焊瘤、未熔合等。
4.焊后保持原始状态,不得修饰、补焊和打磨。

| 实训名称 | | 钨极氩弧焊管对接水平固定焊 | |
|----------|------|----------|------|
| 材　质 | Q235 | 材料规格 | $100mm \times \phi 60mm \times 5mm$ |
| 核定工时 | 60min | 工件数量 | 2节 |

图 6-30　钨极氩弧焊小直径管水平固定对接任务图

### 二、分析

管子水平固定对接焊是将两根管子在空间水平位置进行固定,焊接时管子不动,焊工沿着接缝进行焊接的。焊接过程中每一点的焊接位置均不同,常用时钟的钟点符号来表示该点的焊接位置，通常认为5～7点的焊接位置属于仰焊；5～1点和7～11点的焊接位置属于立焊（焊接过程如前所述）；1～11点的焊接位置属于平焊。管子水平固定对接焊同时包括平焊、立焊和仰焊三种焊接位置。

### 三、准备

#### 1. 工件材料

Q235低碳钢管，尺寸为100mm×$\phi$60mm×5mm，开V形坡口，钝边1～1.5mm，焊接区20mm内打磨除锈，露出金属光泽。

#### 2. 焊接材料

H08Mn2SiA，$\phi$2.5mm的焊丝。铈钨极，直径为2.4mm，钨极端部磨成约30°的尖角。

#### 3. 焊接设备

WSE-315型交直流两用手工钨极氩弧焊机，配备焊枪、LZB型转子流量计、氩气瓶。

#### 4. 辅助器具

手锤、敲渣锤、锉刀、钢丝刷、砂纸、钢直尺、钢角尺、划针、活动扳手、角磨机、钢丝钳、钢锯条、焊接检验尺等辅助工具和量具。

### 四、实施

#### 1. 装配

工件装配尺寸见表6-47。

表6-47 工件装配尺寸

| 坡口角度/(°) | 装配间隙/mm | 钝边/mm | 错边量/mm | 定位焊长度/mm | 定位焊高度/mm |
|---|---|---|---|---|---|
| 60 | 定位焊端2 另一端1.5 | 1～1.5 | ≤0.6 | 10～15 | 1～2 |

#### 2. 焊接

（1）焊接参数

钨极氩弧焊焊接碳素钢和低合金钢的焊接参数如表6-48所示。

表6-48 钨极氩弧焊小直径管水平固定对接工艺参数

| 焊接层次 | 焊接电流/A | 电弧电压/V | 氩气流量/(L/min) | 钨极直径/mm | 焊丝直径/mm | 钨极伸出长度/mm | 喷嘴直径/mm | 喷嘴至工件距离/mm |
|---|---|---|---|---|---|---|---|---|
| 定位焊 | 90～100 | 10～12 | 8～10 | 2.4 | 2.5 | 3～4 | 10 | ≤12 |
| 打底焊 | | | | | | | | |
| 盖面焊 | | | | | | | | |

（2）定位焊

将两根管子对中后进行定位焊。定位焊只需一点，点固焊的位置一般在平焊或立焊处（时钟12、3、9点处），对于有障碍的困难位置焊口，应以该焊点不影响施焊和妨碍视线为原则。点固焊后应仔细检查焊点质量，如果发现裂纹、气孔等缺陷，应将该焊点清除干净，重新点固焊。定位焊焊缝两端应加工成斜坡形，以便接头。

（3）正式焊接

1）打底焊。管道焊口手工钨极氩弧焊打底，按操作方法有不填丝法和填丝法两种，后者又有外填丝法和内填丝法之分，由于学生实训涉及的管径一般较小，所以本文只介绍不填丝法和外填丝法。

① 不填丝法。不填丝法又称自熔法。管道对口不留间隙，留有 1.5～2mm 钝边。钝边太大不易熔透，太小则易被烧穿。焊接时，用电弧熔化母材金属的钝边，形成根部焊缝。一般不填丝，除非熔池温度过高。即将焊穿，或者局部对口不光滑，出现间隙时，才少量填丝。操作时，钨极应始终保持与熔池相垂直，以保证钝边熔透。这种方法焊接速度快，节省填充材料，但是对管子对口要求严格，管口加工不平或装配稍有错口，就可能产生未焊透缺陷；并且操作时只能凭经验，观察熔池的温度来判断是否焊透，无法直接观察根部情况，因此焊接质量不够稳定。由于不加焊丝，焊缝很薄，盖面层焊接时，极容易将根层焊缝烧穿。因此，不建议初学者使用。

② 填丝焊法。管道装配时，间隙为 12 点处 2mm，6 点处 1.5mm，坡口加工留有 0.5～1mm 钝边。施焊时，从管壁外侧填充焊丝。填丝焊时，即使管内不充氩保护，从装配间隙中漏入的氩气，仍有一定的保护作用，可以在一定程度改善背面被氧化的状况。另外填丝焊法焊缝比较厚，在进行次层电弧焊时，背面不易产生过热，仰焊部位不会因为温度过高而产生内凹等缺陷。

由于填丝焊法能够可靠地保证根层焊缝质量，尽管在操作技术上比不填丝法的难度大，但目前生产中还是得到了广泛的应用。对质量要求较高的承压管打底焊接，多采用填丝焊法。

打底焊前，将管子装卡在焊件夹持架上，定位焊缝放置在 12 点处，为便于全位置焊接，管子最下端离地面的距离为 800～850mm。如前所述，焊接方向分为左、右两个半圈进行，从仰焊位置起焊，在平焊位置收弧。首先焊接右半圈，起焊点在 6 点位置。起焊时，右手握住焊枪，无名指和小指靠在管子外壁上。在未合上护目镜片前，将钨极端头对准并靠近坡口根部待引弧的部位，然后戴上面罩转动右手腕，使钨极端头逐渐靠近母材，并按下焊枪上的电源开关，此时高频高压开关动作可以通过护目镜片观察到不断发出的电火花，随着钨极端头的靠近，电火花越来越明显直至起弧，起弧后控制弧长为 4～7mm，用长弧对坡口根部两侧加热 2～3s，形成熔池和熔孔后开始填丝焊接。

焊接过程中，焊枪与管子法线方向成 70°～85°夹角，夹角不宜过大，否则会降低氩气的保护效果。焊丝与管子法线方向成 15°～20°夹角，如图 6-31 所示。应注意观察、控制坡口两侧熔透均匀，以保证管子内壁焊缝成形均匀。前半圈焊到平焊位置时，应减薄填充金属量使焊缝扁平，以便后半圈接头平缓。前半圈应在 12 点向 11 点方向 4～5mm 处熄弧，熄弧前应连续送进几滴焊丝金属填充，以免出现缩孔或产生裂纹，并且应将氩弧移到坡口的一侧，然后熄灭电弧。熄弧后应用角向磨光机将熄弧处的焊缝磨削成斜面，以消除仍然可能存在的缩孔。

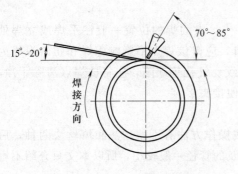

图 6-31 水平固定管操作技术

左半圈的起焊位置应在右半圈起焊位置 6 点往 5 点方向 4～5mm，以保证焊缝重叠。焊接方法同右半圈，焊接至 12 点，即与右半圈焊缝重叠 4～5mm 时熄弧。

焊接中的停弧接头处，应修磨成斜坡，以利于接头，或将原焊缝末端重新熔化，使起焊焊缝与原焊缝重叠 4～5mm。

打底层焊缝应具有一定的厚度，对于壁厚 ≤10mm 的管道，其厚度不得小于 2mm。

2）盖面焊。盖面焊前先清除打底焊氧化物，修整局部上凸处，盖面层焊接时钨极、焊枪、焊丝角度、焊接步骤与打底焊相同，但焊枪需作月牙形或锯齿形摆动，要保证坡口两侧熔合好，焊道表面平整，在仰焊部位每次填充的焊丝应少些，以防熔化下坠。焊枪摆动到坡口边缘时，应稍作停顿，以保证熔合良好，防止咬边；在立焊部位，焊枪的摆动频率应适当加快，以防熔化铁水下淌。在平焊位置，应稍微多加填充金属，以使焊缝饱满。其他焊接过程与打底焊相同。

## 五、记录

填写过程记录卡，见表 6-49。

**表 6-49　钨极氩弧焊小直径管水平固定对接过程记录卡**

| 记录项目 | | 数据记录 | 备 注 |
|---|---|---|---|
| 母材 | 材质 | | |
| | 规格 | | |
| 钨极 | 型号（牌号） | | |
| | 规格 | | |
| 焊丝 | 型号（牌号） | | |
| | 规格 | | |
| 装配及定位焊 | 焊前清理 | | |
| | 装配间隙 | | |
| | 错边量 | | |
| | 焊接电流/A | | |
| | 反变形量 | | |
| 打底焊 | 焊接电压/V | | |
| | 焊接电流/A | | |
| | 保护气体流量/(L/min) | | |
| 盖面焊 | 焊接电压/V | | |
| | 焊接电流/A | | |
| | 保护气体流量/(L/min) | | |
| 焊缝外观/mm | 余高 | | |
| | 宽度 | | |
| | 长度 | | |
| 用时/min | | | |

## 六、考核

项目考核建议采用"过程考核×40％＋结果考核×60％"的综合考核方式进行。

（1）过程考核

按表 6-50 所示要求进行过程考核。

**表 6-50　钨极氩弧焊小直径管水平固定对接过程考核卡**

| 序号 | 实训要求 | 配分 | 评分标准 | 检测结果 | 得分 |
|---|---|---|---|---|---|
| 1 | 安全文明生产 | 5 | 劳保手套、工服、劳保鞋穿戴整齐，正确使用焊帽 | | |
| 2 | 工件清理 | 5 | 坡口面及正反面 20mm 范围内无油污、铁锈，露出金属光泽 | | |
| 3 | 参数选用 | 5 | 选用参数与焊丝直径匹配 | | |
| 4 | 装配间隙 | 5 | 2～2.5mm，始焊端小末焊端大 | | |
| 5 | 错边量 | 5 | ≤1.2mm | | |
| 6 | 定位焊缝质量 | 5 | 长度 10～20mm，无缺陷 | | |
| 7 | 反变形量 | 5 | 3°～5° | | |
| 8 | 焊接位置 | 5 | 全位置 | | |
| 9 | 打底焊质量 | 10 | 焊透、无缺陷 | | |

续表

| 序号 | 实训要求 | 配分 | 评分标准 | 检测结果 | 得分 |
|---|---|---|---|---|---|
| 10 | 焊缝接头 | 10 | 无脱节,接头处余高为 1~3mm | | |
| 11 | 打底焊缝清理 | 10 | 背面及正面、坡口面清理干净,死角位置无熔渣 | | |
| 12 | 打底层质量 | 15 | 形状下凹,无缺陷,离坡口上边缘 0.5~1.5mm | | |
| 13 | 层间清理 | 5 | 层间熔渣清理干净 | | |
| 14 | 焊枪角度 | 10 | 按图 6-31,一次不合格扣 2 分,扣完为止 | | |
| 15 | 操作时间 | | 60min 内完成,不扣分。超时 1~5min,每分钟扣 2 分(从得分中扣除);超时 6min 以上者需重新参加考核 | | |
| | 过程考核得分 | | | | |

（2）结果考核

使用焊接检验尺、钢板尺、低倍放大镜等对焊缝外观质量进行检测,按表 6-51 所示要求进行考核。

表 6-51　钨极氩弧焊小直径管水平固定对接考评表

| 序号 | 考核类别 | 考核项目 | 配分 | 评分标准 | 检测结果 | 得分 |
|---|---|---|---|---|---|---|
| 1 | 焊缝外观 | 焊瘤、气孔、烧穿 | 20 | 出现任何一项缺陷,该项不得分 | | |
| | | 咬边 | 5 | ①咬边深度≤0.5mm 时,每 5mm 扣 1 分,累计长度超过焊缝有效长度的 15%时扣 5 分<br>②咬边深度>0.5mm 时,扣 5 分 | | |
| | | 通球试验 | 15 | 用直径等于 0.85 倍管内径的钢球进行通球试验,通球不合格,该项不得分 | | |
| | | 焊缝余高 | 5 | 焊缝余高 0~3mm,超标一处扣 2 分,扣满 5 分为止 | | |
| | | 焊缝宽度 | 5 | 焊缝宽度比坡口每侧增宽 0.5~2.5mm,超标一处扣 2 分,扣满 5 分为止 | | |
| | | 焊缝宽度差 | 5 | 宽度差<3mm,超标一处扣 2 分,扣满 5 分为止 | | |
| | | 错边 | 5 | 错边≤1.2mm,超标扣 5 分 | | |
| | | 角变形 | 5 | 焊后角变形≤3°,超标扣 5 分 | | |
| 2 | 断口试验 | 未焊透 | 5 | ①未焊透深度≤1.5mm 时,每 5mm 扣 1 分,累计长度超过焊缝有效长度的 10%时,扣 5 分<br>②未焊透深度>1.5mm 时,扣 5 分 | | |
| | | 气孔 | 5 | 单个气孔径向≤1.5mm,沿周向或轴向≤2mm 时,扣 2 分,超过该范围扣 5 分 | | |
| | | 夹渣 | 5 | 单个夹渣沿径向≤25%$\delta$,沿周向或轴向≤25%$\delta$ 时,扣 2 分,超过该范围扣 5 分 | | |
| | | 背面凹坑 | 10 | ①背面凹坑深度>25%$\delta$ 或>1mm,扣 10 分<br>②背面凹坑深度≤25%$\delta$ 且≤1mm,扣 10 分 | | |
| 3 | 其他 | 安全 | 5 | 服从管理、安全操作,不遵守者酌情扣分 | | |
| | | 文明生产 | 5 | 设备复位、工具摆放整齐、清理工件、打扫场地、关闭电源,每有一处不符合要求扣 1 分 | | |
| | 合计 | | 100 | | | |

## 七、总结

水平固定对接焊,为全位置焊接,焊接位置经历了仰焊、立焊和平焊三种位置的连续变化。将某一时刻,熔池所在管子坡口上点的切线方向视为平面,按平板对接对待,实时调整控制焊枪角度和焊丝角度该变化平面的夹角。

## 实训七 小直径管垂直固定对接

### 一、要求

按照图 6-32 要求，学习小直径管垂直固定对接钨极氩弧焊基本操作技能，使焊缝达到工件图样技术要求。

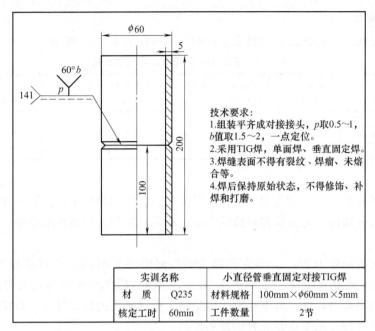

技术要求：
1. 组装平齐成对接接头，p 取 0.5~1，b 值取 1.5~2，一点定位。
2. 采用 TIG 焊，单面焊、垂直固定焊。
3. 焊缝表面不得有裂纹、焊瘤、未熔合等。
4. 焊后保持原始状态，不得修饰、补焊和打磨。

| 实训名称 | | 小直径管垂直固定对接TIG焊 | |
|---|---|---|---|
| 材 质 | Q235 | 材料规格 | 100mm×φ60mm×5mm |
| 核定工时 | 60min | 工件数量 | 2节 |

图 6-32 小直径管垂直固定对接钨极氩弧焊任务图

### 二、分析

垂直固定的管子，中心线处于竖直位置，焊缝在横焊位置。垂直固定管子焊接与平板对接横焊类似，不同的是在焊接时要不断转动手腕来保证焊枪的角度。

### 三、准备

#### 1. 工件材料

Q235，规格为 100mm × φ60mm × 5mm，开 V 形坡口，钝边 1~1.5mm，焊接区 20mm 内打磨除锈，露出金属光泽。

#### 2. 焊接材料

H08Mn2SiA，直径为 2.5mm 的焊丝。电极选用铈钨极，直径为 2.4mm，钨极端部磨成约 30°的尖角。

#### 3. 焊接设备

WSE-315 型交直流两用手工钨极氩弧焊机，配备焊枪、LZB 型转子流量计、氩气瓶。

#### 4. 辅助器具

手锤、敲渣锤、锉刀、钢丝刷、砂纸、钢直尺、钢角尺、划针、活动扳手、角磨机、钢丝钳、钢锯条、焊接检验尺等辅助工具和量具。

### 四、实施

#### 1. 装配

工件装配尺寸见表 6-52。

表 6-52  工件装配尺寸

| 坡口角度/(°) | 装配间隙/mm | 钝边/mm | 错边量/mm | 定位焊长度/mm | 定位焊高度/mm |
|---|---|---|---|---|---|
| 60 | 定位焊端2<br>另一端1.5 | 0.5～1 | ≤0.5 | 10～15 | 1～2 |

### 2. 焊接

**(1) 焊接参数**

手工钨极氩弧焊焊接碳素钢和低合金钢的焊接参数如表 6-53 所示。

表 6-53  手工 TIG 板对接立焊工艺参数

| 焊接<br>层次 | 焊接电<br>流/A | 电弧电<br>压/V | 氩气流量<br>/(L/min) | 钨极直径<br>/mm | 焊丝直径<br>/mm | 钨极伸出<br>长度/mm | 喷嘴直径<br>/mm | 喷嘴至工<br>件距离/mm |
|---|---|---|---|---|---|---|---|---|
| 定位焊 | 90～95 |  | 8～10 |  |  |  |  |  |
| 打底焊 | 90～95 | 10～12 | 8～10 | 2.4 | 2.5 | 3～4 | 10 | ≤8 |
| 盖面焊 | 95～100 |  | 6～8 |  |  |  |  |  |

**(2) 定位焊**

将两根管子对中后进行定位焊。定位焊只需一点。点固焊后应仔细检查焊点质量，如果发现裂纹、气孔等缺陷，应将该焊点清除干净，重新点固焊。焊点两端应加工成斜坡形，以便接头。

点焊处的装配间隙为 2mm，与它相隔 180°处间隙为 1.5mm，焊点长度为 10～15mm，高为 1～2mm，工件错边量应小于等于 0.5mm。定位焊缝的质量应与正式焊缝相同，必须是熔透坡口双面成形的焊缝，并不得有焊接缺陷。所以采用的焊丝牌号、焊接参数都应与正式焊接相同。定位焊点两端应预先打磨成斜坡。

**(3) 正式焊接**

采用两层三道进行焊接，盖面焊分上下两道，左焊法。

① 打底焊。打底焊时的焊枪角度如图 6-33 所示，焊枪需与下管轴线夹角 80°～90°，即焊枪应略上倾，焊枪与焊接方向倾角 90°～105°。在右侧间隙最小处 1.5mm 引弧，待坡口根部熔化，形成熔池和熔孔后开始填加焊丝，当焊丝端部熔化，形成熔滴后，将焊丝轻轻向熔池里推一下，并向管内摆动，将铁水送到坡口根部，保证背面焊缝的高度。填充焊丝的同时，焊枪作小幅度横向摆动，并向左均匀移动。

当焊工要移动位置暂停焊接时，应按收弧要点操作。重新焊接前应将收弧处修磨成斜坡并清理干净，在斜坡上引弧，移至离接头 4～5mm 处，焊枪不动，当获得明亮清晰的熔池后，即可添加焊丝，继续从右向左进行焊接。

小径管垂直固定打底焊，熔池的热量要集中在坡口的下部，以防止上部坡口过热，母材熔化过多，产生咬边或使焊缝背面的余高下坠。

② 盖面焊。盖面焊缝由上、下两道组成，先焊下面的焊道，后焊上面的焊道，焊枪角度如图 6-34 所示，即下面的焊道下倾 10°～15°，上面的焊道上倾 10°～15°。

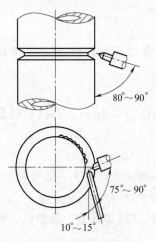

图 6-33  打底焊时焊
丝与焊枪的角度

焊下面的盖面焊道时，电弧对准打底焊道下沿，使熔池下沿超出管子坡口下棱边 0.5～

1.5mm，熔池上沿在打底焊道的 1/2～2/3 处。

焊上面的盖面焊道时，电弧对准打底焊道上沿，使熔池上沿超出管子坡口上棱边 0.5～1.5mm，下沿与下面的焊道圆滑过渡，焊接速度和送丝频率要适当加快，适当减少送丝量，防止焊缝下坠。

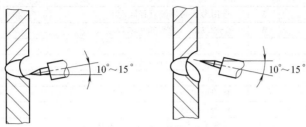

(a) 下面焊道焊接时的焊枪角度　　　　(b) 上面焊道焊接时的焊枪角度

图 6-34　盖面焊焊枪角度

## 五、记录

填写过程记录卡，见表 6-54。

表 6-54　小直径管垂直固定对接钨极氩弧焊过程记录卡

| 记录项目 | | 记　　录 | 备　　注 |
|---|---|---|---|
| 母材 | 材质 | | |
| | 规格 | | |
| 钨极 | 型号(牌号) | | |
| | 规格 | | |
| 焊丝 | 型号(牌号) | | |
| | 规格 | | |
| 装配及定位焊 | 焊前清理 | | |
| | 装配间隙 | | |
| | 错边量 | | |
| | 焊接电流/A | | |
| | 反变形量 | | |
| 打底焊 | 焊接电压/V | | |
| | 焊接电流/A | | |
| | 保护气体流量/(L/min) | | |
| 盖面焊 | 焊接电压/V | | |
| | 焊接电流/A | | |
| | 保护气体流量/(L/min) | | |
| 焊缝外观/mm | 余高 | | |
| | 宽度 | | |
| | 长度 | | |
| 用时/min | | | |

## 六、考核

项目考核建议采用"过程考核×40％＋结果考核×60％"的综合考核方式进行。

（1）过程考核

按表 6-55 所示要求进行过程考核。

（2）结果考核

使用焊接检验尺、钢板尺、低倍放大镜等对焊缝外观质量进行检测，按表 6-56 所示要求进行考核。

表 6-55　小直径管垂直固定对接钨极氩弧焊过程考核卡

| 序号 | 实训要求 | 配分 | 评分标准 | 检测结果 | 得分 |
|---|---|---|---|---|---|
| 1 | 安全文明生产 | 5 | 劳保手套、工服、劳保鞋穿戴整齐,正确使用焊帽 | | |
| 2 | 工件清理 | 5 | 坡口面及正反面 20mm 范围内无油污、铁锈,露出金属光泽 | | |
| 3 | 参数选用 | 5 | 选用参数与焊丝直径匹配 | | |
| 4 | 装配间隙 | 5 | 2～2.5mm,始焊端小末焊端大 | | |
| 5 | 错边量 | 5 | ≤1.2mm | | |
| 6 | 定位焊缝质量 | 5 | 长度 10～20mm,无缺陷 | | |
| 7 | 反变形量 | 5 | 3°～5° | | |
| 8 | 焊接位置 | 5 | 横焊位置 | | |
| 9 | 打底焊质量 | 10 | 焊透、无缺陷 | | |
| 10 | 焊缝接头 | 10 | 无脱节,接头处余高为 1～3mm | | |
| 11 | 打底焊清理 | 10 | 背面及正面、坡口面清理干净,死角位置无熔渣 | | |
| 12 | 打底层质量 | 15 | 形状下凹,无缺陷,离坡口上边缘 0.5～1.5mm | | |
| 13 | 层间清理 | 5 | 层间熔渣清理干净 | | |
| 14 | 焊枪角度 | 10 | 按图 6-31,一次不合格扣 2 分,扣完为止 | | |
| 15 | 操作时间 | | 60min 内完成,不扣分。超时 1～5min,每分钟扣 2 分(从得分中扣除);超时 6min 以上者需重新参加考核 | | |
| | 过程考核得分 | | | | |

表 6-56　小直径管垂直固定对接钨极氩弧焊考评表

| 序号 | 考核类别 | 考核项目 | 配分 | 评分标准 | 检测结果 | 得分 |
|---|---|---|---|---|---|---|
| 1 | 焊缝外观 | 焊瘤、气孔、烧穿 | 20 | 出现任何一项缺陷,该项不得分 | | |
| | | 咬边 | 5 | ①咬边深度≤0.5mm 时,每 5mm 扣 1 分,累计长度超过焊缝有效长度的 15% 时扣 5 分 ②咬边深度>0.5mm 时,扣 5 分 | | |
| | | 通球试验 | 15 | 用直径等于 0.85 倍管内径的钢球进行通球试验,通球不合格,该项不得分 | | |
| | | 焊缝余高 | 5 | 焊缝余高 0～3mm,超标一处扣 2 分,扣满 5 分为止 | | |
| | | 焊缝宽度 | 5 | 焊缝宽度比坡口每侧增宽 0.5～2.5mm,超标一处扣 2 分,扣满 5 分为止 | | |
| | | 焊缝宽度差 | 5 | 宽度差<3mm,超标一处扣 2 分,扣满 5 分为止 | | |
| | | 错边 | 5 | 错边≤1.2mm,超标扣 5 分 | | |
| | | 角变形 | 5 | 焊后角变形≤3°,超标扣 5 分 | | |
| 2 | 断口试验 | 未焊透 | 5 | ①未焊透深度≤1.5mm 时,每 5mm 扣 1 分,累计长度超过焊缝有效长度的 10% 时,扣 5 分 ②未焊透深度>1.5mm 时,扣 5 分 | | |
| | | 气孔 | 5 | 单个气孔径向≤1.5mm,沿周向或轴向≤2mm 时,扣 2 分,超过该范围扣 5 分 | | |
| | | 夹渣 | 5 | 单个夹渣沿径向≤25%δ,沿周向或轴向≤25%δ时,扣 2 分,超过该范围扣 5 分 | | |
| | | 背面凹坑 | 10 | ①背面凹坑深度>25%δ 或 >1mm,扣 10 分 ②背面凹坑深度≤25%δ 且≤1mm,扣 10 分 | | |
| 3 | 其他 | 安全 | 5 | 服从管理、安全操作,不遵守者酌情扣分 | | |
| | | 文明生产 | 5 | 设备复位、工具摆放整齐、清理工件、打扫场地、关闭电源,每有一处不符合要求扣 1 分 | | |
| | 合计 | | 100 | | | |

## 七、总结

垂直固定管焊接时，将其视为一直沿某点转动着的平板对接横焊，实时调整焊枪、焊丝与该"平板"面的角度，但应保持三者之间相对位置稳定。此外，液体金属因自重会下淌，可能产生上咬边下焊瘤及未焊透等缺陷，应采用较小的焊接电流、短弧焊。

# 习　题

一、名词解释

1. 钨极氩弧焊　2. 阴极破碎

二、填空

1. 直流钨极氩弧焊分为_____和_____两种情况。

2. 手工 TIG 焊设备由_____、焊枪、_____、供气和_____等组成。

3. 钨极氩弧焊通常采用非接触引弧方式引燃电弧，必须依靠引弧器来实现。常用的引弧器有_____和_____两种形式。

4. 钨极的作用是_____、_____并维持电弧稳定燃烧。

5. 钨极氩弧焊焊枪分为_____和_____两种。

6. 钨极氩弧焊焊枪常见的喷嘴形状有_____、_____、_____。

7. 容积为 40L 的标准钢瓶，在常压下能贮存的氩气容积为_____L。

8. 常见的钨极有_____、_____和_____三种。

9. 焊前清理的方法分为_____和_____及_____三种。

10. 钨极氩弧焊的工艺参数主要包括_____、_____、_____、_____、_____、喷嘴直径、喷嘴至工件的距离、钨极伸出长度和工艺因素等。

三、选择

1. 钨极氩弧焊直流正接，直流反接和交流，钨极直径相同而钨极许用电流最大的是（　　）。

A. 直流正接　　　　B. 直流反接　　　　C. 交流　　　　　　D. 无法比较

2. 钨极氩弧焊直流正接，直流反接和交流，钨极发热量小而工件发热量大的是（　　）。

A. 直流正接　　　　B. 直流反接　　　　C. 交流　　　　　　D. 无法比较

3. 手工钨极氩弧焊焊接铝合金采用直流反接是利用其（　　）。

A. 熔深大的特点　　B. 许用电流大　　　C. 阴极清理作用　　D. 电弧稳定

4. 氩弧焊对焊件和焊丝清洁程度要求较高，主要是因为氩气没有（　　）作用而易产生气孔等缺陷。

A. 脱氧　　　　　　B. 脱硫　　　　　　C. 脱磷　　　　　　D. 脱碳

5. 交流钨极氩弧焊时，一般将电极端部磨成（　　）。

A. 圆珠形　　　　　B. 平底锥形　　　　C. 尖锥形　　　　　D. 斜锥形

6. 焊接下列金属对氩气纯度要求较高的是（　　）。

A. 不锈钢　　　　　B. 铜及其合金　　　C. 铝、镁及其合金　D. 低碳钢

7. 钨极尖端角度对焊缝熔深和熔宽的影响，下列说法正确的是（　　）。

A. 减小锥角，熔深减小，熔宽增大　　　B. 减小锥角，熔深增大，熔宽增大

C. 减小锥角，熔深增大，熔宽减小　　　D. 减小锥角，熔深减小，熔宽减小

8. 钨极氩弧焊不宜采用接触短路引弧法的原因是（　　）。

A. 有放射性物质　　B. 钨极烧损严重　　C. 引弧速度慢　　D. 有高频电磁场

9. 钨极氩弧焊的代表符号是（　　）。

A. MEG　　　　　　B. TIG　　　　　　C. MAG　　　　　　D. PMEG

10. 钨极氩弧焊时，氩气的流量大小取决于（　　）。

A. 焊件厚度　　　B. 焊丝直径　　　　C. 喷嘴直径　　　　D. 焊接速度

11. 焊接过程中收弧不当会产生气孔及（　　）。

A. 夹渣　　　　　B. 弧坑　　　　　　C. 咬边　　　　　　D. 焊瘤

12. 贮存氩气的气瓶容积为（　　）。

A. 10L　　　　　B. 25L　　　　　　C. 40L　　　　　　D. 45L

13. 手工钨极氩弧焊时，钨极端部形状不但影响电弧的引燃、电弧稳定性、焊缝的形状，而且在一定程度上影响（　　）。

A. 熔深及熔宽　　B. 电弧电压　　　　C. 熔化系数　　　　D. 合金元素烧损

14. 直流钨极氩弧焊时，用高频振荡器的目的是（　　）。

A. 引弧　　　　　B. 消除直流分量　　C. 减少飞溅　　　　D. 稳定电弧

15. 如果氩气纯度不够，将直接影响（　　）。

A. 引弧效果　　　B. 焊缝质量及钨极烧损程度

C. 电弧稳定性　　D. 喷嘴形状

四、判断

1. 钨极氩弧焊直流正接即焊件为阳极，钨极为阴极，电流密度大，电弧稳定性好，是钨极氩弧焊中应用最广的一种形式。（　　）

2. 钨极氩弧焊直流反接所形成的焊缝熔深小，宽而平，焊接效率较低。（　　）

3. 纯钨极含钨99.85%以上，熔点和沸点都很高，电子发射能力差，要求的空载电压较高。（　　）

4. 铈钨极的缺点是含有微量的放射性元素钍。（　　）

5. 钨极氩弧焊对工件表面的污染不敏感，在焊接时可以不清理坡口和坡口两侧的油污、水分、灰尘、氧化膜等。（　　）

6. 相同直径的钨极，直流正接时许用电流最大；直流反接时许用电流最小。（　　）

7. 钨极氩弧焊焊接电流增加时，熔深减小，而焊缝宽度与余高稍有增加。（　　）

8. 电弧电压主要影响焊缝宽度，它由电弧长度决定。（　　）

9. 由于手工钨极氩弧焊电弧的静特性与焊条电弧焊的相似，故普通焊条电弧焊电源可以作为钨极氩弧焊电源。（　　）

10. 主要根据钨极直径及喷嘴直径来选择氩气流量。（　　）

11. 交流氩弧焊主要用于焊接铝、镁及其合金和铝青铜，其原理是交流电源处于正半波（工件为正）时，有阴极清理作用。（　　）

12. 交流钨极氩弧焊的主要问题是存在直流分量和电弧电流不稳定。（　　）

13. 钨极氩弧焊除采用具有陡降外特性电源外，也可采用恒流外特性电源。（　　）

14. 钨极气体保护焊使用的电流种类可分直流正接、直流反接及交流3种，其中最为常用的是直流反接。（　　）

15. 为使氩气有效地保护焊接区，熄弧时应继续送气5～10s，所以焊接完毕不要立刻抬

起焊枪。 （ ）

16. 采用右焊法进行焊接时，使焊缝变宽，余高变小，熔深较浅，焊缝成形好，有利于焊接薄件，同时便于观察和控制熔池情况。 （ ）

五、简答

1. 简述钨极氩弧焊的工作原理。

2. 简述直流钨极氩弧焊直流正接和直流反接的适用场合。

3. 简述钨极氩弧焊的优缺点。

4. 简述钨极氩弧焊的应用场合。

5. 钨极氩弧焊设备中电流衰减装置的作用是什么？

六、实践

1. 焊接结束后，根据钨极端头情况判断所选用的钨极直径粗细是否合适。

2. 简述如何根据电流的种类、极性和大小选择钨极端部形状，并实际在砂轮机上磨制。

# 第七章

# 埋 弧 焊

知识目标：
- 能够正确连接埋弧焊设备，熟练掌握设备操作方法。
- 掌握埋弧焊工艺。
- 能够正确地选择埋弧焊参数，熟练掌握平敷焊、I形坡口对接平焊、V形坡口对接平焊等焊接操作技能。

重点难点：
- 各工艺参数如何影响焊缝成形及焊缝质量。
- 如何正确选择焊接参数。

## 第一节  埋弧焊原理和特点

埋弧焊（Submerged-Arc Welding，SAW）是电弧在焊剂层下燃烧进行焊接的方法，熔化焊丝、焊剂和母材金属而形成焊缝的一种自动化焊接方法。由于其具有生产效率高、劳动条件好等特点，在焊接结构制造中被广泛采用。

### 一、埋弧焊的原理

如图 7-1 所示，焊丝和工件分别与焊接电源的输出端相接。焊剂由漏斗流出后，均匀地撒在装配好的焊件上，焊丝由送丝机构经送丝滚轮和导电嘴送入焊接电弧区。送丝机构、焊剂漏斗和控制箱通常安装在一台焊接小车上，小车沿轨道行走带动焊接电弧匀速地向前移动。在埋弧焊焊接过程中，在电源的作用下，电弧引燃，焊剂、焊丝和母材在电弧热的作用下熔化并形成熔池。通过操作控制箱上的开关，就可以自动控制焊接过程。

图 7-2 是埋弧焊焊缝形成示意图。焊接时，电弧在焊丝与焊件之间燃烧，产生的电弧热将焊丝端部和电弧附近的母材及焊剂熔化（部分焊剂被气化），熔化的金属形成熔池，熔化的焊剂成为熔渣。熔池受熔渣和焊剂的蒸气的保护，与外界空气隔离。随着焊接小车与工件相对运动，不断形成熔池，电弧

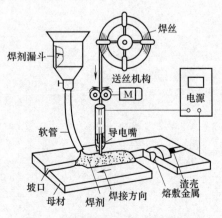

图 7-1  埋弧焊的焊接过程示意图

力将熔池中的液体金属和熔渣推向深池的后方，液体金属冷却、凝固形成焊缝；熔渣则冷却、凝固成渣壳覆盖在焊缝表面。熔化的熔渣覆盖住熔池金属及高温焊接区，不仅对熔池和焊缝金属起机械保护作用外，焊接过程中还与熔化金属发生冶金反应，从而影响焊缝金属的化学成分。未熔化的焊剂亦具有隔离空气，屏蔽电弧光和热的作用，提高了电弧的热效率。

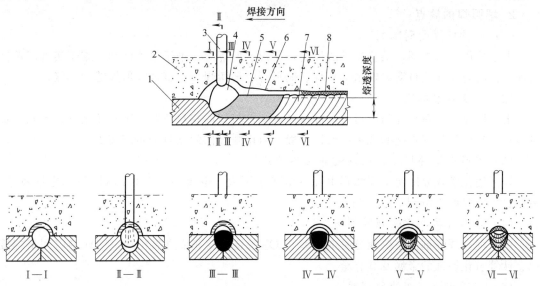

图 7-2　埋弧焊时焊缝形成过程示意图
1—母材；2—焊剂；3—焊丝；4—电弧；5—熔池金属；6—熔渣；7—焊缝；8—渣壳

## 二、埋弧焊的特点

### 1. 埋弧焊的优点

（1）焊接电流大，生产效率高

实验表明，在焊丝与焊条直径相同的情况下，埋弧自动焊焊接电流比焊条电弧焊大 3～5 倍，见表 7-1，产生热量大，加之焊剂和熔渣的隔热作用，故埋弧焊具有很高的热效率和较大的熔深，对于 20mm 厚 I 形坡口可一次焊透，生产效率高。

表 7-1　埋弧自动焊与焊条电弧焊焊接电流及电流密度比较

| 焊条（焊丝）直径/mm | 焊条电弧焊 | | 埋弧自动焊 | |
|---|---|---|---|---|
| | 焊接电流/A | 电流密度/(A/mm²) | 焊接电流/A | 电流密度/(A/mm²) |
| 2 | 50～65 | 16～25 | 200～400 | 63～125 |
| 2.5 | 50～80 | 12～16 | 260～700 | 53～142 |
| 3.2 | 80～130 | 11～18 | 350～600 | 50～85 |
| 4 | 125～200 | 10～16 | 500～800 | 40～63 |
| 5 | 190～250 | 10～18 | 700～1000 | 30～50 |

（2）焊缝质量好

埋弧焊时采用渣保护，不仅能隔绝外界空气，而且减慢了熔池金属的冷却速度，使液态金属与熔化的焊剂间有较多的时间进行冶金反应，减少了产生气孔、裂纹等缺陷的可能性。焊剂还能与焊缝进行冶金反应和过渡一些合金元素，从而提高焊缝的质量。同时，埋弧焊时由于采用自动调节和控制技术，使焊接过程非常稳定，焊缝外观平整光滑，易于控制焊道的成形。

（3）节省焊接材料

由于埋弧焊焊接时，热输入大、熔深较大，可不开或少开坡口，不仅省去了加工坡口浪费掉的金属，还节约了焊丝和电能，降低了生产成本。

（4）劳动条件好

由于实现了焊接过程机械化，操作比较方便，减轻了焊工的劳动强度，而且电弧是在焊剂层下燃烧，没有弧光的辐射，烟尘也较少，改善了焊工的劳动条件。

### 2. 埋弧焊的缺点

（1）焊接位置受到限制

由于采用粒状焊剂，某些位置的焊缝如立焊、仰焊等，难于放置焊剂，难于实现埋弧自动焊。目前为止埋弧自动焊仅用于平焊、船形焊、横角焊，大直径环形焊缝的焊接。

（2）无法观察熔池

由于埋弧焊电弧被焊剂所覆盖，焊接区电弧和接口的相对位置难于直接观察，不利于及时调整，易产生焊偏焊缝的现象，所以一般应有电弧导向焊缝自动跟踪装置。

（3）不适于薄件焊接，小电流焊接不稳定

焊剂的化学成分决定了埋弧焊电弧的电场强度大，电流小于 100A 时电弧稳定性较差，不适合焊接厚度 1mm 以下的薄板。

（4）难以焊接氧化性强的材料

由于埋弧焊焊剂的主要成分是 $MnO$、$SiO_2$ 等金属及非金属氧化物，因此难以用来焊接铝、钛等氧化性强的金属及其合金。

（5）不适用于短焊缝的焊接

因为机动性差，焊接设备比较复杂，故不适用于短焊缝的焊接，同时对一些不规则的焊缝焊接难度较大。

### 三、埋弧焊的应用

埋弧焊是各工业部门应用最广泛的机械化焊接方法之一，特别是在船舶制造、发电设备、锅炉压力容器、大型管道、机车车辆、重型机械、冶金机械、核工业结构、海洋结构、桥梁及炼油化工装备生产中已成为主导焊接工艺。对上述焊接结构制造行业的发展起到了积极的推动作用。

随着埋弧焊焊剂和焊丝新品种的发展和埋弧焊工艺的改进，目前可焊接的钢种有：所有牌号的低碳钢，含碳量小于 $0.6\%$ 的中碳钢，各种低合金高强度钢、耐热钢、耐候钢、低温用钢、各种铬钢和铬镍不锈钢、高合金耐热钢和镍基合金等。淬硬性较高的高碳钢、马氏体时效钢，铜及其合金也可采用埋弧焊焊接，但必须采取特殊的焊接工艺才能保证接头的质量。使用无氧焊剂还可以焊接钛合金。埋弧焊还可用于不锈耐蚀、硬质耐磨金属的表面堆焊。

铸铁、奥氏体锰钢、高碳工具钢、铝和镁及其合金尚不能采用埋弧焊进行焊接。

# 第二节　埋弧焊的焊接材料

埋弧焊焊接材料包括焊丝和焊剂。焊接时，焊丝与焊剂直接参与焊接过程中的冶金反应，会对焊缝金属的化学成分、组织和性能产生影响。

### 一、焊丝

### 1. 焊丝的作用及要求

焊丝在焊接过程中的作用是与焊件之间产生电弧并熔化补充焊缝金属。为保证焊缝质量，对焊丝金属中各合金元素的含量作一定的限制，降低碳、硫、磷的含量，增加合金元素的含量，以保证焊后各方面的性能不低于母材金属。使用时，要求焊丝表面清洁，不应有氧化皮、铁锈及油污等。

**2. 焊丝的牌号**

埋弧焊所用的焊丝（实心）与焊条电弧焊的焊芯同属一个国家标准。焊丝牌号前用"H"表示。如末尾为"A"表示优质品，如 H08MnA。随着埋弧焊应用范围的推广，其焊丝的品种也在增加。目前已有碳素结构钢、合金结构钢、高合金钢、各种非铁金属焊丝以及堆焊用的特殊性能的焊丝。

埋弧焊常用的焊丝直径有 1.6mm、2mm、2.5mm、3mm、4mm、5mm 和 6mm 六种。前两种直径的焊丝用于半自动埋弧焊；后四种直径的焊丝用于自动焊。

**3. 焊丝的保管与使用**

焊丝存放地应干燥，以防止焊丝生锈。焊丝装盘时，应将焊丝表面的油、铁锈和氧化皮等清理干净。领用焊丝时必须将空盘返回，凭料单领取焊丝，随取随用，在焊接场地不得存放多余的焊丝。

**二、焊剂**

**1. 焊剂的作用**

① 埋弧焊使用的焊剂是颗粒状可熔化的物质，其作用相当于焊条的药皮。焊剂熔化后形成熔渣覆盖在焊接区，不仅能减少金属的飞溅，还可以防止空气中氧、氮侵入熔池，起机械保护作用。

② 向熔池过渡有益的合金元素，改善焊缝化学成分，提高焊缝金属的力学性能。

③ 可改善焊缝成形和组织，获得优质接头。

**2. 对焊剂的要求**

① 具有良好的冶金性能。与选用的焊丝相配合，通过适当的焊接工艺来保证焊缝金属获得所需要的化学成分、力学性能以及抗热裂和冷裂的能力。

② 具有良好的工艺性能。即要求具有良好的稳弧、造渣、成形、脱渣等性能，并且在焊接过程中生成的烟尘和有毒气体少。

③ 有足够的颗粒强度，以利于回收利用。

④ 焊剂应具有较低的含 S、P 含量，一般为 S＜0.06％，P＜0.08％。

为达到上述要求，焊剂应具有合适的组分和碱度，使合金元素有效地过渡、脱 S、脱 P和去氮、氧。在焊剂中可加适量的碱土金属（钠、钾和钙）以提高电弧燃烧的稳定性。焊剂中的氟化钙对防止气孔的形成起主要作用，但氟对电弧稳定性不利，故焊剂中 $CaF_2$ 的含量应适当控制。焊剂中的 MnO 含量增加，加强了脱硫作用，提高了焊缝的抗裂性。焊剂的脱渣性主要取决于熔渣与金属之间热膨胀系数的差异以及熔渣壳与焊缝表面的化学结合力。因此，焊剂的组分应使熔渣与金属的膨胀系数有较大的差异，并尽量减小其化学结合力。

**3. 焊剂的分类**

焊剂的分类方法很多，如按制造方法、焊剂的化学成分、焊剂的酸碱性以及颗粒结构等进行分类。

（1）按制造方法分

按制造方法的不同，可以把焊剂分成三类，即熔炼焊剂、烧结焊剂和黏结焊剂。

① 熔炼焊剂。按配方比例称出所需原料，经干混均匀后进行熔化，随后注入冷水中或

激冷板上使之粒化，再经干燥、捣碎、过筛等工序而成。熔炼焊剂按其颗粒结构又可分为玻璃状焊剂、结晶状焊剂和浮石状焊剂。

② 烧结焊剂。将一定比例的各种粉状配料加入适量黏结剂，混合搅拌后，经高温（700～900℃）烧结成块，然后粉碎、筛选制成的一种焊剂。与熔炼焊剂相比，烧结焊剂熔点较高，适合于大线能量焊接；另外，还可以通过烧结焊剂向焊缝过渡合金元素，所以焊接特殊钢时，宜选用烧结焊剂。

③ 黏结焊剂也称为陶瓷焊剂，其制造方法是将一定比例的各种粉状配料加入适量黏结剂，经混合搅拌、粒化和低温（400～500℃）烘干制成的一种焊剂。

（2）按化学成分分

按照焊剂的化学成分进行分类是一种常用的分类方法。按 $SiO_2$ 含量可分为高硅焊剂、低硅焊剂和无硅焊剂；按 MnO 含量可分为高锰焊剂、中锰焊剂、低锰焊剂和无锰焊剂。国际焊接学会以及西欧国家都按照焊剂的主要成分特性进行分类，我国的烧结焊剂也采用这种分类方法。

（3）按熔渣的碱度分

碱度是焊剂-熔渣最重要的冶金特征，随着焊剂碱度的变化，其焊接工艺性能和焊缝金属的韧性都将发生很大变化。通常酸性焊剂具有良好的焊接工艺性能，焊缝成形美观，但冲击韧性较低，相反，碱性焊剂可以得到高的焊缝冲击韧性，但焊接工艺性能较差。

（4）按焊剂颗粒构造分

按焊剂颗粒构造可分为玻璃状焊剂和浮石状焊剂。玻璃状焊剂颗粒呈透明的彩色，而浮石状焊剂颗粒为不透明的多孔体。玻璃状焊剂的堆散重量高于 $1.4g/cm^3$，而浮石状焊剂则不到 $1g/cm^3$，因此，玻璃状焊剂能更好地隔离焊接区，不受空气的侵入。

**4. 常用焊剂的特点**

（1）熔炼焊剂

① 焊剂熔点较低，松装密度较大，颗粒不规则，强度较高。生产成本较高，但焊接时消耗量较小。

② 抗锈性能比较敏感；吸潮能力小，使用前可不必再烘干；焊接工艺参数较大时，焊道不平，不易脱渣；采用高速焊接时，焊道均匀，不易产生气孔和夹渣。

③ 脱氧能力较差，不宜添加合金剂；多层焊接时，焊缝金属的成分波动小，均匀；焊缝的韧性受焊丝成分和焊剂碱度影响较大。

（2）烧结焊剂

① 焊剂熔点较高，松装密度较小，颗粒圆滑呈球状，但强度较低。生产成本较低，焊接时，焊剂消耗量较大。

② 对锈蚀不敏感；容易吸潮，使用前必须烘干；硬规范焊接时，焊道均匀，易脱渣；采用高速焊接时，焊道无光泽，易产生气孔和夹渣。

③ 脱氧能力较强，易添加合金剂；多层焊接时，焊缝金属的成分波动较大；焊缝韧性好。

**5. 焊剂的型号**

焊剂的型号是依据国家标准的规定进行编制的。

目前我国有关焊剂型号的国家标准主要有 GB/T 5293—1999《埋弧焊用碳钢焊丝和焊

剂》、GB/T 12470—2003《埋弧焊用低合金钢焊丝和焊剂》和 GB/T 17854—1999《埋弧焊用不锈钢焊丝和焊剂》等。

（1）碳素钢埋弧焊焊剂的型号

根据 GB/T 5293—1999《埋弧焊用碳钢焊丝和焊剂》中焊剂型号的编制进行划分。完整的焊丝-焊剂型号示例如下：

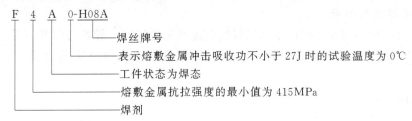

型号中各字段的意义如下：

字母"F"表示焊剂。

第一位数字表示焊丝-焊剂组合的熔敷金属抗拉强度最小值，见表 7-2。

表 7-2 熔敷金属拉伸试验结果的规定

| 焊剂型号 | 抗拉强度 $\sigma_b/\text{MPa(kgf/mm}^2)$ | 屈服强度 $\sigma_{0.2}$ /MPa(kgf/mm²) | 伸长率 $\sigma_5$/% |
|---|---|---|---|
| F4××H××× | 410~550(42~46) | ≥330(33.6) | ≥22 |
| F5××H××× | 480~650(49~66) | ≥400(40.6) | ≥22 |

第二位字母表示工件的热处理状态。"A"表示焊态，"P"表示焊后热处理状态。

第三位数字表示熔敷金属冲击吸收功不小于 27J 时的最低试验温度，见表 7-3。

表 7-3 熔敷金属冲击试验结果的规定

| 第三位数 | 试验温度/℃ | 冲击功/J(kgf·m) |
|---|---|---|
| 0 | — | 无要求 |
| 2 | −20 | |
| 3 | −30 | |
| 4 | −40 | 27(2.8) |
| 5 | −50 | |
| 6 | −60 | |

（2）低合金钢埋弧焊用焊剂型号

根据 GB/T 12470—2003《埋弧焊用低合金钢焊丝和焊剂》的规定具体划分如下：

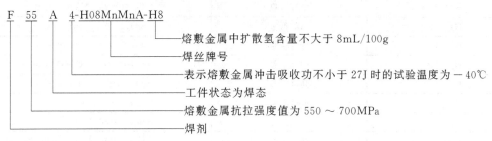

型号中各字段的意义如下：

① 字母"F"表示焊剂。

② 第一、二位数字分别为 48、55、62、69、76、83 六类，表示熔敷金属的拉伸性能。

③ 第三位字母 A 表示试样状态，用 A 表示焊态下测试的力学性能，P 表示焊后热处理

后测试的力学性能。

④ 第四位数字表示熔敷金属吸收功不小于 27J 时的最低试验温度,与表 7-3 相似,不同的是多了 7、10 两种型号,对应于试验温度分别为 $-70℃$,$-100℃$。

⑤ 第一个"-"后的组合"H×××"表示焊丝牌号。

⑥ 第二个"-"后的组合"H×"表示熔敷金属中扩散氢含量。

（3） 不锈钢埋弧焊焊剂型号

根据 GB/T 17854—1999《埋弧焊用不锈钢焊丝和焊剂》的规定,焊丝与焊剂型号是依据焊丝-焊剂组合的熔敷金属化学成分、力学性能进行划分,完整的焊丝-焊剂型号举例如下:

F308L-H00Cr21Ni10

① 字母"F"表示焊剂。

② 字母"F"后面的数字表示熔敷金属的代号。

③"-"后面的表示焊丝牌号。

### 6. 焊剂的牌号

焊剂的牌号是由生产部门依据一定的规则来编排的,同一型号中可以包括多种焊剂牌号。我国埋弧焊和焊剂主要分为熔炼焊剂和烧结焊剂两大类,其牌号编制如下。

（1） 熔炼焊剂

牌号前加"HJ"表示埋弧焊及电渣焊用熔炼焊剂。

牌号第一位数字表示焊剂中氧化锰的含量,其范围按表 7-4 规定编排。

表 7-4　焊剂牌号中第一位数字的含义

| 牌号 | 焊剂类型 | 氧化锰含量/% |
|---|---|---|
| HJ1×× | 无锰 | $MnO<2$ |
| HJ2×× | 低锰 | $MnO\ 2\sim15$ |
| HJ3×× | 中锰 | $MnO\ 15\sim30$ |
| HJ4×× | 高锰 | $MnO>30$ |

牌号第二位数字表示焊剂中二氧化硅、氟化钙的含量,其范围按表 7-5 规定编排。

表 7-5　焊剂牌号中第二位数字的含义

| 牌号 | 焊剂类型 | 二氧化硅及氟化钙含量/% | |
|---|---|---|---|
| HJ×1× | 低硅低氟 | $SiO_2<10$ | $CaF_2<10$ |
| HJ×2× | 中硅低氟 | $SiO_2\ 10\sim30$ | $CaF_2<10$ |
| HJ×3× | 高硅低氟 | $SiO_2>30$ | $CaF_2<10$ |
| HJ×4× | 低硅中氟 | $SiO_2<10$ | $CaF_2\ 10\sim30$ |
| HJ×5× | 中硅中氟 | $SiO_2\ 10\sim30$ | $CaF_2\ 10\sim30$ |
| HJ×6× | 高硅中氟 | $SiO_2>30$ | $CaF_2\ 10\sim30$ |
| HJ×7× | 低硅高氟 | $SiO_2<10$ | $CaF_2>30$ |
| HJ×8× | 中硅高氟 | $SiO_2\ 10\sim30$ | $CaF_2>30$ |
| HJ×9× | 高硅高氟 | $SiO_2>30$ | $CaF_2>30$ |

牌号第三位数字表示同一类型焊剂的不同牌号,按 0、1、2、…、9 顺序排列。

对同一牌号焊剂有两种颗粒度时,在细颗粒焊剂牌号后面加"X"字。

牌号举例:

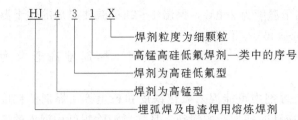

焊接低碳钢时常用的焊剂牌号是 HJ431，其化学成分见表 7-6。HJ431 属于高锰、高硅、低氟焊剂，颜色为红棕色或淡黄色，呈玻璃状颗粒，粒度为 0.4～3mm，适合于交、直流两用，直流电源时采用反接。焊剂工艺性良好，电弧稳定，焊波美观，但抗锈能力一般。

焊接低碳钢时，通常采用 H08A 焊丝配合焊剂 HJ431 进行焊接。

表 7-6　HJ431 的化学成分 ％

| MnO | SiO$_2$ | CaF$_2$ | MgO | CaO | Al$_2$O$_3$ | FeO | S | P |
|---|---|---|---|---|---|---|---|---|
| 34.5～38 | 40～44 | 3～6.5 | 5～7.5 | ≤5.5 | ≤4 | ≤1.5 | ≤0.1 | ≤0.1 |

（2）烧结焊剂

牌号前加"SJ"表示烧结焊剂。牌号第一位数字表示焊剂熔渣的渣系，其系列按表 7-7 规定编排。牌号第二位、第三位数字表示同一渣系类型焊剂中的不同牌号，按 01，02，…，09 顺序编排。

牌号举例：

表 7-7　烧结焊剂渣系编号含义

| 牌号 | 熔渣渣系类型 | 主要组成范围/% |
|---|---|---|
| HJ1×× | 氟碱型 | CaF$_2$≥15，CaO+MgO+MnO+CaF$_2$≥60，SiO$_2$≤20 |
| HJ2×× | 高铝型 | Al$_2$O$_3$≥20，Al$_2$O$_3$+CaO+MgO>45 |
| HJ3×× | 硅钙型 | CaO+MgO+SiO$_2$≥60 |
| HJ4×× | 硅锰型 | MnO+SiO$_2$≥50 |
| HJ5×× | 铝钛型 | Al$_2$O$_3$+TiO$_2$≥45 |
| HJ6×× | 其他型 | — |

### 7. 焊剂的选用原则

① 焊接低碳钢时，一般选择高硅高锰型焊剂。若采用含 Mn 的焊丝，则应选择中锰、低锰或无锰型焊剂。

② 焊接低合金高强度钢时，可选择中锰中硅或低锰中硅等中性或弱碱性焊剂。为得到更高的韧性，可选用碱度高的熔炼型或烧结型焊剂，尤以烧结型为宜。

③ 焊接低温钢时，宜选择碱度较高的焊剂，以获得良好的低温韧性。若采用特制的烧结焊剂，它向焊缝中过渡 Ti、B 元素，可获得更优良的韧性。

④ 耐热钢焊丝的合金含量较高时，宜选择扩散氢量低的焊剂，以防止产生焊接裂纹。

⑤ 焊接奥氏体等高合金钢时，应选择碱度较高的焊剂，以降低合金元素的烧损，故熔炼型焊剂以无锰中硅高氟型为宜。

### 8. 焊剂使用注意事项

① 为了保证焊接质量，焊剂在保存时，应注意防止受潮。焊剂使用前，应按规定烘干，

烘干后立即使用。酸性焊剂如 HJ431 的烘干温度为 250℃，保温 1～2h；碱性焊剂的烘干温度要高一些，如 HJ250 的烘干温度为 300～400℃，保温 2h。

② 焊剂堆高影响焊缝外观和 X 射线合格率。单丝焊接时，焊剂堆高通常为 25～35mm。

③ 当采用回收系统反复使用焊剂时，焊剂中可能混入氧化铁皮和粉尘等，焊剂的粒度分布也会改变。为保持焊剂的良好特性，应随时补加新的焊剂，且注意清除焊剂中混入的渣壳等杂物。

④ 注意清除坡口上的铁锈、油污等，以防止产生凹坑和气孔。

⑤ 采用直流电源时，一般均采用直流反接，即焊丝接正极。

### 三、埋弧焊焊剂与焊丝的选配

选用焊丝和焊剂时，必须根据所焊钢材的化学成分和机械性能、焊接接头形式、工件厚度、坡口大小等，以及焊后是否热处理、耐高温、低温和腐蚀等条件综合考虑，并做相应的焊接工艺评定后确定。它们的选用原则如下。

① 焊丝对于碳素钢和普通低合金钢，应保证焊缝金属的机械性能；对于铬钼钢和不锈钢，则应保证焊缝金属的化学成分与母材相似；对强度等级不同的异种钢接头，一般可按强度等级较低的钢材，选用抗裂性较好的焊丝。

② 埋弧焊焊剂的选用要与焊丝相匹配。采用高锰、高硅焊剂，配合 H08A、H08MnA 焊丝，常用于低碳钢和普低钢的焊接；用低锰或无锰高硅焊剂，配合高锰焊焊丝 H10Mn2，也可用于低碳钢和普低钢的焊接；对于强度等级为 340～390MPa 的普低钢，要选用中锰、高锰型焊剂，配合 H10Mn2 焊丝。低温钢、耐热钢和耐蚀钢，应选用中硅或低硅型焊剂，配以合金钢相应的焊丝。常用焊丝与焊剂的配合见表 7-8。

表 7-8　常用钢种的焊丝和焊剂选配

| 钢种 | 选用焊丝牌号 | 配合焊剂牌号 |
|---|---|---|
| Q235、Q345 | H08A、H08MnA | HJ431、HJ430 |
| Q345R、20g | H10Mn2、H10MnSi | HJ431、HJ430 |
| 低合金高强度钢 | 低合金钢焊丝 | HJ350 |
| 0Cr18Ni9Ti | H0Cr21Ni10 等不锈钢焊丝 | HJ260 |

# 第三节　埋弧焊设备

## 一、埋弧焊分类

埋弧焊按自动化程度分为自动埋弧焊（常称为埋弧自动焊，见图 7-3）和半自动埋弧焊。前者的焊丝送进和电弧移动由专门的机头自动完成；后者的送丝由送丝机构自动完成，但电弧移动由人工完成。半自动埋弧焊应用较少，本章主要介绍自动埋弧焊机设备及操作。

埋弧自动焊的分类及应用情况见表 7-9。

常用埋弧自动焊机行走机构类型，见图 7-4。

## 二、设备组成

常用的埋弧自动焊机一般由焊接电源、焊接小车及控制系统组成。

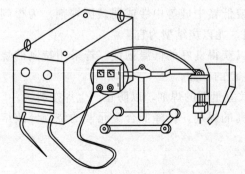

图 7-3　小车式自动埋弧焊机设备示意图

表 7-9　埋弧自动焊分类及应用范围

| 分类依据 | 分类名称 | 应用范围 |
|---|---|---|
| 按用途分 | 通用焊机 | 对接、角接、环缝和纵缝等的焊接 |
| | 专用焊机 | 角焊机、T形梁焊机和埋弧焊堆焊机等 |
| 按送丝方式 | 等速送丝埋弧焊 | 细焊丝高电流密度 |
| | 变速送丝埋弧焊 | 粗焊丝低电流密度 |
| 按焊丝数目或形状 | 单丝埋弧焊 | 常规对接、角接、筒体纵缝、环缝 |
| | 双丝埋弧焊 | 高生产率对接、角接 |
| | 多丝埋弧焊 | 螺旋焊管等超高生产率对接 |
| | 带极埋弧焊 | 耐磨、耐蚀合金堆焊 |
| 按焊缝成形条件 | 双面埋弧焊 | 常规对接焊 |
| | 单面焊双面一次成形埋弧焊 | 高生产率对接焊，难以双面焊的对接焊 |
| 按行走机构形式分 | 小车式 | 对接 |
| | 门架式 | 大型箱型梁，T形接头（船形焊）等 |
| | 伸缩臂式 | 容器筒体环缝对接等 |

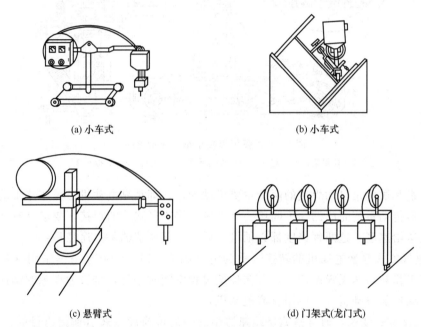

(a) 小车式　　　　　　　　　　(b) 小车式

(c) 悬臂式　　　　　　　　(d) 门架式(龙门式)

图 7-4　小车式自动埋弧焊机设备示意图

## 1. 焊接电源

根据埋弧焊设备的电路控制方式，送丝控制形式及工艺要求不同，外特性有陡降、缓降、水平及复合等不同形式。一般来说：当埋弧焊采用粗丝时，电弧具有水平静特性的曲线，电源应具有下降特性；当采用细丝焊接时，电弧具有上升的静特性曲线，电源也相应采用平特性。

埋弧焊电源可以用交流、直流或交直流并用。要根据具体的应用条件，如焊接电流范围、焊接速度、焊剂类型等选用。

采用直流电源时，不同的极性会产生不同的工艺效果。当采用直流正接（焊丝接负极）时，焊丝的熔敷率最高（焊丝熔化最快）；当采用直流反接（焊丝接正极）时，焊缝熔深最大，其电弧燃烧稳定，可以达到高质量、高精度要求，故使用愈来愈广泛。

采用交流电源时，焊丝熔敷率及焊缝熔深介于直流正接和直流反接之间，而且电弧的磁偏吹最小，多用于大电流埋弧焊和采用直流时磁偏吹严重的场合。

**2. 焊接小车**

焊接小车（又称台车、焊车），主要由行走和送丝两大系统及导电装置、机架、焊剂斗、操作控制盘（盒）、焊丝盘等组成，见图7-5。

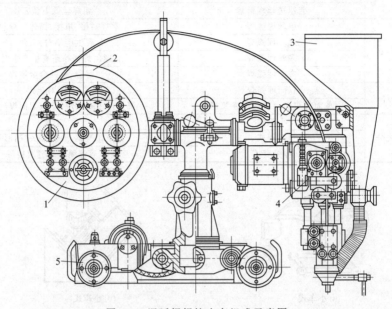

图 7-5　埋弧焊焊接小车组成示意图

1—控制箱；2—焊丝盘；3—焊剂漏斗；4—机头；5—焊接小车

小车行走和送丝是自动焊接的两个主要机械动作，都是靠电动机经减速器带动行走轮或送丝轮的电器传动系统完成的。不同接头（板厚、接头形式）的焊接，要求具有不同的焊接速度和焊丝送给速度。这两种速度都必须可以调节，其调节的基本途径是：

① 用电气方式改变电动机的转速，称为电气调节。MZ-1000型就是采用这种调速，这种方式可使工作轮转速无级调速，且可在焊接过程中随时进行，是较为理想的调速方法。但必须采用可调速的电动机（一般用直流电动机）。

② 用机械方式变速，通常是调换减速器中的一对可换齿轮来达到调速目的。MZ1-1000型焊车就是用这种方式变速的。这种方式只能使工作轮变换几种有限的速度（称为有级调节），并且只能在工作停止的时候进行。变速一般采用三相交流电动机，电气控制系统比较简单。

小车行走系统除电动机、减速器、行走轮（由电动机带动的两只轮子称为主动轮，其余两只为从动轮）外，一般还有一个机械离合器，其作用是使主动轮可以跟电动机传动装置连接或脱开。当离合器连接时，小车就自动行走或起固定小车作用；当脱开时，小车可用手自由推动。如在焊接筒体外形环缝时，小车固定环缝上端，是利用筒体的转动来达到焊接的目的。

导电装置主要作用是将焊接电流通过导电嘴经焊丝输送到焊接区。常见的导电装置有偏心管状式和滚轮式二种。偏心管状式导电嘴适用于2mm以下的细焊丝。依靠焊丝在导电嘴通路中的弯曲形成的弹性，保证接触导电。滚轮式导电嘴适用于直径较粗的焊丝。它是靠调整适当的弹簧压力保证接触导电。偏心管状式是根据焊丝直径更换导电嘴的，而滚轮式可允许在一定直径范围内不必更换导电滚轮（但要调节弹簧压力）。

### 3. 控制系统

埋弧焊时，电弧长度、电流及焊接速度是三项重要参数，控制系统的任务是使这些参数稳定，确保焊接质量。

埋弧焊过程中，焊丝在高温电弧下熔化，焊丝通过送丝机构不断送进，理想的情况是焊丝的送进速度等于其熔化速度，这样可使电弧维持稳定。但实际上焊接过程是一个复杂的过程，焊丝熔化速度快于送丝速度可能会使电弧拉长，而焊丝的补充送进又可能使弧长缩短。其他还有多种外界因素，如电网波动，工艺条件改变（如坡口间隙变化，定位焊点的影响等），都会使弧长变化。弧长调节系统的作用是当弧长变化时能立即调整熔化速度和送丝速度之间的关系，使弧长恢复给定值。调整的方法有两种：一种是送丝速度维持不变（即等速送丝），依靠电弧自身调节作用调节熔化速度；另一种是熔化速度基本不变（或变化很小），而对送丝速度（即变速送丝）进行强迫调节。

控制箱内安装着自动焊机的主要控制电气元件，它与安装在自动焊机小车控制盘里的操作元件（按钮、开关、旋钮）以及安装在电源箱体的一些电气元件一起组成自动焊机的电气操作控制系统，其主要作用为：

① 在焊接开始时接通焊接电源的回路并引燃电弧；在电弧引燃后送进焊丝并移动电弧（即接通送丝及行走电动机，使其开始转动）。

② 在焊接终止时切断焊接电源的二次回路，并使送丝及行走电动机停止转动。

③ 在有些采用电气调节的焊机中（如 MZ-1000），电气控制系统还可以在焊接过程中，实现焊接电流、电弧电压、焊接速度等规范参数的调节，即通过电气控制系统的作用，调节送丝电动机、行走电动机的转速及电源外特性。

④ 当电气控制系统失灵而造成短路等故障时能自动切断电源，保护电气系统不致因短路而过载，或过热烧坏。

### 三、埋弧焊辅助设备

埋弧焊时，为了调整焊接机头与工件的相对位置，使焊缝处于最佳的施焊位置，或为达到预期的工艺目的，一般都需有相应的辅助设备与焊机相配合。埋弧焊的辅助设备大致有以下几种类型。

### 1. 焊接夹具

使用焊接夹具的目的在于使工件准确定位并夹紧，以便于焊接。这样可以减小或免除定位焊缝，并且可以减小焊接变形。有时为了达到其他工艺目的，焊接夹具往往与其他辅助设备连用，如钢板拼焊用的大型门式夹具，配有单面焊双面成形装置（铜垫板），这种夹具在造船、大型金属结构制造等工作中有广泛的应用。

### 2. 工件变位设备

这种设备的主要功能是使工件旋转、倾斜、翻转，以便把待焊的接缝置于最佳的焊接位置，达到提高生产率，改善焊接质量，减轻劳动强度的目的。工件变位设备的形式、结构及尺寸因焊接工件而异。埋弧焊中常用的工件变位设备有滚轮架、翻转机等。

### 四、埋弧焊机的操作

### 1. 开机准备

1）检查焊机外部接线是否正确。

2）调整好轨道位置，将焊接小车放在轨道上面。

3）将焊丝盘装卡到固定轴上，再把焊剂放入焊剂漏斗内。

4) 闭合焊接电源的开关和控制线路的电源开关，仔细观察设备，确保运行无误。

5) 调整焊丝位置，按动控制盘上的焊丝向上或向下按钮，使焊丝对准待焊处中心，使焊丝与焊件接触（达到焊机头略有向上顶的趋势），然后闭合离合器。

6) 调整导电嘴至焊件间的距离，使焊丝的伸出长度适中，将控制盘上的"空载-焊接"开关旋转到焊接位置上。

7) 按照焊接方向，将焊接小车的换向开关旋转到向前或向后的位置上。

8) 调整焊接工艺参数，通过控制盘上的按钮或旋钮来分别调整电弧电压、焊接速度和焊接电流，使得在焊接过程中，电弧电压和焊接电流能相互匹配，获得工艺规定的焊接工艺参数。

① 电流调节。分别按下"增大"或"减小"按钮，弧焊变压器中的电流调节器即相应动作，通过电流指示器，可预知焊接电流的大致数值（实际焊接电流值要在焊接时，从电流表上读出）。

② 调整小车行走速度。按下离合器把手，将旋钮转到向左或向右位置，焊车即可向前或向后行走，转动调节旋钮，即可改变焊车的行走速度，即调节焊接速度。

③ 焊丝送进速度调节。分别按下焊丝"向上"或"向下"按钮，焊丝即可向上或向下运动，此时应检查焊丝的上、下运动是否灵活，有无故障。然后转动调节电弧电压调整器调节焊丝送丝速度，此时电弧电压即发生改变，但所需的电弧电压值要待电弧引燃后从小车控制盘上的电压表上才能读出。

9) 将焊缝对准指示针（有些设备用光标指示，操作方法与指示针相同），按焊丝同样位置对准需要部位，指示针端部与焊件表面要留有 2～3mm 的间隙，以免焊接过程中与焊件碰撞产生电弧，甚至短路使主电弧熄灭。指示针比焊丝超前一定距离，以免受到焊剂阻挡，影响观察。

焊前先将离合器松开，用手将焊接小车在导轨上推动，观察指示针是否始终与基准线对齐，以观察导轨与基准线的平行度。如果出现偏移，可轻敲导轨，进行调整。由于指示针相对焊缝的位置，即是焊丝相对的位置，所以指示针调好以后，在焊接过程中不能再去碰动。否则会造成焊缝焊偏。

10) 将焊接小车的离合器手柄向上扳，使主动轮与焊接小车相连接，开启焊剂漏斗阀门，使焊剂堆敷在始焊部位。

### 2. 焊接

焊接按下启动按钮，自动接通焊接电源，同时将焊丝向上提起，随即焊丝与焊件之间产生电弧，并不断地被拉长，当电弧电压达到给定值时，焊丝开始向下送进。当焊丝送进速度与其熔化速度相等时，焊接过程稳定。与此同时，焊车开始沿轨道移动，焊接过程正常进行。

在焊接过程中，应注意观察焊接电流表和电弧电压表的读数及焊接小车行走的路线，随时进行调整，以保证焊接参数的匹配和防止焊偏，并注意焊剂漏斗内的焊剂量，必要时予以添加，以免影响焊接工作的正常进行。焊接长焊缝时，还要注意观察焊接小车的焊接电源电缆和控制线，防止在焊接过程中被焊件及其他物体挂住，使焊接小车不能按正确方向前进，引起烧穿、焊瘤等缺陷。

### 3. 停止

待焊接小车停止后

① 按下控制箱上停止按钮。

② 关闭焊剂漏斗的闸门。

③ 扳下焊接小车离合器手柄，用手将焊接小车沿轨道推至适当位置。

④ 收焊剂，清除渣壳，检查焊缝外观。

⑤ 切断电源，将现场清理干净，整理好设备，并确保没有暗燃火种后，才能离开现场。

## 五、埋弧焊机常见故障及排除方法

埋弧焊机常见故障及排除方法见表7-10。

表 7-10　埋弧焊机常见故障及排除方法

| 故　障　现　象 | 产　生　原　因 | 排　除　方　法 |
|---|---|---|
| 按启动按钮后,电弧未引燃,焊丝一直上抽 | 焊接电源线故障<br>接触器主触点未接触<br>电弧电压采样电路未工作 | 检查电源线电路<br>检查接触器触点<br>检查电弧电压采样电路 |
| 按启动按钮,继电器工作,但接触器不工作 | 继电器本身有故障,线包虽工作,但触点不工作<br>接触器有故障<br>电网电压太低 | 检查继电器<br>检查接触器<br>改变变压器的接法 |
| 按焊丝向下、向上按钮时,焊丝动作不对或不动作 | 控制线路有故障<br>电动机方向接反<br>电动机电刷接触不良 | 查找故障位置对症排除<br>改接电源线相序<br>清理或修理电刷 |
| 按按钮后继电器不工作 | 按钮损坏<br>继电器回路有断路现象 | 检查按钮<br>检查继电器回路 |
| 按启动按钮后,不见电弧产生,焊丝将电动机顶起 | 焊丝与电路未形成闭合回路 | 清理接触部位 |
| 按启动按钮,接触器动作,送丝电动机不转或不引弧 | 焊接回路未接通<br>接触器接触不良<br>送丝电动机的供电回路不通 | 检查焊接电源回路<br>检查接触器触点<br>检查电枢回路 |
| 启动后,焊丝粘住焊件 | 焊丝与焊件接触太紧<br>电弧电压太低或焊接电流太小 | 保证接触良好<br>调整电流或电压 |
| 按启动按钮,电弧引燃后立即熄灭,电动机转,致使焊丝上抽 | 启动按钮触点有故障,其常闭触点不闭合 | 修理或更换 |
| 按停止按钮时,焊机不停 | 中间继电器触点粘连<br>停止按钮失灵 | 修理或更换 |
| 焊丝与焊件间接触时回路有电流 | 小车与焊件间绝缘损坏 | 检查并修复绝缘 |
| 线路正常,焊接工艺参数正确,但焊丝送给不均,电弧不稳 | 送丝轮磨损或压得太紧<br>焊丝被卡住<br>送丝机构有毛病<br>网路电压有波动<br>导电嘴导电不良或焊丝脏 | 调整或更换送丝轮<br>清理焊丝<br>检查或修理送丝机构<br>使用专用线路<br>更换导电嘴 |
| 启动后小车不动或焊接过程中小车突然停止 | 行走速度在最小位置<br>空载开关在空载位置 | 调好行走速度<br>改变空载开关位置 |

续表

| 故 障 现 象 | 产 生 原 因 | 排 除 方 法 |
|---|---|---|
| 焊丝没有与焊件接触，焊接回路带电 | 小车与焊件绝缘不良 | 检查小车绝缘<br>修理绝缘部分 |
| 焊接过程中机头或导电嘴位置改变 | 焊接小车间隙过大 | 修理间隙<br>更换磨损件 |
| 焊机启动后，焊丝不时粘住或常断弧 | 粘住是由于焊接电流过小<br>常断弧是由于电压过高或电流太大 | 增加或减小电弧电压<br>调整焊接电流 |
| 导电嘴以下焊丝发红 | 导电嘴磨损<br>导电嘴间隙太大 | 更换导电嘴<br>调整导电嘴间隙 |
| 导电嘴熔化 | 焊丝伸出太短<br>焊接电流大或电弧电压高<br>引弧时焊丝与焊件接触太紧 | 增加焊丝伸出长度<br>调到适合工艺参数<br>保证接触良好 |
| 停止焊接后焊丝与焊件粘住 | 停止按钮未分两步进行<br>收弧程序故障 | 按焊剂规定程序操作停止按钮 |

# 第四节　埋弧焊工艺

## 一、焊前准备

埋弧焊在焊接前必须做好准备工作，包括焊件的坡口加工、待焊部位的表面清理、焊件的装配、焊丝表面的清理及焊剂的烘干等，对这些都应给予足够的重视，不然会影响焊接质量。

### 1. 坡口加工

埋弧自动焊由于焊接电流大，电弧具有较大的穿透力，不开坡口就可焊透较厚的焊件。一般情况下，厚度小于14mm的焊件采用不开坡口，14～22mm时常开V形坡口，厚度为22～50mm时可开X形坡口。关于埋弧焊的接头形式及尺寸可查阅GB/T 985.2—2008《埋弧焊的推荐坡口》标准。坡口加工可使用刨边机、车床、气割等设备，也可用碳弧气刨。加工后的坡口尺寸及表面粗糙度等，必须符合设计图样或工艺文件的规定。

### 2. 待焊部位的表面清理

铁锈和油污等都含有一定的水分，是造成焊缝中产生气孔的主要原因，必须予以清除。

在焊前应将坡口及坡口两侧各30mm区域内的表面铁锈、氧化皮、油污等清理干净。对待焊部位的氧化皮及铁锈可采用砂布、风动砂轮、钢丝刷及喷丸处理等清理干净；油污应用丙酮擦净或用氧乙炔焰烘烤等方法去除。

### 3. 焊丝表面的清理及焊剂的烘干

埋弧焊用的焊丝和焊剂，直接参加焊接冶金反应，对焊缝金属的成分、组织和性能影响极大，因此焊前必须清理好焊丝表面和烘干焊剂。

焊丝在拉制成形后，应妥善保存，做到防锈、防蚀，必要时镀上防锈层，使用前要求焊丝的表面清洁情况良好，不应有氧化皮、铁锈及油污等。焊丝表面的清理，可在焊丝除锈机上进行，在除锈时还可校直焊丝并装盘。现在市场销售普通镀铜的焊丝可以防锈并提高导电性。

为了保证焊接质量，焊剂在保存时应注意防潮，使用前必须按规定的温度烘干并保温。定位焊用的焊条在使用前也应烘干。

#### 4. 焊件装配

焊件接头要求装配间隙均匀，高低平整，错边量小，定位焊用的焊条原则上应与焊缝等强度。定位焊缝应平整，不许有气孔、夹渣等缺陷，长度一般应大于30mm。对直焊缝焊件的装配要求在焊缝两端加装引弧板和熄弧板，待焊后割掉引弧板和熄弧板，其目的是使焊接接头的始端和末端获得正常尺寸的焊缝截面，同时还可以除去引弧和熄弧时产生的缺陷。焊接环缝时，不需要引弧板和熄弧板。采取收尾焊道与引弧处焊道重叠一段的方法，可保证良好熔合，同时避免弧坑出现。

### 二、埋弧焊的工艺参数

埋弧焊工艺参数分主要参数和次要参数。主要参数是指那些直接影响焊缝质量和生产效率的参数，如焊接电流、电弧电压、焊接速度、电流种类及极性和预热温度等。对焊缝质量产生有限影响或无多大影响的参数为次要参数，如焊丝伸出长度、焊丝倾角、工件的倾斜角度、焊剂粒度、焊剂堆散高度、坡口形状和根部间隙等。

焊接工艺参数的合理与否直接影响着焊缝质量。一方面，焊接电流、电弧电压和焊接速度三个参数合成的焊接线能量影响着焊缝的强度和韧性；另一方面，这些参数分别影响到焊缝的成形，也就影响到焊缝的抗裂性，对气孔和夹渣的敏感性。这些参数的合理匹配才能焊出成形良好无任何缺陷的焊缝。对于操作者来说，最主要的任务是正确调整各工艺参数，控制最佳的焊道成形。因此，操作者应清楚了解各工艺参数对焊缝成形影响的规律性以及焊接熔池形成，焊缝形状和结晶过程对焊缝质量的影响。

#### 1. 焊接电流

焊接电流是决定焊丝熔化速度、熔透深度和母材熔化量的最重要的参数。在一定范围内，当焊接电流增加时，焊缝的熔深 $H$ 和余高 $h$ 都会增加，而焊缝的宽度 $b$ 增加不大。如果焊接电流过小，则熔深不足，容易产生未熔合及未焊透等缺陷。焊接电流对焊缝形状的影响见图7-6。

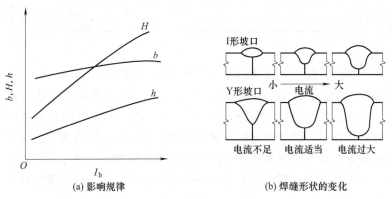

(a) 影响规律　　　　　　　　　　(b) 焊缝形状的变化

图7-6　焊接电流对焊缝形状的影响

由图7-6可知，焊接电流对熔深的影响最大，焊接电流与熔透深度几乎是直线正比关系。正常条件下，焊缝熔深与焊接电流的关系由下式表示：

$$H = K_m I$$

式中　$H$——焊缝熔深；

　　　$I$——焊接电流；

　　$K_m$——比例系数，与电流种类、极性、焊丝直径以及焊剂的化学成分有关，各种条件下的 $K_m$ 值见表7-11。

表 7-11　$K_m$值选择

| 焊丝直径/mm | 电流种类 | 焊剂种类 | $K_m$/(mm/100A) | |
|---|---|---|---|---|
| | | | T形焊缝和开坡口的对接焊缝 | 堆焊和不开坡口的对接焊缝 |
| 5 | 交流 | HJ431 | 1.5 | 1.1 |
| 5 | 交流 | HJ431 | 2.0 | 1.0 |
| 5 | 直流反接 | HJ431 | 1.75 | 1.1 |
| 5 | 直流正接 | HJ431 | 1.25 | 1.0 |
| 5 | 交流 | HJ430 | 1.55 | 1.15 |

当电流不变时，改变焊丝直径（即改变电流密度），焊缝的形状和尺寸将随之改变。在电弧电压 $U=30\sim32$V，焊接速度 $v_w=33$cm/min 的条件下，电流密度对焊缝形状和尺寸的影响见表 7-12。从该表可见，当其他条件相同时，熔深与焊丝直径成反比关系。但这种关系在电流密度极高时（超过 $100$A/mm$^2$）即不复存在。此时由于焊丝熔化量不断增加，熔池中填充金属量增多，熔融金属往后排除困难，熔深比采用一般电流密度（$30\sim50$A/mm）增加得慢。并且随焊接电流增加，焊丝熔化量增大。当焊缝熔宽保持不变时，余高加大，使焊缝成形恶化。因而提高焊接电流的同时，必须相应地提高电弧电压。

随着焊接电流的提高，熔深和余高同时增大，焊缝形状系数变小。为防止烧穿和焊缝裂纹，焊接电流不宜选得太大，但电流过小也会使焊接过程不稳定并造成未焊透或未熔合，因此，焊接电流对于不开坡口对接焊缝，按所要求的最低熔透深度来选定即可。对于开坡口焊缝的填充层，焊接电流主要按焊缝最佳的成形为准则来选定。

表 7-12　电流密度对焊缝形状和尺寸的影响

| 项　目 | 焊接电流 | | | | | | | |
|---|---|---|---|---|---|---|---|---|
| | 700～750A | | | 1000～1100A | | | 1300～1400A | |
| 焊丝直径/mm | 6 | 5 | 4 | 6 | 5 | 4 | 6 | 5 |
| 平均电流密度/(A/mm$^2$) | 26 | 36 | 58 | 38 | 52 | 84 | 48 | 68 |
| 熔深 $H$/mm | 7.0 | 8.5 | 11.5 | 10.5 | 12.0 | 16.5 | 17.5 | 19.0 |
| 熔宽 $b$/mm | 22 | 21 | 19 | 26 | 24 | 22 | 27 | 24 |
| 成形系数($b/H$) | 3.1 | 2.5 | 1.7 | 2.5 | 2.0 | 1.3 | 1.5 | 1.3 |

## 2. 电弧电压

当其他条件不变的情况下，电弧电压的变化对焊缝熔宽 $b$、熔深 $H$ 和余高 $e$ 的影响如图 7-7 所示。随着电弧电压增大，熔宽显著增加，熔深和余高则略有减小。这是因为电弧电压越高（即电弧长度越长），电弧摆动加剧，因此焊件被电弧加热的面积也增加，则熔宽就增加。另外，电弧拉长后，较多的电弧热量被用来熔化焊剂，因此焊丝的熔化量减小，这时焊丝熔化的金属被分配在较大的面积上，故焊缝的余高也相应地减小了。同时，由于电弧摆动作用的加剧，电弧对熔池底部液态金属的排斥作用变弱，熔池底部受电弧热少，故熔深反会减小。

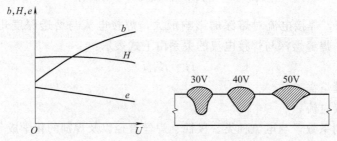

图 7-7　电弧电压变化对焊缝形状的影响图

埋弧焊时，电弧电压是根据焊接电流确定的。即一定的焊接电流对应一定范围的弧长，以保证电弧的稳定燃烧。适当地增加电弧电压，对提高焊缝质量是有利的，但应与增大焊接电流相配合（见表 7-13），只增加电弧电压，会使熔深减小，造成焊件未焊透，焊缝表面鱼鳞纹粗糙，脱渣困难，严重时会造成焊缝咬边。

表 7-13 电弧电压与电流的关系

| $I/A$ | 焊丝直径 2mm | | | 焊丝直径 5mm | | | |
|---|---|---|---|---|---|---|---|
| | 180～300 | 300～400 | 500～600 | 600～700 | 700～800 | 850～1000 | 1000～1200 |
| $U/V$ | 32～34 | 34～36 | 36～40 | 38～40 | 40～42 | 40～43 | 40～44 |

另外，极性不同时，电弧电压对熔宽的影响不同。表 7-14 为直流正接和直流反接时电弧电压对熔宽的影响（焊接条件：焊丝直径 5mm，焊接电流 550A，焊接速度 40cm/min，HJ431）。

表 7-14 不同极性埋弧焊时电弧电压对熔宽的影响

| 电弧电压/V | 熔宽/mm | |
|---|---|---|
| | 直流正接 | 直流反接 |
| 30～32 | 22 | 21 |
| 40～42 | 28 | 25 |
| 53～55 | 33 | 25 |

### 3. 焊接速度

焊接速度决定了每单位焊缝长度上的热输入能量，焊接速度对熔深和熔宽均有明显的影响。当其他条件不变时，焊接速度小于 67cm/min 时，随焊接速度的增加，熔深略有增加而熔宽减小，但焊接速度大于 67cm/min 以后，熔深和熔宽都随速度增大而减小，如图 7-8 所示。这是因为焊接速度的变化从两个方面对熔池形状造成了影响。

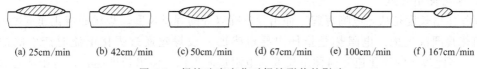

(a) 25cm/min  (b) 42cm/min  (c) 50cm/min  (d) 67cm/min  (e) 100cm/min  (f) 167cm/min

图 7-8 焊接速度变化对焊缝形状的影响

（1）电弧的吹力方向

当焊接速度很小时，电弧吹力几乎是垂直向下的。随着速度加大，电弧向后倾斜的角度增加，电弧对溶池底部的液态金属向后排开作用加大，有利于熔池金属向后流动，因而使熔深增加。

（2）电弧的线能量

$$E=\frac{IU}{v}$$

式中　$I$——焊接电流，A；

　　　$U$——电弧电压，V；

　　　$v$——焊接速度，cm/s。

显然，焊接速度增加，电弧的线能量 $E$ 减小，这会使熔宽、熔深都略有减小。

由于上述两个因素的综合影响，焊接速度小于 67cm/min 电弧吹力起主要作用，使熔深随速度增加略有增加。焊接速度大于 67cm/min 以后，电弧线能量的影响超过前者，熔深就随速度增大而减小了。

　　焊接速度太快，会产生咬边、未焊透和气孔等缺陷，焊道外形恶化。如焊接速度太慢，可能引起烧穿。如电弧电压同时较高，则可能导致横截面呈蘑菇形焊缝。而这种形状的焊缝对人字形裂纹或液化裂纹敏感。此外，还会因熔池尺寸过大而形成表面粗糙的焊缝，所以，为保证焊接质量须保证一定的焊接热输入，即为了提高生产率而提高焊接速度的同时应相应提高焊接电流和电弧电压。

### 4. 电流种类及极性

　　采用不同的电源种类和极性可改变焊缝的形状和尺寸。采用直流电源进行埋弧焊，与交流电源相比，能更好地控制焊道形状、熔深，且引弧容易。直流电源的极性和使用的焊剂成分有关。使用高锰高硅含有氟化钙的焊剂进行焊接时，阴极的温度比阳极高。直流反接（焊丝接正极）时，焊缝熔深增加，熔宽变化不大，而余高则减小，焊缝表面光滑。直流正接时（焊丝接负极），焊丝的熔化速度要比反接时高 35%，故焊缝余高较大，熔深变浅。因为正接时，电弧热量集中于焊丝前端。直流正接法埋弧焊可用于薄板焊接以及表面堆焊。为获得成形良好的焊道，直流正接法焊接时，应适当提高电弧电压。

　　采用交流电源焊接时，焊缝形状尺寸介于正接极和反接极两者之间。

### 5. 焊丝直径

　　在其他条件相同的情况下，当焊接电流一定时，焊丝直径越粗，其电流密度越小，电弧吹力越小。因此，熔深减小，熔宽增加，余高减小。反之直径越细，电流密度增加，电弧吹力强，且容易引弧，熔深 $H$ 增加，熔宽 $b$ 减小，焊缝形状系数 $b/H$ 减小，随着焊丝直径不断减小，电流密度增大到 $100A/mm^2$ 时，由于电弧受过多的液体金属阻碍，熔深不再增加，此时随着焊丝熔化量的增加，焊缝余高显著增加，焊缝成形变坏。为保持良好的焊缝成形，应适当提高电弧电压。

### 6. 焊丝伸出长度

　　焊丝伸出长度是从导电嘴算起，伸出导电嘴以外的焊丝长度。焊丝的熔化速度由电弧热和电阻热共同决定的。电阻热是指伸出导电嘴的一段焊丝通过焊接电流时产生的加热量（$I^2R$），因此焊丝的熔化速度与伸出长度的电阻热成正比。伸出长度越长，电阻热愈大，熔化速度愈快。

　　当电流密度高于 $125A/mm^2$ 时，焊丝伸出长度对焊缝形状的影响变得更大，在较低的电弧电压下，增加伸出长度，熔宽变窄、熔深减小、余高增加，在焊接电流保持不变的情况下，加长焊丝伸出长度，可使熔化速度提高 25%～50%。因此，为保持良好的焊缝成形，加长焊丝伸出长度时，应适当提高电弧电压和焊接速度，在不要求较大熔深的情况下，可利用加长伸出长度来提高焊接效率，而在要求较大熔深时不推荐加长焊丝伸出长度。

　　为保证焊缝成形良好，对于不同的焊丝直径推荐以下最佳焊丝伸出长度和最大伸出长度：

　　① 对于直径 $\phi 2.0mm$、$\phi 2.5mm$ 和 $\phi 3.0mm$ 的焊丝，最佳焊丝伸出长度为 30～50mm，最大焊丝伸出长度为 75mm。

　　② 对于直径 $\phi 4mm$、$\phi 5mm$ 和 $\phi 6mm$ 的焊丝，最佳焊丝伸出长度为 50～80mm，最大焊丝伸出长度为 125mm。

### 7. 焊丝倾角

　　埋弧焊焊丝在运动的平面内与工件垂直面的夹角称为焊丝倾斜角。

　　在大多数情况下，焊丝与焊件相垂直。当焊丝与焊件不垂直时，顺着焊接方向倾斜，焊丝与焊缝成锐角，称为前倾；背着焊接方向倾斜，焊丝与焊缝成钝角称为后倾。焊丝倾角对焊缝质量有明显的影响。

焊丝前倾时，焊接电弧将熔池金属推向电弧前方。这样，电弧对熔池底部液态金属的排斥作用减弱，电弧不能直接作用于母材金属上，因此随着前倾角的增大，熔深显著减小，熔宽增大，余高减小；反之，当焊丝后倾时，电弧对熔池底部液态金属排斥作用加强，熔深增加，余高增大，由于此时熔池表面受到电弧的辐射热能量显著减少，故熔宽减小，即焊缝的形状系数减小。这对防止焊缝中气孔和裂缝是不利的，而且易造成焊缝边缘未熔合或咬肉，使焊缝成形变坏。

焊丝前倾只在某些特殊情况下使用，例如焊接小直径圆筒形工件的环缝等。或者在高速焊时，采用前倾角，以增大熔深，保证焊缝平滑，不产生咬边。

### 8. 工件倾斜角度

在埋弧焊过程中，工件的倾斜对焊缝成形也有一定的影响。埋弧自动焊大多是在平焊位置进行的，但在某些特殊应用场合必须在工件略作倾斜的条件下进行焊接。当工件的倾斜方向与焊接方向一致时，称为下坡焊；相反，则称为上坡焊。

上坡焊时由于熔池金属向下流动，使焊缝宽度减小，而熔深和余高增加，形成窄而高的焊缝。当斜度大于 6°时，焊缝余高过大，两侧易产生咬边，并且成形差。所以正常情况下，上坡焊倾角不易过大。

下坡焊时与上坡焊相反，当斜度小于 8°时，焊缝的熔深和余高均有减小，焊缝成形较好。当倾角继续增大后，焊道中间下凹，会产生未焊透、焊瘤等缺陷。在实际生产中经常使用下坡焊来减少烧穿和改善焊缝成形。

薄板高速埋弧焊时，将工件倾斜 15°，可防止烧穿，焊道成形良好，厚板焊接时，因焊接熔池体积增大，工件倾斜度应相应减小。

### 9. 焊剂粒度

埋弧焊剂粒度对焊缝形状影响规律是：焊剂粒度增大，熔深略减小，熔宽增大，余高略减小。不同焊接条件，对焊剂的粒度要求见表 7-15。

表 7-15  焊剂的粒度要求

| 焊接条件 | | 焊剂粒度/mm |
| --- | --- | --- |
| 埋弧自动焊 | 电流<600A | 0.25~1.8 |
| | 电流 600~1200A | 0.4~2.5 |
| | 电流>1200A | 1.6~3.5 |
| 焊丝直径不超过 2mm 的自动焊 | | 0.25~1.5 |

### 10. 焊剂堆散高度

焊剂层太薄或太厚都会在焊缝表面引起斑点、凹坑、气孔并改变焊道的形状。焊剂层太薄，电弧不能完全埋入焊剂中，电弧燃烧不稳定且出现闪光、热量不集中，降低焊缝熔透深度。如焊剂堆散层太厚，电弧受到熔渣壳的物理约束，而形成外形凹凸不平的焊缝，但熔透深度增加，因此焊剂层的厚度应加以控制，使电弧不外露，同时又能使气体从焊丝周围均匀逸出。按照焊丝直径和所使用的焊接电流，焊剂层的堆散高度通常在 20~30mm，焊丝直径愈大、电流愈高，堆散高度应相应加大。

### 11. 坡口形状

其他焊接参数不变时，增加坡口的深度和宽度，则焊缝熔深增加，焊缝余高和熔合比显著减小。

### 12. 根部间隙

在对接焊缝中，焊件的根部间隙增加，熔深也随着增加。

综上所述，埋弧焊时焊接参数对焊缝形状的影响见表 7-16。

**表 7-16　焊接参数对焊缝形状的影响**

| 焊接参数 | | 焊缝厚度 | 焊缝宽度 | 余高 | 成形系数 | 熔合比 |
|---|---|---|---|---|---|---|
| 规范增大时的影响 | 焊接电流 | 显著增大 | 略增大 | 显著增大 | 显著减小 | 显著增大 |
| | 电弧电压/V 22～34 | 略增大 | 增大 | 减小 | 增大 | 略增大 |
| | 电弧电压/V 34～60 | 略减小 | 显著增大（除直流正接） | 减小 | 显著增大（除直流正接） | 无变化 |
| | 焊接速度/(m/h) 10～40 | 无变化 | 减小 | 略增大 | 减小 | 显著增大 |
| | 焊接速度/(m/h) 40～100 | 减小 | 减小 | 略增大 | 略减小 | 增大 |
| | 焊丝直径 | 减小 | 增大 | 减小 | 增大 | 减小 |
| | 焊丝前倾 | 显著减小 | 增大 | 减小 | 显著增大 | 减小 |
| | 焊件倾斜 上坡焊 | 略增大 | 略减小 | 增大 | 减小 | 略增大 |
| | 焊件倾斜 下坡焊 | 减小 | 增大 | 减小 | 增大 | 减小 |
| | 间隙或坡口 | 无变化 | 无变化 | 减小 | 无变化 | 减小 |
| | 焊剂粒度 | 略减小 | 略增大 | 略减小 | 增大 | 略减小 |

注：1. 成形系数，即熔焊时，在单道焊缝横截面上焊缝宽度与焊缝计算厚度的比值。

2. 熔合比，即熔焊时，被熔化的母材在焊道金属中所占的百分比。

### 三、埋弧焊焊接参数的选择

正确的焊接规范，主要是保证电弧燃烧稳定，焊缝形状尺寸合适，表面光洁整齐，内部无夹渣、气孔、未焊透及裂缝等缺陷。在保证焊缝质量的前提下，尽可能使用大电流和高速度的焊接，以达到最高生产率，并应尽量减少电能及焊接材料的消耗。

#### 1. 焊接参数的选择方法

（1）查表法

查阅资料根据类似情况的焊接参数作为确定新焊接参数的参考。

（2）经验法

根据实践积累的经验来确定新的焊接参数。

（3）试验法

通过在焊接工件上做的焊接试验来确定最佳的焊接参数。

埋弧焊的焊接规范目前多数是通过试验或凭经验来初步确定的，但必须在生产过程中加以修正，才能制定出符合实际情况的焊接规范。

#### 2. 埋弧焊焊接参数的选择步骤

选择埋弧自动焊焊接参数的步骤是：

① 根据生产经验或查阅类似情况下所用的焊接工艺参数，作为参考。

② 进行试焊，试焊时所采用的工件材料、厚度、接头形式、坡口形式等，应完全与生产焊件相同。尺寸大小允许差一些，但不能太小。

③ 经过试焊和必要的检验，最后确定出合格的焊接工艺参数。

### 四、几种常见接头工艺

#### 1. 对接接头的单面焊双面成形

对接接头板厚在 14mm 以下，可以单面一次焊透。超过 14mm 时应开坡口或留间隙。间隙在 5～6mm 时可不开坡口一次焊透 20mm，应当指出，开坡口的目的并非完全是增大一次性焊透量，它还有控制熔合比和调节焊缝余高的明显作用。

对接接头单面焊可采用以下几种方法：在焊剂垫上焊、在焊剂铜垫板上焊、在永久性垫板或锁底上焊、在临时衬垫上焊和悬空焊。

（1）在焊剂垫上单面对接焊

用这种方法焊接时，焊缝成形的质量主要取决于焊剂垫托力的大小和均匀与否及装配间隙均匀与否。图 7-9 所示为焊剂垫托力与焊缝成形的关系。板厚 2～8mm 的对接接头在具有焊剂垫的电磁平台上焊接所用参数，见表 7-17。板厚 10～20mm 的 I 形坡口对接接头预留装配间隙并在焊剂垫上进行单面焊的焊接参数列于表 7-18。所用的焊剂应尽可能地选用细颗粒焊剂。

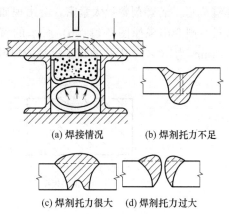

(a) 焊接情况　(b) 焊剂托力不足

(c) 焊剂托力很大　(d) 焊剂托力过大

图 7-9　在焊剂垫上对接焊

表 7-17　电磁平台-焊剂垫上单面对接焊参数

| 板厚/mm | 装配间隙/mm | 焊丝直径/mm | 焊接电流/A | 电弧电压/V | 焊接速度/(cm/min) | 电流种类 | 焊剂垫中焊剂颗粒 | 焊剂垫压力/MPa |
|---|---|---|---|---|---|---|---|---|
| 2 | 0～1.0 | 1.6 | 120 | 24～28 | 70～75 | 直流反接 | 细小 | 0.08 |
| 3 | 0～1.5 | 1.6<br>2<br>3 | 275～300<br>275～300<br>400～425 | 28～30<br>28～30<br>25～28 | 55～60<br>55～60<br>115～120 | 交流 | 细小 | 0.08 |
| 4 | 0～1.5 | 2<br>4 | 375～400<br>525～550 | 28～30<br>28～30 | 65～70<br>80～85 | 交流 | 细小 | 0.10～0.15 |
| 5 | 0～2.5 | 2<br>4 | 425～450<br>575～625 | 32～34<br>28～30 | 55～60<br>75～80 | 交流 | 细小 | 0.10～0.15 |
| 6 | 0～3.0 | 2<br>4 | 475～500<br>600～650 | 32～34<br>28～32 | 50～55<br>65～70 | 交流 | 正常 | 0.10～0.15 |
| 7 | 0～3.0 | 4 | 650～700 | 30～34 | 60～65 | 交流 | 正常 | 0.10～0.15 |
| 8 | 0～3.5 | 4 | 725～775 | 30～36 | 55～60 | 交流 | 正常 | 0.10～0.15 |

表 7-18　焊剂垫上单面对接焊参数

| 板厚/mm | 装配间隙/mm | 焊丝直径/mm | 焊接电流/A | 电弧电压/V | | 焊接速度/(cm/min) |
|---|---|---|---|---|---|---|
| | | | | 交流 | 直流 | |
| 10 | 3～4 | 5 | 700～750 | 34～36 | 32～34 | 50 |
| 12 | 4～5 | 5 | 750～800 | 36～40 | 34～36 | 45 |
| 14 | 4～5 | 5 | 850～900 | 36～40 | 34～36 | 42 |
| 16 | 5～6 | 5 | 900～950 | 38～42 | 36～38 | 33 |
| 18 | 5～6 | 5 | 950～1000 | 40～44 | 36～40 | 28 |
| 20 | 5～6 | 5 | 950～1000 | 40～44 | 36～40 | 25 |

（2）焊剂铜垫板上单面对接焊

焊剂铜垫是集焊剂垫、铜垫的优点来弥补缺点的。它是在铜垫上铺一层约有 5mm 厚、100mm 宽、颗粒均匀的焊剂，这样，其对焊接规范不敏感，焊缝成形较稳定。

铜垫板时在具有一定宽度和厚度的紫铜板上，加工出成形槽，如图 7-10（a）所示。表 7-19 为不同厚度下通垫板的断面尺寸。

装配时，铜垫需贴紧于焊件的下方，如图 7-10（b）所示。焊剂的敷设程度直接影响到焊缝成形。若焊剂敷设太紧密，会出现如图7-11（a）所示的背面凹陷情况，若焊剂敷设得太疏松，则会出现如图7-11（b）所示的背面凸出情况。预埋焊剂的颗粒应采用每25.4mm×25.4mm为10×10眼孔的筛子过筛的焊剂。表7-20为焊剂铜垫板上单面对接焊参数。

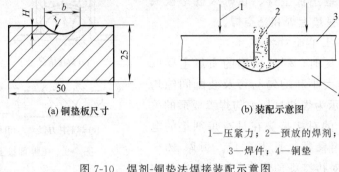

(a) 铜垫板尺寸　　　　　　　　　(b) 装配示意图

1—压紧力；2—预放的焊剂；
3—焊件；4—铜垫

图 7-10　焊剂-铜垫法焊接装配示意图

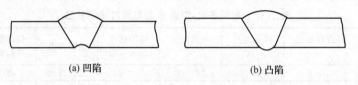

(a) 凹陷　　　　　　　　　　　　　(b) 凸陷

图 7-11　焊剂-铜垫法的焊缝反面缺陷示意图

在焊剂-铜垫法的焊接中，焊接电弧在较大的间隙中燃烧，而使预埋在缝隙间的和铜垫槽内上部的焊剂与焊件一起熔化。随着焊接电弧的前进，离开焊接电弧的液态金属和熔剂渐渐凝固，在焊缝下方的金属表面与铜衬垫之间也结成了一层渣壳。这层渣壳保护着焊缝金属的背面不受空气的影响，使焊缝表面保持着自动焊焊缝应有的光泽。

表 7-19　铜垫板断面尺寸

| 焊件厚度/mm | 槽宽/mm | 槽深/mm | 沟槽曲率半径/mm |
| --- | --- | --- | --- |
| 3～6 | 10 | 2.5 | 7.0 |
| 7～8 | 12 | 3.0 | 7.5 |
| 9～10 | 14 | 3.5 | 9.5 |
| 12～14 | 18 | 4.0 | 12 |

表 7-20　焊剂铜垫板上单面对接焊参数

| 板厚/mm | 装配间隙/mm | 焊丝直径/mm | 焊接电流/A | 电弧电压/V | 焊接速度/(cm/min) |
| --- | --- | --- | --- | --- | --- |
| 3 | 2 | 3 | 380～420 | 27～29 | 78.3 |
| 4 | 2～3 | 4 | 450～500 | 29～31 | 68 |
| 5 | 2～3 | 4 | 520～560 | 31～33 | 63 |
| 6 | 3 | 4 | 550～600 | 33～35 | 63 |
| 7 | 3 | 4 | 640～680 | 35～37 | 58 |
| 8 | 3～4 | 4 | 680～720 | 35～37 | 53.3 |
| 9 | 3～4 | 4 | 720～780 | 36～38 | 46 |
| 10 | 4 | 4 | 780～820 | 38～40 | 46 |
| 12 | 5 | 4 | 850～900 | 39～41 | 38 |
| 14 | 4 | 4 | 880～920 | 39～41 | 41 |

（3）热固化焊剂衬垫

其实质是在一般焊剂中加入一定比例的酚醛或酚醛树脂作热固化剂和一定量的铁合金，制成板条状贴紧在焊缝的底面，并用磁铁夹具等固定，焊接时对熔池起承托作用，并帮助焊缝成形。这种衬垫可用于曲面焊缝及立体构件上的平板对接，背面焊缝成形均匀美观。

（4）保留垫板或锁底接头焊接法

① 保留垫板焊接法。所谓保留垫板焊接法，是在焊接时将衬垫置于对接接口的背面，通过正面第一道焊缝的焊接，将衬垫一起熔化并与焊件永久连接在一起的焊接方法。该衬垫叫保留垫板。因此，保留垫板的材料应与焊件一致。该法适用于受焊件结构形式或工艺装备等条件限制，而无法实现单面焊双面成形的场合。

当焊件结构允许焊件焊后保留永久性垫板时，厚 10mm 以下的焊件可采用永久性垫板单面焊方法。接头形式如图 7-12 所示。焊接规范参照表 7-20 焊剂铜垫板上单面对接焊参数进行调节。永久性钢垫板的尺寸见表 7-21。

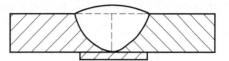

图 7-12 保留垫板对接的接头形式示意图

焊接前将垫板与焊件贴合的表面上的油脂、铁锈除净，并清除焊件两表面的油锈，然后用 E4303 焊条（直径 4mm）以手弧焊方法将垫板定位焊焊到焊件上，保留垫板与焊件组合定位焊后，垫板必须紧贴在待焊板边缘上，垫板与焊件间的间隙不得超过 0.5～1mm，否则焊缝容易产生焊瘤和凹陷。

表 7-21 对接用的永久性钢垫板

| 板厚 $\delta$/mm | 垫板厚度/mm | 垫板宽度/mm |
|---|---|---|
| 2～6 | $0.5\delta$ | $4\delta+5$ |
| 6～10 | $(0.3～0.4)\delta$ | $4\delta+5$ |

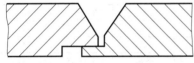

图 7-13 锁底对接的接头形式示意图

② 锁底接头对接法。厚度大于 10mm 的焊件，可采用锁底接头的焊接方法，接头坡口形式如图 7-13 所示。焊接规范参照表 7-20 焊剂铜垫板上单面对接焊参数进行调节。此法用于小直径厚壁圆筒形焊件的环焊缝焊接。

（5）临时性衬垫上和悬空单面对接焊

临时性衬垫单面对接焊是将柔性的热固化衬垫或陶瓷材料制造的专用衬垫，贴合在焊缝背面进行焊接的，规范参数可参考焊剂-铜垫板单面焊规范。

悬空焊是用于工件无需焊透的一种埋弧焊方法，焊接时将电流适当减小，使焊透深度减小到工件厚度的 2/3 之内。这种方法要求精确地装配接头，并且不留间隙，否则易烧穿。

## 2. 对接接头双面焊

对于焊件厚度超过 14mm 的对接接头，通常采用双面焊。接头形式根据板厚、钢种、接头性能要求的不同，可采用Ⅰ形、Y形、X形坡口。这种方法对焊接参数的波动和焊件装配质量都较不敏感，一般能获得较好的焊接质量。焊接第一面时，所用技术与单面焊相似，但焊接第一面时不要求完全焊透，而是由反面焊接保证完全焊透。焊接第一面的工艺方法有悬空焊、在焊剂垫上焊、在临时垫板上焊等。

（1）采用焊剂垫的双面埋弧焊

焊接第一面时，采用预留间隙不开坡口的方法最为经济。第一面的焊接参数应保证熔深达到焊件厚度的 60%～70%。焊完第一面后翻转焊件，进行反面焊接，其参数可以与正面的相同以保证焊件完全焊透。预留间隙双面焊的焊接条件，依焊件的不同而不同。表 7-22 为对接接头预留间隙双面焊的焊接参数。在预留间隙的Ⅰ形坡口内，焊前均匀塞填焊剂，可减少产生夹渣的可能，并可改善焊缝成形。第一面焊接完后，是否需要清根，视第一道焊缝的质量而定。

如果焊件需要开坡口，坡口形式按焊件厚度决定。焊件坡口形式及焊接条件如表 7-23 所示。

表 7-22　对接接头预留间隙双面焊的焊接参数

| 焊件厚度<br>/mm | 装配间隙<br>/mm | 焊丝直径<br>/mm | 焊接电流<br>/A | 电弧电压<br>/V | 焊接速度<br>/(cm/min) |
|---|---|---|---|---|---|
| 14 | 3～4 | 5 | 700～750 | 34～36 | 50 |
| 16 | 3～4 | 5 | 700～750 | 34～36 | 45 |
| 18 | 4～5 | 5 | 750～800 | 36～40 | 45 |
| 20 | 4～5 | 5 | 850～900 | 36～40 | 45 |

注：交流电、HJ431 焊剂。

表 7-23　开坡口焊件的双面焊的焊接参数

| 焊件厚度/mm | 坡口形式 | 焊丝直径/mm | 焊接顺序 | 坡口尺寸 | | | 焊接电流/A | 电弧电压/V | 焊接速度/(cm/min) |
|---|---|---|---|---|---|---|---|---|---|
| | | | | $\alpha$/(°) | $b$/mm | $p$/mm | | | |
| 14 | | 5 | 正 | | | | 830～850 | 36～38 | 42 |
| 16 | | 5 | 反 | | | | 600～620 | 36～38 | 75 |
| 18 | | 5 | 正 | | | | 830～850 | 36～38 | 33 |
| | | 5 | 反 | | | | 600～620 | 36～38 | 75 |
| 14 | V | 5 | 正 | 70 | 3 | 3 | 830～850 | 36～38 | 33 |
| 16 | | 5 | 反 | | | | 600～620 | 36～38 | 75 |
| 18 | | 5 | 正 | | | | 1050～1150 | 38～40 | 30 |
| | | 5 | 反 | | | | 600～620 | 36～38 | 75 |
| 24 | | 6 | 正 | | | | 1100 | 38～40 | 40 |
| | X | 5 | 反 | 70 | 3 | 3 | 800 | 36～38 | 47 |
| 30 | | 6 | 正 | | | | 1000 | 36～40 | 30 |
| | | 6 | 反 | | | | | | |

（2）悬空焊

悬空焊对坡口和装配要求较高，焊件边缘必须平直，装配间隙为 0，或小于 1mm，正面焊缝熔深为焊件厚度的 40%～50%，翻转后反面焊时，则使熔深达到板厚的 60%～70%，以保证焊件完全焊透。悬空焊法适用于 6～22mm 低碳钢和低合金结构钢的焊接，焊接规范参数见表 7-24。

表 7-24　悬空焊法双面自动焊规范

| 焊件厚度<br>/mm | 装配间隙 | 焊丝直径<br>/mm | 焊接顺序 | 焊接电流<br>/A | 电弧电压<br>/V | 焊接速度<br>/(cm/min) |
|---|---|---|---|---|---|---|
| 6 | 0～1 | 4 | 正 | 380～420 | 30 | 58 |
| | | | 反 | 430～470 | | 55 |
| 8 | 0～1 | 4 | 正 | 440～480 | 30 | 50 |
| | | | 反 | 600～620 | 31 | |
| 10 | 0～1 | 4 | 正 | 530～570 | 31 | 46 |
| | | | 反 | 590～640 | 33 | |
| 12 | 0～1 | 4 | 正 | 620～660 | 35 | 42 |
| | | | 反 | 680～720 | | 41 |
| 14 | 0～1 | 4 | 正 | 689～720 | 37 | 41 |
| | | | 反 | 730～770 | 40 | 38 |

续表

| 焊件厚度<br>/mm | 装配间隙<br>/mm | 焊丝直径<br>/mm | 焊接<br>顺序 | 焊接电流<br>/A | 电弧电压<br>/V | 焊接速度<br>/(cm/min) |
|---|---|---|---|---|---|---|
| 16 | 0～1 | 5 | 正 | 850～900 | 36～38 | 63 |
|  |  |  | 反 | 900～950 | 37～39 | 43 |
| 18 | 0～1 | 5 | 正 | 850～900 | 36～38 | 60 |
|  |  |  | 反 | 900～950 | 38～40 | 40 |
| 20 | 0～1 | 5 | 正 | 850～900 | 36～38 | 42 |
|  |  |  | 反 | 900～1000 | 38～40 | 40 |
| 22 | 0～1 | 5 | 正 | 900～950 | 37～39 | 53 |
|  |  |  | 反 | 1000～1050 | 38～40 | 40 |

现场估计熔深的方法一种是焊接时观察焊缝反面热场，由颜色深浅和形状大小来判断熔深。对于6～14mm厚的工件，熔池反面热场颜色应为红到大红色，长度要80mm以上，才能达到需要的熔深；如果热场颜色由淡红色到淡黄色就接近焊穿；如果热场颜色呈紫红色或不出现暗红色时，说明工艺参数过小，热输入量不足，达不到规定的熔深。

（3）在临时衬垫上的焊接

采用此法焊接第一面时，一般要求接头处留有间隙，以保证焊剂能填满其中。临时衬垫的作用是托住间隙中的焊剂。平板对接接头的临时衬垫常用厚3～4mm，宽30～40mm的薄钢板，也可采用石棉板，如图7-14所示。焊完第一面后，去除临时衬垫及间隙中的焊剂和焊缝根部的渣壳，用同样的参数焊接第二面。要求每面熔深均达板厚的60%～70%。

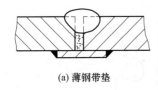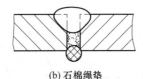

| (a) 薄钢带垫 | (b) 石棉绳垫 | (c) 石棉板垫 |

图7-14 在临时衬垫上的焊接

### 3. 角焊缝焊接

角焊缝主要出现在T形接头和搭接接头中，按其焊接位置可分为船形焊和横角焊两种。

（1）船形焊

船形焊的焊接形式如图7-15所示。焊接时，由于焊丝处在垂直位置，熔池处在水平位置，熔深对称，焊缝成形好，能保证焊接质量，但易得到凹形焊缝，对于重要的焊接结构，如锅炉钢架，要求此焊缝的计算厚度应不小于焊缝厚度的60%，否则必须补焊。当焊件装配间隙超过1.5mm时，容易发生熔池金属流失和烧穿等现象。因此对装配质量要求较严格。当装配间隙

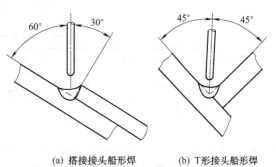

| (a) 搭接接头船形焊 | (b) T形接头船形焊 |

图7-15 船形焊

大于1.5mm时，可在焊缝背面用焊条电弧焊封底，用石棉垫或焊剂垫等来防止熔池金属的流失。在确定焊接参数时，电弧电压不能太高，以免焊件两边产生咬边。

船形焊的焊接参数见表 7-25。

表 7-25 船形焊焊接参数

| 焊脚<br>/mm | 焊缝层数 | 焊缝道数 | 焊丝直径<br>/mm | 焊接电流<br>/A | 电弧电压<br>/V | 焊接速度<br>/(m/h) | 焊丝伸长<br>长度/mm | 电源<br>种类 |
|---|---|---|---|---|---|---|---|---|
| 8 | 1 | 1 | | 600～650 | 36～38 | | | |
| 10 | 1 | 1 | | 650～700 | 36～38 | | | |
| 12 | 1 | 1 | 4 | 700～750 | 36～39 | 25～30 | 35～40 | 交流 |
| | | 2 | | 650～700 | 36～39 | | | |
| 14～16 | 1 | 1 | | 700～750 | 37～39 | | | |
| | 2 | 1 | | 700～750 | 37～39 | | | |
| | | 2 | | 650～700 | 36～39 | | | |

（2）横角焊

横角焊的焊接形式，如图 7-16 所示。由于焊件太大不易翻转或其他原因不能在船形焊位置上进行焊接，才采用横角焊，即焊丝倾斜。横角焊的优点是对焊件装配间隙敏感性较小，即使间隙较大，一般也不会产生金属溢流等现象。其缺点是单道焊缝的焊脚最大不能超过 8mm。当焊脚要求大于 8mm 时，必须采用多道焊或多层多道焊。角焊缝的成形与焊丝和焊件的相对位置关系很大，当焊丝位置不当时，易产生咬边、焊偏或未熔合等现象。因此焊丝位置要严格控制，一般焊丝与水平板的夹角 $\alpha$ 应保持在 45°～75°，通常为 60°～75°，并选择距竖直面适当的距离。电弧电压不宜太高，这样可使焊剂的熔化量减少，防止熔渣溢流。使用细焊丝能保证电弧稳定，并可以减小熔池的体积，以防止熔池金属溢流。横角焊的焊接参数见表 7-26。

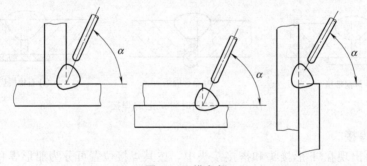

图 7-16 横角焊

表 7-26 横角焊的焊接参数

| 焊脚/mm | 焊丝直径/mm | 焊接电流/A | 电弧电压/V | 焊接速度/(m/h) |
|---|---|---|---|---|
| 4 | 3 | 350～270 | | 53～55 |
| 6 | 3 | 450～470 | 28～30 | 54～58 |
| | 4 | 480～500 | | 58～60 |
| 8 | 3 | 500～530 | 30～32 | 44～46 |
| | 4 | 670～700 | 32～34 | 48～50 |

### 五、常见缺陷产生原因及防止措施

埋弧焊缺陷产生的原因，主要是由于焊接规范选择得不正确，焊前准备工作不完善及操作不当而引起的。

埋弧焊的常见缺陷有：焊缝成形不良、烧穿、未焊透、气孔及裂缝等。埋弧焊焊接低碳钢和低合金结构钢时常见的缺陷、产生原因及防止措施见表 7-27。

表 7-27　埋弧焊常见缺陷的产生原因及排除方法

| 缺陷名称 | 产生原因 | 预防措施 | 排除方法 |
|---|---|---|---|
| 宽度不均匀 | 焊接速度不均匀<br>焊丝送给速度不均匀<br>焊丝导电不良 | 找出原因排除故障<br>更换导电嘴衬套(导电块) | 适当用手工焊补焊并修整磨光 |
| 余高过大 | 电流太大而电压过低<br>焊接速度过小<br>衬垫与焊件间的间隙太小<br>上坡焊时倾角过大<br>环缝焊接位置不当(相对于焊件的直径和焊接速度) | 调节焊接参数<br>加大焊接速度<br>加大间隙<br>调整上坡焊倾角<br>相对于一定的焊件直径和焊接速度,确定适当的焊接位置 | 去除表面多余部分,并打磨圆滑 |
| 余高过小 | 焊接电流过小<br>电弧电压过高<br>焊接速度过大<br>焊件非水平位置 | 加大焊接电流<br>降低电弧电压<br>减小焊接速度<br>焊件水平放置 | 适当补焊或去除重焊 |
| 余高窄而突出 | 焊剂铺撒宽度不够<br>电弧电压过低<br>焊接速度过大 | 加大焊接铺撒宽度<br>提高电弧电压<br>减小焊接速度 | 适当补焊或去除重焊 |
| 咬边 | 焊接速度过大<br>衬垫与焊件间隙过大<br>焊接电流、电弧电压不合适<br>焊丝位置或角度不正确<br>焊接参数不当 | 减小焊接速度<br>使衬垫与焊件靠紧<br>调整焊接电流及电弧电压<br>调整焊丝位置<br>调整焊接参数 | 焊条电弧焊补焊后磨光 |
| 焊瘤 | 焊接电流过大<br>焊接速度过小<br>电弧电压过低 | 减小焊接电流<br>提高焊接速度<br>提高电弧电压 | 适当修整 |
| 未熔合 | 焊丝未对准<br>焊缝局部弯曲过甚 | 调整焊丝<br>精心操作 | 去除缺陷部分后补焊 |
| 未焊透 | 焊接电流过小<br>电弧电压过高<br>坡口不合适<br>焊丝未对准 | 提高焊接电流<br>减小电弧电压<br>修正坡口<br>调节焊丝 | 去除缺陷部分后补焊 |
| 夹渣 | 多层焊时层间清理不干净<br>多层分道焊时,焊丝位置不当 | 层间彻底清渣<br>每层焊后发现咬边、夹渣必须清除修复 | 去除缺陷后补焊 |
| 气孔 | 接头处有锈及油污<br>焊剂潮湿(烧结型)<br>焊剂(尤其是焊剂垫)中混有垃圾<br>焊剂覆盖层厚度不当或焊剂斗阻塞<br>焊丝表面清理不够<br>电弧电压过高 | 接头必须打磨、烘烤干净<br>150～300℃干燥 1h<br>焊剂必须过筛、吹灰、烘干<br><br>调节焊剂覆盖层高度,疏通焊剂斗<br>焊丝必须清理并快用<br>调整电弧电压 | 去除缺陷后补焊 |
| 裂纹 | 焊件、焊丝、焊剂等材料配合不当<br>焊丝中含 C、S 较高<br>焊接区冷却速度过快<br><br>多层焊的第一道焊缝截面积过小<br>焊缝成形系数太小<br>角焊缝熔深太大<br>焊接顺序不合理<br>焊件刚性大 | 合理选配焊接材料<br>选用合格焊丝<br>适当降低焊接速度,焊前预热,焊后缓冷<br>调整焊接参数,改进坡口<br>调整焊接参数和改变极性<br>减小焊接电流,降低焊接速度<br>合理安排焊接顺序<br>改进结构,降低刚性,焊前预热,焊后缓冷 | 去除缺陷后补焊 |

续表

| 缺陷名称 | 产生原因 | 预防措施 | 排除方法 |
|---|---|---|---|
| 焊穿 | 焊接电流(打底层)太大<br>焊件装配间隙太大<br>焊接速度(打底层)太慢<br>钝边太薄 | 减小打底层焊接电流<br>缩小装配间隙<br>增加打底层焊接速度<br>增大钝边 | 缺陷处修整后补焊 |
| 焊道表面粗糙 | 焊剂铺撒过高<br>焊剂粒度选择不当 | 减少铺撒高度<br>选择与焊接电流相适应的焊剂粒度 | 缺陷处修整后补焊 |
| 麻点 | 坡口表面有锈、油污、水<br>焊剂吸潮(烧结型)<br>焊剂铺撒过高 | 清理坡口表面<br>150～300℃干燥1h<br>减少铺撒高度 | 缺陷处修整后补焊 |

# 第五节　埋弧焊技能实训

## 实训一　平　敷　焊

### 一、要求

按照图7-17要求,学习埋弧焊平敷焊的基本操作技能,完成规定的焊接任务,达到工件图样技术要求。

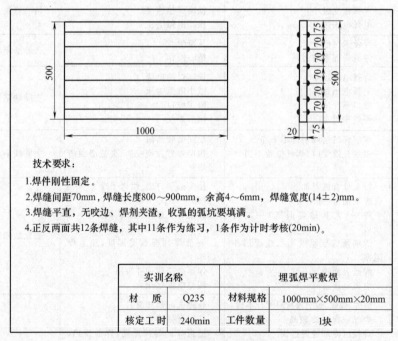

技术要求:
1.焊件刚性固定。
2.焊缝间距70mm,焊缝长度800～900mm,余高4～6mm,焊缝宽度(14±2)mm。
3.焊缝平直,无咬边、焊剂夹渣,收弧的弧坑要填满。
4.正反两面共12条焊缝,其中11条作为练习,1条作为计时考核(20min)。

| 实训名称 | | 埋弧焊平敷焊 | |
|---|---|---|---|
| 材　质 | Q235 | 材料规格 | 1000mm×500mm×20mm |
| 核定工时 | 240min | 工件数量 | 1块 |

图7-17　埋弧焊平敷焊任务图

### 二、分析

该项目主要任务是将焊件置于平焊位置,采用埋弧焊在其表面上堆敷焊道。项目的关键点有两个方面:一是选择合理的焊接参数,获得良好焊缝成形;二是焊缝长度大,焊接过程中焊件会出现弯曲变形,导致导电嘴与工件表面距离缩短,影响焊接过程稳定运行。需采取刚性固定法控制焊件变形。

### 三、准备

#### 1. 工件材料

Q235 钢板，规格为 1000mm×500mm×20mm。清理工件表面铁锈、氧化皮等，露出金属光泽。

#### 2. 焊接材料

H08A，直径为 4mm 的焊丝。焊剂牌号为 HJ431（焊剂型号 HJ431-H08A），使用前在 (250±10)℃下烘干，保温 1h。

#### 3. 焊接设备

选用 MZ-1000 型埋弧自动焊机，焊前检查控制电缆线接头是否连接妥当、有无松动现象，导电嘴是否有磨损，导电部分能否可靠压紧。焊机小车须空车调试，检查各个按钮、旋转开关、电流表、电压表等是否正常工作。实测焊车行走速度，检查离合器能否灵活接合及脱开等。

### 四、实施

#### 1. 划线与装配

① 划线。用划针在钢板表面划出基准线，每条基准线间隔 70mm。

② 焊件装配。将工件置于工作台上，两侧用弓形螺旋夹或定位焊固定，以防焊接时钢板产生弯曲变形影响后道焊缝焊接。

#### 2. 焊接操作

Q235 埋弧焊平敷焊推荐的焊接参数见表 7-28。

表 7-28 Q235 埋弧焊平敷焊焊接参数

| 焊接层次位置 | 焊丝直径/mm | 焊接电流/A | 电弧电压/V | 焊接速度/(m/h) |
|---|---|---|---|---|
| 平敷焊 | 4 | 640～680 | 34～38 | 36～40 |

（1）引弧

按下控制盘上的启动按钮，接通控制电源和焊接电源，同时自动将焊丝向上提起，焊丝与焊件之间产生电弧，随之电弧被拉长，当电弧电压达到给定值时，焊丝不再上抽而开始向下送进，送丝速度与熔化速度相等后，焊接过程稳定。与此同时，焊接小车开始沿轨道前进，焊机进入正常的焊接过程。如果按启动按钮后，焊丝不能向上抽引燃电弧，而是将焊接小车顶起，表明焊丝与焊件接触太紧。这时可用钢丝钳将焊丝剪断，再重复开始引弧。

（2）焊接

在焊接过程中，应随时观察控制盘上电流表和电压表的指针、导电嘴的高低、焊缝成形和指示针的位置。电流表和电压表的指针摆动很小时，表明焊接过程稳定。当发现指针摆动幅度增大、焊缝成形不良时，要随时调节"电弧电压"旋钮、"焊接电源遥控"按钮、"焊接速度"旋钮，并用机头上的手轮调节导电嘴的高低。要等焊缝凝固并冷却后再除去渣壳（否则会影响焊缝的性能），了解焊缝表面成形状况。通过观察焊件背面的红热程度，可了解焊件的熔透状况。若背面出现红亮颜色，则表明熔透良好；若背面颜色较暗，应适当减小焊接速度或增大焊接电流；若背面颜色白亮，母材加热面积前端呈尖状时，说明已接近焊穿，应立即减小焊接电流或适当提高电弧电压。观察焊接小车的行走状况，并随时调整，保证焊丝对中。用小车前侧的手轮调节焊丝对准线的位置。调节时操作者所站位置要与准线对正，以避免偏斜。添加焊剂，调节焊接电流、电弧电压和焊接速度，可确保焊接正常进行。

（3）收弧

埋弧焊时，由于焊接熔池体积较大，收弧后会形成较大的弧坑，如不作适当的填补，弧坑处往往会形成放射性的收缩裂纹。在某些焊接性较差的钢中，这种弧坑裂纹会向焊缝主体扩展而必须返修补焊。

目前，数字化埋弧自动焊机的控制器已相当成熟，按下停止按钮后，即启动收弧程序，自动完成速度减慢、电流衰减、填满弧坑、焊丝回抽和停车等动作，无需其他操作。但模拟控制式埋弧焊设备，需分步操作，有一定的操作技巧，现介绍如下。

在模拟控制式埋弧焊设备中大都装有收弧程序开关。即先按停止按钮"1"，焊接小车或工件停止行走，而焊接电源未切断，焊丝继续向下给送，待电弧继续燃烧一段时间后再按停止按钮"2"，切断电源，同时焊丝停止给送。这样可对弧坑作适当的填补，而消除了弧坑裂纹。对于重要的焊接部件，必须采用这种收弧技术。按下停止按钮时，焊丝停止下送，电弧逐渐拉长直至熄灭。此时焊接小车亦同时停止行走，焊接结束。按停止按钮的关键动作是应分两步，开始先轻轻往里按，使焊丝停止输送；然后再按到底，切断电源。如果把按钮一按到底，则焊丝送进与焊接电源同时切断。由于送丝电动机运转时具有惯性，所以会继续往下送一段焊丝，这时焊丝就会插入金属熔池之中，发生焊丝与焊件粘住的现象。当导电嘴较低或电弧电压过高时，采用这种方法收弧，电弧可能返烧到导电嘴，甚至将焊丝与导电嘴熔合在一起。所以练习时，当焊接结束时，一只手放在停止按钮上，另一只手放在焊丝向上按钮上。先将停止按钮按到底，随即按焊丝向上按钮，将焊丝抽上来，避免焊丝粘在熔池内。

（4）分析与测量

初步练习技能掌握以后，焊工可用同一直径的焊丝采用不同的焊接电流、电弧电压和焊接速度进行平敷焊练习；再用不同直径的焊丝采用不同的焊接参数进行平敷焊练习。最后去除焊缝表面渣壳，用焊接检验尺测量焊缝外表几何尺寸余高、焊缝宽度等。再将试板横向切开（采用手工切割、气割或金属切削切割），打磨后观察焊缝断面形状、缺陷，用焊接检验尺测量焊缝厚度，随后对断面进行磨抛、腐蚀后观察金相组织。将以上数据进行整理归纳，分析埋弧焊时焊接参数对焊缝形状尺寸影响的实测数据，以便在之后的埋弧焊操作训练时灵活选取焊接参数。

## 五、记录

填写记录卡，见表7-29。

表7-29　埋弧焊平敷焊过程记录卡

| 记录项目 | | 记　　录 | 备　　注 |
|---|---|---|---|
| 母材 | 材质 | | |
| | 规格 | | |
| 焊接材料 | 型号（牌号） | | |
| | 规格 | | |
| 焊接参数 | 焊接电压/V | | |
| | 焊接电流/A | | |
| | 焊接速度/(cm/min) | | |
| 焊缝外观/mm | 余高 | | |
| | 宽度 | | |
| | 长度 | | |
| 用时/min | | | |

## 六、考核

项目考核建议采用"过程考核×40％＋结果考核×60％"的综合考核方式进行。

（1）过程考核

按表 7-30 所示要求进行过程考核。

表 7-30　埋弧焊平敷焊过程考核卡

| 序号 | 实训要求 | 配分 | 评分标准 | 检测结果 | 得分 |
|---|---|---|---|---|---|
| 1 | 安全文明生产 | 10 | 劳保手套、工服、劳保鞋穿戴整齐,正确使用焊帽 | | |
| 2 | 设备连接 | 10 | 按要求正确连接设备 | | |
| 3 | 设备操作 | 20 | 按照操作规程正确操作设备 | | |
| 4 | 参数调整 | 10 | 选用参数与焊丝直径匹配 | | |
| 5 | 工件清理 | 10 | 按要求清理 | | |
| 6 | 引弧板安装 | 5 | 引弧板安装正确 | | |
| 7 | 熄弧板安装 | 5 | 熄弧板安装正确 | | |
| 8 | 收尾质量 | 10 | 无弧坑 | | |
| 9 | 焊缝整体质量 | 20 | 焊道在规定的线上 | | |
| 10 | 操作时间 | | 20min 内完成,不扣分。超时 1～5min,每分钟扣 2 分（从得分中扣除）;超时 6min 以上者需重新参加考核 | | |
| | | | 任务得分 | | |

（2）结果考核

使用焊接检验尺、钢板尺、低倍放大镜等对焊缝外观质量进行检测,按表 7-31 所示要求进行考核。

表 7-31　埋弧焊平敷焊考评表

| 序号 | 考核项目 | 分值 | 评分标准 | 检测结果 | 得分 |
|---|---|---|---|---|---|
| 1 | 安全文明生产 | 10 | 服从管理、安全操作 | | |
| 2 | 焊缝长度 800～900mm | 10 | 每短 5mm 扣 2 分 | | |
| 3 | 焊缝宽度 $c=(14\pm2)$mm | 10 | 1 处不合格扣 2 分 | | |
| 4 | 焊缝余高 $H=4\sim6$mm | 20 | 1 处不合格扣 2 分 | | |
| 5 | 焊缝成形 | 20 | 波纹细腻、均匀、光滑,1 处不合格扣 2 分 | | |
| 6 | 直线度 | 10 | 与焊缝位置线重合,偏差超过 3mm,每处扣 3 分 | | |
| 7 | 气孔 | 10 | 每个扣 2 分 | | |
| 8 | 飞溅 | 10 | 飞溅物清理干净 | | |
| | | | 结果考核得分 | | |

## 七、总结

焊接参数对焊缝成形有着很大影响。焊接电流决定熔深,焊接电压决定熔宽,焊接速度决定熔宽和余高,干伸长（喷嘴高度）决定余高和保护效果。使用后的焊剂可与新焊剂按 1∶1 混合后使用。

## 实训二　14mm 厚 Q235 钢板 I 形坡口板对接焊

### 一、要求

按照图 7-18 要求,学习埋弧焊 I 形坡口板对接平焊的基本操作技能,完成规定的焊接任务,达到任务图样技术要求。

### 二、分析

埋弧焊根据焊件厚度、对焊缝的要求以及焊缝位置和施工条件不同,采用不同的埋弧焊工艺。厚度在 20mm 以下的对接接头,可采用单面焊。根据要求和厚度不同,可选用电磁平台熔剂垫上焊接、焊剂垫上焊接、焊剂铜垫板上焊接、永久性垫板上焊接或悬空焊接,板

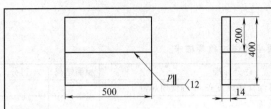

技术要求：
1. 组装平齐成对接接头，b值取2～3，工件两端20mm内定位。
2. 采用埋弧焊，双面焊，焊接位置为平焊。
3. 焊缝表面不得有裂纹、焊瘤、未熔合等缺陷。
4. 焊后保持焊缝原始状态，不得修饰、补焊和打磨。

| 实训名称 | I形坡口板对接双面平焊 | | |
|---|---|---|---|
| 材质 | Q235 | 材料规格 | 500mm×200mm×14mm |
| 核定工时 | 30min | 工件数量 | 2块 |

图7-18 埋弧焊 I 形坡口板对接平焊任务图

厚大于12mm时可选用双面焊。

### 三、准备

#### 1. 工件材料

焊件为 500mm×200mm×14mm 的 Q235 钢板，检查钢板平直度，并修复平整。待焊部位两侧各 20mm 的范围内打磨除锈，露出金属光泽。

引弧板、熄弧板，100mm×100mm×14mm 的 Q235 钢板两块。

#### 2. 焊接材料

H08A，$\phi$5mm 的焊丝，选用焊剂牌号为 HJ431（焊剂型号 HJ431-H08A），使用前在（250±10）℃下烘干，保温 1h。

E5015（牌号 J507），$\phi$3.2mm 焊条，使用前在 100～150℃下烘干，保温 1～2h。

#### 3. 焊接设备

MZ-1000 型埋弧自动焊机。

#### 4. 辅助器具

敲渣锤、钢直尺、活动扳手、角磨机、焊接检验尺等辅助工具和量具。

### 四、实施

#### 1. 装配

定位焊缝焊在焊件两端的引弧和熄弧板处，焊定位焊缝的电流比正常平焊时大 10% 左右，定位焊缝的长度为 10～15mm。工件装配尺寸见表 7-32。

表 7-32　工件装配

| 坡口形式 | 装配间隙/mm | 反变形/(°) | 错边量/mm | 定位焊长度/mm |
|---|---|---|---|---|
| I | 起焊端2<br>终焊端3 | 3 | ≤1.4 | 30～35 |

#### 2. 焊接

将焊件放在水平位置进行焊接，2 层 2 道双面焊。先焊背面的焊道，后焊正面的焊道。焊接参数见表 7-33。

表 7-33　焊接参数

| 焊件厚度/mm | 焊接顺序 | 焊丝直径/mm | 焊接电流/A | 电弧电压/V | 焊接速度/(cm/min) |
|---|---|---|---|---|---|
| 14 | 背 | 5 | 700～750 | 36～38 | 50 |
| | 正 | | 800～850 | | |

（1）背面焊道焊接

背面焊道焊接分为以下六个步骤来完成。

① 垫焊剂垫。焊背面焊道时，必须垫好焊剂垫，以防止熔渣和熔池金属的流失。焊剂垫内的焊剂牌号必须与工艺要求的焊剂相同，焊接时要保证焊件正面与焊剂贴紧，在整个焊接过程中，要注意防止因焊件受热变形与焊剂脱开，导致产生焊漏、烧穿等缺陷。特别要注意防止焊缝末端收尾处出现这种焊漏和烧穿。

② 焊丝对中。调整焊丝位置，使焊丝前端对准焊件间隙，但不接触焊件，然后往返拉动焊接小车几次，进行调整，直到焊丝能在整个焊件上对准间隙为止。

③ 引弧准备。将焊接小车拉到引弧板处，调整好小车行走方向开关后，锁紧焊接小车的离合器，然后送丝，使焊丝与引弧板刚好接触。

④ 引弧。按下启动按钮，引燃电弧，焊接小车沿焊接方向走动，开始焊接。焊接过程中要注意观察控制盘上的电流表和电压表，检查焊接电流、电弧电压与工艺规定的参数是否相符，如果不符，则迅速调整相应的旋钮，至参数符合规定为止。整个焊接过程中，操作者都要注意监视电流表、电压表和焊接情况，观察焊接小车行走速度是否均匀，机头上的电缆是否妨碍小车移动，焊剂是否足够，流出的焊剂是否能埋住焊接区，焊接过程的声音是否正常等，直到焊接电弧走到熄弧板中部，估计焊接熔池已经全部到了熄弧板上为止。

⑤ 收弧。当熔池全部到达熄弧板上以后，按下"停止"按钮收弧。

⑥ 清渣。待焊缝金属及熔渣完全凝固并冷却后，敲掉熔渣，并检查背面焊道的外观质量，要求背面焊道熔深达到焊件厚度的 40%～50%，如果熔深不够，则需加大间隙，增大焊接电流或减小焊接速度。

（2）正面焊道焊接

经外观检查背面焊道合格后，将焊件翻转，正面朝上放好，开始焊正面焊道，焊接步骤与焊背面焊道完全相同，但有两个问题需要强调。

① 加大熔深。为了防止未焊透或夹渣，要求焊正面的熔深达到板厚的 60%～70%，可用加大焊接电流或减小焊接速度的办法来实现。但用加大焊接电流的方法增加熔深更方便些，所以，焊接正面焊缝使用的焊接电流较大。

② 熔深判定方法。焊正面焊道时，因为已有背面焊道托住熔池，故不必使用焊剂垫，可直接进行悬空焊接。此时可以通过观察熔池背面焊接过程中的颜色变化来估计熔深，若熔池背面为红色或淡黄色，表示熔深符合要求，且焊件越薄，颜色越浅；若焊件背面接近白亮时，说明将要烧穿，应立即减小焊接电流或增加焊接速度。这些经验只适用于双面焊能焊透的情况。当板厚太大，需采用多层多道焊时，是不能用这个方法估计熔深的。

如果焊正面焊道时不换地方，仍在焊剂垫上焊接，正面焊道的熔深主要靠工艺参数保证，那么，这些工艺参数要通过试验之后才能得出。

**3. 焊后检查**

（1）外观质量

用肉眼检查焊缝正面和背面的缺陷性质和数量，也可用不大于 5 倍的放大镜检查，用测量工具测定缺陷位置和尺寸，再用焊接检验尺测量焊缝外形尺寸。

焊缝表面应圆滑过渡到母材，表面不得有裂纹、未熔合、夹渣、气孔、焊瘤、未焊透、咬边和凹坑等缺陷。

试板焊后角变形的变形角度应≤3°，试板两端 20mm 长度内的缺陷不计，焊缝外形尺寸的要求见表 7-34。

对于 I 形坡口试板，焊缝直线度（指焊缝中心线扭曲或偏斜）应不大于 2mm，焊缝宽度差应不大于 2mm，比坡口增宽值可不测量。

表 7-34　焊缝外形尺寸的要求　　　　　　　　　　　　mm

| 试板厚度 | 焊缝余高 | 焊缝余高差 | 焊缝宽度 | |
|---|---|---|---|---|
| | | | 比坡口每侧增宽 | 宽度差 |
| ＜24 | 0～3 | ≤2 | 2～4 | ≤2 |
| ≥24 | 0～4 | | | |

（2）内部质量

试板应经 X 射线探伤，焊缝的质量不低于 GB/T 3323—2005《金属熔化焊焊接接头射线照相》Ⅲ级以上为合格。

**4. 焊后清理**

项目完成后，首先关闭焊接电源。观察焊缝成形时，应注意要等焊缝凝固并冷却后，再除去渣壳。然后将焊好的工件用钢丝刷反复拉刷，清理焊道。注意不得破坏工件原始表面，不得用水冷却。否则，焊缝表面会强烈氧化和冷却太快，对焊缝性能有不利影响。焊接结束后，要及时回收未熔化的焊剂，清除表面的渣壳，检查焊缝成形和焊接质量。

最后清扫场地，摆放工件，整理焊接电缆，确认无安全隐患，并做好焊接参数及设备使用记录。

**五、记录**

填写记录卡，见表 7-35。

表 7-35　埋弧焊 I 形坡口板对接平焊过程记录卡

| 记录项目 | | 记　　录 | 备　　注 |
|---|---|---|---|
| 母材 | 材质 | | |
| | 规格 | | |
| 焊接材料 | 型号（牌号） | | |
| | 规格 | | |
| 装配及定位焊 | 焊前清理 | | |
| | 装配间隙 | | |
| | 错边量 | | |
| | 焊接电流/A | | |
| | 反变形量 | | |
| 正式焊缝 | 焊接电压/V | | |
| | 焊接电流/A | | |
| | 焊接速度/(cm/min) | | |
| 焊缝外观/mm | 余高 | | |
| | 宽度 | | |
| | 长度 | | |
| 用时/min | | | |

**六、考核**

项目考核建议采用"过程考核×40％＋结果考核×60％"的综合考核方式进行。

（1）过程考核

按表 7-36 进行过程考核。

表 7-36　埋弧焊 I 形坡口板对接平焊过程考核卡

| 序号 | 实训要求 | 配分 | 评分标准 | 检测结果 | 得分 |
|---|---|---|---|---|---|
| 1 | 安全文明生产 | 5 | 劳保手套、工服、劳保鞋穿戴整齐,正确使用焊帽 | | |
| 2 | 工件清理 | 5 | 坡口面及正反面 20mm 范围内无油污、铁锈,露出金属光泽 | | |

续表

| 序号 | 实训要求 | 配分 | 评分标准 | 检测结果 | 得分 |
|---|---|---|---|---|---|
| 3 | 参数选用 | 15 | 选用参数与焊丝直径匹配 | | |
| 4 | 装配间隙 | 10 | 2~2.5mm，始焊端小末焊端大 | | |
| 5 | 错边量 | 10 | ≤1.2mm | | |
| 6 | 定位焊缝质量 | 15 | 长度 10~20mm，无缺陷 | | |
| 7 | 反变形量 | 10 | 3°~5° | | |
| 8 | 焊接位置 | 10 | 平焊位置 | | |
| 9 | 焊缝质量 | 20 | 焊缝宽度、高度符合要求 | | |
| 10 | 操作时间 | | 30min 内完成，不扣分。超时 1~5min，每分钟扣 2 分（从得分中扣除）；超时 6min 以上者需重新参加考核 | | |
| | | | 过程考核得分 | | |

（2）结果考核

使用焊接检验尺、钢板尺、低倍放大镜等对焊缝外观质量进行检测，按表 7-37 要求进行考核。

表 7-37 埋弧焊 I 形坡口板对接平焊考评表

| 序号 | 考核类别 | 考核项目 | 配分 | 评分标准 | 检测结果 | 得分 |
|---|---|---|---|---|---|---|
| 1 | 焊缝外观 | 焊瘤、气孔、烧穿 | 20 | 出现任何一项缺陷，该项不得分 | | |
| | | 咬边 | 5 | ①咬边深度≤0.5mm 时，每 5mm 扣 1 分，累计长度超过焊缝有效长度的 15%时扣 5 分 ②咬边深度>0.5mm 时，扣 5 分 | | |
| | | 未焊透 | 5 | ①未焊透深度≤1.5mm 时，每 5mm 扣 1 分，累计长度超过焊缝有效长度的 10%时，扣 5 分 ②未焊透深度>1.5mm 时，扣 5 分 | | |
| | | 背面凹坑 | 5 | ①背面凹坑深度≤2mm 时，总长度超过焊缝有效长度的 10%时，扣 5 分 ②背面凹坑深度>2mm 时，扣 5 分 | | |
| | | 焊缝余高 | 5 | 焊缝余高 0~4mm，超标一处扣 2 分，扣满 5 分为止 | | |
| | | 焊缝宽度 | 5 | 焊缝宽度比坡口每侧增宽 0.5~2.5mm，超标一处扣 2 分，扣满 5 分为止 | | |
| | | 焊缝宽度差 | 5 | 宽度差<3mm，超标一处扣 2 分，扣满 5 分为止 | | |
| | | 错边 | 5 | 错边≤1.2mm，超标扣 5 分 | | |
| | | 角变形 | 5 | 焊后角变形≤3°，超标扣 5 分 | | |
| 2 | 内部质量 | X 射线探伤质量 | 30 | 按照 GB/T 3323—2005，I 级片不扣分，II 级片扣 10 分，III 级片扣 20 分，III 级片以下不得分 | | |
| 3 | 其他 | 安全 | 5 | 服从管理、安全操作，不遵守者酌情扣分 | | |
| | | 文明生产 | 5 | 设备复位、工具摆放整齐、清理工件、打扫场地、关闭电源，每有一处不符合要求扣 1 分 | | |
| | 合计 | | 100 | | | |

## 七、总结

焊接前，应推动小车，行走过程中，调整工件位置，使焊丝处于坡口正中位置。焊接顺序为先焊背面，后焊正面。正面施焊前，应严格清理背面焊缝焊出的焊渣。背面熔透40%~50%，正面熔透 60%~70%。

## 实训三　V 形坡口对接平焊操作

### 一、要求

按照图 7-19 要求，学习埋弧焊 V 形坡口对接平焊的基本操作技能，完成规定的焊接任务，达到工件图样技术要求。

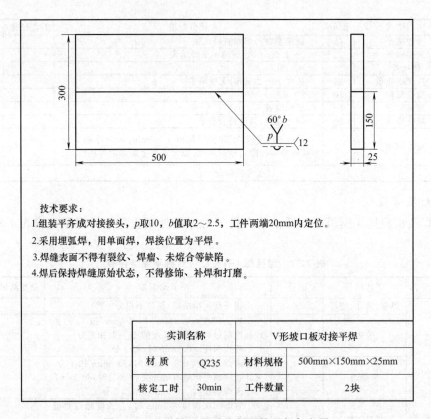

图 7-19 埋弧焊 V 形坡口板对接平焊任务图

技术要求：
1.组装平齐成对接接头，p取10，b值取2～2.5，工件两端20mm内定位。
2.采用埋弧焊，用单面焊，焊接位置为平焊。
3.焊缝表面不得有裂纹、焊瘤、未熔合等缺陷。
4.焊后保持焊缝原始状态，不得修饰、补焊和打磨。

| 实训名称 | | V形坡口板对接平焊 | |
|---|---|---|---|
| 材 质 | Q235 | 材料规格 | 500mm×150mm×25mm |
| 核定工时 | 30min | 工件数量 | 2块 |

## 二、分析

工件厚度超过 20mm 的钢板对接时，宜采用多层多道埋弧焊。为保证焊透，需要开坡口。焊接时，先把工件水平置于焊剂垫上，并采用多层多道埋弧焊，焊后正面焊缝清根，再将工件翻身，焊接反面焊缝，反面焊缝可采用单层单道焊。

## 三、准备

### 1. 工件材料

钢板材质为 Q235，规格为 500mm×150mm×25mm，2 块。检查钢板平直度，并修复平整。将待焊部位两侧各 20mm 的范围内打磨除锈，露出金属光泽。焊件两端加装引弧板和引出板，其规格为 100mm×100mm×10mm，材质与焊件相同。

### 2. 焊接材料

H08A，$\phi$4mm 的焊丝。HJ431（焊剂型号 HJ431-H08A），使用前在（250±10）℃下烘干，保温 1h。

E5015（牌号 J507），$\phi$3.2mm 焊条，使用前在 100～150℃下烘干，保温 1～2h。

### 3. 焊接设备

MZ-1000 型埋弧自动焊机。

### 4. 辅助器具

焊工操作作业区附近应准备好手锤、敲渣锤、钢丝刷、钢直尺、划针、活动扳手、钢丝钳、焊接检验尺等辅助工具和量具。

#### 四、实施

##### 1. 装配

V 形坡口的接头形式如图 7-20 所示。V 形坡口的装配间隙及定位焊缝的要求如图 7-21 所示。为保证焊接质量，装配定位焊很重要，为了保证焊透，必须留有合适的对接间隙。装配间隙不大于 2mm，错边量不大于 2mm，反变形 3°～4°。焊件两端加装引弧板和熄弧板。

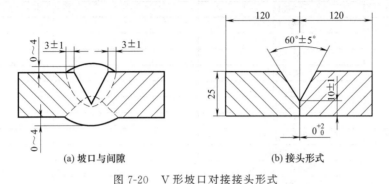

图 7-20　V 形坡口对接接头形式

##### 2. 焊接

将焊件放在水平位置进行焊接，多层多道双面焊。先焊 V 形坡口面，焊完后清渣，将焊件翻转清根后焊背面的焊道。焊接参数见表 7-38。

表 7-38　焊接参数

| 焊件厚度 /mm | 焊丝直径 /mm | 焊接电流 /A | 电弧电压 /V | 焊接速度 /(cm/min) |
| --- | --- | --- | --- | --- |
| 25 | 5 | 600～700 | 34～38 | 42～50 |

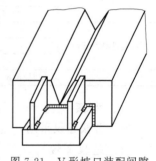

图 7-21　V 形坡口装配间隙及定位焊缝的要求

（1）正面焊道焊接

正面为 V 形坡口，采用多层多道焊，每层的操作步骤都是一样的，每焊一层，重复下述步骤一遍。焊接开始前先在钢板上调整好焊接参数，按下述步骤焊接：

① 焊丝对中。

② 引弧焊接。

③ 收弧。

④ 清渣。焊完每一层焊道后，必须打掉渣壳，检查焊道，即要求焊道不能有缺陷，同时还要求焊道表面平整或稍下凹，两个坡口面的熔合应均匀，焊道表面不能上凸，特别是两个坡口面处不能有死角，否则容易产生未熔合或夹渣等缺陷。

如果发现层间焊道熔合不好，则应重新对中焊丝，增加焊接电流、电弧电压或减慢焊接速度。下一层施焊时层间温度不高于 2000℃。盖面焊道边缘要熔合好。

⑤ 清根。将焊件翻身后，用碳弧气刨在焊件背面间隙刨一条宽 8～10mm，深 4～5mm 的 U 形槽，将未焊透的地方全部清除掉，然后用角向磨光机将 U 形槽内的焊渣及氧化皮全部清除。

（2）封底焊道焊接

按焊正面焊道的步骤和要求焊接完封底焊道。

## 五、记录

填写记录卡，见表 7-39。

表 7-39　埋弧焊 V 形坡口板对接平焊过程记录卡

| 记录项目 | | 记　　录 | 备　　注 |
|---|---|---|---|
| 母材 | 材质 | | |
| | 规格 | | |
| 焊接材料 | 型号(牌号) | | |
| | 规格 | | |
| 装配及定位焊 | 焊前清理 | | |
| | 装配间隙 | | |
| | 错边量 | | |
| | 焊接电流/A | | |
| | 反变形量 | | |
| 正面焊 | 焊接电压/V | | |
| | 焊接电流/A | | |
| | 焊接速度/(cm/min) | | |
| 背面焊 | 焊接电压/V | | |
| | 焊接电流/A | | |
| | 焊接速度/(cm/min) | | |
| 焊缝外观/mm | 余高 | | |
| | 宽度 | | |
| | 长度 | | |
| 用时/min | | | |

## 六、考核

项目考核建议采用"过程考核×40%＋结果考核×60%"的综合考核方式进行。

（1）过程考核

按表 7-40 所示要求进行过程考核。

表 7-40　埋弧焊 V 形坡口板对接平焊过程考核卡

| 序号 | 实训要求 | 配分 | 评分标准 | 检测结果 | 得分 |
|---|---|---|---|---|---|
| 1 | 安全文明生产 | 5 | 劳保手套、工服、劳保鞋穿戴整齐,正确使用焊帽 | | |
| 2 | 工件清理 | 5 | 清理坡口面及正反面 20mm 范围内油污锈,露出金属光泽 | | |
| 3 | 参数选用 | 5 | 选用参数与焊丝直径匹配 | | |
| 4 | 装配间隙 | 5 | 2～2.5mm,始焊端小、末焊端大 | | |
| 5 | 错边量 | 10 | ≤1.2mm | | |
| 6 | 定位焊缝质量 | 15 | 长度 10～20mm,无缺陷 | | |
| 7 | 反变形量 | 10 | 3°～5° | | |
| 8 | 焊接位置 | 5 | 平焊位置 | | |
| 9 | 正面焊缝质量 | 15 | 焊透无缺陷 | | |
| 10 | 正面焊缝清理 | 10 | 背面及正面、坡口面清理干净,死角位置无熔渣 | | |
| 11 | 背面焊缝质量 | 15 | 焊缝宽度、高度符合要求 | | |
| 12 | 操作时间 | | 30min 内完成,不扣分。超时 1～5min,每分钟扣 2 分(从得分中扣除);超时 6min 以上者需重新参加考核 | | |
| 过程考核得分 | | | | | |

（2）结果考核

使用焊接检验尺、钢板尺、低倍放大镜等对焊缝外观质量进行检测，按表 7-41 所示要求进行考核。

表 7-41　埋弧焊 V 形坡口板对接平焊考评表

| 序号 | 考核类别 | 考核项目 | 配分 | 评分标准 | 检测结果 | 得分 |
|---|---|---|---|---|---|---|
| 1 | 焊缝外观 | 焊瘤、气孔、烧穿 | 20 | 出现任何一项缺陷,该项不得分 | | |
| | | 咬边 | 5 | ①咬边深度≤0.5mm 时,每 5mm 扣 1 分,累计长度超过焊缝有效长度的 15%时扣 5 分<br>②咬边深度>0.5mm 时,扣 5 分 | | |
| | | 未焊透 | 5 | ①未焊透深度≤1.5mm 时,每 5mm 扣 1 分,累计长度超过焊缝有效长度的 10%时,扣 5 分<br>②未焊透深度>1.5mm 时,扣 5 分 | | |
| | | 背面凹坑 | 5 | ①背面凹坑深度≤2mm 时,总长度超过焊缝有效长度的 10%时,扣 5 分<br>②背面凹坑深度>2mm 时,扣 5 分 | | |
| | | 焊缝余高 | 5 | 焊缝余高 0~4mm,超标一处扣 2 分,扣满 5 分为止 | | |
| | | 焊缝宽度 | 5 | 焊缝宽度比坡口每侧增宽 0.5~2.5mm,超标一处扣 2 分,扣满 5 分为止 | | |
| | | 焊缝宽度差 | 5 | 宽度差<3mm,超标一处扣 2 分,扣满 5 分为止 | | |
| | | 错边 | 5 | 错边≤2mm,超标扣 5 分 | | |
| | | 角变形 | 5 | 焊后角变形≤3°,超标扣 5 分 | | |
| 2 | 内部质量 | X 射线探伤质量 | 30 | 按照 GB/T 3323—2005,Ⅰ级片不扣分,Ⅱ级片扣 10 分,Ⅲ级片扣 20 分,Ⅲ级片以下不得分 | | |
| 3 | 其他 | 安全 | 5 | 服从管理、安全操作,不遵守者酌情扣分 | | |
| | | 文明生产 | 5 | 设备复位、工具摆放整齐、清理工件、打扫场地、关闭电源,每有一处不符合要求扣 1 分 | | |
| | 合计 | | 100 | | | |

## 七、总结

V 形坡口埋弧焊时,先焊坡口一侧,然后焊封底焊缝。应特别注意每道焊缝完成后,须严格清理焊渣,方可进入下一道焊缝焊接。每道焊缝在施焊前,都应推动小车观察焊丝,调整位置,使焊丝处于坡口中心位置,两个坡口面的熔合应均匀,焊道表面不能上凸,特别是两个坡口面处不能有死角,否则容易产生未熔合或夹渣等缺陷。

# 习　　题

一、名词解释

1. 埋弧焊　　　　2. 烧结焊剂　　　　3. 焊丝倾斜角

二、填空

1. 埋弧焊焊接材料包括＿＿＿＿＿和＿＿＿＿＿。

2. 按制造方法的不同,可以把焊剂分成三类,即＿＿＿＿＿、＿＿＿＿＿和＿＿＿＿＿。

3. HJ431 属于高锰、高硅、低氟焊剂,颜色为＿＿＿＿或＿＿＿＿,呈玻璃状颗粒。

4. 焊接低碳钢时,通常采用＿＿＿＿焊丝配合焊剂＿＿＿＿进行焊接。

5. 选用焊丝和焊剂时,必须根据所焊钢材的＿＿＿＿＿和＿＿＿＿＿、＿＿＿＿＿、＿＿＿＿＿等,以及焊后是否热处理、耐高温、低温和腐蚀等条件综合考虑,并做相应的焊接工艺评定后确定。

6. 常用的埋弧自动焊机一般由_____、_____及_____组成。

7. 焊接电流是决定_____、_____和_____的最重要的参数。

8. 焊接速度太快，会产生_____、_____和_____等缺陷，焊道外形恶化。

9. 埋弧焊剂粒度对焊缝形状影响规律是：_____增大，_____略减小，_____增大，余高略减小。

10. 焊剂层的堆散高度通常在_____，焊丝直径愈大、电流愈高，堆散高度应相应加大。

三、选择

1. 下列哪一项不属于埋弧焊的优点（    ）。

A. 焊接电流大，生产效率高　　　　　　B. 焊缝质量好

C. 可以焊接氧化性强的材料　　　　　　D. 劳动条件好

2. 埋弧焊可以焊接下列哪种材料？（    ）

A. 铬镍不锈钢　　　B. 铸铁　　　　C. 奥氏体锰钢　　　D. 高碳工具钢

3. 下列哪一项不是对埋弧焊焊剂性能的要求？（    ）

A. 具有良好的冶金性能　　　　　　　　B. 焊剂应该为烧结焊剂

C. 具有良好的工艺性能　　　　　　　　D. 有足够的颗粒强度，以利于多次回收利用

4. 下列哪一项不是酸性焊剂的特点？（    ）

A. 具有良好的焊接工艺性能　　　　　　B. 焊接工艺性能较差

C. 焊缝成形美观　　　　　　　　　　　D. 冲击韧性较低

5. 下列哪一项不是烧结焊剂的特点？（    ）

A. 对锈蚀不敏感　　　　　　　　　　　B. 颗粒圆滑呈球状

C. 脱氧能力较强，易添加合金剂　　　　D. 颗粒不规则

6. 酸性焊剂如 HJ431 的烘干温度为（    ）℃。

A. 300　　　　　　B. 500　　　　　　C. 250　　　　　　D. 450

7. 焊剂堆高影响到焊缝外观和 X 射线合格率。单丝焊接时，焊剂堆高通常为（    ）。

A. 15～20mm　　　B. 25～50mm　　　C. 30～50mm　　　D. 25～35mm

8. 埋弧自动焊由于焊接电流大，电弧具有较大的穿透力，不开坡口就可焊透较厚的焊件。一般情况下，厚度小于（    ）mm 的焊件采用不开坡口的方式。

A. 10　　　　　　B. 14　　　　　　C. 22　　　　　　D. 50

9. 埋弧焊定位焊缝的长度一般应大于（    ）mm。

A. 15　　　　　　B. 30　　　　　　C. 20　　　　　　D. 10

10. 随着电弧电压增大，（    ）显著增加，（    ）和（    ）则略有减小。

A. 余高　熔深　熔宽　　　　　　　　　B. 熔深　熔宽　余高

C. 缺陷　熔深　熔宽　　　　　　　　　D. 熔宽　熔深　余高

11. 当焊丝与焊件不垂直时，顺着焊接方向倾斜，焊丝与焊缝成锐角，称为（    ）。

A. 前倾　　　　　　B. 左倾　　　　　　C. 后倾　　　　　　D. 右倾

12. 当工件的倾斜方向与焊接方向一致时，称为（    ）。

A. 上坡焊　　　　　B. 左向焊　　　　　C. 右向焊　　　　　D. 下坡焊

13. 下列哪一项不是焊接参数的选择方法？（    ）

A. 查表法　　　　　B. 经验法　　　　　C. 随机法　　　　　D. 试验法

14. 其他焊接参数不变时，增加坡口的深度和宽度，则焊缝（　　）增加。

A. 余高　　　　　B. 熔深　　　　　C. 熔合比　　　　　D. 熔宽

15. 焊接时观察焊缝反面热场，由颜色深浅和形状大小来判断熔深。对于6～14mm 厚的工件，熔池反面热场颜色应为（　　）。

A. 红到大红色　　　　　　　　　　B. 淡红色到淡黄色

C. 紫红色　　　　　　　　　　　　D. 没有变化

四、判断

1. 在焊丝与焊条直径相同的情况下，埋弧自动焊焊接电流比焊条电弧焊大3～5倍。

（　　）

2. 埋弧焊不适合焊接厚度5mm 以下的薄板。　　　　　　　　　（　　）

3. 埋弧焊焊剂的主要成分是 MnO、$SiO_2$ 等金属及非金属氧化物，因此难以用来焊接铝、钛等氧化性强的金属及其合金。　　　　　　　　　　　　　　（　　）

4. 埋弧焊使用的焊剂是颗粒状可熔化的物质，其作用相当于焊条的药皮。（　　）

5. 碱性焊剂具有良好的焊接工艺性能，焊缝成形美观，但冲击韧性较低。（　　）

6. 熔炼焊剂使用前必须烘干。　　　　　　　　　　　　　　　（　　）

7. HJ431 为烧结焊接。　　　　　　　　　　　　　　　　　　（　　）

8. 焊接低碳钢时，一般选择高硅高锰型焊剂。　　　　　　　　　（　　）

9. 埋弧焊时在焊前应将坡口及坡口两侧各30mm 区域内的表面铁锈、氧化皮、油污等清理干净。　　　　　　　　　　　　　　　　　　　　　　　　　（　　）

10. 在一定范围内，当焊接电流增加时，焊缝的熔深 $H$、余高 $h$ 和焊缝的宽度 $b$ 都会大大增加。　　　　　　　　　　　　　　　　　　　　　　　　　　（　　）

11. 随着焊接电流的提高，熔深和余高同时增大，焊缝形状系数变小。（　　）

12. 采用交流电源进行埋弧焊，能更好地控制焊道形状、熔深，且引弧容易。（　　）

13. 在其他条件相同的情况下，当焊接电流一定时，焊丝直径越粗，其电流密度越小，电弧吹力越小。　　　　　　　　　　　　　　　　　　　　　　　　　（　　）

14. 焊剂堆散层太薄、电弧受到熔渣壳的物理约束，会形成外形凹凸不平的焊缝。

（　　）

15. 对于焊件厚度超过12～14mm 的对接接头，通常采用单面焊。　（　　）

五、简答

1. 简述埋弧焊的焊接过程。

2. 简述埋弧焊的优缺点。

3. 简述埋弧焊接中焊剂的作用。

4. 简述焊剂的选择原则。

5. 埋弧焊的焊前准备工作有哪些？

6. 埋弧焊的工艺参数有哪些？

7. 简述埋弧焊焊接参数的选择步骤。

8. 埋弧焊的常见缺陷有哪些？

六、实践

试制定 500mm×200mm×25mm 的 Q235 钢板的多层多道焊工艺，并进行实际操作。

# 第八章

# 等离子弧焊接与切割

**知识目标：**
- 能够正确连接等离子弧焊接、切割设备，熟练掌握设备操作方法。
- 掌握等离子弧焊接和切割工艺。
- 掌握 0Cr18Ni9 不锈钢的对接焊和切割操作技能。

**重点难点：**
- 双弧现象及防止措施。
- 等离子弧类型的特征和选择。
- 等离子弧焊接工艺参数、切割工艺参数的选择。

等离子弧是一种压缩电弧。由于弧柱截面积被大幅压缩，因而等离子弧具有高温、高电离度、高能量密度及高焰流速度等特性。这些特性使得等离子弧被广泛用于焊接、喷涂、堆焊，而且可用于金属和非金属的切割。本章只介绍等离子弧焊接与切割的基本知识和基本操作技能。

## 第一节　等离子弧的基本知识

### 一、等离子弧的形成

#### 1. 等离子弧

普通弧焊的电弧是由一定数量的导电离子和不同比例的中性颗粒所组成的混合体，这种电弧通常称为自由电弧。如果将自由电弧进行压缩，使其横截面积减小，则电弧中的电流密度可大大提高，电离度也就随之增大，几乎达到全部等离子体状态的电弧，这种电弧称为等离子弧。

#### 2. 等离子弧形成原理

目前广泛采用的压缩电弧的方法是将钨极缩入喷嘴内部，采用特殊结构喷嘴获得等离子弧，如图 8-1 所示。电离了的离子气从喷嘴流出时受到孔径限制，使弧柱截面积变小，该孔径对弧柱的压缩作用称为机械压缩效应。水冷喷嘴内壁表面有一层冷气膜，电弧经过孔道时，冷气膜一方面使喷嘴与弧柱绝缘，另一方面使弧柱有效截面积进一步收缩，这种收缩称为电磁收缩效应。弧柱电流自身磁场对弧柱的压缩作用称为电磁收缩效应。在这三种压缩效应的作用下，电弧的直径变小、温度升高、气体的离子化程度提高、能量密度增大，与其热扩散作用相平衡，形成稳定的压缩电弧，这就是工业中应用的等离子弧。作为热源，等离子弧被广泛应用于焊接、切割、堆焊、喷涂、冶金等领域。

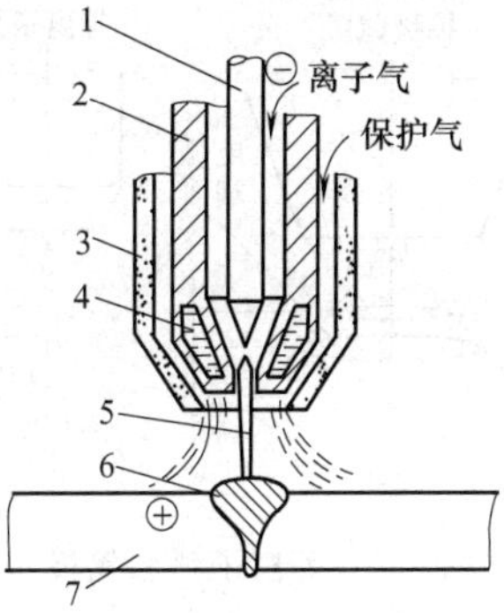

### 3. 等离子弧的影响因素

等离子弧是压缩电弧，其温度、能量密度、弧柱挺度和电弧压力等物理量直接取决于压缩程度。影响等离子弧压缩程度的因素主要有以下几种：

（1）喷嘴孔道形状和尺寸

喷嘴孔道形状和尺寸决定着机械压缩程度，特别是喷嘴孔径对电弧被压缩程度的影响更为显著。在其他条件不变的情况下，随喷嘴孔径的减小，电弧被压缩程度增大。

（2）等离子弧电流

当电流增大时，若电弧不受外界约束可自由扩展，则弧柱直径也要增大；此外，电流增大时，电弧温度升高，气体电离程度增大。如果喷嘴孔径不变，则弧柱被压缩程度增大。

（3）离子气体的种类及流量

离子气是等离子弧的工作气体，其作用是压缩电弧强迫由喷嘴孔道喷出并保护钨极不被氧化。常用的离子气有氢、氮、氩三种气体，由于气体的热导率和热焓值不同，对电弧的冷却作用不同，故电弧被压缩的程度不同。氢气的热焓值最高，热导率最大，氮气次之，氩气最小。所以这三种气体对电弧的冷却作用随氩→氮→氢顺序递增，依据最小能量原理，对电弧的压缩作用也以这个顺序递增。

改变和调节这些因素可以改变等离子弧的特性，使其压缩程度满足切割、焊接、堆焊或喷涂等方法的工作要求。

## 二、等离子弧的特性

### 1. 温度高，能量密度大

普通钨极氩弧的温度可达 $10000\sim24000K$，能量密度在 $10^4 W/cm^2$ 以下。等离子弧的温度可达 $24000\sim50000K$，能量密度可达 $10^5\sim10^8 W/cm^2$，且稳定性好。等离子弧和钨极氩弧的温度比较如图 8-2 所示，图中左半部为钨极氩弧，右半部为等离子弧。

### 2. 等离子弧的能量分布均衡

等离子弧由于弧柱被压缩，横截面积减小，弧柱电场强度明显提高，因此等离子弧的最大压降是在弧柱区，加热金属时利用的主要是弧柱区的热功率，即利用弧柱等离子体的热能。所以说等离子弧几乎在整个弧长上都具有高温，这一点和钨极氩弧是明显不同的。

### 3. 等离子弧的挺度好，冲力大

在三种压缩作用下，等离子弧横截面积缩小，温度升高，喷嘴内部的气体剧烈膨胀，迫使等离子体从喷嘴孔中

图 8-1　等离子弧的形成示意图
1—钨极；2—压缩喷嘴；3—保护罩；
4—冷却水；5—等离子弧；
6—焊缝；7—工件

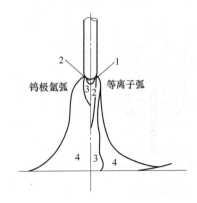

图 8-2　等离子弧和钨极氩弧
的电弧温度分布
1—24000～50000K；2—18000～24000K；
3—14000～18000K；4—10000～14000K
（钨极氩弧：200A，15V；等离子弧：
200A，30V；压缩孔径：2.4mm）

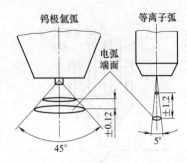

图 8-3　等离子弧和钨极
氩弧的扩散角

高速喷出，因此冲力大，挺直性好。电流越大，等离子弧的冲力越大，挺直性也就越好。当弧长发生相同的波动时，等离子弧加热面积的波动比钨极氩弧要小得多。等离子弧和钨极氩弧的扩散角比较如图 8-3 所示。

#### 4. 等离子弧的稳定性好

等离子弧的电离度较钨极氩弧更高，因此稳定性好。外界气流和磁场对等离子弧的影响较小，不易发生电弧偏吹和漂移现象。而采用微束等离子弧，当电流小至 0.1A 时，等离子弧仍可稳定燃烧，指向性和挺度均好。对焊接薄板十分有利。

### 三、等离子弧的类型

根据电源的接法和产生等离子弧的形式不同，等离子弧可分为如下三种形式：

（1）转移弧

转移弧建立于电极与工件之间，如图 8-4（a）所示。转移弧不能直接引燃，一般要先使电弧在电极与喷嘴之间开始激发产生非转移型等离子弧（引导弧），然后再将非转移弧转移到电极与工件之间，转移弧热量集中，能量密度大，热效率高，常用于金属材料的焊接及切割。

（2）非转移弧

非转移弧建立在电极与喷嘴之间，在高速离子气流作用下从喷嘴喷出，这种电弧也称为等离子焰，如图 8-4（b）所示。由于工件不接电源，工作时只靠等离子焰来加热，故其温度比转移型等离子弧低，能量密度也没有转移型等离子弧高。因此，非转移弧主要用于等离子弧喷涂或焊接极薄材料及非金属材料的焊接与切割。

（3）联合型弧

这是转移型和非转移型弧同时存在的等离子弧，如图 8-4（c）所示。联合型等离子弧需用两个独立电源供电，主要用于电流小于 30A 以下的微束等离子弧焊。

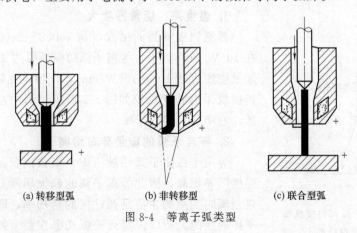

(a) 转移型弧　　　　　(b) 非转移型　　　　　(c) 联合型弧

图 8-4　等离子弧类型

### 四、双弧现象

#### 1. 双弧现象及危害

在使用转移型等离子弧进行焊接或切割的过程中，正常的等离子弧应稳定地在钨极与焊件之间燃烧，但由于某些原因往往还会在钨极和喷嘴及喷嘴和工件之间产生与主弧并列的电弧，如图 8-5 所示，这种现象就称为等离子弧的双弧现象。

在等离子弧焊接或切割过程中，双弧带来的危害主要表现在下列几方面：

① 破坏等离子弧的稳定性，使焊接或切割过程不能稳定地进行，恶化焊缝成形和切口质量。

② 产生双弧时，在钨极和焊件之间同时形成两条并列的导电通路，减小了主弧电流，降低了主弧的电功率。因而使焊接时熔透能力和切割时的切割厚度都减小了。

③ 双弧一旦产生，喷嘴就成为并列弧的电极，就有并列弧的电流通过。此时等离子弧和喷嘴内孔壁之间的冷气膜又受到破坏，因而使喷嘴受到强烈加热，故容易烧坏喷嘴，使焊接或切割工作无法进行。

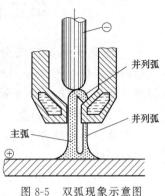

图 8-5 双弧现象示意图

### 2. 形成双弧的原因

等离子弧与喷嘴孔壁之间存在着由离子气所形成的冷气膜。这层冷气膜起两方面作用，一是绝热作用，可防止喷嘴因过热而烧坏；二是绝缘作用，隔断了喷嘴与弧柱间电的联系。当冷气膜被电离击穿时，绝热和绝缘作用消失，就会产生双弧现象。

### 3. 防止双弧的措施

双弧的形成主要是喷嘴结构设计不合理或工艺参数选择不当造成的。因此防止等离子弧产生双弧的措施主要有：

（1）正确选择电流

在其他条件不变时，增大电流，等离子弧弧柱直径也增大，使冷气膜厚度减小，故容易产生双弧。因此对一定尺寸的喷嘴，在使用时电流应小于其许用电流值，特别注意减少转移弧时的冲击电流。

（2）选择合适的离子气成分和流量

当离子气成分不同时对电弧的冷却作用不同，产生双弧的倾向也不一样。例如，采用 $Ar + H_2$ 作为离子气时，由于氢的冷却作用强，弧柱直径缩小，使冷气膜的厚度增大，因此不易产生双弧。同理，增大离子气流量也会增强对电弧的冷却作用，从而减小产生双弧的可能。

（3）喷嘴结构设计应合理

喷嘴结构参数对形成双弧起决定性作用。减小喷嘴孔径或增大孔道长度，会使冷气膜厚度减小而容易被击穿，故容易产生双弧。同理，钨极的内缩长度增加时，也容易引起双弧。因此，设计时应注意喷嘴孔道不能太长；电极和喷嘴应尽可能对中；电极内缩量也不能太大。

（4）喷嘴的冷却效果

如果喷嘴的水冷效果不良，必然会使冷气膜的厚度减小而容易引起双弧现象。因此，喷嘴应具有良好的冷却效果。

（5）喷嘴端面至焊件表面距离不能过小

如果此距离过小，则会造成等离子弧的热量从焊件表面反射到喷嘴端面，使喷嘴温度升高而导致冷气膜厚度减小，故容易产生双弧。

# 第二节　等离子弧焊接设备及工艺

## 一、等离子弧焊方法分类及应用

等离子弧焊（Plasma Arc Welding，PAW）是指借助水冷喷嘴对电弧的拘束作用，以获得较高能量密度的等离子弧作为焊接热源进行焊接的方法。

### 1. 等离子弧焊的分类

按焊缝成形的原理不同，等离子弧焊有三种：穿透型等离子弧焊、熔透型等离子弧焊和微束等离子弧焊。

（1）穿透型等离子弧焊

穿透型焊又被称为小孔型等离子弧焊。其焊缝成形是利用等离子弧能量密度大和等离子流力大的特点，将焊件完全熔透并产生 1 个贯穿焊件的小孔，见图 8-6，被熔化的金属被排挤在小孔周围，依托表面张力的承托而不会流失。随着焊枪向前移动，熔池中的液态金属在电弧吹力、表面张力作用下沿熔池壁向熔池尾部流动，并逐渐收口、凝固，形成完全熔透的正反面都有波纹的焊缝，这就是所谓的小孔效应（或穿孔效应）。小孔效应只有在足够的能量密度条件下才能形成，板材等离子弧焊只能在有限板厚内进行，参数见表 8-1，一般仅限于平焊。目前，大电流（100～500A）等离子弧焊通常采用这种方法进行焊接。

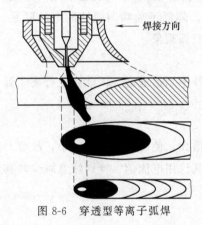

图 8-6　穿透型等离子弧焊

穿透型等离子弧焊适用于焊接 3～8mm 不锈钢、12mm 以下钛合金、2～6mm 低碳钢或低合金结构钢以及铜、黄铜、镍及镍合金对接焊。在上述厚度范围内可在不开坡口、不加填充金属、不用衬垫的条件下实现单面焊双面成形。当工件厚度大于上述范围时，需开 V 形坡口进行多层焊。

表 8-1　等离子弧焊一次焊透板材的厚度

| 材料 | 不锈钢 | 钛及钛合金 | 镍及镍合金 | 低合金钢 | 低碳钢 |
|---|---|---|---|---|---|
| 焊接厚度范围/mm | ≤8 | ≤12 | ≤6 | ≤7 | ≤8 |

（2）熔透型等离子弧焊

熔透型等离子弧焊是采用较小的焊接电流（30～100A）和较低的离子气流量，采用联合型等离子弧焊接的方法。这种等离子弧弧柱压缩程度较弱，在焊接过程中只熔化焊件而不产生小孔效应的等离子弧焊法。焊缝成形原理和钨极氩弧焊类似，谓之熔透型或熔入型或熔融法等离子弧焊。主要用于薄板（0.5～2.5mm）单面焊双面成形及厚板的多层焊、角焊缝的焊接。

（3）微束等离子弧焊

这种等离子弧焊是指利用小电流（通常小于30A）形成联合型微小等离子束流进行焊接的方法，通常称为微束等离子弧焊。焊接时，采用小孔径压缩喷嘴（直径 0.6～1.2mm）及联合型弧。微束等离子弧焊又称针状等离子弧焊，焊接电流小至1A 以下仍有较好的稳定性（喷嘴至焊件的距离可达 2mm 以上），能够焊接细丝和箔材。

### 2. 等离子弧焊的应用

等离子弧焊与钨极氩弧焊类似，可进行手工焊也可进行自动焊；可加填充金属或不加填充金属。等离子弧焊可以焊接碳钢、不锈钢、铜及铜合金、镍基及镍合金、钛及钛合金等（铝及铝合金采用交流微束等离子弧焊）。开 I 形坡口的对接，能一次焊透的厚度详见表 8-1。当金属材料的厚度超过 8~9mm 后，从费用上考虑不宜采用等离子弧焊。对于质量要求较高的厚板焊缝（尤其是单面焊双面成形），可用等离子弧焊封底，然后采用熔敷效率更高、更经济的焊接方法焊完其余各层的焊缝。

对于不锈钢，等离子弧焊的最薄焊件为 0.025mm（微束等离子弧焊除外）。熔点和沸点低的金属如铅及铅合金和锌及锌合金，不适合用等离子弧焊。

### 二、等离子弧焊接设备

按操作方式不同，等离子弧焊设备可分为手工焊设备和自动焊设备两大类。手工等离子弧焊设备主要由焊接电源、焊枪、控制系统、供气系统和水冷系统等部分组成，见图 8-7。自动等离子弧焊设备除上述部分外，还有焊接小车和送丝机构（焊接时需要加填充金属）。

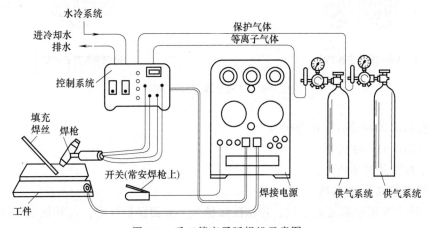

图 8-7　手工等离子弧焊机示意图

### 1. 焊接电源

等离子弧焊设备一般采用具有陡降或垂直下降外特性的直流弧焊电源。电源空载电压根据离子气的种类而定，如用纯氢气作离子气时，电源空载电压只需 80V 左右；而用氩气加氢气的混合气体作离子气时，电源空载电压则需要 110~120V。等离子弧一般均采用直流正接（电极接负极）。为了焊接铝及其合金等有色金属，可采用方波交流电源或变极性等离子弧电源。

### 2. 焊枪

焊枪主要由电极、喷嘴、中间绝缘体、上下枪体、保护罩、水路、气路、馈电体等组成。其形状及尺寸应保证等离子弧燃烧稳定，引弧及转弧可靠，电弧压缩性好，见图 8-8。

### 3. 控制系统

等离子弧焊设备的控制系统一般包括高频引弧电路、拖动控制电路、延时电路和程序控制电路等部分。控制系统应具备以下功能：

① 能可靠地引弧及转换。

② 能实现引弧电流递增，熄弧电流递减。

③ 能实现离子气流的递增和衰减。

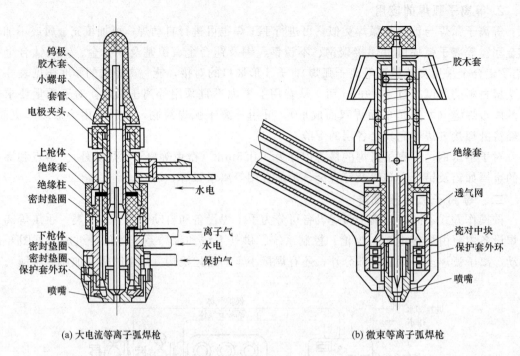

图 8-8　等离子弧焊枪示意图

④ 能提前输送和滞后停止保护气。

⑤ 无冷却水时不能开机。

⑥ 发生故障及时停机。

**4. 供气系统和水冷系统**

供气系统主要用于输送离子气、焊接区保护气、背面保护气等。与其他气体保护电弧焊方法相比，等离子弧焊机的供气系统比较复杂，离子气、保护气同时供给。为避免保护气对离子气的干扰，保护气和离子气一般由独立气路分开供给。典型供气系统如图 8-7 所示。

水冷系统主要用于冷却焊枪，延长喷嘴及电极的使用寿命，并对等离子弧产生良好的热收缩效应。冷却方式有间接冷却和直接冷却两种。间接冷却时冷却水从上枪体进入，从下枪体流出；直接冷却时喷嘴及电极分别进行水冷，冷却效果好，一般都用在具有镶嵌式电极的焊枪结构中。

**三、等离子弧焊工艺**

**1. 等离子弧焊接接头形式**

等离子弧焊接的接头形式主要有：I 形对接接头、薄板搭接接头、T 形接头、端接接头、卷边对接接头、外角接头等。用于 TIG 焊方法可以焊接的接头与结构，多数都可用等离子弧焊方法完成。

① 厚度大于 1.6mm，但小于表 8-1 所列厚度值的焊件，可不开坡口，采用穿透型焊接法一次焊透。

② 对于厚度较大的焊件，需要开坡口进行多层焊。第一层焊缝仍可采用穿透型焊接法，坡口钝边可留至 5mm，坡口角度也可减小。以后各层焊缝可采用熔透型焊接法焊接。

③ 焊件厚度如果在 0.025～1.6mm 之间，通常使用微束等离子弧焊接。

常用接头形式如图 8-9 所示。焊接时要采用可靠的焊接夹具，以保证焊件的装配质量，使装配间隙和错边量越小越好。

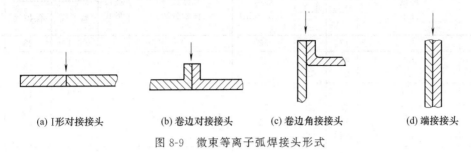

| (a) I形对接接头 | (b) 卷边对接接头 | (c) 卷边角接接头 | (d) 端接接头 |

图 8-9　微束等离子弧焊接头形式

### 2. 等离子弧焊的焊接参数

等离子弧焊焊接时，焊透母材的方式主要有穿透焊和熔透焊（包括微束等离子弧焊）两种。

（1）穿透型焊接

焊接过程中确保小孔的稳定性，是获得优质焊缝的关键。有下列焊接参数影响小孔的稳定性：

① 焊接电流。其他条件给定时，焊接电流增加，等离子弧的穿透能力提高。与其他焊接方法一样，焊接电流根据材料和板厚或熔透要求确定。焊接电流过小，小孔直径减小甚至无法形成小孔；电流过大，熔池金属坠落，也不能形成稳定的小孔，甚至产生双弧。因此焊接电流要有一个合适的范围，离子气流量也要有一个适宜的范围，而且二者是互相制约的。

② 焊接速度。其他条件给定时，焊接速度增加，焊缝热输入减小，线能量减小，小孔直径减小。但焊接速度过大，会导致小孔消逝，而且会引起焊缝两侧咬边和出现气孔。焊接速度应与焊接电流、离子气流量相匹配，通常焊接速度与焊接电流和离子气流量成正比。

③ 喷嘴到焊件的距离。喷嘴到焊件的距离过大，熔透能力降低；距离过小则造成飞溅物沾污甚至阻塞喷嘴。焊接低碳钢和低合金钢时喷嘴到焊件的距离为 1.2mm；焊接其他金属材料时为 4.8mm。

④ 离子气流量。离子气流量的增加可使等离子流力和穿透能力增大。在其他条件给定时，为形成小孔效应需要有足够的离子气流量；但离子气流量过大时会使熔池金属吹落，不能保证焊缝成形。喷嘴孔径确定后，离子气流量应根据焊接电流和焊接速度而定，即在离子气流量、焊接电流和焊接速度这三者之间应有适当的匹配。

⑤ 保护气流量。保护气除了影响保护效果外，还对等离子弧的稳定性有一定影响，保护气流量过大会造成气流的紊乱。保护气流量应与离子气流量有一个恰当的比例。穿孔型等离子弧焊接保护气流量一般在 15～30L/min 范围内。

不锈钢和钛合金焊接时背面应有保护气，必要时还应附加保护喷嘴。

焊接厚板时，为保证起弧点充分穿透和防止出现气孔，最好能够采用焊接电流和离子气流量递增的起弧控制环节。收弧时采用电流和离子气流量衰减控制。

常用金属穿透型等离子弧焊焊接工艺参数见表 8-2。

（2）熔透型焊接

熔透型等离子弧焊的焊接参数项目与穿孔型等离子弧焊基本相同，焊件熔化和焊缝成形过程与钨极氩弧焊相似。熔透型等离子弧焊焊接参数参考值见表 8-3。

表 8-2　穿透型等离子弧焊焊接工艺参数

| 材料 | 厚度 /mm | 焊接电流 /A | 电弧电压 /V | 焊速 /(cm/min) | 气体成分 (体积分数) | 坡口形式 | 气体流量/(L/min) 离子气 | 气体流量/(L/min) 保护气 | 备注 |
|---|---|---|---|---|---|---|---|---|---|
| 碳钢 | 3.2 | 185 | 28 | 30 | Ar | I | 6.1 | 28 | |
| 低合金钢 | 4.2 | 200 | 29 | 25 | Ar | I | 5.7 | 28 | |
| | 6.4 | 275 | 33 | 36 | | | 7.1 | | |
| 不锈钢 | 2.4 | 115 | 30 | 61 | Ar 95%＋H$_2$ 25% | I | 2.8 | 17 | 穿透 |
| | 3.2 | 145 | 32 | 76 | | | 4.7 | 17 | |
| | 4.8 | 165 | 36 | 41 | | | 6.1 | 21 | |
| | 6.4 | 240 | 38 | 36 | | | 8.5 | 24 | |
| 钛合金 | 3.2 | 185 | 21 | 51 | Ar | I | 3.8 | | |
| | 4.8 | 175 | 25 | 33 | Ar | I | 8.5 | | |
| | 9.9 | 225 | 38 | 25 | Ar 25%＋He 75% | I | 15.1 | 28 | |
| | 12.7 | 270 | 36 | 25 | Ar 50%＋He 50% | I | 12.7 | | |
| | 15.1 | 250 | 39 | 18 | Ar 50%＋He 50% | V | 14.2 | | |
| 铜 | 2.4 | 180 | 28 | 25 | Ar | | 4.7 | 28 | 熔透 |
| | 3.2 | 300 | 33 | 25 | He | | 3.8 | 5 | |
| | 6.4 | 670 | 46 | 51 | He | I | 2.4 | 28 | |
| 黄铜 | 2.0[ω(Zn)30%] | 140 | 25 | 51 | Ar | | 3.8 | 28 | |
| | 3.2[ω(Zn)30%] | 200 | 27 | 41 | Ar | | 4.7 | 28 | 穿透 |

表 8-3　熔透型等离子弧焊焊接工艺参数

| 材料 | 板厚 /mm | 焊接电流 /A | 电弧电压 /V | 焊接速度 /(cm/min) | 离子气 Ar 流量 /(L/min) | 保护气流量 /(L/min) | 喷嘴孔径 /mm | 注 |
|---|---|---|---|---|---|---|---|---|
| 不锈钢 | 0.025 | 0.3 | — | 12.7 | 0.2 | 8(Ar＋H$_2$ 1%) | 0.75 | 卷边焊 |
| | 0.075 | 1.6 | — | 15.2 | 0.2 | 8(Ar＋H$_2$ 1%) | 0.75 | |
| | 0.125 | 1.6 | — | 37.5 | 0.28 | 7(Ar＋H$_2$ 0.5%) | 0.75 | |
| | 0.175 | 3.2 | — | 77.5 | 0.28 | 9.5(Ar＋H$_2$ 4%) | 0.75 | |
| | 0.25 | 5 | 30 | 32.0 | 0.5 | 7Ar | 0.6 | |
| | 0.2 | 4.3 | 25 | — | 0.4 | 5Ar | 0.8 | 对接焊（背后有铜垫） |
| | 0.2 | 4 | 26 | — | 0.4 | 6Ar | 0.8 | |
| | 0.1 | 3.3 | 24 | 37.0 | 0.15 | 4Ar | 0.6 | |
| | 0.25 | 6.5 | 24 | 27.0 | 0.6 | 6Ar | 0.8 | |
| | 1.0 | 2.7 | 25 | 27.5 | 0.6 | 11Ar | 1.2 | |
| | 0.25 | 6 | — | 20.0 | 0.28 | 9.5(H$_2$ 1%＋Ar) | 0.75 | |
| | 0.75 | 10 | — | 12.5 | 0.28 | 9.5(H$_2$ 1%＋Ar) | 0.75 | |
| | 1.2 | 13 | — | 15.0 | 0.42 | 7(Ar＋H$_2$ 8%) | 0.8 | |
| | 1.6 | 46 | — | 25.4 | 0.47 | 12(Ar＋H$_2$ 5%) | 1.3 | 手工对接 |
| | 2.4 | 90 | — | 20.0 | 0.7 | 12(Ar＋H$_2$ 5%) | 2.2 | |
| | 3.2 | 100 | — | 25.4 | 0.7 | 12(Ar＋H$_2$ 5%) | 2.2 | |
| 镍合金 | 0.15 | 5 | 22 | 30.0 | 0.4 | 5Ar | 0.6 | 对接焊 |
| | 0.56 | 4～6 | — | 15～20 | 0.28 | 7(Ar＋H$_2$ 8%) | 0.8 | |
| | 0.71 | 5～7 | — | 15～20 | 0.28 | 7(Ar＋H$_2$ 8%) | 0.8 | |
| | 0.91 | 6～8 | — | 12.5～17.5 | 0.33 | 7(Ar＋H$_2$ 8%) | 0.8 | |
| | 1.2 | 10～12 | — | 12.5～15 | 0.38 | 7(Ar＋H$_2$ 8%) | 0.8 | |
| 钛 | 0.75 | 3 | — | 15.0 | 0.2 | 8Ar | 0.75 | 手工对接 |
| | 0.2 | 5 | — | 15.0 | 0.2 | 8Ar | 0.75 | |
| | 0.37 | 8 | — | 12.5.0 | 0.2 | 8Ar | 0.75 | |
| | 0.55 | 12 | — | 25.0 | 0.2 | 8(He＋Ar 25%) | 0.75 | |

# 第三节 等离子弧切割设备及工艺

## 一、等离子弧切割原理及特点

### 1. 等离子弧切割原理

等离子弧切割（Plasma Arc Cutting，PAC）是指利用等离子弧的热能实现金属材料熔化的切割方法。它不仅能切割常用的金属和非金属材料，而且还能切割一般工艺方法所难于加工的材料。其原理是利用高速、高温和高能的等离子气流来加热和熔化被切割材料，并借助内部的或者外部的高速气流或水流将熔化材料排开，直至穿透背面而形成切口。等离子弧切割原理如图 8-10 所示。其中，图 8-10（a）采用转移弧，适用于金属材料切割；图 8-10（b）采用非转移弧，既可用于非金属材料切割，也可用于金属材料切割。但由于工件不接电源，电弧挺度差，故能切割的金属材料厚度较小。

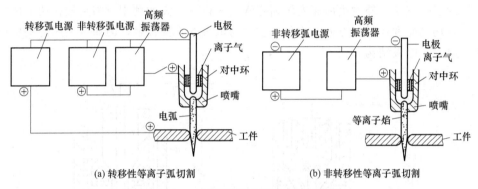

(a) 转移性等离子弧切割          (b) 非转移性等离子弧切割

图 8-10 一般等离子弧切割原理示意图

等离子弧切割的原理与氧气切割的原理有着本质的不同。氧气切割主要是靠氧与部分金属的化合燃烧和氧气流的吹力，使燃烧的金属氧化物熔渣脱离基体而形成切口的。因此氧气切割不能切割燃点高于熔点、导热性好、氧化物熔点高和黏滞性大的材料。等离子弧切割过程不是依靠氧化反应，而是靠熔化来切割工件的。

### 2. 等离子弧切割特点

① 切割速度快，生产率高。它是目前常用的切割方法中切割速度最快的。

② 切口质量好。等离子弧切割切口窄而平整，产生的热影响区和变形都比较小，所以切割边可直接用于装配焊接。

③ 应用面广。由于等离子弧的温度高，能量集中，所以能切割大部分金属材料，如不锈钢、铸铁、铝、铜等。在使用非转移型等离子弧时还能切割非金属材料，如石块、耐火砖、水泥块等。

## 二、等离子弧切割方法分类

等离子弧切割方法除一般型外，还派生出空气等离子弧切割法、水再压缩等离子弧切割法等。

### 1. 一般等离子弧切割

图 8-10 为一般的等离子弧切割原理图。等离子弧切割可采用转移弧或非转移弧。非转移弧适宜于切割非金属材料，切割金属材料通常都采用转移弧。一般的等离子弧切割不用保护气，工作气体和切割气体从同一喷嘴内喷出。引弧时，喷出小气流离子气体作为电离介

质，切割时，则同时喷出大气流气体以排除熔化金属。

切割薄金属板材时，可采用微束等离子弧来获得更窄的切口。

### 2. 空气等离子弧切割

空气等离子弧切割有两种形式。图 8-11（a）为单一空气式等离子弧切割原理图，它利用空气压缩机提供的压缩空气作为工作气体和排除熔化金属的气流。这种形式的空气等离子弧切割的成本低、气体来源方便。压缩空气在电弧中加热后分解和电离，生成了氧与切割金属产生化学放热反应，加快了切割速度。充分电离了的空气等离子体的热焓值高，因而电弧的能量大，与一般等离子弧切割方法相比，其切割速度快，特别适宜于切割厚 30mm 以下的碳钢，也可以切割铜、不锈钢、铝及合金以及其他材料。但是这种切割方法的电极受到强烈的氧化腐蚀，所以一般采用镶嵌式纯锆或纯铪电极，不能采用纯钨电极或氧化物钨电极，即使采用锆、铪电极，其工作寿命一般也只在 5~10h。另一种为复合式空气等离子弧切割，其切割原理如图 8-11（b）所示。这种空气等离子弧切割方法采用内外两层喷嘴，内喷嘴内通入常用的工作气体，外喷嘴内通入压缩空气。这样，一方面利用压缩空气在切割区的放热反应，提高切割速度；另一方面又避免了空气与电极的直接接触，因而可采用纯钨极或氧化物钨极，简化了电极结构。

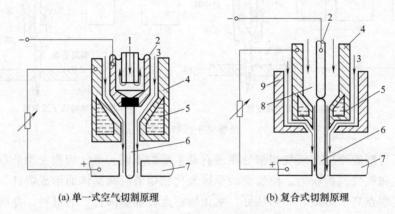

(a) 单一式空气切割原理　　　　(b) 复合式切割原理

图 8-11　空气等离子弧切割原理

1—电极冷却水；2—电极；3—压缩空气；4—镶嵌式压缩喷嘴；5—压缩喷嘴冷却水；
6—电弧；7—焊件；8—工作气体；9—外喷嘴

### 3. 水再压缩等离子弧切割

水再压缩等离子弧切割又称为水射流等离子弧切割，该方法是在普通的等离子弧外围再用水流进行二次压缩。切割时，从割炬喷出的除等离子气体外，还伴有高速流动的水束，共同迅速将熔化的金属排开。该工艺不仅可以大大降低切割噪声，减少粉尘，而且割口质量也比一般等离子弧割口质量高。

### 三、等离子弧切割设备

等离子弧切割设备与等离子弧焊接设备大致相同，主要由电源、割枪、控制系统、气路和水冷系统等组成。如果是自动切割，还要有切割小车。主要不同之处是切割时所用的电压、电流和离子气流量都比焊接时高，而且全部是离子气，不需要保护气（没有外喷嘴）。常用的等离子弧切割机有 LG-400-1 型、LG-400-2 型和 LGK-100 型等。其外部接线如图8-12所示。

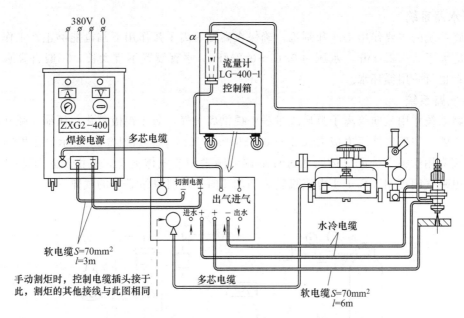

图 8-12　LG-400-1 型等离子弧切割机外部接线示意图

### 1. 切割电源

电源应具有陡降的外特性曲线。一般要求空载电压在 $150\sim400\mathrm{V}$，切割电压在 $80\mathrm{V}$ 以上。一般等离子弧切割设备都有配套使用的专用电源。与 LG-400-1 型等离子弧切割机配套的电源是 ZXG2-400 型硅整流电源，其空载电压较高，分 $180\mathrm{V}$ 和 $300\mathrm{V}$ 两挡。在没有专用切割电源的情况下，也可采用普通的直流电源串联使用。串联台数根据切割厚度而定。但需要注意的是：串联使用时，切割电流不应超过每台电源的额定电流值，以免电源过载。

### 2. 控制系统

控制系统主要包括程序控制接触器、高频振荡器和电磁气阀等。控制箱可完成下列过程的控制：接通电源输入回路→使水压开关动作→接通小气流→接通高频振荡器→引小电流弧→接通切割电流回路，同时断开小电流回路和高频电流回路→接通切割气流→进入正常切割过程。当停止切割时，全部控制线路复原。

### 3. 割枪

等离子弧割枪主要由上枪体、下枪体和喷嘴三个部件组成，如图 8-13 所示。其中喷嘴是割枪的核心部分，其结构形式和几何尺寸对等离子弧的压缩和稳定有重要的影响。当喷嘴孔径过小、孔道长度太长时，等离子弧不稳定，甚至不能引弧，容易发生"双弧"。实践证明，喷嘴孔径与压缩孔道长度之比为 $1:(1.5\sim1.8)$ 时较为合适，即喷嘴孔径采用 $2.4\sim4.0\mathrm{mm}$ 时，配合压缩孔道长度为 $4.0\sim7.5\mathrm{mm}$。

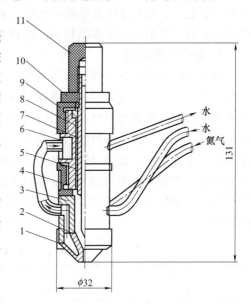

图 8-13　等离子弧割枪示意图

1—螺母；2—喷嘴；3—下枪体；4—绝缘套；
5—上枪体；6—套环；7—升降杆；8—电极尖；
9—调节螺母；10—锁紧螺母；11—绝缘帽

#### 4. 水路系统

水路系统的主要作用是冷却割枪，确保在高温等离子弧作用下割枪能够正常工作。冷却水流量应大于 $2\sim3L/min$，水压为 $0.15\sim0.2MPa$。水管设置不宜太长，一般自来水即可满足要求；也可采用循环水。

#### 5. 气路系统

气路系统作用是向等离子弧形成过程中提供离子气，防止钨极氧化，压缩电弧和保护喷嘴不被烧毁，一般气体压力应为 $0.25\sim0.35MPa$。气路系统如图 8-14 所示，在控制箱内的三通管接头用于集中分配气体，通过针形调节阀来调节气体流量，并由流量计来测量输出量。由电磁气阀控制等离子小电流弧转为切割弧时，及时供给必需的气体。

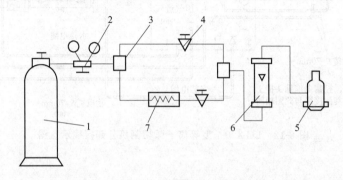

图 8-14 等离子弧切割气路系统示意图

1—气瓶；2—减压器；3—三通管接头；4—针形调节阀；5—割炬；6—浮子流量计；7—电磁气阀

### 四、等离子弧切割工艺参数

等离子弧切割工艺参数较多，主要有离子气种类和流量、喷嘴孔径、空载电压、切割电流和切割电压、切割速度和喷嘴高度等。各种参数对切割过程的稳定性和切割质量均有不同程度的影响，切割时必须依据切割材料种类、工件厚度和具体要求来选择。

#### 1. 离子气的种类

等离子弧切割最常用的气体为氩气、氮气、氮加氩混合气体、氮加氢混合气体、氩加氢混合气体、空气等。气体的选择需根据被切割材料及各种工艺条件而选用。空气等离子弧切割采用压缩空气或者离子气为常用气体，向外喷射为压缩空气。水再压缩等离子弧切割采用常用气体为工作气体，外喷为高压水。氮气是双原子气体，热压缩效应好，动能大，但引弧与稳弧性差。氢气也是双原子气体，热压缩性好，动能大，但引弧与稳弧性差，且使用安全要求高，常用来作为切割大厚度板材的辅助气体。氩气为单原子气体，引弧和稳弧性好，但切割气体流量大，不经济，一般与双原子气体混合使用。表 8-4 为等离子弧切割常用气体的选择。

表 8-4 等离子弧切割常用气体的选择

| 工件厚度 /mm | 气体成分 （体积分数）/% | 空载电压 /V | 切割电压 /V |
| --- | --- | --- | --- |
| ≤120 | $N_2$ | 250~350 | 150~200 |
| ≤150 | $N_2$ 60~80＋Ar 40~20 | 200~350 | 120~200 |
| ≤200 | $N_2$ 50~80＋$H_2$ 50~20 | 300~500 | 180~300 |
| ≤200 | Ar≈65＋$H_2$≈35% | 250~500 | 150~300 |

### 2. 切割电流和切割电压

切割电流和切割电压是决定切割电弧功率的两个重要参数。选择切割电流 $I$ 应根据选用的喷嘴孔径 $d$ 的大小而定，其相互关系大致为 $I=(30\sim100)d$。

切割电流增大会使弧柱变粗，切口加宽，且易烧损喷嘴，因此对于一定的喷嘴孔径存在一个最大许用电流，超过时就会烧损喷嘴。切割大厚度工件时，以提高切割电压最为有效。但电压过高或接近空载电压时，电弧难以稳定。为保证电弧稳定，要求切割电压不大于空载电压的 2/3。

### 3. 空载电压

等离子弧切割要求电源有较高的空载电压（一般不低于150V），因空载电压低将使切割电压的提高受到限制，不利于厚件的切割。切割厚度大的工件空载电压必须在 220V 以上，最高可达 400V。由于等离子弧切割空载电压较高，操作时必须注意安全。

### 4. 切割速度

切割速度应根据等离子弧功率、工件厚度和材质来确定。在切割功率相同的情况下，由于铝的熔点低，切割速度应快些；钢的熔点较高，切割速度应较慢；铜的导热性好，散热快，故切割速度应更慢些。

### 5. 气体流量

提高离子气流量，既能提高切割电压又能增强对电弧的压缩作用；有利于提高切割速度和切割质量。但离子气流量过大，反而使切割能力下降和电弧不稳定。一种割枪使用的离子气流量大小，在一般情况下不变动，当切割厚度变化较大时才作适当改变。切割厚度小于 100mm 的不锈钢时，离子气流量一般为 2500～3500L/h；切割厚度大于 100mm 的不锈钢时，离子气流量一般为 4000L/h。

### 6. 喷嘴高度

喷嘴端面至工件表面的距离为喷嘴高度。随喷嘴高度的增大，等离子弧的切割电压提高，功率增大；但同时使弧柱长度增大，热量损失增大，导致切割质量下降。喷嘴高度太小时，既不便于观察，又容易造成喷嘴与工件短路。一般在手工切割时取喷嘴高度为 8～10mm；自动切割时取 6～8mm。

表 8-5、表 8-6 分别列出了常用金属用不同切割方法时的切割参数。

表 8-5　一般等离子弧切割的切割参数

| 材料 | 厚度<br>/mm | 喷嘴孔径<br>/mm | 空载电压<br>/V | 切割电流<br>/A | 切割电压<br>/V | 氮气流量<br>/(L/min) | 切割速度<br>/(cm/min) |
|---|---|---|---|---|---|---|---|
| 不锈钢 | 8 | 3 | 160 | 185 | 120 | 32～36 | 75～83 |
|  | 20 | 3 | 160 | 220 | 120～125 | 35～38 | 53～67 |
|  | 30 | 3 | 230 | 280 | 135～140 | 42 | 58～61 |
|  | 45 | 3.5 | 240 | 340 | 145 | 45 | 34～42 |
| 铝及铝合金 | 12 | 2.8 | 215 | 250 | 125 | 73 | 130 |
|  | 21 | 3.0 | 230 | 300 | 130 | 73 | 125～130 |
|  | 34 | 3.2 | 340 | 350 | 140 | 73 | 58 |
|  | 80 | 3.5 | 245 | 350 | 150 | 73 | 17 |
| 碳钢 | 50 | 7 | 252 | 300 | 110 | 17.5 | 17 |
|  | 85 | 10 | 252 | 300 | 110 | 20.5 | 8 |

表 8-6　空气等离子弧切割的切割参数

| 材料 | 厚度<br>/mm | 喷嘴孔径<br>/mm | 切割电压<br>/V | 切割电流<br>/A | 压缩水流量<br>/(L/min) | 氮气流量<br>/(L/min) | 切割速度<br>/(cm/min) |
|---|---|---|---|---|---|---|---|
| 低碳钢 | 3 | 3 | 145 | 260 | 2 | 52 | 500 |
| | 3 | 4 | 140 | 260 | 1.7 | 78 | 500 |
| | 6 | 3 | 160 | 300 | 2 | 52 | 380 |
| | 6 | 4 | 145 | 380 | 1.7 | 78 | 380 |
| | 12 | 4 | 155 | 400 | 1.7 | 78 | 250 |
| | 12 | 5 | 160 | 550 | 1.7 | 78 | 290 |
| | 51 | 5.5 | 190 | 700 | 2.2 | 123 | 60 |
| 铜 | 3 | 4 | 140 | 300 | 1.7 | 78 | 572 |
| | 25 | 5 | 165 | 500 | 1.7 | 78 | 203 |
| | 51 | 5.5 | 190 | 700 | 2 | 123 | 102 |
| 碳钢 | 8 | | | | | | 24 |
| | 6 | 1 | 210 | 120 | 30 | 8 | 42 |
| | 5 | | | | | | 56 |

# 第四节　等离子弧焊接与切割技能实训

## 实训一　等离子弧焊平敷焊

### 一、要求

焊件尺寸如图 8-15 所示，将焊件置于平焊位置，完成平敷焊训练任务。

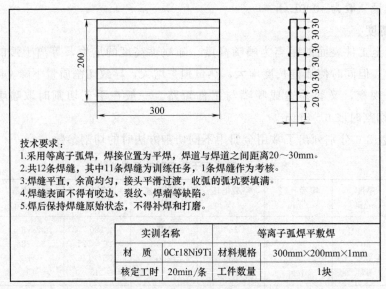

技术要求：
1. 采用等离子弧焊，焊接位置为平焊，焊道与焊道之间距离20～30mm。
2. 共12条焊缝，其中11条焊缝为训练任务，1条焊缝作为考核。
3. 焊缝平直，余高均匀，接头平滑过渡，收弧的弧坑要填满。
4. 焊缝表面不得有咬边、裂纹、焊瘤等缺陷。
5. 焊后保持焊缝原始状态，不得补焊和打磨。

| 实训名称 | | 等离子弧焊平敷焊 | |
|---|---|---|---|
| 材　质 | 0Cr18Ni9Ti | 材料规格 | 300mm×200mm×1mm |
| 核定工时 | 20min/条 | 工件数量 | 1块 |

图 8-15　等离子弧焊平敷焊

### 二、分析

平敷焊主要任务是将焊件置于平焊位置，在其表面上采用等离子弧熔化母材和焊丝，形成熔宽、余高均匀的堆焊焊缝。项目的关键技能点为：引弧、参数调节、起焊、焊枪与焊丝运动、接头、收尾等。其难点是根据熔池温度灵活调整焊枪角度、焊接速度和喷嘴高度等参数，确保焊缝成形良好。项目实施前，学习者必须先熟练掌握设备操作方法，正确选择焊接电流、气体流量等参数。

### 三、准备

#### 1. 焊接设备

LH-30 型等离子弧焊机，氩气瓶，QD-1 型单级式减压器和 LZB 型转子流量计两套。连接好设备和焊件，检查焊枪、电源、控制系统、气路系统、水冷系统是否工作正常。

#### 2. 铈钨极

直径为 1.0mm。电极端部磨成 20°～60°的圆锥角。

#### 3. 工件材料

0Cr18Ni9Ti 不锈钢板，规格为 300mm×200mm×1.0mm，若干块。清理不锈钢焊件上的油污，并在焊件的纵向预先画出如图 8-15 所示的多条平敷焊轨迹线。

#### 4. 焊接材料

不锈钢焊丝，$\phi$1.0mm，清理表面油污等杂质。

### 四、实施

#### 1. 引弧

焊接工艺参数见表 8-7。

表 8-7 焊接工艺参数

| 焊接电流<br>/A | 电弧电压<br>/V | 焊接速度<br>/(cm/min) | 离子气体 Ar 流量<br>/(L/min) | 保护气体 Ar 流量<br>/(L/min) | 喷嘴直径<br>/mm |
|---|---|---|---|---|---|
| 2.2～2.8 | 24 | 27.0 | 0.5 | 10 | 1.2 |

首先打开气路和水路开关，接通焊接电源。手工操作等离子弧焊枪，按下焊枪上的按钮，接通高频振荡装置，电极与喷嘴之间引燃非转移弧。移动焊枪至起焊位置，焊枪与焊件的夹角为 75°～85°，喷嘴距离工件 5～8mm 时，建立转移弧，产生主电流，即可进行等离子弧焊接。此时，维弧（非转移弧）电路的高频电路自动断开，维弧电流消失。

#### 2. 焊接

焊枪与焊件成 75°～85°的夹角，焊丝与焊件的夹角为 10°～20°，采用左向焊法，焊枪应保持均匀的直线形移动，在焊接过程中注意观察熔池的大小，当发现熔池增大、变浅时，则熔池温度增高，应迅速减小焊枪与焊件间的夹角，并加快焊接速度；当发现熔池小、焊缝窄而高时，应稍微拉长电弧，增大焊枪与焊件的夹角，减慢焊丝填充量，减小焊接速度直至正常为止。当发现有烧穿的现象时，应立即拉起焊枪断弧，待温度降低后再继续焊接。

练习时，要养成一次将一条焊缝全部焊完的习惯。

#### 3. 接头

一条焊缝未完成，如需更换焊丝或磨削钨极等需要停弧再次重新引弧接头时，应在焊缝接头部位前沿 10mm 处引弧，然后将焊枪移至接头部位，不加焊丝重新加热熔化，当形成新的熔池后，添加适量的焊丝向前焊接，并保证焊缝宽窄、余高一致。

#### 4. 收尾

采用熔透法焊接时，收弧可在焊件上进行，但离子气流量和焊接电流应有衰减装置，收弧时，适当加入一定量的焊丝填满弧坑，避免产生弧坑缺陷。

学习者至少完成 11 条焊缝的训练任务，为防止工件变形，可在工件正反两面交替施焊。经反复练习，按项目要求熟练掌握引弧、焊接、接头、收尾操作技能，操作手法稳定后，参加考核。

　　焊接结束后，先关闭离子气瓶和保护气瓶调节阀，然后按下焊枪上的启动按钮 $1\sim2s$，释放软管内的剩余气体。然后关闭冷却水开关，关闭焊接电源。卷盘好焊接电缆和输气软管，清理工位，整理工具。

## 五、记录

填写过程记录卡，见表 8-8。

**表 8-8　等离子弧焊平敷焊过程记录卡**

| 项　　目 | | 记　　录 | 备　　注 |
|---|---|---|---|
| 母材 | 材质 | | |
| | 规格 | | |
| 焊接材料 | 型号(牌号) | | |
| | 规格 | | |
| 焊接电源 | 型号 | | |
| 焊枪 | 型号 | | |
| 钨极 | 规格 | | |
| | 锥角 | | |
| | 是否偏心 | | |
| 焊接参数 | 离子气流量/(L/min) | | |
| | 保护气流量/(L/min) | | |
| | 焊接电流/A | | |
| | 电弧电压/V | | |
| | 焊接速度/(cm/min) | | |
| | 焊枪夹角/(°) | | |
| | 焊丝夹角/(°) | | |
| 焊缝外观/mm | 余高 | | |
| | 宽度 | | |
| | 累计咬边 | | |
| | 长度 | | |
| 用时/min | | | |

## 六、考核

项目考核建议采用"过程考核×40％＋结果考核×60％"的综合考核方式进行。

（1）过程考核

按表 8-9 所示要求进行过程考核。

**表 8-9　平敷焊过程考核卡**

| 序号 | 实训要求 | 配分 | 评分标准 | 检测结果 | 得分 |
|---|---|---|---|---|---|
| 1 | 劳动保护 | 20 | 面罩、工作服、胶鞋、护脚、手套等穿戴齐全,缺一项扣5分,直至扣完为止 | | |
| 2 | 工件清理 | 10 | 清理工件表面污物,未清理或清理不彻底、不全面,此项扣完 | | |
| 3 | 操作姿势 | 10 | 蹲姿正确,操作姿势规范 | | |
| 4 | 焊接方向 | 10 | 除左焊法外,其余焊接方向,此项一律扣完 | | |
| 5 | 磨削钨极 | 10 | 电极端部磨削成 20°~60°圆锥角,且不偏心。不满足要求,此项扣完 | | |
| 6 | 弧长控制 | 10 | 焊接过程电弧长度 5~8mm,弧长控制不稳定,视情况扣 5~10 分 | | |
| 7 | 焊枪角度 | 10 | 焊枪与工件夹角为 75°~85°,并可根据熔池温度调整角度。角度过大或过小,熔池温度过高或高低,此项扣完 | | |

续表

| 序号 | 实训要求 | 配分 | 评分标准 | 检测结果 | 得分 |
|---|---|---|---|---|---|
| 8 | 焊丝角度 | 10 | 焊丝与焊件的夹角为10°~20°。不在此范围内,该项扣完 | | |
| 9 | 接头方法 | 10 | 引弧位置正确,引弧后操作方法和填丝时机恰当。不符合此标准,该项扣完 | | |
| 10 | 操作时间 | 10 | 20min 内完成,不扣分。超时 1~5min,每分钟扣 2 分(从得分中扣除);超时 6min 以上者需重新参加考核 | | |
| 过程考核得分 | | | | | |

（2）结果考核

使用钢板尺、焊接检验尺、低倍放大镜等对焊缝外观进行检测,按表 8-10 所示要求进行考核。

表 8-10 等离子弧焊熔敷焊考评表

| 序号 | 考核项目 | 分值 | 评分标准 | 检测结果 | 得分 |
|---|---|---|---|---|---|
| 1 | 安全文明生产 | 10 | 服从管理、安全操作 | | |
| 2 | 焊缝长度 280~300mm | 10 | 每短 5mm 扣 2 分 | | |
| 3 | 焊缝宽度 $c=(2\pm1)mm$ | 10 | 1 处不合格扣 2 分 | | |
| 4 | 焊缝余高 $h=(2\pm1)mm$ | 10 | 1 处不合格扣 2 分 | | |
| 5 | 焊缝成形 | 20 | 波纹细腻、均匀、光滑,1 处不合格扣 2 分,扣完为止 | | |
| 6 | 直线度 | 10 | 与焊缝位置线重合,偏差超过 3mm,每处扣 3 分 | | |
| 7 | 气孔 | 10 | 每个扣 2 分 | | |
| 8 | 飞溅 | 10 | 每 1 处飞溅扣 1 分 | | |
| 9 | 咬边 | 10 | 每 1mm 扣 1 分,扣完为止 | | |
| 结果考核得分 | | | | | |

## 七、总结

等离子弧形态为圆柱形,弧束细小,加热面积小,焊接过程中操作者应呼吸均匀,细心观察熔池温度变化,实时调整焊枪角度和焊接速度。填丝时应避免左右晃动,可将焊丝端部紧贴在工件上,防止摔动。接头部位应注意填丝时机,待接头处焊缝金属出现熔化现象后填丝,防止出现未熔合缺陷。收尾处应略增大填丝量,使弧坑填满,电弧熄灭,待气体喷出的"嘶嘶"声消失后,方可移开焊枪。

## 实训二 0Cr18Ni9Ti 不锈钢板的对接平焊

### 一、要求

焊件尺寸如图 8-16 所示,将焊件置于平焊位置,按要求装配工件,采用熔透型等离子弧焊单面焊双面成形施焊,使焊缝质量达到技术要求。通过实训,使操作者掌握熔透型等离子弧焊接技能。

### 二、分析

对低碳钢、低合金钢及不锈钢焊件,当厚度大于 1.6mm 或小于 8mm 时可采用开 I 形坡口穿透型单面焊一次成形的操作方法。对于厚度较大的焊件,需开坡口对接焊。与钨极氩弧焊相比,穿透型等离子弧焊应采用较大的钝边和较小的坡口角度。当焊件厚度在 0.05~1.6mm 时,通常采用熔透型等离子弧焊,常用接头形式为 I 形对接接头、端接接头。

等离子弧焊与钨极氩弧焊的操作难度差不多,只是焊接速度比氩弧焊快,所以,在保证

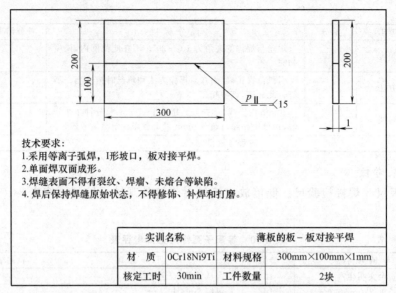

技术要求:
1. 采用等离子弧焊，I形坡口，板对接平焊。
2. 单面焊双面成形。
3. 焊缝表面不得有裂纹、焊瘤、未熔合等缺陷。
4. 焊后保持焊缝原始状态，不得修饰、补焊和打磨。

| 实训名称 | | 薄板的板－板对接平焊 | |
|---|---|---|---|
| 材　质 | 0Cr18Ni9Ti | 材料规格 | 300mm×100mm×1mm |
| 核定工时 | 30min | 工件数量 | 2块 |

图 8-16　0Cr18Ni9Ti 不锈钢板的对接平焊

焊缝宽度、正面和背面余高的条件下，可以选择大的焊接速度。

### 三、准备

#### 1. 焊接设备

LH-30 型等离子弧焊机，氩气瓶，QD-1 型单级式减压器和 LZB 型转子流量计两套。配有陡降或垂直下降外特性的直流弧焊电源，采用直流正接法，连接好设备和焊件，检查焊枪、电源、控制系统、气路系统、水冷系统是否工作正常。

#### 2. 铈钨极

直径为 1.0mm。电极端部磨成 20°～60° 的圆锥角。

#### 3. 工件材料

0Cr18Ni9Ti 不锈钢板，规格为 300mm×100mm×1.0mm，两块，I形坡口。将试件待焊处正反两面各 20mm 范围内的油、污垢、锈斑清除干净露出金属光泽，最后再用丙酮擦拭焊接区。

#### 4. 焊接材料

不锈钢焊丝 H0Cr18Ni9，$\phi$1.0mm，清理表面油污等杂质。

### 四、实施

#### 1. 焊件装配

（1）装配间隙与错边量

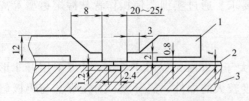

图 8-17　薄板对接焊件装配示意图
（图中 $t$ 为焊件板厚）
1—不锈钢压板；2—焊件；3—紫铜板

采用I形坡口，不留间隙对接。严格控制装配间隙和错边量，装配间隙为 0～0.1mm，错边量≤0.1mm。将清理干净后的焊件置于铜垫板上夹紧固定，如图 8-17 所示。

（2）定位焊

定位焊从试件的中间向两边进行，定位焊焊缝相距 50mm，其焊缝长为 5～6mm，定位焊后，试件需矫平。

### 2. 焊接操作

（1）焊接工艺参数（表 8-11）

由于工件厚度仅 1.0mm，故采用一层一道即可完成焊接任务，工艺参数见表 8-11。

表 8-11　等离子弧焊接参数

| 焊接电流<br>/A | 电弧电压<br>/V | 焊接速度<br>/(mm/min) | 离子气体 Ar 流量<br>/(L/min) | 保护气体 Ar 流量<br>/(L/min) | 喷嘴直径<br>/mm | 喷嘴至工件距离<br>/mm |
|---|---|---|---|---|---|---|
| 2.6～2.8 | 25 | 27.5 | 0.6 | 11 | 1.2 | 3～3.4 |

（2）操作步骤

① 检查焊机外部接线是否正确，气路、水路和电路系统的接头处连接是否牢固可靠。

② 将电极端部磨成 20°～60° 的角度，其顶端为尖状或稍加磨平。调整电极与喷嘴的同心度，接通高频振荡回路，高频火花在电极与喷嘴之间，呈圆周均匀分布在 75%～80% 以上，则同心度为最佳。

③ 清理待焊部位，装配试件。

④ 调试焊接参数。

⑤ 焊缝的引弧、焊接、收弧。

（3）操作要点及注意事项

① 焊接时，转移弧产生后不要立即移动焊枪，要在原地维持一段时间使母材熔化，形成熔池后开始填丝并移动焊枪。

② 焊接时采取左焊法，焊枪与焊件的夹角为 80° 左右，焊丝与焊枪的夹角为 90° 左右。焊枪始终对准焊件的坡口，并注意观察焊件的熔透情况。适时、有规律地填加焊丝。

③ 焊枪移动时要平稳，速度均匀，喷嘴与焊件的距离保持在 4～5mm。

④ 当焊至焊缝末端时，应适当填加焊丝，断开按钮，随着电流的衰减，熄灭电弧。

（4）薄板不锈钢等离子弧焊时的缺陷及防止措施（表 8-12）

表 8-12　0Cr18Ni9Ti 不锈钢薄板等离子弧焊对接缺陷及防止措施

| 焊接缺陷 | 产 生 原 因 | 防 止 措 施 |
|---|---|---|
| 咬边 | ①焊接工艺参数选择不当<br>②电极与喷嘴不同轴<br>③装配不当，产生错边<br>④电弧偏吹 | ①减小焊接工艺参数并相互匹配<br>②焊前调节电极与喷嘴同心<br>③装配符合要求，避免错边<br>④调整电缆位置，焊枪对准焊缝 |
| 气孔 | ①焊前清理不彻底<br>②焊接电流过大，焊接速度过快，电弧电压太高，填充焊丝进入熔池太快<br>③使用穿透焊法时，离子气体未能从背面小孔中排出 | ①焊前彻底清理焊件及焊丝<br>②调整焊接工艺参数<br>③焊接工艺参数要相互匹配 |
| 未焊透 | ①焊接速度过快<br>②焊接电流过小 | ①焊接速度要适当<br>②调节合适的焊接电流 |

学习者至少完成 6 条焊缝的训练任务，为防止工件变形，必须将工件刚性固定。练习时，应根据焊缝实际情况和操作过程中存在的问题，及时分析查找原因，采取必要措施纠正，避免盲目训练。经反复练习，按项目要求熟练掌握不锈钢薄板熔透型等离子弧对接焊操作技能，操作手法稳定后，参加考核。

### 五、记录

填写过程记录卡，见表 8-13。

表 8-13　0Cr18Ni9Ti 不锈钢板的对接平焊过程记录卡

| 项　目 | | 记　录 | 备　注 |
|---|---|---|---|
| 母材 | 材质 | | |
| | 规格 | | |
| 焊接材料 | 型号(牌号) | | |
| | 规格 | | |
| 焊接电源 | 型号 | | |
| 焊枪 | 型号 | | |
| 钨极 | 规格 | | |
| | 锥角 | | |
| | 是否偏心 | | |
| 焊接参数 | 离子气流量/(L/min) | | |
| | 保护气流量/(L/min) | | |
| | 焊接电流/A | | |
| | 电弧电压/V | | |
| | 焊接速度/(cm/min) | | |
| | 焊枪夹角/(°) | | |
| | 焊丝夹角/(°) | | |
| | 喷嘴高度/mm | | |
| 焊缝外观/mm | 余高 | | |
| | 宽度 | | |
| | 累计咬边 | | |
| | 长度 | | |
| 用时/min | | | |

## 六、考核

项目考核建议采用"过程考核×40％＋结果考核×60％"的综合考核方式进行。

（1）过程考核

按表 8-14 所示要求进行过程考核。

表 8-14　0Cr18Ni9Ti 不锈钢板的对接平焊过程考核卡

| 序号 | 实训要求 | 配分 | 评分标准 | 检测结果 | 得分 |
|---|---|---|---|---|---|
| 1 | 劳动保护 | 20 | 面罩、工作服、胶鞋、护脚、手套等穿戴齐全,缺一项扣5分,直至扣完为止 | | |
| 2 | 工件清理 | 10 | 清理工件表面污物,未清理或清理不彻底、不全面,此项扣完 | | |
| 3 | 操作姿势 | 10 | 蹲姿正确,操作姿势规范,焊枪和焊丝握姿正确。否则,此项扣完 | | |
| 4 | 焊接方向 | 10 | 除左焊法外,其余焊接方向,此项一律扣完 | | |
| 5 | 磨削钨极 | 10 | 电极端部磨削成 20°～60°圆锥角,且不偏心。不满足要求,此项扣完 | | |
| 6 | 弧长控制 | 10 | 焊接过程电弧长度 3～3.4mm,弧长控制不稳定,视情况扣 5～10 分 | | |
| 7 | 焊枪角度 | 10 | 焊枪与工件夹角为 75°～85°,并可根据熔池温度调整角度。角度过大或过小,熔池温度过高或过低,此项扣完 | | |
| 8 | 焊丝角度 | 10 | 焊丝与焊件的夹角为 10°～20°。不在此范围内,该项扣完 | | |
| 9 | 接头方法 | 10 | 引弧位置正确,引弧后操作方法和填丝时机恰当。不符合此标准,该项扣完 | | |
| 10 | 操作时间 | 10 | 30min 内完成,不扣分。超时 1～5min,每分钟扣 2 分(从得分中扣除);超时 6min 以上者需重新参加考核 | | |
| 过程考核得分 | | | | | |

（2）结果考核

使用钢板尺、焊接检验尺、低倍放大镜等对焊缝外观进行检测，按表 8-15 要求进行考核。

表 8-15　0Cr18Ni9Ti 不锈钢板的对接平焊

| 序号 | 考核项目 | 分值 | 评 分 标 准 | 检测结果 | 得分 |
|---|---|---|---|---|---|
| 1 | 安全文明生产 | 10 | 服从管理、安全操作。如不遵守纪律要求或在工件表面非焊道上引弧，此项扣完 | | |
| 2 | 焊缝长度 $l$ | 10 | $l=280\sim300$mm，每短 5mm 扣 2 分 | | |
| 3 | 焊缝宽度 $c$ | 10 | $c=(2\pm1)$mm，1 处不合格扣 2 分 | | |
| 4 | 焊缝余高 $h$ | 10 | $h=(2\pm1)$mm，1 处不合格扣 2 分 | | |
| 5 | 焊缝成形 | 20 | 焊缝与母材圆滑过渡，如有焊瘤、未焊透，每 2mm 扣 1 分，扣完为止。如有裂纹，此项扣完 | | |
| 6 | 直线度 | 10 | 与焊缝位置线重合，偏差超过 3mm，每处扣 3 分 | | |
| 7 | 气孔 | 10 | 每个扣 2 分 | | |
| 8 | 飞溅 | 10 | 每 1 处飞溅扣 1 分 | | |
| 9 | 咬边 | 10 | 每 1mm 扣 1 分，扣完为止深度小于 0.5mm，若超过该值，此项扣完 | | |
| | | | 结果考核得分 | | |

### 七、总结

使用熔透型等离子弧焊进行不锈钢薄板对接施焊时，采用直流正极性接法。该项目关键点有三方面：一是焊前清理，严格的清理可降低出现气孔的倾向。二是焊接电流、焊接速度、离子气流量等焊接参数的合理匹配，如焊接电流太大、焊接速度过快、等离子气流过大等，容易产生咬边缺陷。如焊接电流太大、焊接速度过快、电弧电压太高、填充焊丝进入熔池太快等，容易使焊缝产生气孔缺陷。三是根据熔池温度和几何形状变化实时正确调整焊枪角度、适时填加焊丝。在此基础上，操作者需反复练习，提高操作熟练程度。

## 实训三　中厚板不锈钢等离子弧切割

### 一、要求

如图 8-18 所示，采用等离子弧切割方法按要求完成不锈钢板的直线切割。通过实训，使操作者掌握等离子弧切割操作技能。

### 二、分析

等离子弧切割中厚板金属材料，采用的是转移弧。等离子弧切割能力取决于电弧能量，割口质量则与离子气流量、切割速度、喷嘴高度等参数有关。手工切割的关键点在于保持喷嘴距工件表面高度的一致性。在条件许可的优先选择带有两只辅轮的割枪，切割时，将割枪辅轮横跨于切割线两侧，割嘴中心线对中切割线，以保证喷嘴高度保持不变。

### 三、准备

#### 1. 切割设备

采用 LG-400-1 型等离子弧切割机（配备空气压缩机，气体压力 0.5MPa），采用直流正接法，连接好设备和切割工作台及工件，检查割枪、电源、控制系统、气路系统、水冷系统是否工作正常。

#### 2. 切割件

0Cr18Ni9Ti 不锈钢板，规格为 500mm×360mm×12mm，若干块。将试件表面油、污

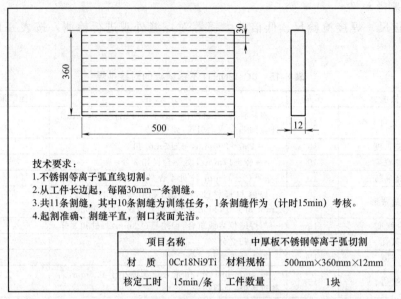

技术要求：
1. 不锈钢等离子弧直线切割。
2. 从工件长边起，每隔30mm一条割缝。
3. 共11条割缝，其中10条割缝为训练任务，1条割缝作为（计时15min）考核。
4. 起割准确、割缝平直，割口表面光洁。

| 项目名称 | 中厚板不锈钢等离子弧切割 | | |
|---|---|---|---|
| 材　质 | 0Cr18Ni9Ti | 材料规格 | 500mm×360mm×12mm |
| 核定工时 | 15min/条 | 工件数量 | 1块 |

图 8-18　中厚板不锈钢等离子弧切割任务图

垢、锈斑清除干净露出金属光泽。按图 8-18 所示，在工件表面上每隔 30mm 用石笔划一条割线，并在割线上打样冲眼。

### 3. 材料

空气、$\phi$5.5mm 的铈钨极。

### 4. 工具

渣锤、手锤、钢丝刷、头戴式面罩、耳塞、手套等。

## 四、实施

### 1. 切割工艺参数

切割工艺参数见表 8-16。

表 8-16　12mm 厚不锈钢钢板等离子弧切割工艺参数

| 电极直径/mm | 电极内缩量/mm | 喷嘴至工件距离/mm | 喷嘴直径/mm | 空载电压/V | 切割电流/A | 切割电压/V | 气体流量/(L/min) | 切割速度/(cm/min) |
|---|---|---|---|---|---|---|---|---|
| 5.5 | 5~8 | 2~5 | 3 | 160 | 200 | 120~125 | 35~38 | 53~67 |

### 2. 设备操作要点

① 把切割小车、工件安放在多柱支架上，如图 8-19 所示，使工件与电源正极连接牢固。

② 打开水路，检查是否有漏水现象；打开气路，调节非转移弧气流和转移弧气流的流量。

③ 接通控制线路，检查电极的同轴度是否为最佳状态。

④ 调节割炬位置和喷嘴到工件的距离，一般为 6~8mm。

⑤ 启动切割电源，查看空载电压是否正常，并初步选定切割电流（即旋钮所指示的刻度位置），戴好防护面罩准备切割。

### 3. 切割技能要点

① 启动高频引弧电源，引弧后高频自动被切断，其白色焰流（非转移弧）接触被切割

工件。

② 按动切割按钮，转移弧电流接通并自动接通切割气流，然后切断非转移弧电流。

③ 起割应从工件边缘开始，将工件边缘切穿后，再移动割枪导入切割尺寸线，待电弧穿透工件，移动割枪进行切割。

④ 切割时可进行适当调整切割速度、气体流量和切割电流。切割速度过快会在切口前端产生翻弧现象，切割不透；切割速度过慢，切口宽而不齐，而且因割透的切口前沿金属远离电弧，相对电弧变长而造成电弧不稳，甚至熄弧，使切割中断。

⑤ 在整个切割过程中，割枪应始终与切割线割缝两侧平面保持垂直，以保证切口平直光洁。为了提高切割生产率，割枪在切割线所在平面内沿切割方向的反方向应倾斜一个角度（$0°\sim45°$）。

⑥ 停止切割时，应先等待离子弧熄灭后再将割枪移开割件。

### 4. 等离子弧切割过程中常见故障及防止措施（表 8-17）

表 8-17　0Cr18Ni9Ti 不锈钢薄板 PAW 对接焊时的缺陷及防止措施

| 故障特征 | 产 生 原 因 | 防 止 措 施 |
|---|---|---|
| 产生双弧 | ①电极不对中<br>②割炬气室压缩角太小或压缩孔道长<br>③喷嘴漏水<br>④切割时等离子焰流上翻或熔渣飞溅至喷嘴<br>⑤钨极内伸长度较大，气体流量太小<br>⑥喷嘴离割件太近 | ①调整电极与喷嘴的同心度<br>②改进气割炬结构尺寸<br>③修好漏水处<br>④改变割炬角度或先在割件上钻好切割孔<br>⑤减少钨极内伸长度，增大气体流量<br>⑥把割炬稍加提高 |
| 切口面不光洁 | ①割件表面有污物<br>②气体流量小<br>③割速与割炬高低不均 | ①严格清理割件表面<br>②适当加大气体流量<br>③加强训练，提高操作技能 |
| 切割不透 | ①等离子弧功率不够<br>②切割速度太快<br>③气体流量太大<br>④喷嘴离割件距离太远 | ①增大等离子弧功率<br>②降低切割速度<br>③适当减小气体流量<br>④把喷嘴向割件压低一些 |

切割要求起割准确，起弧稳定，割缝平直，切口表面光洁。

学习者至少完成 10 条割缝的训练任务。练习时，应特别注意焊接速度、割枪夹角的调整和控制，注意分析割口上沿圆角、割不透、翻弧、结瘤等问题原因，总结经验，提高训练效率。经反复练习，按项目要求熟练掌握不锈钢中厚板等离子弧切割操作技能，操作手法稳定后，参加考核。

### 五、记录

填写记录卡，见表 8-18。

表 8-18　12mm 厚 0Cr18Ni9Ti 不锈钢板的等离子弧切割记录卡

| 项　　目 | | 记　录 | 备　注 |
|---|---|---|---|
| 母材 | 材质 | | |
| | 规格 | | |
| 切割电源 | 型号 | | |
| 割枪 | 型号 | | |
| 切割参数 | 气体流量/(L/min) | | |
| | 钨极直径/mm | | |
| | 切割电流/A | | |
| | 切割电压/V | | |

续表

| 项 目 | | 记　　录 | 备　注 |
|---|---|---|---|
| 切割参数 | 切割速度/(cm/min) | | |
| | 割枪夹角/(°) | | |
| | 喷嘴直径/mm | | |
| | 喷嘴高度/mm | | |
| 割缝外观/mm | 偏离切割线 | | |
| | 割口宽度 | | |
| | 垂直度 | | |
| | 未割透累计长度 | | |
| 翻弧次数 | | | |
| 用时/min | | | |

## 六、考核

项目考核建议采用"过程考核×40%＋结果考核×60%"的综合考核方式进行。

（1）过程考核

按表 8-19 所示要求进行过程考核。

表 8-19　12mm 厚 0Cr18Ni9Ti 不锈钢板的等离子弧切割过程考核卡

| 序号 | 实训要求 | 配分 | 评 分 标 准 | 检测结果 | 得分 |
|---|---|---|---|---|---|
| 1 | 劳动保护 | 20 | 面罩、工作服、胶鞋、护脚、手套等穿戴齐全，缺一项扣 5 分，直至扣完为止 | | |
| 2 | 安全文明生产 | 10 | 服从管理、安全操作。如不遵守纪律要求或故意不按线切割，此项扣完 | | |
| 3 | 工件清理 | 20 | 清理工件表面污物，未清理或清理不彻底、不全面，此项扣完 | | |
| 4 | 设备操作 | 20 | 正确操作切割设备，无违规现象。如有错误操作，此项扣完 | | |
| 5 | 切割速度 | 40 | 能根据切口质量情况，正确控制切割速度。每翻弧 1 次，扣 2 分，扣完为止。单次翻弧持续时间大于 10s，此项扣完 | | |
| 6 | 操作时间 | | 15min 内完成，不扣分。超时 1～4min，每分钟扣 2 分（从得分中扣除）；超时 5min 以上者需重新参加考核 | | |
| 过程考核得分 | | | | | |

（2）结果考核

使用钢板尺、低倍放大镜等对割口外观质量进行检测，按表 8-20 所示要求进行考核。

表 8-20　12mm 厚 0Cr18Ni9Ti 不锈钢板的等离子弧切割结果考核卡

| 序号 | 考核项目 | 分值 | 评 分 标 准 | 检测结果 | 得分 |
|---|---|---|---|---|---|
| 1 | 割透情况 | 20 | 完全割透，满分。未割透每 1mm 扣 2 分，扣完为止 | | |
| 2 | 直线度 | 10 | 与焊缝位置线重合，偏差超过 3mm，每处扣 3 分 | | |
| 3 | 割口宽度 | 10 | 割口宽度（3±1）mm，1 处不合格扣 2 分（注：在切割进行一半时量取） | | |
| 4 | 表面粗糙度 | 10 | 割口表面有明显粗糙纹理每 5mm 扣 2 分，扣完为止 | | |
| 5 | 割口顶部边沿圆角 | 20 | 割口顶部边沿若无圆角，此项满分。圆角长度每 5mm 扣 2 分，扣完为止 | | |
| 6 | 割口垂直度 | 20 | 割口面与工件表面垂直，此项满分；偏离 0°～3°，10 分；偏离 4°（含）以上，0 分 | | |
| 7 | 结瘤 | 10 | 割口底部若无结瘤，此项满分。出现结瘤每 1 处扣 1 分，扣完为止 | | |
| 结果考核得分 | | | | | |

### 七、总结

等离子弧切割时，如果气体流量太小，则在切割时，使等离子焰流上翻或熔渣飞溅至喷嘴，若喷嘴离工件太近时，容易产生双弧现象。切割中，割枪移动速度的快慢会影响着切口质量，切割速度过快会使金属远离电弧，造成电弧不稳，甚至熄弧，使切割中断。因此，割枪的移动速度应在保证割透质量的前提下要求尽量快一些。

## 习　　题

一、名词解释

1. 等离子弧　　　　2. 双弧现象　　　　3. 小孔效应

4. 等离子弧焊　　　5. 等离子弧切割

二、填空

1. _____建立于电极与工件之间，不能直接引燃；_____建立在电极与喷嘴之间，在高速离子气流作用下从喷嘴喷出，这种电弧也称为_____；_____等离子弧需用两个独立电源供电，主要用于电流小于_____A以下的微束等离子弧焊。

2. 等离子弧与喷嘴孔壁之间存在着由离子气所形成的_____，它起两方面作用，一是_____作用，可防止喷嘴因过热而烧坏；二是_____作用，隔断了喷嘴与弧柱间电的联系。当冷气膜被电离击穿时，绝热和绝缘作用消失，就会产生_____。

3. 按焊缝成形的原理不同，等离子弧焊有三种基本方法：_____、_____和_____。

4. 手工等离子弧焊设备主要由_____、_____、_____、_____和_____焊等部分组成，自动等离子弧焊设备除上述部分外，还有_____和_____。

5. 等离子弧焊设备一般采用具有_____或_____的直流弧焊电源。

6. 供气系统主要用于输送_____、_____、_____等。

7. 水冷系统主要用于冷却_____，延长喷嘴及电极的使用寿命，并对等离子弧产生良好的_____效应。冷却方式有_____冷却和_____冷却两种。

8. 喷嘴到焊件的距离过大，____能力降低；距离过小则造成飞溅物沾污甚至阻塞喷嘴。焊接低碳钢和低合金钢时喷嘴到焊件的距离为____mm；焊接其他金属材料时为____mm。

9. 等离子弧切割原理是利用高速、高温和高能的_____来加热和_____被切割材料，并借助内部的或者外部的高速气流或水流将熔化材料排开，直至利用等离子气流来穿透背面而形成切口。

10. 氧气切割主要是靠氧与部分金属的_____和_____的吹力，使燃烧的金属氧化物熔渣脱离基体而形成切口的。因此氧气切割不能切割_____高于熔点、导热性好、氧化物熔点高和黏滞性大的材料。等离子弧切割过程不是依靠_____，而是靠_____来切割工件的。

11. 等离子弧切割方法除一般型外，还派生出_____等离子弧切割法、_____等离子弧切割法等。

12. 等离子弧切割最常用的气体为____气、____气、_____混合气体、氮加氢混合气体、氩加氢混合气体、空气等。

三、选择

1. 等离子弧的产生过程和其他电弧相比较，最大区别是等离子弧受到（　　）作用。

A. 电离　　　　　　B. 压缩　　　　　　C. 激发　　　　　　D. 冲击

2. 下面几种使弧柱产生"压缩效应"而生成等离子弧的方式中哪一种是不正确的？（　　）

A. 冷收缩效应　　　B. 机械压缩效应　　C. 热收缩效应　　　D. 磁收缩效应

3. 等离子弧焊所采用的电源，大多为具有（　　）直流电源。

A. 下降外特性　　　B. 上升外特性　　　C. 平特性　　　　　D. 缓升特性

4. 较厚板等离子弧焊接可选择（　　）。

A. 非转移弧　　　　B. 转移弧　　　　　C. 联合型弧　　　　D. 非转移弧和转移弧

5. 等离子弧焊时产生的气孔往往存在于焊缝的（　　）。

A. 表面　　　　　　B. 中部　　　　　　C. 根部　　　　　　D. 表面和中部

6. 等离子弧电流与喷嘴孔间的关系是：喷嘴孔径增大，等离子弧电流（　　）。

A. 减小　　　　　　B. 不变　　　　　　C. 增大　　　　　　D. 与孔径无关

7. 等离子弧喷嘴孔道直径确定后，孔道长度增大则对等离子弧的压缩作用（　　）。

A. 减小　　　　　　B. 不变　　　　　　C. 增大　　　　　　D. 与孔道长度无关

8. 等离子弧焊工作气体采用最广泛的是（　　）。

A. 氮气　　　　　　B. 氩气　　　　　　C. 氢气　　　　　　D. 二氧化碳

9. 一般等离子切割电源空载电压应不低于（　　）V。

A. 80　　　　　　　B. 90　　　　　　　C. 110　　　　　　　D. 150

10. 使等离子弧焊形成双弧的主要因素是（　　）。

A. 电极端部形状　　　　　　　　　　　B. 空载电压

C. 喷嘴距工件的距离　　　　　　　　　D. 电极内缩和同心度

11. 等离子弧钨极内缩的原因是避免产生（　　）缺陷。

A. 气孔　　　　　　B. 裂纹　　　　　　C. 夹钨　　　　　　D. 咬边

12. 焊接 0.01mm 厚的超薄件时，应选用的焊接方法是（　　）。

A. 手工电弧焊　　　　　　　　　　　　B. 窄间隙焊

C. 微束等离子弧焊　　　　　　　　　　D. 细丝 $CO_2$ 气体保护焊

13. 与钨极氩弧焊相比微束等离子弧焊的优点之一是，可焊接（　　）金属构件。

A. 极薄板　　　　　B. 薄板　　　　　　C. 中厚板　　　　　D. 极厚板

14. 等离子弧切割时，喷嘴到工件的距离是（　　）mm。

A. 3～5　　　　　　B. 4～6　　　　　　C. 5～7　　　　　　D. 6～8

15. 采用等离子弧切割金属材料时，宜采用（　　）。

A. 转移型等离子弧　　　　　　　　　　B. 非转移型等离子弧

C. 联合型等离子弧　　　　　　　　　　D. 转移型等离子弧和非转移型等离子弧

16. 采用等离子弧切割非金属材料时，宜采用（　　）。

A. 转移型等离子弧　　　　　　　　　　B. 非转移型等离子弧

C. 联合型等离子弧　　　　　　　　　　D. 转移型等离子弧和非转移型等离子弧

17. 等离子弧焊穿透能力很强，普通钢板不开坡口也可焊的最大厚度是（　　）mm。

A. 8　　　　　　　　B. 10　　　　　　　C. 12　　　　　　　D. 14

18. 下面对等离子弧说法正确的是（　　）。

A. 电弧的温度梯度高　　　　　　　　　B. 电弧中的正电荷远大于负电荷数量

C. 热能分散　　　　　　　　　　　　　D. 电弧挺度好

四、判断

1. 等离子弧即是对自由电弧的弧柱进行强迫"压缩"使导电截面积缩小电流密度增加而获得的。 （ ）

2. 等离子弧正负电荷数量相等呈中性。 （ ）

3. 大电流等离子弧大都采用非转移弧。 （ ）

4. 非转移型等离子弧是电极接电源正极，喷嘴接电源负极，等离子弧产生在电极和喷嘴表面之间。 （ ）

5. 转移型等离子弧是电极接负极，焊件接正极，电弧首先在电极与喷嘴表面间形成，然后电弧再转移到电极与焊件之间。 （ ）

6. 等离子弧焊工作气体如果是氮气，其纯度应不低于99.5％。 （ ）

7. 等离子弧焊工作气体氮气中如果含有氧气或水分会使钨极烧损严重。 （ ）

8. 可用等离子弧焊焊接熔点和沸点低的金属，如铅和锌。 （ ）

9. 等离子弧焊喷嘴为收敛扩散型时，这种喷嘴可采用较大的焊接电流而不产生双弧。 （ ）

10. 等离子弧的温度之所以高，是因为使用了较大的焊接电流强度。 （ ）

11. 等离子弧焊时，利用"小孔效应"可以有效地获得单面焊双面成形的效果。（ ）

12. 采用压缩空气作切割气体的空气等离子弧切割机可以切割不锈钢。 （ ）

13. 单一空气式等离子弧切割易使电极受到强烈氧化腐蚀。 （ ）

14. 等离子弧切割过程是依靠熔化被切割材料同时喷出大气流气体排除熔化材料来实现切割的。 （ ）

15. 等离子弧焊不可能存在夹钨缺陷。 （ ）

16. 等离子弧焊弧长变化对焊缝成形的影响不明显。 （ ）

五、简答

1. 简述等离子弧的形成原理及等离子弧的影响因素。

2. 简述等离子弧的特性。

3. 简述双弧现象的危害及防治措施。

4. 简述等离子弧焊工艺。

5. 简述等离子弧切割工艺。

六、实践

1. 0Cr18Ni9不锈钢板等离子弧对接立焊。

2. 0Cr18Ni9不锈钢管水平固定对接焊。

# 附 录

# 常见焊接名词术语

## 附录一　一般术语

1. 焊接。通过加热或加压，或两者并用，并且用或不用填充材料，使焊件达到原子间结合的一种加工方法。

2. 焊接方法。指特定的焊接方法，如埋弧焊、气体保护焊等，其含义包括该方法涉及的冶金、电、物理、化学及力学原则等内容。

3. 焊接工艺。制造焊件所有关的加工方法和实施要求，包括焊接准备、材料选用、焊接方法选定、焊接参数、操作要求等。

4. 焊接顺序。工件上各焊接接头盒焊缝的焊接次序。

5. 焊接方向。焊接热源相对于焊件移动的方向，或在整条焊缝长度上的焊缝增长方向。

6. 焊接回路。焊接电源输出的焊接电流流经焊件的导电回路。

7. 坡口。根据设计或工艺要求，在焊件的待焊部位加工的，有一定几何形状的沟槽。

8. 开坡口。用机械、火焰或电弧等加工坡口的过程。

9. 单面坡口。在焊件一面加工的坡口。

10. 双面坡口。在焊件的两面均加工的坡口。

11. 坡口面。焊件上的坡口表面。

12. 坡口角度。两坡口面之间的夹角。

13. 坡口面角度。焊件表面的垂直面与坡口面之间的夹角。

14. 钝边。焊件开坡口时，沿焊件厚度方向未开坡口的端面部分。

15. 根部间隙。焊前在接头根部之间预留的空隙。

16. 根部半径。在 J 形、U 形坡口底部的圆角半径。

17. 接头。由两个或两个以上零件要用焊接组合或已经焊合的接点。检验接头性能应考虑焊缝、熔合区、热影响区甚至母材等不同部位的相互影响。

18. 接头设计。根据工作条件所确定的接头形式、坡口形式和尺寸以及焊缝尺寸等。

19. 对接接头。两件表面构成大于或等于 135°，小于或等于 180°夹角的接头。

20. 角接接头。两件端部构成大于 30°，小于 135°夹角的接头。

21. T 形接头。一件端面与另一件表面构成直角或近似直角的接头。

22. 搭接接头。两件部分重叠构成的接头。

23. 端接接头。两件重叠放置或两件表面之间的夹角不大于30°构成的端部接头。

24. 锁底接头。一个件的端部放在另一件预留底边上所构成的接头。

25. 母材金属。被焊金属材料的统称。

26. 热影响区。焊接或切割过程中，材料因受热的影响（但未熔化）而发生金相组织和机械性能变化的区域。

27. 过热区。焊接热影响区中，具有过热组织或晶粒显著粗大的区域。

28. 熔合区（熔化焊）。焊缝与母材交接的过渡区，即熔合线处微观显示的母材半熔化区。

29. 熔合线（熔化焊）。焊接接头横截面上，宏观腐蚀所显示的焊缝轮廓线。

30. 焊缝。焊件经焊接后所形成的结合部分。

31. 焊缝区。焊缝及其邻近区域的总称。

32. 焊缝金属区。在焊接接头横截面上测量的焊缝金属的区域。熔焊时，由焊缝表面和熔合线所包围的区域。电阻焊时，指焊后形成的熔合部分。

33. 定位焊缝。焊前为装配和固定构件接缝的位置而焊接的短焊缝。

34. 承载焊缝。焊件上用作承受载荷的焊缝。

35. 纵向焊缝。沿焊件长度方向分布的焊缝。

36. 横向焊缝。垂直于焊件长度方向的焊缝。

37. 环缝。沿筒形焊件分布的头尾相接的封闭焊缝。

38. 对接焊缝。在焊件的坡口面间或一零件的坡口面与另一零件表面间焊接的焊缝。

39. 角焊缝。沿两直交或近直交零件的交线所焊接的焊缝。

40. 塞焊缝。两零件相叠，其中一块开圆孔，在圆孔中焊接两板所形成的焊缝，只在孔内焊角焊缝者不称塞焊。

41. 槽焊缝。板相叠，其中一块开长孔，在长孔中焊接两板的焊缝，只焊角焊缝者不称槽焊。

42. 焊缝正面。焊后从焊件的施焊面所见到的焊缝表面。

43. 焊缝背面。焊后，从焊件施焊面的背面所见到的焊缝表面。

44. 焊缝宽度。焊缝表面两焊趾之间的距离。

45. 焊缝厚度。在焊缝横截面中，从焊缝正面到焊缝背面的距离。

46. 焊缝计算厚度。设计焊缝时使用的焊缝厚度。对接焊缝焊透时它等于焊件的厚度；角焊缝时它等于在角焊缝横截面内画出的最大直角等腰三角形中，从直角的顶点到斜边的垂线长度，习惯上也称喉厚。

47. 焊缝凸度。凸形角焊缝横截面中，焊趾连线与焊缝表面之间的最大距离。

48. 焊缝凹度。凹形角焊缝横截面中，焊趾连线与焊缝表面之间的最大距离。

49. 焊趾。焊缝表面与母材的交界处。

50. 焊脚。角焊缝的横截面中，从一个直角面上的焊趾到另一个直角面表面的最小距离。

51. 焊脚尺寸。在角焊缝横截面中画出的最大等腰直角三角形中直角边的长度。

52. 熔深。在焊接接头横截面上，母材或前道焊缝熔化的深度。

53. 焊缝成形系数。熔焊时，在单道焊缝横截面上焊缝宽度（$B$）与焊缝计算厚度

（$H$）的比值（$\varphi = B/H$）。

54. 余高。超出母材表面连线上面的那部分焊缝金属的最大高度。

55. 焊根。焊缝背面与母材的交界处。

56. 焊缝轴线。焊缝横断面几何中心沿焊缝长度方向的连线。

57. 焊缝长度。焊缝沿轴线方向的长度。

58. 焊缝金属。构成焊缝的金属。一般指熔化的母材和填充金属凝固后形成的那部分金属。

59. 焊缝符号。在图样上标注焊接方法、焊缝形式和焊缝尺寸等技术内容的符号。

60. 手工焊。手持焊炬、焊枪或焊钳进行操作的焊接方法。

61. 自动焊。用自动焊接装置完成全部焊接操作的焊接方法。

62. 机械化焊接。焊炬、焊枪或焊钳由机械装备夹持并要求随着观察焊接过程而调整设备控制部分的焊接方法。

63. 定位焊。为装配和固定焊件接头的位置而进行的焊接。

64. 补焊（返修焊）。为修补工件（铸件、锻件、机械加工件或焊接结构件）的缺陷而进行的焊接。

65. 焊接参数。焊接时，为保证焊接质量而选定的各项参数（例如，焊接电流、电弧电压、焊接速度、线能量等）的总称。

66. 焊接电流。焊接时，流经焊接回路的电流。

67. 焊接速度。单位时间内完成的焊缝长度。

68. 引弧电压。能使电弧引燃的最低电压。

69. 电弧电压。电弧两端（两电极）之间的电压。

70. 热输入。熔焊时，由焊接能源输入给单位长度焊缝上的热能。

71. 熔化速度。熔焊过程中，熔化电极在单位时间内熔化的长度或质量。

72. 熔化系数。熔焊过程中，单位电流、单位时间内，焊芯（或焊丝）的熔化量 $[g/(A \cdot h)]$。

73. 熔敷速度。熔焊过程中，单位时间内熔敷在焊件上的金属量（kg/h）。

74. 熔敷系数。熔焊过程中，单位电流、单位时间内，焊芯（或焊丝）熔敷在焊件上的金属量 $[g/(A \cdot h)]$。

75. 合金过渡系数。焊接材料中的合金元素过渡到焊缝金属中的数量与其原始含量的百分比。

76. 熔敷效率。熔敷金属量与熔化的填充金属（通常指焊芯、焊丝）量的百分比。

77. 送丝速度。焊接时，单位时间内焊丝向焊接熔池送进的长度。

78. 保护气体流量。气体保护焊时，通过气路系统送往焊接区的保护气体的流量。通常用流量计进行计量。

79. 焊丝间距。使用两根或两根以上焊丝作电极的电渣焊或电弧焊时，相邻两根焊丝间的距离。

80. 稀释。填充金属受母材或先前焊道的熔入而引起的化学成分含量降低，通常可用母材金属或先前焊道的填充金属在焊道中所占质量比来确定。

81. 预热。焊接开始前，对焊件的全部（或局部）进行加热的工艺措施。

82. 后热。焊接后立即对焊件的全部（或局部）进行加热或保温，使其缓冷的工艺措施。它不等于焊后热处理。

83. 预热温度。按照焊接工艺的规定，预热需要达到的温度。

84. 后热温度。按照焊接工艺的规定，后热需要达到的温度。

85. 间温度（俗称层间温度）。多层多道焊时，在施焊后继焊道之前，其相邻焊道应保持的温度。

86. 焊态。焊接过程结束后，焊件未经任何处理的状态。

87. 焊接热循环。在焊接热源作用下，焊件上某点的温度随时间变化的过程。

88. 焊接温度场。焊接过程中的某一瞬间焊接接头上各点的温度分布状态，通常用等温线或等温面来表示。

89. 焊后热处理。焊后，为改善焊接接头的组织和性能或消除残余应力而进行的热处理。

90. 焊接性。材料在限定的施工条件下焊接成按规定设计要求的构件、并满足预定服役要求的能力。焊接性受材料、焊接方法、构件类型及使用要求四个因素的影响。

91. 焊接性试验。评定母材焊接性的试验。例如：焊接裂纹试验、接头力学性能试验、接头腐蚀试验等。

92. 焊接应力。焊接构件由焊接而产生的内应力。

93. 焊接残余应力。焊后残留在焊件内的焊接应力。

94. 焊接变形。焊件由焊接而产生的变形。

95. 焊接残余变形。焊后，焊件残留的变形。

96. 拘束度。衡量焊接接头刚性大小的一个定量指标。拘束度有拉伸和弯曲两类：拉伸拘束度是焊接接头根部间隙产生单位长度弹性位移时，焊缝每单位长度上受力的大小；弯曲拘束度是焊接接头产生单位弹性弯曲角变形时，焊缝每单位长度上所受弯矩的大小。

97. 碳当量。把钢中合金元素（包括碳）的含量按其作用换算成碳的相当含量。可作为评定钢材焊接性的一种参考指标。

98. 扩散氢。焊缝区中能自由扩散运动的那一部分氢。

99. 残余氢。焊件中扩散氢充分逸出后仍残存于焊缝区中的氢。

100. 焊件。由焊接方法连接的组件。

101. 电极。熔化焊时用以传导电流，并使填充材料和母材熔化或本身也作为填充材料而熔化的金属丝（焊丝、焊条）、棒（石墨棒、钨棒）。电阻焊时指用以传导电流和传递压力的金属极。

102. 熔化电极。焊接时不断熔化并作为填充金属的电极。

103. 焊接循环。完成一个焊点或一条焊缝所包括的全部程序。

# 附录二　熔焊术语

1. 熔焊（熔化焊）。将待焊处的母材金属熔化以形成焊缝的焊接方法。

2. 熔池。熔焊时在焊接热源作用下，焊件上所形成的具有一定几何形状的液态金属部分。

3. 弧坑。弧焊时，由于断弧或收弧不当，在焊道末端形成的低洼部分。

4. 熔敷金属。完全由填充金属熔化后所形成的焊缝金属。

5. 熔敷顺序。堆焊或多层焊时，在焊缝横截面上各焊道的施焊次序。

6. 焊道。每一次熔敷所形成的一条单道焊缝。

7. 根部焊道。多层焊时，在接头根部焊接的焊道。

8. 打底焊道。单面坡口对接焊时，形成背垫（起背垫作用）的焊道。

9. 封底焊道。单面对接坡口焊完后，又在焊缝背面侧施焊的最终焊道（是否清根可视需要确定）。

10. 熔透焊道。只从一面焊接而使接头完全熔透的焊道，一般指单面焊双面成形焊道。

11. 摆动焊道。焊接时，电极作横向摆动所完成的焊道。

12. 线状焊道。焊接时，电极不摆动，呈线状前进所完成的窄焊道。

13. 焊波。焊缝表面上的鱼鳞状波纹。

14. 焊层。多层焊时的每一个分层。每个焊层可由一条焊道或几条并排相搭的焊道所组成。

15. 焊接电弧。由焊接电源供给的，具有一定电压的两电极间或电极与母材间，在气体介质中产生的强烈而持久的放电现象。

16. 引弧。弧焊时，引燃焊接电弧的过程。

17. 电弧稳定性，电弧保持稳定燃烧（不产生断弧、漂移和磁偏吹等）的程度。

18. 电弧挺度。在热收缩和磁收缩等效应的作用下，电弧沿电极轴向挺直的程度。

19. 电弧力。等离子电弧在离子体所形成的轴向力，也可指电弧对熔滴和熔池的机械作用力。

20. 电弧动特性。对于一定弧长的电弧，当电弧电流发生连续的快速变化时，电弧电压与电流瞬时值之间的关系。

21. 电弧静特性。在电极材料、气体介质和弧长一定的情况下，电弧稳定燃烧时，焊接电流与电弧电压变化的关系。一般也称伏-安特性。

22. 脉冲电弧。以脉冲方式供给电流的电弧。

23. 硬电弧。电弧电压（或弧长）稍微变化，引起电流明显变化的电弧。

24. 软电弧。电弧电压变化时，电流值几乎不变的电弧。

25. 电弧自身调节。熔化极电弧焊中，当焊丝等速送进时，电弧本身具有的自动调节并恢复其弧长的特性。

26. 电弧偏吹（磁偏吹）。电弧受磁力作用而产生偏移的现象。

27. 弧长。焊接电弧两端间（指电极端头和熔池表面间）的最短距离。

28. 熔滴过渡。熔滴通过电弧空间向熔池转移的过程，分粗滴过渡、短路过渡和喷射过渡三种形式。

29. 粗滴过渡（颗粒过渡）。熔滴呈粗大颗粒状向熔池自由过渡的形式。

30. 短路过渡。焊条（或焊丝）端部的熔滴与熔池短路接触，由于强烈过热和磁收缩的作用使其爆断，直接向熔池过渡的形式。

31. 喷射过渡。熔滴呈细小颗粒并以喷射状态快速通过电弧空间向熔池过渡的形式。

32. 脉冲喷射过渡。利用脉冲电流控制的喷射过渡。

33. 极性。直流电弧焊或电弧切割时，焊件的极性。焊件接电源正极称为正极性，接负极为反极性。

34. 正接。焊件接电源正极，电极接电源负极的接线法。

35. 反接。焊件接电源负极，电极接电源正极的接线法。

36. 焊接位置。熔焊时，焊件接缝所处的空间位置，可用焊缝倾角和焊缝转角来表示。有平焊、立焊、横焊和仰焊位置等。

37. 平焊位置。焊缝倾角 0°，焊缝转角 90°的焊接位置。

38. 横焊位置。焊缝倾角 0°，180°；焊缝转角 0°，180°的对接位置。

39. 立焊位置。焊缝倾角 90°（立向上），270°（立向下）的焊接位置。

40. 仰焊位置。对接焊缝倾角 0°，180°；转角 270°的焊接位置。

41. 平焊。在平焊位置进行的焊接。

42. 横焊。在横焊位置进行的焊接。

43. 立焊。在立焊位置进行的焊接。

44. 仰焊。在仰焊位置进行的焊接。

45. 船形焊。T 形、十字形和角接接头处于平焊位置进行的焊接。

46. 向上立焊。立焊时，热源自下向上进行的焊接。

47. 向下立焊。立焊时，热源自上向下进行的焊接。

48. 平角焊。在平角焊位置进行的焊接。

49. 仰角焊。在仰角焊位置进行的焊接。

50. 倾斜焊。焊件接缝置于倾斜位置（除平、横、立、仰焊位置以外）时进行的焊接。

51. 左焊法。焊接热源从接头右端向左端移动，并指向待焊部分的操作法。

52. 右焊法。焊接热源从接头左端向右端移动，并指向已焊部分的操作法。

53. 分段退焊。将焊件接缝划分成若干段，分段焊接，每段施焊方向与整条焊缝增长方向相反的焊接法。

54. 跳焊。将焊件接缝分成若干段，按预定次序和方向分段间隔施焊，完成整条焊缝的焊接法。

55. 单面焊。只在接头的一面（侧）施焊的焊接。

56. 双面焊。在接头的两面（侧）施焊的焊接。

57. 单道焊。只熔敷一条焊道完成整条焊缝所进行的焊接。

58. 多道焊。由两条以上焊道完成整条焊缝所进行的焊接。

59. 多层焊。熔敷两个以上焊层完成整条焊缝所进行的焊接。

60. 堆焊。为增大或恢复焊件尺寸，或使焊件表面获得具有特殊性能的熔敷金属而进行的焊接。

61. 衬垫焊。在坡口背面放置焊接衬垫进行焊接的方法。

62. 气焊。利用气体火焰作热源的焊接法，最常用的是氧乙炔焊，但近来液化气或丙烷燃气的焊接也已迅速发展。

63. 氧乙炔焊。利用氧乙炔焰进行焊接的方法。

64. 氢氧焊。利用氢氧焰进行焊接的方法。

65. 氧乙炔焰。乙炔与氧混和燃烧所形成的火焰。

66. 氢氧焰。氢与氧混和燃烧所形成的火焰。

67. 中性焰。在一次燃烧区内既无过量氧又无游离碳的火焰。

68. 氧化焰。火焰中有过量的氧，在尖形焰心外面形成一个有氧化性的富氧区。

69. 碳化焰（还原焰）。火焰中含有游离碳，具有较强的还原作用，也有一定的渗碳作用的火焰。

70. 焰心。火焰中靠近焊炬（或割炬）喷嘴孔的呈锥状而发亮的部分。

71. 内焰。火焰中含碳气体过剩时，在焰心周围明显可见的富碳区，只在碳化焰中有内焰。

72. 外焰。火焰中围绕焰心或内焰燃烧的火焰。

73. 一次燃烧。可燃性气体在预先混合好的空气或氧中的燃烧，一次燃烧形成的火焰叫一次火焰。

74. 二次燃烧。一次燃烧的中间产物与外围空气再次反应而生成稳定的最终产物的燃烧，二次燃烧形成的火焰叫二次火焰。

75. 火焰稳定性。火焰燃烧的稳定程度。以是否容易发生回火与脱火（火焰在离开喷嘴一定距离处燃烧）的程度来衡量。

76. 混合比。气焊时，指氧气（或空气）与可燃性气体的混合比例，它决定了火焰的温度和化学性质。混合气体保护焊时，指两种（或两种以上）保护气体的混合比例。

77. 气焊炬。气焊及软、硬钎焊时，用于控制火焰进行焊接的工具。

78. 射吸式焊（割）炬。可燃气体靠喷射氧流的射吸作用与氧气混合的焊（割）炬。也可称为低压焊（割）炬。

79. 等压式焊（割）炬。氧气与可燃气体压力相等，混合室出口压力低于氧气及燃气压力的焊（割）炬。

80. 乙炔发生器。能使水与电石进行化学反应产生一定压力乙炔气体的装置。

81. 减压器。将高压气体降为低压气体的调节装置。

82. 回火。火焰伴有爆鸣声进入焊（割）炬，并熄灭或在喷嘴重新点燃。

# 部分习题答案

## 第一章

略

## 第二章

一、名词解释

略

二、填空

略

三、选择

1～5　B C C A C　　6～10　A D B A D　　11～15　C B A C C

四、判断

1～5　× √ × × ×　　6～10　× √ √ × √　　11～15　× × × × √

五、简答

略

## 第三章

一、名词解释

略

二、填空

略

三、选择

1～5　B C B C B　　6～10　B B A C C　　11～15　A C B C A　　16～20　A C A A D

四、判断

1～5　× × √ × √　　6～10　× × √ √ ×　　11～15　√ √ √ √ √

五、简答

略

六、实践
略

# 第四章

一、名词解释
略

二、填空
略

三、选择
1~5　DABCC　　6~10　CABBC　　11~15　BADAC　　16~20　ACACA

四、判断
1~5　×√×√×　　6~10　××√√×　　11~15　√√√√×　　16　×

五、简答
略

六、实践
略

# 第五章

一、名词解释
略

二、填空
略

三、选择
1~5　AACCA　　6~10　ABACC　　11~15　BBBCC

四、判断
1~5　×××√√　　6~10　××××√　　11~15　×√√√√

五、简答
略

六、实践
略

# 第六章

一、名词解释
略

二、填空
略

三、选择
1~5　ABCAA　　6~10　CABBC　　11~15　BCAAD

四、判断
1~5　√√√××　　6~10　√×√×√　　11~15　×√√×√　　16　×

五、简答
略
六、实践
略

# 第七章

一、名词解释
略
二、填空
略
三、选择
1～5 CABBD    6～10 CDABD    11～15 ADCBA
四、判断
1～5 √×√√×    6～10 ×××√×    11～15 √×√××
五、简答
略
六、实践
略

# 第八章

一、名词解释
略
二、填空
略
三、选择
1～5 BAABC    6～10 CCBDD    11～15 CCADA    16～18 BCD
四、判断
1～5 √√××√    6～10 √√×√×    11～15 √√√√√    16 √
五、简答
略
六、实践
略

# 参 考 文 献

[1]　孙景荣. 实用焊工手册. 第 3 版 [M]. 北京：化学工业出版社，2007.

[2]　刘云龙. 实用焊接技术手册 [M]. 石家庄：河北科学技术出版社，2002.

[3]　朱学忠. 看图学电弧焊 [M]. 北京：机械工业出版社，2005.

[4]　中国机械学会焊接学会. 焊接手册. 第 3 版：第一卷. 焊接方法及设备 [M]. 北京：机械工业出版社，2007.

[5]　丛书编委会. 焊接设备故障分析与排除方法 [M]. 北京：航空工业出版社，1998.

[6]　陈祝年. 焊接工程师手册. 第 2 版 [M]. 北京：机械工业出版社，2009.

[7]　邱葭菲. 焊接方法与设备 [M]. 北京：化学工业出版社，2008.

[8]　王洪光. 实用焊接工艺手册 [M]. 北京：化学工业出版社，2010.

[9]　胡玉文. 郭新照. 张云燕. 电焊工操作技术要领图解 [M]. 山东：山东科学技术出版社，2004.

[10]　张伯虎. 从零开始学电气焊技术 [M]. 北京：国防工业出版社，2009.

[11]　张汉谦. 钢熔焊接头金属学 [M]. 北京：机械工业出版社，2000.

[12]　傅积和. 孙玉林. 焊接数据资料手册 [M]. 北京：化学工业出版社，1994.

[13]　朱玉义. 技工系列工具书：焊工实用技术手册（1）[M]. 南京：科学技术出版社，1999.

[14]　殷树言. 气体保护焊工艺基础 [M]. 北京：机械工业出版社，2007.

[15]　雷世明. 焊接方法与设备 [M]. 北京：机械工业出版社，2004.

[16]　尹世科. 焊接材料实用基础知识 [M]. 北京：化学工业出版社，2004.

[17]　中国机械工程学会焊接学会. 焊工手册：埋弧焊·气体保护焊·电渣焊 [M]. 北京：机械工业出版社，1998.

[18]　刘云龙. 焊工（高级）[M]. 北京：机械工业出版社，2008.

[19]　刘春林. 实用焊工手册 [M]. 合肥：安徽科学技术出版社，2007.

[20]　刘云龙. 焊工（中级）[M]. 北京：机械工业出版社，2006.

[21]　魏延宏. 焊接检验 [M]. 北京：机械工业出版社，2010.

[22]　陈祝年. 焊接工艺与技能培训 [M]. 北京：高等教育出版社，2010.

[23]　姜波. 王存. 焊接工程师手册. 第 2 版 [M]. 北京：机械工业出版社，2014.

[24]　许志安. 焊接工培训 [M]. 北京：机械工业出版社，2008.

[25]　中国焊接协会培训工作委员会. 焊工取证上岗培训教材 [M]. 北京：机械工业出版社，1993.

[26]　王建勋，蔡建刚. 电焊工职业技能鉴定教程 [M]. 北京：机械工业出版社，2012.

[27]　杨欧. 焊接工艺与实训 [M]. 北京：机械工业出版社，2013.

[28]　张依莉，吴志亚. 焊接实训 [M]. 北京：机械工业出版社，2015.

[29]　王新民. 焊接技能实训 [M]. 北京：机械工业出版社，2008.

[30]　任萱，米国强. 焊工技能训练 [M]. 北京：机械工业出版社，2008.

[31]　许志安. 焊接技能强化训练 [M]. 北京：机械工业出版社，2007.

[32]　王建勋. 电焊工职业技能鉴定教程 [M]. 北京：机械工业出版社，2012.

[33]　《职业技能鉴定教材》，《职业技能鉴定指导》编审委员会. 电焊工 [M]. 北京：中国劳动出版社，1996.

[34]　李绍军. 焊工工种操作实训 [M]. 哈尔滨：哈尔滨工业大学出版社，2009.

[35]　中国机械工程学会焊接学会. 焊接手册：第二卷 [M]. 北京：机械工业出版社，1988.

[36]　英若采. 熔焊原理与金属材料焊接 [M]. 北京：机械工业出版社，2003.

[37]　中国焊接协会培训工作委员会. 焊工取证上岗培训教材 [M]. 北京：机械工业出版社，1993.

[38]　李荣雪. 金属材料焊接工艺 [M]. 北京：机械工业出版社，2008.

[39]　俞尚知. 焊接工艺人员手册 [M]. 上海：上海科学技术出版社，1992.